T0240953

Mathematik Primarstufe und Sekundarstufe I + II

Reihe herausgegeben von
Friedhelm Padberg, Universität Bielefeld, Bielefeld, Deutschland
Andreas Büchter, Universität Duisburg-Essen, Essen, Deutschland

Die Reihe „Mathematik Primarstufe und Sekundarstufe I + II" (MPS I+II), herausgegeben von Prof. Dr. Friedhelm Padberg und Prof. Dr. Andreas Büchter, ist die führende Reihe im Bereich „Mathematik und Didaktik der Mathematik". Sie ist schon lange auf dem Markt und mit aktuell rund 60 bislang erschienenen oder in konkreter Planung befindlichen Bänden breit aufgestellt. Zielgruppen sind Lehrende und Studierende an Universitäten und Pädagogischen Hochschulen sowie Lehrkräfte, die nach neuen Ideen für ihren täglichen Unterricht suchen.

Die Reihe MPS I+II enthält eine größere Anzahl weit verbreiteter und bekannter Klassiker sowohl bei den speziell für die Lehrerausbildung konzipierten Mathematikwerken für Studierende aller Schulstufen als auch bei den Werken zur Didaktik der Mathematik für die Primarstufe (einschließlich der frühen mathematischen Bildung), der Sekundarstufe I und der Sekundarstufe II.

Die schon langjährige Position als Marktführer wird durch in regelmäßigen Abständen erscheinende, gründlich überarbeitete Neuauflagen ständig neu erarbeitet und ausgebaut. Ferner wird durch die Einbindung jüngerer Koautorinnen und Koautoren bei schon lange laufenden Titeln gleichermaßen für Kontinuität und Aktualität der Reihe gesorgt. Die Reihe wächst seit Jahren dynamisch und behält dabei die sich ständig verändernden Anforderungen an den Mathematikunterricht und die Lehrerausbildung im Auge.

Konkrete Hinweise auf weitere Bände dieser Reihe finden Sie am Ende dieses Buches und unter http://www.springer.com/series/8296

Thomas Bardy · Peter Bardy

Mathematisch begabte Kinder und Jugendliche

Theorie und (Förder-)Praxis

Unter Mitarbeit von Torsten Fritzlar

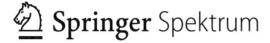

Thomas Bardy
Institut Sekundarstufe I und II
Pädagogische Hochschule FHNW
Windisch, Aargau, Schweiz

Peter Bardy
Philosophische Fakultät III Arbeitsbereich
Mathematik- & Mediendidaktik,
Martin-Luther-Universität Halle-Wittenberg
Halle, Deutschland

Mathematik Primarstufe und Sekundarstufe I + II
ISBN 978-3-662-60741-1   ISBN 978-3-662-60742-8   (eBook)
https://doi.org/10.1007/978-3-662-60742-8

Die Deutsche Nationalbibliothek verzeichnet diese Publikation in der Deutschen Nationalbibliografie; detaillierte bibliografische Daten sind im Internet über http://dnb.d-nb.de abrufbar.

Planung/Lektorat: Annika Denkert
Springer Spektrum ist ein Imprint der eingetragenen Gesellschaft Springer-Verlag GmbH, DE und ist ein Teil von Springer Nature.
Die Anschrift der Gesellschaft ist: Heidelberger Platz 3, 14197 Berlin, Germany

Hinweis der Herausgeber

Dieser Band Mathematisch begabte Kinder und Jugendliche – Theorie und (Förder-) Praxis von Thomas Bardy und Peter Bardy erscheint in der Reihe Mathematik Primarstufe und Sekundarstufe I + II. In dieser Reihe eignen sich insbesondere die folgenden Bände zur Ergänzung und Vertiefung unter mathematischen sowie mathematikdidaktischen Gesichtspunkten.

- A. Büchter/F. Padberg: Einführung in die Arithmetik
- A. Büchter/F. Padberg: Arithmetik und Zahlentheorie
- M. Franke/S. Reinhold: Didaktik der Geometrie in der Grundschule
- M. Franke/S. Ruwisch: Didaktik des Sachrechnens in der Grundschule
- G. Greefrath: Anwendungen und Modellieren im Mathematikunterricht
- S. Krauter/C. Bescherer: Erlebnis Elementargeometrie
- T. Leuders: Erlebnis Arithmetik
- T. Leuders: Erlebnis Algebra
- F. Padberg/C. Benz: Didaktik der Arithmetik
- F. Padberg/A. Büchter: Elementare Zahlentheorie
- F. Padberg/R. Danckwerts/M. Stein: Zahlbereiche – eine elementare Einführung
- F. Padberg/S. Wartha: Didaktik der Bruchrechnung
- A. Pallack: Digitale Medien im Mathematikunterricht der Sekundarstufen I + II
- B. Schuppar: Geometrie auf der Kugel – alltägliche Phänomene rund um Erde und Himmel
- H.-J. Vollrath/H.-G. Weigand: Algebra in der Sekundarstufe
- H.-G. Weigand et al.: Didaktik der Geometrie für die Sekundarstufe I

Bielefeld und Essen   Friedhelm Padberg
Februar 2020   Andreas Büchter

Vorwort

Die Bundesrepublik Deutschland beteiligte sich nach 2007 und 2011 im Jahr 2015 zum dritten Mal an der Grundschuluntersuchung von TIMSS (Trends in International Mathematics and Science Study). Die in Mathematik leistungsstärksten 5 % der Schülerinnen und Schüler aus Deutschland erreichten 2015 in diesem Fach einen Leistungsmittelwert von 626 Punkten; zum Vergleich: 2007 waren es 629 Punkte, 2011 dann 626 Punkte (siehe *Wendt et al.,* 2016, 113). In dieser Gruppe gab es also während dieser Zeit keine Leistungsfortschritte.

> „Während sich in dieser Hinsicht die Leistungswerte aus Deutschland und den Niederlanden (619), Slowenien (629), Schweden (626), Italien (619) und Neuseeland (632) nicht unterscheiden, erzielten die leistungsstärksten 5 Prozent der Schülerinnen und Schüler aus 12 Staaten, darunter neben den Spitzenreitern der Gesamtskala aus den asiatischen Ländern auch England (682), die USA (667), Dänemark (656), Litauen (646) und Ungarn (660), signifikant höhere Leistungsmittelwerte. Lediglich in drei Ländern, der Slowakei (618), Georgien (597) und dem Iran (583), liegen signifikant niedrigere Punktwerte vor. Diese Verteilungen deuten darauf hin, dass die Förderung leistungsstarker Grundschülerinnen und Grundschüler in Deutschland im internationalen Vergleich weniger gut zu gelingen scheint als die Förderung leistungsschwächerer Kinder." (a. a. O., 112)

Ein ähnliches Bild wie bei den Viertklässlern im Mathematik-Teil von TIMSS 2015 zeigt sich bei den 15-Jährigen im Mathematik-Test von PISA 2015 (Programme for International Student Assessment): Von den deutschen Teilnehmerinnen und Teilnehmern erreichten 2,9 % die (höchste) Kompetenzstufe VI, während die folgenden Teilnehmerländer bzw. -volkswirtschaften mit mehr als 5 % ihrer Schülerinnen und Schüler in dieser Kompetenzstufe vertreten waren: Singapur (13,1 %), Chinesisch-Taipeh (10,1 %), Peking-Shanghai-Jiangsu-Guadong (China) (9,0 %), Hongkong (China) (7,7 %), Korea (6,6 %), Japan (5,3 %) und die Schweiz (5,3 %) (siehe *OECD,* 2016, 414).

Das vorliegende Buch wurde jedoch nicht mit dem Ziel geschrieben, dazu beizutragen, die Testergebnisse der besten deutschen Schülerinnen und Schüler am Ende ihrer Grundschulzeit bzw. am Ende der Sekundarstufe I in internationalen Vergleichsstudien zu mathematischen Kompetenzen zu verbessern (ein solcher Effekt wäre natürlich auch begrüßenswert). Im Vordergrund steht vielmehr das Recht eines jeden Kindes und eines jeden Jugendlichen auf angemessene Förderung. Aus unterschiedlichen Begabungs- und Leistungsvoraussetzungen erwachsen auch bereits in der Grundschule individuelle Lernbedürfnisse. Diese sind zu berücksichtigen und erfordern schulische Differenzierungsmaßnahmen.

Für lernschwache Kinder spielt diese Erkenntnis in der Schulpraxis schon eine bedeutende Rolle, für besonders befähigte Kinder leider noch nicht überall. Diese Kinder, auch solche mit außergewöhnlichen mathematischen Fähigkeiten, haben – wie später noch ausführlich dargelegt wird – kein geringeres Förderbedürfnis als Kinder mit Lernschwächen. Durch eine geeignete Förderpraxis kann die persönliche Entwicklung mathematisch besonders befähigter Kinder unterstützt und stabilisiert werden.

Differenzierende Maßnahmen im Mathematikunterricht der Grundschule bzw. der Sekundarstufe I benötigen flexible Organisationsformen sowie Lehrerinnen und Lehrer, die sich für die Identifikation und Förderung (mathematisch) besonders befähigter Kinder oder Jugendlicher engagieren, selbst über das dazu erforderliche Wissen sowie über ein hohes Maß an Kreativität und Flexibilität verfügen und außerdem bereit sind, zusätzliche Vorbereitungen auf sich zu nehmen.

In einer (bezüglich der bayerischen Grundschulverhältnisse) repräsentativen Befragung von Grundschullehrpersonen haben *Heller et al.* (2005) versucht, herauszufinden, inwieweit Grundschullehrerinnen und -lehrer über die Erscheinungsformen und Bedingungen von Hochbegabung im Grundschulalter informiert sind. Etwa 80 % der Grundschullehrpersonen vermuten keine hochbegabten Kinder in der von ihnen unterrichteten Klasse (der 3. oder 4. Jahrgangsstufe). Intellektuell hochbegabte Grundschülerinnen und -schüler werden von ihnen wesentlich besser identifiziert als kreativ oder sozial besonders befähigte Kinder. Allerdings nominieren „Grundschullehrkräfte bei der Einschätzung *intellektuell* hochbegabter Kinder maximal 60 % der 10 % Testbesten korrekt" (a. a. O., 13; Hervorhebung hier und in unserem gesamten Buch durch die *jeweiligen* Autoren). Dabei bezieht sich das Wort „maximal" auf unterschiedliche Inhaltsdimensionen im verwendeten Test; der Median aller Einzelmesswerte beträgt 51 %.

Bei Befragungen von Grundschullehrerinnen und -lehrern im Bundesland Sachsen-Anhalt (n = 413) und in der Stadt Münster (n = 62) zur Identifikation und Förderung mathematisch sehr leistungsfähiger Grundschulkinder (siehe *Hrzán* und *Peter-Koop,* 2001) wurden von diesen vor allem folgende Wünsche geäußert:

- das eigene Wissen über mathematisch begabte Kinder zu erweitern,
- Hilfen für die Identifikation solcher Kinder zu erhalten,
- Material zur adäquaten Förderung dieser Kinder an die Hand zu bekommen.

Diese drei Wünsche werden mit dem Erscheinen dieses Buches sowohl für die Grundschule als auch für die Sekundarstufe I erfüllt. Für die Förderpraxis zusätzlich empfehlenswert sind *Bardy* und *Hrzán* (2010), eine Sammlung von 200 Aufgaben (mit ausführlichen Lösungen und didaktischen Hinweisen zu diesen Lösungen), sowie

Fritzlar et al. (2006), eine Sammlung von Kopiervorlagen zu 20 Aufgabenkomplexen für mathematisch interessierte und begabte Fünft- und Sechstklässler (mit Einführungen zu den jeweiligen Themenkomplexen und Lösungshinweisen). Hinweise auf Sammlungen von Problemen für mathematisch begabte Jugendliche ab der siebten Jahrgangsstufe finden Sie im Unterabschn. 3.4.1.

Das vorliegende Buch wendet sich an Studierende für das Lehramt an Grundschulen und für das Lehramt an Gymnasien, an Lehramtsanwärterinnen und -anwärter mit dem Fach Mathematik sowie an alle Lehrpersonen der Grundschule und der Sekundarstufe I an Gymnasien oder vergleichbaren Schulformen, die sich individuell oder in Form von Fort- oder Weiterbildungsmaßnahmen mit der Thematik „Mathematisch begabte Kinder und Jugendliche" – unter Berücksichtigung der neuesten Erkenntnisse und Entwicklungen – ausführlich und intensiv beschäftigen wollen. Auch Schulpsychologen und Eltern dürften sich angesprochen fühlen.

Der vorliegende Band …

- ist sowohl *theorie-* als auch *praxisorientiert.* Die in Kap. 8 zu den einzelnen Förderschwerpunkten vorgestellten Aufgaben und Probleme können unmittelbar in der Förderpraxis mit mathematisch leistungsstarken Kindern und Jugendlichen verwendet werden.
- ist geeignet, *Unsicherheiten* von Lehrerinnen und Lehrern im Umgang mit begabten Kindern *abzubauen.*
- thematisiert ausführlich den *Begabungsbegriff* und stellt die bekanntesten *Modelle zur Hochbegabung* vor.
- differenziert zwischen *Alltagsdenken* und *mathematischem Denken* und hebt die geistigen Grundlagen mathematischen Denkens hervor, wobei auch ein kurzer Blick in die *Geschichte der Menschheit* und in die *Geschichte der Mathematik* nicht fehlt.
- beschreibt *Charakteristika mathematischer Begabung,* wobei auch biologische, soziologische und geschlechtsspezifische Aspekte angesprochen werden.
- betrachtet mathematische Begabung als sich entwickelnde *mathematische Expertise.*
- stellt in *Fallstudien* mathematisch begabte Kinder und Jugendliche vor, wobei u. a. *Eigenproduktionen* bei der Bearbeitung anspruchsvoller mathematischer Problemstellungen präsentiert werden. Aber auch über das Umfeld dieser Kinder bzw. Jugendlichen und ihre schulische Entwicklung wird berichtet.
- begründet und beschreibt *diagnostische Maßnahmen* zur Identifikation mathematisch begabter Kinder und Jugendlicher. Dabei werden *Merkmalskataloge* für Eltern sowie für Lehrerinnen und Lehrer vorgestellt.
- diskutiert Gründe, warum (mathematisch) begabte Kinder *frühzeitig gefördert* werden sollten, benennt Vor- und Nachteile unterschiedlicher *Organisationsformen der Förderung* und formuliert *allgemeine und spezielle Ziele* der Förderung.
- gibt Empfehlungen zu der Frage, welches *Bild von Mathematik* bei der Förderung vermittelt werden kann bzw. sollte.

- klärt, was unter dem Begriff *„Heuristik"* zu verstehen ist, und präsentiert eine große Zahl von Beispielaufgaben, bei denen der Einsatz *heuristischer Hilfsmittel* (z. B. von Tabellen oder von informativen Figuren/Skizzen) sehr hilfreich sein kann.
- beschreibt *allgemeine Strategien/Prinzipien des Lösens mathematischer Probleme,* die bereits von (mathematisch begabten) Kindern intuitiv eingesetzt oder nach entsprechender Anleitung erfolgreich verwendet bzw. beachtet werden: systematisches Probieren, Vorwärtsarbeiten, Rückwärtsarbeiten, Umstrukturieren, Benutzen von Variablen, Suchen nach Beziehungen/Aufstellen von Gleichungen oder Ungleichungen, das Analogieprinzip, das Symmetrieprinzip, das Invarianzprinzip, das Extremalprinzip, das Zerlegungsprinzip. Jede Strategie/jedes Prinzip wird an einem Beispiel erläutert.
- zeigt auf, wie Kinder und Jugendliche im *logischen/schlussfolgernden Denken* gefördert werden können.
- thematisiert das *Argumentieren, Begründen* und *Beweisen,* wobei insbesondere verschiedene Beweisformen (formale/symbolische, zeichnerische/diagrammatische, operative, verbale, generische, induktive und kontextuelle Beweise) erörtert und anhand jeweils eines Beispiels erklärt werden.
- beschäftigt sich mit dem Erkennen von *Mustern* und *Strukturen* sowie mit dem *Verallgemeinern* und *Abstrahieren.* Wie wichtig das Erkennen von Strukturen für das Lösen mathematischer Probleme ist, wird durch Eigenproduktionen von Kindern bzw. Jugendlichen verdeutlicht.
- thematisiert *Beweglichkeit im Denken.*
- hebt die Bedeutung der *Kreativität* als Komponente mathematischer Begabung hervor und zeigt auf, wie kreative Vorgehensweisen gefordert und gefördert werden können.
- beschreibt *Strategien des Erweiterns und Variierens von Aufgaben* und macht Vorschläge, in welcher Weise Kinder und Jugendliche selbstständig Aufgaben erweitern bzw. variieren können.
- gibt Anregungen zur *Förderung des Raumvorstellungsvermögens.*
- beleuchtet anhand einiger Beispiele den *Beginn algebraischen Denkens* bei Kindern und zeigt Möglichkeiten einer diesbezüglichen Förderung auf.
- dokumentiert exemplarisch, wie sich Kinder und Jugendliche – ausgehend von speziellen Aufgaben – weitgehend selbstständig umfangreiche *Problemfelder* erschließen können.
- geht auf die Problematik der sog. hochbegabten *„Underachiever"* ein.

Sehr herzlich danken wir …

- Herrn Prof. Dr. Friedhelm Padberg, der die Aufnahme dieses Bandes in die von ihm herausgegebene Reihe „Mathematik Primar- und Sekundarstufe" gewünscht und ermöglicht hat;
- Frau Bianca Alton für die geduldige und effektive Betreuung von Verlagsseite;

- den mehreren hundert Kindern und Jugendlichen, mit denen wir im Rahmen von schulischen und außerschulischen Förderprojekten auf mathematische Entdeckungsreise gehen konnten und ohne deren Ideen einige Inhalte dieses Buches nicht entstanden wären;
- den im Buch namentlich genannten Kindern und Jugendlichen, deren kreative Produktionen bzw. Überlegungen den Band – wie wir meinen – bereichert haben.

Windisch (CH) und Bovenden   Thomas Bardy
Oktober 2019   Peter Bardy

Literatur

Bardy, P., & Hrzán, J. (³2010). *Aufgaben für kleine Mathematiker, mit ausführlichen Lösungen und didaktischen Hinweisen.* Köln: Aulis.

Fritzlar, T., Rodeck, K., & Käpnick, F. (2006). *Mathe für kleine Asse: 5./6. Schuljahr.* Berlin: Cornelsen.

Heller, K. A., Reimann, R., & Senfter, A. (2005). *Hochbegabung im Grundschulalter: Erkennen und Fördern.* Münster: LIT.

Hrzán, J., & Peter-Koop, A. (Hrsg.). (2001). *Mathematisch besonders begabte Grundschulkinder: Einstellungen, Kenntnisse und Erfahrungen von Lehrerinnen und Lehrern sowie Studierenden.* Münster: Universität Münster, Zentrale Koordination Lehrerausbildung.

OECD (2016). *PISA 2015 Ergebnisse (Band I): Exzellenz und Chancengerechtigkeit in der Bildung.* Bielefeld: Bertelsmann.

Wendt, H., Bos, W., Selter, C., Köller, O., Schwippert, K., & Kasper, D. (Hrsg.). (2016). *TIMSS 2015: Mathematische und naturwissenschaftliche Kompetenzen von Grundschulkindern in Deutschland im internationalen Vergleich.* Münster: Waxmann.

Inhaltsverzeichnis

Erfahrungen mit mathematisch leistungsstarken Kindern und Jugendlichen – Beispiele zur Einstimmung

Nicht nur Essen und Fortpflanzung erzeugen die bekannten Botenstoffe im menschlichen Gehirn, sondern auch das Problemlösen, haben Hirnforscher beobachtet. Diese Botschaft verändert unseren Blick aufs Kind: Der Mensch will lernen, üben, von Anfang an. Er will Probleme lösen, nicht nur als Diktat, als Leistungsqual, sondern als primäres Glückserlebnis – vorausgesetzt, das Kind ist beteiligt am Wissensaufbau.
  Donata Elschenbroich (2001, 2)

Um in die Thematik dieses Buches einzuführen und aufzuzeigen, mit welch großer Freude, mit welchem Erfolg und wie kreativ bereits Kinder mathematische Probleme lösen, werden wir zunächst über Erfahrungen mit Kindern im Alter von drei bis neun Jahren und mit einem Jugendlichen im Alter von zwölf Jahren berichten. Es handelt sich nur um eine kleine Auswahl aus vielen Begegnungen mit Kindern und Jugendlichen, die uns staunen ließen und begeistert haben.

Beispiel Julius (knapp drei Jahre alt)
Beginnen möchten wir mit einem Erlebnis, das einer der Autoren vor längerer Zeit bei einer Bahnfahrt hatte. Das Abteil, in dem er saß, betrat eine Mutter mit ihrem Sohn Julius[1]. Schon nach ein paar Sätzen, die die Mutter und Julius miteinander gewechselt hatten, fiel dem Autor der Junge wegen seiner erstaunlichen sprachlichen Kompetenz auf. Er fragte u. a., wozu denn die Ablagen auf beiden Seiten des Aschenbechers vorgesehen seien. Die Mutter antwortete: „Für Zeitungen".

Julius nahm sich ein Faltblatt „Ihr Fahrplan" und wollte es in eine Ablage stecken. Die Mutter protestierte und meinte: „Wenn du das reinwirfst, kannst du es nicht mehr

---

[1]Die Namen der in diesem Buch genannten Kinder bzw. Jugendlichen wurden geändert; eine Ausnahme bilden jene Namen, die in Veröffentlichungen anderer Autoren vorkommen.

© Springer-Verlag GmbH Deutschland, ein Teil von Springer Nature 2020
T. Bardy und P. Bardy, *Mathematisch begabte Kinder und Jugendliche,* Mathematik Primarstufe und Sekundarstufe I + II, https://doi.org/10.1007/978-3-662-60742-8_1

rausholen." Julius sagte: „Dann gib mir mal Zeitungen!" Die Antwort der Mutter: „Ich habe keine." Zum Glück konnte der Autor aushelfen. Er gab ihm Blätter einer Zeitung. Julius faltete diese sehr sorgfältig zusammen, steckte sie alle in eine Ablage und erkannte, dass sie gut hineinpassten.

Als er fertig war, fragte der Autor ihn, wie viele Zeitungsblätter er denn hineingesteckt habe.

Er fasste jedes Blatt an und zählte dabei in aller Ruhe und korrekt bis 9 (also kein „Herunterleiern" der ersten neun natürlichen Zahlen).

Dann fragte der Autor ihn, wie viele Blätter er denn noch brauche, um 10 zu haben.

Antwort: „Noch eins."

Julius dürfte zu diesem Zeitpunkt demnach bereits mindestens das zweite der fünf Niveaus erreicht haben, die sich beim Einsatz der Zahlwortreihe unterscheiden lassen (siehe dazu *Padberg* und *Benz*, 2011, 10 f.), bzw. die Phase 4 des Zählens (resultatives Zählen) nach *Hasemann* und *Gasteiger* (2014, 23).

Haben die Lehrerinnen und Lehrer, die Julius später unterrichtet haben, ihn seinen Begabungen entsprechend fördern wollen und können?

Beispiel Tina (1. und 2. Schuljahr)

> Fünf Kinder treffen sich zum Kindergeburtstag. Wie oft werden Hände geschüttelt (falls jedes Kind jedes andere begrüßt)?

Diese Aufgabe wurde in einer Kreisarbeitsgemeinschaft[2] für Erst- und Zweitklässler gegen Ende des Schuljahres gestellt (*Bardy et al.*, 1999, 13). Tina (1. Jahrgangsstufe) fertigte eine Skizze an (siehe Abb. 1.1) und rechnete die Lösung korrekt aus. Dabei

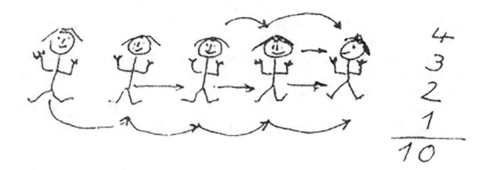

Abb. 1.1   Eine Eigenproduktion von Tina im 1. Schuljahr

[2]Zu Kreisarbeitsgemeinschaften und Korrespondenzzirkeln in Sachsen-Anhalt sei auf *Bardy* und *Hrzán* (2006) verwiesen.

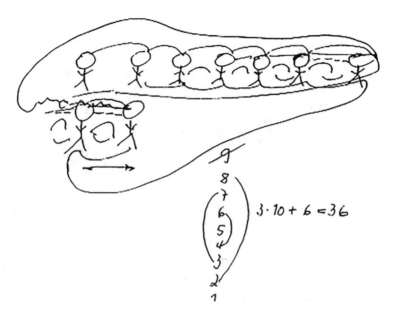

$$3 \cdot 10 + 6 = 36$$

Abb. 1.2 Tinas Eigenproduktion ein Jahr später

benutzte sie farbige Pfeile, jeweils eine Farbe für die jeweils zu ermittelnde Anzahl (z. B. 4). Die Pfeile sind hier schwarz wiedergegeben.

Ein knappes Jahr später wurde die gleiche Aufgabe – jetzt allerdings bezogen auf neun Kinder – noch einmal gestellt. Die Eigenproduktion in Abb. 1.2 stammt ebenfalls von Tina.

Interessant ist die Tatsache, dass die Darstellung der Kinder durch Tina im 2. Schuljahr abstrakter ausgeführt wurde als im 1. Schuljahr (Haare, Augen, Nase, Mund, Hände und Füße fehlen jetzt). Außerdem sind aus den Pfeilen (nicht gerichtete) Linien geworden. Obwohl Tina die Pfeile bzw. Linien nicht im Sinne des Händeschüttelns gezeichnet hat (sonst müssten in Abb. 1.1 z. B. vom ersten Kind aus vier Pfeile gezeichnet sein, deren Spitzen jeweils bei einem anderen Kind ankommen), hat sie die Problemstellung verstanden und jeweils die richtige Lösung gefunden. Bei Abb. 1.2 sind die geschickte Teilsummenbildung (10) und die zugehörige Rechnung bemerkenswert.

Beispiel Felix (8 Jahre 10 Monate, 3. Schuljahr)

Einer der Autoren lernte Felix in einer Kreisarbeitsgemeinschaft Mathematik kennen. Er fiel ihm durch seine originellen Lösungsideen auf. Felix nahm zu dieser Zeit auch an einem Mathematischen Korrespondenzzirkel teil. In diesem wurde u. a. folgendes Problem gestellt:

Problemstellung

Bei einer Tafel Schokolade mit 3 mal 6 Stücken findet sich folgende Besonderheit: Geht man davon aus, dass die Einzelstücke quadratische Form haben, so gilt: Die Maßzahlen des Flächeninhalts und des Umfangs sind gleich (18 Flächeneinheiten bzw. 18 Längeneinheiten).

Finde **alle** Rechtecke (mit ganzzahligen Seitenlängen), bei denen die Maßzahlen von Flächeninhalt und Umfang jeweils übereinstimmen.

Begründe, dass du alle Rechtecke gefunden hast.

Felix sandte die Lösung aus Abb. 1.3 ein (es handelte sich um die dritte Aufgabe des Aufgabenblattes):

Auf den ersten Blick mutet die Ausarbeitung von Felix sehr unordentlich, vielleicht sogar chaotisch an. Seine Argumentation ist aber mathematisch völlig korrekt und originell. Mithilfe einer zusätzlichen Skizze (siehe Abb. 1.4) wollen wir seine Argumentationskette (etwas verständlicher) beschreiben:

Felix unterscheidet bei den zu untersuchenden Rechtecken drei Sorten von Quadraten:

1. die Quadrate im schraffierten Bereich: Jedes einzelne trägt sowohl zum Umfang als auch zum Flächeninhalt eine Einheit bei;
2. die Quadrate im inneren Bereich: Sie liefern nur Beiträge zum Flächeninhalt;
3. die Quadrate an den Ecken: Jedes einzelne trägt *zwei* Einheiten zum Umfang, aber nur *eine* Einheit zum Flächeninhalt bei, also tragen alle beim Umfang insgesamt vier Einheiten mehr als beim Flächeninhalt bei.

Das muss durch vier Quadrate im Inneren ausgeglichen werden.

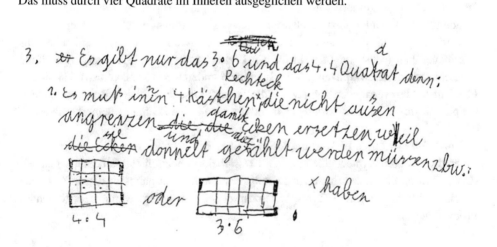

Abb. 1.3 Eine Eigenproduktion von Felix

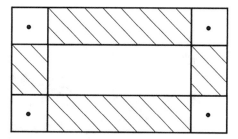

Abb. 1.4 Drei Sorten von Quadraten

Im Inneren gibt es also folgende Möglichkeiten:

oder

Daraus ergeben sich das 3×6-Rechteck bzw. das 4×4-Quadrat.

Beispiel Erik (9 Jahre 5 Monate, 4. Schuljahr)
Über ein Kind mit außergewöhnlichen algebraischen Fähigkeiten berichtet *Fritzlar*
(2006, 31 f.).
Es ging um folgende Aufgabe (siehe auch Abb. 1.5):

Aufgabe
„Wie viele Würfel werden gebraucht, um den abgebildeten Turm zu bauen?.
Wie viele Würfel werden für einen derartigen Turm benötigt, der (in der Mitte) 10
Würfel hoch ist?
Wie viele Würfel werden für einen noch höheren Turm gebraucht?"

Die Fragen wurden „innerhalb weniger Minuten" (*Fritzlar*, 2006, 32) von Erik bearbeitet.
Er arbeitete mit Variablen. Der Umgang mit ihnen war für ihn selbstverständlich.
„Später präsentierte er den anderen Teilnehmern seine Ergebnisse:
Wenn b die Höhe des Turmes ist, dann gilt:

$$b - 1 = x \quad (x \cdot b) : 2 = n \quad n \cdot 4 = y$$
$$y + b = a$$

und a ist dann immer das richtige Ergebnis." (a. a. 0.)

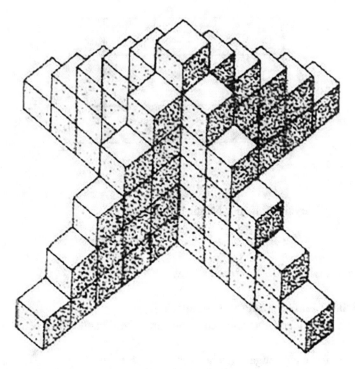

Abb. 1.5   Ein spezieller Turm (*Fritzlar,* 2006, 32)

Verblüffend ist nicht nur, wie souverän Erik hier mit immerhin fünf Variablen umgeht, sondern auch mit welcher Selbstverständlichkeit er die Formel

$$1 + 2 + 3 + \ldots + x = [x \cdot (x + 1)] : 2$$

verwendet (erinnert sei an das Vorgehen von *Gauß* im Falle $x = 100$; siehe Abschn. 5.1).

(Nicht unerwähnt sei, dass Erik mittlerweile Preisträger der Bundes-Mathematik-Olympiade war.)

Beispiel Robert (12 Jahre 3 Monate, 6. Schuljahr)
Robert besuchte in der fünften und sechsten Jahrgangsstufe ein universitäres Mathematik-Förderprojekt. In diesen beiden Jahren fiel er durch sein besonders stark ausgeprägtes Interesse für Mathematik auf. Er konnte sich in Probleme vertiefen und dabei eine enorme Ausdauer und Hartnäckigkeit entwickeln. Oft traten beeindruckende mathematische Fähigkeiten und Kenntnisse, gelegentlich auch ungewöhnliche Ideen zu Tage. Als Fünftklässler erreichte er im „Hamburger Test für mathematische Begabung" (*Kießwetter,* 1985) eines der bis dahin besten Ergebnisse, obwohl sich der Test regulär an Schülerinnen und Schüler der sechsten Jahrgangsstufe richtet.

Im folgenden Auszug (siehe Abb. 1.7) werden einige typische Vorgehensweisen und Potenziale Roberts deutlich, obwohl er das Problemfeld zu den Quadrathalbierungen (siehe Abb. 1.6) nicht vollständig bearbeiten konnte. Wir haben es dennoch ausgewählt, um darauf hinzuweisen, dass selbstverständlich auch mathematisch begabte Schülerinnen und Schüler nicht bei allen mathematischen Problemstellungen erfolgreich sind, nicht immer (sofort) einen passenden Ansatz finden und dass sie natürlich wie alle anderen Kinder und Jugendlichen über spezifische Stärken und Schwächen verfügen.

An Roberts Arbeitsblättern (Abb. 1.7) ist erkennbar, dass er (wie immer) sehr systematisch vorging: Zunächst fertigte Robert eine Tabelle an, in der untersuchte Beispiele eingetragen werden können – natürlich ohne Lineal, weil es schnell gehen muss. Zumindest die ersten Beispiele wurden regelgeleitet variiert, obwohl mit den ersten beiden Arbeitsaufträgen nur einige weitere Möglichkeiten gefordert wurden. Damit gab sich Robert allerdings nicht zufrieden, wie immer strebte er eine umfassende Bearbeitung an. Nach etwa 20 Beispielen wurde ihm klar, dass es sehr viele Möglichkeiten gibt, ein 4×4-Quadrat entlang der Gitterlinien zu halbieren, und dass seine Tabelle wahrscheinlich nicht ausreicht. Auch deshalb wechselte er *eigenständig* auf die Zahlenebene, indem er jede Quadratzerlegung in ein Quadrupel mit Elementen aus der Menge $\{0, 1, 2, 3, 4\}$ überführte. Damit eröffneten sich weitere Bearbeitungspotenziale

Quadrathalbierungen

In der folgenden Abbildung wurden auf Kästchenpapier 4 × 4-Quadrate gezeichnet und anschließend in zwei gleich große Teile geteilt.

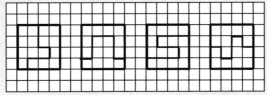

1. Finde weitere Möglichkeiten, ein 4 × 4-Quadrat entlang der Kästchenlinien zu halbieren!
2. Bei den zwei rechten Quadraten besitzen die beiden Teile auch dieselbe Form. Finde weitere Halbierungen mit formgleichen Teilen!
3. Wie viele verschiedene Halbierungen von 4 × 4-Quadraten mit formgleichen Teilen gibt es?
4. Untersuche auch für größere Quadrate, wie viele verschiedene Halbierungen mit formgleichen Teilen es gibt!

Abb. 1.6 Aufgabe: Quadrathalbierungen

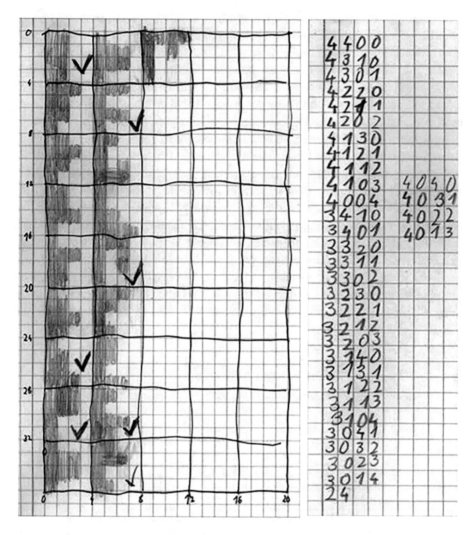

Abb. 1.7 Zwei Arbeitsblätter von Robert

(z. B. Ordnen der Größe nach, Beschreiben von Zerlegungen, leichtes Formulieren von (notwendigen) Kriterien für Halbierungen und deren Symmetrie). Allerdings handelte sich Robert auch Schwierigkeiten ein, weil die genutzte Überführung nicht eineindeutig ist.

Verfolgt man Roberts Idee, Quadratzerlegungen durch Quadrupel abcd aus Elementen der Menge $\{0, 1, 2, 3, 4\}$ zu beschreiben, so muss offenbar $a + b + c + d = 8$ gelten. Eine symmetrische Teilung ist nur dann möglich, wenn außerdem $a + d = 4 = b + c$ gilt.

Ebenfalls aus Symmetriegründen muss jede der beiden Teilflächen genau eine Seite des Quadrats vollständig enthalten. Man kann deshalb zusätzlich $a = 4$ fordern und

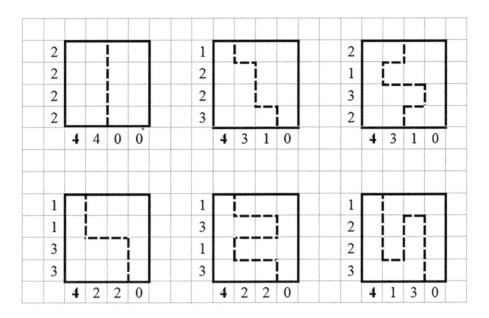

Abb. 1.8 Lösung: Halbierungen von 4 × 4-Quadraten mit formgleichen Teilen

zunächst alle Quadrupel suchen, die diese drei Bedingungen erfüllen. Anschließend prüft man geometrisch, zu welchen sich Quadrathalbierungen mit formgleichen Teilen ergeben. Die Abb. 1.8 zeigt bis auf Symmetrie alle Lösungen.

Die Beispiele haben gezeigt, zu welch ungewöhnlichen mathematischen Leistungen einzelne Kinder bzw. Jugendliche bereits in der Lage sind. Dennoch haben wir es vermieden, diese als „begabt" oder „hochbegabt" zu bezeichnen. Dies hat mehrere Gründe: Wir kennen sie nicht lange genug (Julius z. B. nur für gut eine Stunde); außerdem werden Ihnen lediglich Momentaufnahmen präsentiert. Der Hauptgrund besteht jedoch darin, dass wir die Begriffe „begabt" bzw. „hochbegabt" noch nicht erläutert bzw. noch nicht festgelegt haben, was in diesem Buch unter einem „mathematisch begabten" Kind oder Jugendlichen (siehe den Titel des Buches) zu verstehen sein soll. Wegen der beschriebenen Leistungen der Kinder dürften Sie nicht gegen die Verwendung des Prädikats „mathematisch leistungsstark" protestieren, insbesondere dann nicht, wenn Sie Erfahrungen mit jeweils gleichaltrigen Kindern oder Jugendlichen und deren mathematischen Fähigkeiten haben. Einen Widerspruch erwarten wir auch nicht, wenn wir diese Kinder (in einem noch zu präzisierenden Sinne) vorsichtig mit dem Etikett „höher als durchschnittlich mathematisch begabt" versehen. (Eine Präzisierung erfolgt in Kap. 4.)

Literatur

Bardy, P., & Hrzán, J. (2006). Projekte zur Förderung besonders leistungsfähiger Grundschul-kinder an der Universität Halle-Wittenberg. In H. Bauersfeld & K. Kießwetter (Hrsg.), *Wie fördert man mathematisch besonders befähigte Kinder?*, 10–16. Offenburg: Mildenberger.

Bardy, P., Hrzán, J., & Mede, K. (1999). Mathematische Eigenproduktionen leistungsstarker Grundschulkinder. *Mathematische Unterrichtspraxis, 20*(4), 12–19.

Elschenbroich, D. (2001). Verwandelt Kindergärten in Labors, Ateliers, Wälder. *Die Zeit Nr. 44.* Verfügbar unter: https://www.zeit.de/2001/44/200144_b-kita-elschenbr.xml (14.04.2020)

Fritzlar, T. (2006). Die „Matheasse" in Jena – ein Projekt zur Förderung mathematisch interessierter und (potenziell) begabter Grundschüler. In H. Bauersfeld & K. Kießwetter (Hrsg.), *Wie fördert man mathematisch besonders befähigte Kinder?*, 27–36. Offenburg: Mildenberger.

Hasemann, K., & Gasteiger, H. (^{3}2014). *Anfangsunterricht Mathematik.* Berlin, Heidelberg: Springer Spektrum.

Kießwetter, K. (1985). Die Förderung von mathematisch besonders begabten und interessierten Schülern – ein bislang vernachlässigtes sonderpädagogisches Problem. *Der Mathematisch-Naturwissenschaftliche Unterricht (MNU), 38*(5), 300–306.

Padberg, F., & Benz, C. (^{4}2011). *Didaktik der Arithmetik für Lehrerausbildung und Lehrerfort-bildung.* Heidelberg: Springer Spektrum.

Begabung/Hochbegabung

Da der vorliegende Band den Charakter eines Lehrbuches hat und nicht alle Leserinnen und Leser mit der Diskussion über den (allgemeinen) Begabungs- bzw. Hochbegabungsbegriff in der Psychologie und in der Pädagogik vertraut sein dürften, wird in diesem Kapitel über diese Diskussion und deren Ergebnisse berichtet. Um über mathematische Begabung ausreichend informiert sein zu können, ist es erforderlich, sich mit dem allgemeinen Begabungsbegriff und allgemeinen Begabungstheorien auseinanderzusetzen.

Unter anderem weil in der Begabungsforschung eine Zeit lang der Intelligenz- und der Begabungsbegriff synonym verwendet wurden, beschäftigen wir uns im ersten Abschnitt dieses Kapitels mit dem Intelligenzbegriff und mit Intelligenztheorien. *William Stern* allerdings forderte bereits vor über hundert Jahren, dass Begabung (insbesondere Hochbegabung) nicht allein über Intelligenz oder über den IQ zu definieren sei (siehe *Stern,* 1916).

Im zweiten Abschnitt dieses Kapitels wird u. a. herausgestellt, dass es keine allgemein akzeptierte Definition des Konstrukts „Hochbegabung" gibt. Weiterhin werden hier (notwendige) Kriterien für das Vorliegen einer Hochbegabung genannt, und es wird eine Typisierung von Begabungsdefinitionen vorgenommen.

Während im zweiten Abschnitt die intellektuellen Fähigkeiten im Zusammenhang mit „Begabung" (in eindimensionaler, monokausaler Sichtweise) im Vordergrund stehen, werden im dritten Abschnitt sowohl andere Fähigkeiten (wie z. B. musische oder psychomotorische) mit betrachtet als auch mehrdimensionale (multifaktorielle) Begabungsmodelle vorgestellt, die neben überdurchschnittlichen intellektuellen Fähigkeiten auch Motivation und Kreativität als konstituierend für Hochbegabung postulieren. Ebenfalls werden dort Modelle zur Synthese von Begabung und Expertise thematisiert.

© Springer-Verlag GmbH Deutschland, ein Teil von Springer Nature 2020
T. Bardy und P. Bardy, *Mathematisch begabte Kinder und Jugendliche,* Mathematik
Primarstufe und Sekundarstufe I + II, https://doi.org/10.1007/978-3-662-60742-8_2

2.1   Zum Intelligenzbegriff und zu Intelligenztheorien

Bereits 1912 umschrieb **William Stern** den Intelligenzbegriff wie folgt: „Intelligenz ist
die allgemeine Fähigkeit eines Individuums, sein Denken bewußt auf neue Forderungen
einzustellen; sie ist allgemeine geistige Anpassungsfähigkeit an neue Aufgaben und
Bedingungen des Lebens." (*Stern,* 1912, 3; zit. n. *Heller,* 2000, 21) 23 Jahre später
lautete seine Definition der Intelligenz so: „Intelligenz ist die personale Fähigkeit,
sich unter zweckmäßiger Verfügung über Denkmittel auf neue Forderungen einzustellen." (*Stern,* 1935, 424) Bis heute gibt es keine allgemein anerkannte Definition
von Intelligenz. Dies dürfte darin begründet sein, dass „in der Intelligenzforschung
von den verschiedenen Wissenschaftlern, die sich mit der Erforschung der Struktur der
Intelligenz beschäftigt haben, eine größere Zahl von Intelligenzfaktoren mal mehr, mal
weniger übereinstimmend identifiziert" wurden (*Neubauer* und *Stern,* 2007, 61). „Die
Frage, welche Intelligenzfaktoren es gibt, wurde im Laufe der Intelligenzforschung
immer wieder recht unterschiedlich beantwortet." (a. a. O., 61)

Die in der Literatur am häufigsten erwähnten Faktorentheorien sind die General-
faktortheorie von *Spearman,* die Zwei-Faktoren-Theorie von *Cattell,* das Primärfaktoren-
modell von *Thurstone* und die Intelligenzstrukturkonzepte von *Guilford* bzw. *Jäger.*

Die Faktorentheorie der sogenannten „Englischen Schule" (hierzu gehören vor
allem **Spearman, Burt** und **Vernon**) geht in ihrer neuesten Fassung über die ursprüngliche Zwei-Faktoren-Theorie *Spearmans* hinaus und versucht, wesentliche Auffassungen multifaktorieller Konzepte mit dem Spearmanschen Modellansatz zu
verbinden. Das Spearmansche Faktorenmodell der Intelligenz enthielt in seiner ersten
Fassung (siehe *Spearman,* 1904 und 1927) einen allgemeinen Faktor *(general factor)*
und eine nicht näher bestimmte Anzahl spezifischer Faktoren *(specific factors).* Die
Bezeichnung „Zwei-Faktoren-Theorie" ist demnach nicht ganz treffend, sie drückt
nur die Unterscheidung von g- und s-Faktoren(gruppen) aus. Dem „allmächtigen"
g-Faktor wird eine Beteiligung an allen Intelligenzleistungen zuerkannt; ihm wird
eine Art „zentrale mentale Energie" zugeordnet. Die s-Faktoren stellen die jeweiligen
Besonderheiten spezieller Leistungsformen dar. Da Überlappungsbereiche dieser
s-Faktoren nicht zu übersehen waren, sah *Burt* (1949) sich veranlasst, die ursprüngliche Zwei-Faktoren-Theorie zu revidieren. Er erkannte die Realität von Gruppen-
faktoren im Prinzip an und berücksichtigte sie in seinem modifizierten Modell. Nach den
Ergebnissen von Faktorenanalysen mussten weitere g-Faktoren angenommen werden,
die neben dem traditionellen g-Faktor für die anderen, sonst nicht aufzuklärenden
gemeinsamen Varianzanteile der s-Faktoren verantwortlich sind. Damit man einerseits an der Ausgangshypothese des Generalfaktors festhalten und andererseits weitere
Komplexitätsfaktoren mit in die Theorie aufnehmen konnte, wurden nun verschiedene
Generalitätsebenen postuliert. Dies führte zum sogenannten „hierarchischen Intelligenzmodell". Dieses Modell ist nach *Vernon* (1950 und 1965) in der folgenden Weise
konzipiert:

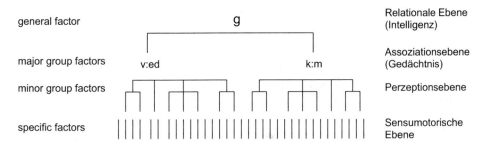

Abb. 2.1 Faktorenmodell der „Englischen Schule" (nach *Heller,* 2000, 29)

Dem g-Faktor *(general intelligence)* sind die „major group factors" und diesen wiederum die „minor group factors" als übergreifende Einheiten der s-Faktoren untergeordnet (siehe Abb. 2.1):

Erläuterung: g = general intelligence

v:ed = verbal-numerical-educational

k:m = practical-mechanical-spatial-physical

Cattell (1973) unterscheidet zwei g-Faktoren, den „general fluid ability factor" (gf) und den „general crystallized ability factor" (gc). Der gf-Faktor ist eine eher allgemeine, weitgehend angeborene Fähigkeit (vgl. *Friedman et al.,* 2006). Sie drückt sich darin aus, dass sich das Individuum neuen Situationen und Problemen anpassen kann, ohne umfangreiche frühere Lernerfahrungen gesammelt zu haben („schnelles Schalten", „sofort im Bilde sein"). Der gc-Faktor vereinigt all diejenigen kognitiven Fähigkeiten, in denen sich aus bisherigen Lernprozessen angehäuftes Wissen kristallisiert und verfestigt hat. „Die kristallisierte Intelligenz ist gewissermaßen das Endprodukt dessen, was flüssige Intelligenz und Schulbesuch gemeinsam hervorgebracht haben." (*Cattell,* 1973, 268)

Während sich die auf dem gf-Faktor basierenden Fähigkeiten und Verhaltensweisen relativ kulturfrei erfassen lassen, beinhaltet der gc-Faktor in hohem Maße kulturspezifische Elemente (ist z. B. in hohem Maße an sprachliche Fähigkeiten gebunden). *Cattell* fand in seinen Analysen Primärfaktoren der Intelligenz, die jeweils nur auf einem der beiden Faktoren gf oder gc basieren. Mehrere Faktoren basieren aber sowohl auf dem gf-Faktor als auch auf dem gc-Faktor. Dies führte dazu, einen weiteren Faktor mit einem noch größeren Allgemeinheitsgrad zu fordern, den gf(h), den „general fluid ability factor (historical)".

Die fluide Intelligenz erreicht ihr Entwicklungsoptimum bereits im 14. bis 15. Lebensjahr, während die kristalline Intelligenz, in Abhängigkeit von Lern- und Erziehungseinflüssen, im Regelfall nicht vor dem 20. Lebensjahr ihren Kulminationspunkt hat. Bei der kristallinen Intelligenz sind sogar Steigerungen bis in das 50. Lebensjahr oder noch später möglich.

„Einer der wesentlichen Vorzüge der Cattellschen Intelligenztheorie wird heute in der Möglichkeit gesehen, mit Hilfe des Konstruktmodells Schätzungen der Anlage-Umwelt-Anteile vornehmen zu können […]." (*Heller*, 2000, 32)

Die Idee eines übergeordneten Intelligenzfaktors wurde von **Thurstone** (1938) in seiner Theorie der multiplen Faktoren bzw. in seinem Modell der Primärfähigkeiten („primary mental abilities") verworfen. Diese Theorie besagt, dass die menschliche Intelligenz bereichsspezifisch organisiert ist und sich aus unterschiedlichen Fähigkeiten zusammensetzt. In einer Variante der Theorie benennt *Thurstone* die folgenden sieben Primärfaktoren der Intelligenz, die er in seinem faktorenanalytischen Vorgehen extrahierte:

1. V: verbal comprehension (Verstehen von Wortbedeutungen). Damit ist die Fähigkeit gemeint, sprachliche Bedeutungen und Beziehungen richtig zu verstehen und zu interpretieren.
2. W: word fluency (Wortflüssigkeit). Mit ihr wird die Leichtigkeit verstanden, mit der ein Individuum Wortverknüpfungen herstellt.
3. M: memory (Gedächtnis). Dieser Faktor betrifft die Merkfähigkeit des Kurzzeitgedächtnisses.
4. R: reasoning (schlussfolgerndes Denken). Dieser Faktor ist vermutlich der komplexeste im Intelligenzmodell von *Thurstone* und beinhaltet „die Fähigkeiten zum logischen Schließen, zum Regel-Erkennen (Induktion) und zur Deduktion" (*Heller*, 2000, 34).
5. N: number (numerisches Verständnis). Bei diesem Faktor handelt es sich eher um die Rechenfertigkeit (relativ einfache Rechenoperationen können routiniert durchgeführt werden) als um die Rechenfähigkeit.
6. S: space (Raumvorstellungsvermögen). Dieser Faktor beinhaltet auch z. B. die Fähigkeit, Objekte mental zu rotieren.
7. P: perceptual speed (Geschwindigkeit der visuellen Wahrnehmung). „Diesem Faktor wird die Fähigkeit zugeordnet, Details, die in irrelevantes Material eingebettet sind, rasch zu erkennen." (a. a. O., 35)

Nach *Heller* (a. a. O., 34) hat das „Modell der Primärfähigkeiten wie kein anderes Faktorenmodell der Intelligenz die moderne Testkonstruktion entscheidend" beeinflusst; „die meisten jüngeren Intelligenztests basieren auf dem Thurstoneschen Entwurf".

In dem häufig zitierten Quadermodell von **Guilford** werden drei Hauptdimensionen der Intelligenz unterschieden: Denkinhalte, Denkoperationen und Denkprodukte. Berücksichtigt man alle Untergliederungen (siehe Abb. 2.2), so ergeben sich $4 \cdot 5 \cdot 6 = 120$ Intelligenzfaktoren.

Die **Denkoperationen** gliedern sich in fünf Faktoren:
1. Erkenntnis/Kognition (Entdecken, Wiederentdecken, Verstehen, Aufnehmen)
2. Gedächtnis (Behalten des Erkannten)

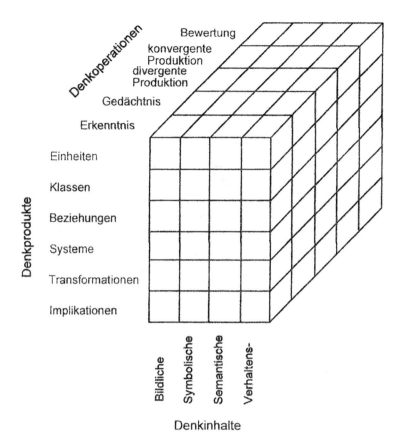

Abb. 2.2   Intelligenzstrukturmodell von Guilford (siehe *Guilford*, 1965, 388, und *Heller*, 2000, 27)

3. divergente Produktion/divergentes Denken
   (möglichst vielfältige, verschiedene Antworten)
4. konvergente Produktion/konvergentes Denken
   (richtige, konventionelle Antworten)
5. Bewertung (Nach bestimmten Kriterien werden Entscheidungen getroffen bzw.
   Urteile über Güte, Richtigkeit oder Geeignetheit gefällt.)

Erkenntnis und Gedächtnis sind Voraussetzungen für die beiden Arten der Produktion und für die Bewertung. Nach Auffassung von *Lucito* (1964, 185) schließen Produktion und Bewertung kreatives und kritisches Denken ebenso ein wie die Fähigkeit des Problemlösens.

Bei den **Denkinhalten** (siehe *Amelang* und *Bartussek*, 1997, 219) handelt es sich um substanzielle, grundlegende Arten oder Bereiche der Information. Bildliche Inhalte sind in konkreter Form vorliegende Informationen, wie sie in Form von Vorstellungen wahrgenommen oder erinnert werden. Visuelle, auditive oder kinästhetische Sinnes-qualitäten können beteiligt sein. Bei den symbolischen Inhalten liegt die Information in Form von Zeichen vor, welche für sich allein keinen Sinn haben, wie z. B. Buch-staben, Zahlen, Codes, Musiknoten oder Wörter (als geordnete Kombinationen von Buchstaben). Semantische Denkinhalte sind Begriffe oder geistige Konstrukte, auf die Wörter häufig angewendet werden. Diese Inhalte sind beim verbalen Denken und bei der verbalen Kommunikation sehr wichtig, aber nicht unbedingt abhängig von Worten. Verhaltensmäßige Inhalte (im Wesentlichen nicht bildhaft und nicht verbal) spielen bei menschlichen Interaktionen eine Rolle. Dabei sind Einstellungen, Bedürfnisse, Wünsche, Stimmungen, Absichten, Wahrnehmungen und Gedanken von anderen und von einem selbst mit einbezogen.

Denkprodukte (a. a. O.) sind grundlegende Formen, die Informationen beim Ver-arbeiten annehmen können. Unter Einheiten versteht *Guilford* relativ getrennte und abgegrenzte Teile oder „Brocken" von Information, die „Dingcharakter" besitzen. Klassen sind Begriffe, die Sätzen von nach ihren gemeinsamen Merkmalen gruppierten Informationen zugrunde liegen. Beziehungen sind Verknüpfungen zwischen Informationen. Bei Systemen handelt es sich um organisierte oder strukturierte Ansammlungen von Informationen, von zusammenhängenden oder sich beeinflussenden Teilen. Transformationen sind Veränderungen unterschiedlicher Art (Übergänge, Wechsel, Redefinitionen) bei bereits vorhandenen Informationen. Implikationen sind bei *Guilford* zufällige Verbindungen zwischen Informationen, wie z. B. das zeitliche Zusammensein verschiedener Erlebnisinhalte.

Zum Intelligenzstrukturmodell von *Guilford* bleibt kritisch anzumerken, dass es „nie gelungen ist, separate Tests für jede dieser [120, die Autoren] hypothetisch angenommenen Teilfähigkeiten zu entwickeln" (*Neubauer* und *Stern,* 2007, 64 f.).

Jäger (1982) hat mit seinem sog. „Berliner Intelligenzstrukturmodell" ein zwei-dimensionales Modell entwickelt, das dem Intelligenzstrukturmodell von *Guilford* ähnelt, aber einfacher und übersichtlicher ist. Während das Modell von *Guilford* drei Dimensionen aufweist, hat *Jäger* in seinen Faktoren- und Clusteranalysen lediglich zwei Dimensionen als bedeutsam nachweisen können: die Dimension der Operationen Bearbeitungsgeschwindigkeit (B), Gedächtnis bzw. Merkfähigkeit (G), Einfallsreichtum (E) und Verarbeitungskapazität (K) sowie die Dimension der Inhalte figural-bildhaft (F), verbal (V) und numerisch (N) (siehe Abb. 2.3).

Jäger (a. a. O., 213) beschreibt die operativen und inhaltsgebundenen Einheiten wie folgt:

B – Bearbeitungsgeschwindigkeit: „Arbeitstempo, Auffassungsleichtigkeit und Konzen-
   trationskraft"
G – Gedächtnis: „Aktives (nicht beiläufiges) Einprägen und kurz- oder mittelfristiges
   (Intervall maximal 45 min) Reproduzieren oder Wiedererkennen von verbalem,
   numerischem und figural-bildhaftem Material".

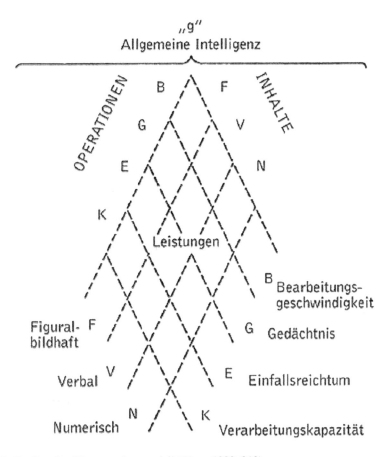

Abb. 2.3 Berliner Intelligenzstrukturmodell (*Jäger,* 1982, 212)

E – Einfallsreichtum: „Flüssige, flexible und auch originelle Ideenproduktion, die die Verfügbarkeit vielfältiger Informationen, Reichtum an Vorstellungen und das Sehen vieler verschiedener Seiten, Varianten, Gründe und Möglichkeiten von Gegenständen und Problemen voraussetzt".

K – Verarbeitungskapazität: „Verarbeitung komplexer Informationen bei Aufgaben, die nicht auf Anhieb zu lösen sind, sondern Heranziehen, Verfügbarhalten, vielfältiges Beziehungsstiften, formallogisch exaktes Denken und sachgerechtes Beurteilen von Informationen erfordern."

F – Figural-bildhaft, anschauungsgebundenes Denken: „Diese Einheit ist […] durch die benannte Gemeinsamkeit des Aufgabenmaterials charakterisiert."

V – Verbal, sprachgebundenes Denken: „Einheitsstiftendes Merkmal ist hier das Beziehungssystem Sprache."

N – Numerisch, zahlengebundenes Denken: „Analog zu V kann hier die Aneignung und Verfügbarkeit des Beziehungssystems Zahlen als einheitsstiftendes Merkmal interpretiert [...] werden."

Bezüglich der Beschreibungen der Intelligenz als geschlossene Einheit (siehe Abb. 2.3) bzw. als differenzierte Struktur vertritt *Jäger* (a. a. O., 211) folgende Position:

> „Beschreibungen der Intelligenz als eine geschlossene Einheit sind empirisch ebenso begründbar wie ihre Beschreibung als differenzierte Struktur von mehreren klar unterscheidbaren operativen und/oder inhaltsgebundenen Einheiten (Fähigkeitsfaktoren, Leistungsklassen). Das erscheint nur so lange widersprüchlich, wie man in einer substantialisierenden Interpretation von Faktoren befangen bleibt, vor der nicht oft genug gewarnt werden kann. In unserer synonymen Verwendung von ‚Einheit', ‚Faktor' und ‚Klasse' kommt zum Ausdruck, daß wir hier auf deskriptiver Ebene verbleiben, auf der Faktoren zunächst nur als Klassen ähnlicher Phänomene (in unserem Falle Leistungen) aufzufassen sind. Prinzipielle Gegner der Faktorenanalyse seien in diesem Zusammenhang darauf hingewiesen, daß unsere Cluster- und Faktorenanalysen derselben Variablensätze durchweg hochgradig bis perfekt übereinstimmende Resultate hatten."

Neubauer und *Stern* (2007, 65) weisen auf das Folgende hin: „Im Gegensatz zum Guilford'schen Modell hat das Jäger'sche Modell [...] zu einem publizierten und anerkannten Testverfahren geführt." (siehe *Jäger et al., 1997*).

Während die bisher hier besprochenen Intelligenztheorien mehr oder weniger psychometrisch fundiert und damit fähigkeitsorientiert sind, entwickelten Kognitionspsychologen (diese untersuchen die menschliche Informationsverarbeitung) eigenständige prozessorientierte Intelligenzmodelle. Dazu gehören informationstheoretische Modelle wie z. B. der „kognitive Komponenten-Ansatz" von **Sternberg** und seiner Forschergruppe (siehe z. B. *Sternberg* und *Davidson, 1986*). *Sternberg* entwickelte frühere Forschungsansätze zum analogen Denken (*Sternberg, 1977*) zu seiner sogenannten „Triarchischen Intelligenztheorie" (*Sternberg, 1984, 1985*) fort. Diese Theorie besteht aus drei Untertheorien, die *Sternberg* als Kontext-, Zwei-Facetten- und Komponententheorie bezeichnet.

Die **Kontext-Subtheorie** betont das Kulturspezifische der Intelligenz, wonach diese immer im entsprechenden soziokulturellen Kontext zu definieren sei. In dieser Subtheorie geht es um Aspekte der sozialen und praktischen Intelligenz.

In der **Zwei-Facetten-Subtheorie** versucht *Sternberg,* den (seiner Ansicht nach nur scheinbaren) Widerspruch denk- und lernpsychologischer Annahmen bezüglich der Informationsverarbeitung zu überwinden. Zur Lösung eines Problems wird Denken vor allem dann erforderlich, wenn lediglich eine geringe Erfahrungs- und Wissensbasis vorhanden ist, für den Problemlöser das Problem also neuartig ist. *Sternberg* (1984, 277) erachtet dabei folgende Fähigkeiten als relevant: selektives Enkodieren (die Fähigkeit, die für eine Problemlösung relevanten bzw. irrelevanten Informationen zu erkennen), selektives Kombinieren (die Fähigkeit, die relevanten Informationen auf die für die Lösungsfindung sinnvollste Art zu kombinieren) und selektives Vergleichen (die Fähigkeit, neue Informationen auf alte zu beziehen). Dieser Prozess ist die eine Facette der

Zwei-Facetten-Subtheorie. Die andere betrifft Subroutinen im Problemlöseprozess, dabei handelt es sich um die Automatisierung der Informationsverarbeitung. Das eigentliche Denken wird umso mehr entlastet, je umfangreicher das Repertoire automatisierter (Teil-)Prozesse ist (a. a. O., 278). *Sternberg* vertritt die Auffassung, dass sich menschliche Intelligenz besonders gut mit solchen Aufgabenformaten messen lässt, bei denen vorhandenes, aber allein nicht ausreichendes Wissen angewandt werden muss, um schließlich zur Lösung zu gelangen.

In der **Komponenten-Subtheorie** unterscheidet *Sternberg* zwischen Performanz-, Meta- und Wissenserwerbskomponenten. Klassifikations-, Analogie- und Reihenfortsetzungsaufgaben, die in modernen Intelligenztests u. a. vorkommen, erfordern vom Probanden Basisoperationen im Sinne der Performanzkomponenten, d. h. Auswahl und routinemäßige Organisation. Außerdem sind dazu Kontrollprozesse notwendig. Diese werden als Metakomponenten bezeichnet. Dazu gehören: „Problemerkennung, Wahl der geeigneten Performanzkomponenten, der Repräsentationsform (verbal, numerisch, figural bzw. bildhaft), Strategie der Kombination und Neuordnung von Performanzkomponenten, Ausführungs- und Lösungskontrolle u. ä." (*Heller*, 2000, 37). Der Lernprozess wird von den Wissenserwerbskomponenten gesteuert.

Sternberg und seine Mitarbeiter konnten mithilfe ihrer Komponenten-Analyse von Denkprozessen sechs Komponenten ermitteln, in denen sich hochbegabte Schülerinnen und Schüler von durchschnittlich begabten insbesondere bei der Lösung komplexer, schwieriger Probleme unterscheiden (a. a. O., 38):

- Entscheidung darüber, welche Probleme gelöst werden müssen bzw. worin eigentlich das Problem besteht;
- Planung zweckmäßiger Lösungsschritte;
- Auswahl geeigneter Handlungsschritte;
- Wahl der Repräsentationsebene (sprachlich, symbolisch, bildhaft);
- Aufmerksamkeitszuwendung;
- Kontrolle sämtlicher Problemlöseaktivitäten.

Für die einzelnen Schritte eines Problemlöseprozesses sind demnach allgemeine Planungs- und Steuerungskomponenten im Sinne von Metakomponenten besonders bedeutsam. Weitere kognitionspsychologische Untersuchungen belegen, dass Hochbegabte anderen hauptsächlich in der Qualität der Informationsverarbeitung überlegen sind.

Außerdem enkodieren Begabte langsamer als weniger Begabte. *Sternberg* gibt als Ursache dafür die Verwendung unterschiedlicher Strategien an. Von *Facaoaru* (1985) wird dies dadurch erklärt, dass in der Anfangsphase eines Problemlöseprozesses hochbegabte Schülerinnen und Schüler, insbesondere kreative, mehr Hypothesen aufstellen als andere. Das benötigt natürlich einen größeren Zeitaufwand. Die hier genannten Erkenntnisse sind auch für unser Thema – mathematische Begabung – sehr bedeutsam, da ja das Problemlösen einen wesentlichen Aspekt mathematischer Aktivitäten ausmacht.

Gardner (1991) unterscheidet in seiner „Theorie der multiplen Intelligenzen" folgende relativ autonome Intelligenzbereiche:

1. **Sprachliche Intelligenz:** Sensibilität für gesprochene und geschriebene Sprache; Fähigkeit, Sprachen zu lernen und sie zu gebrauchen.
2. **Logisch-mathematische Intelligenz:** formallogische und mathematische Denkfähigkeiten.
3. **Räumliche Intelligenz:** Fähigkeiten der Raumwahrnehmung und -vorstellung, des räumlichen Denkens.
4. **Körperlich-kinästhetische Intelligenz:** psychomotorische Fähigkeiten, wie sie z. B. für sportliche, tänzerische oder schauspielerische Leistungen benötigt werden.
5. **Musikalische Intelligenz:** Begabung zum Musizieren und Komponieren, Sinn für musikalische Prinzipien.
6. **Intrapersonale Intelligenz:** Sensibilität gegenüber der eigenen Empfindungswelt.
7. **Interpersonale Intelligenz:** Fähigkeit zur differenzierten Wahrnehmung anderer Menschen (soziale Intelligenz).
8. **Naturalistische Intelligenz:** Fähigkeit zur Mustererkennung in der Lebensumwelt.

(Außerdem benannte *Gardner* noch zwei „Intelligenzkandidaten": „existenzielle" und „spirituelle" Intelligenz.)

„Die praktische Bewährung des Gardner-Modells in empirischen Studien gestaltet sich [...] schwierig, da zu den meisten Intelligenzen keine erprobten Messinstrumente vorliegen. So ist die Theorie zwar theoretisch anregend, doch praktisch wenig einflussreich." (*Ziegler,* 2009b, 941)

Zur Frage der **Generalität oder Spezifität der Intelligenz** bemerken *Neubauer* und *Stern* (2007, 70 f.):

> „Nach fast 100 Jahren einschlägiger Forschungsbemühungen und Studien mit zigtausend getesteten Personen kann die Kontroverse ‚Generalität oder Spezifität' als weitgehend gelöst gelten. Mit ganz wenigen Ausnahmen würden heute alle Intelligenzforscher einem Kompromiss aus beiden Extrempositionen zustimmen: Weder lässt sich Thurstones Annahme unverbundener Teilfähigkeiten [...] aufrechterhalten, da sich in Hunderten von Studien immer wieder mittelhohe korrelative Zusammenhänge zwischen verschiedenen Teilfähigkeiten ergaben; noch lässt sich Intelligenz eindeutig mit einem Generalfaktor im Sinne Spearmans identifizieren, denn dann würde jeder Intelligenztest außer dem Generalfaktor g nur einen ihm eigenen spezifischen Anteil messen."

Aufgrund neuer Forschungsergebnisse aus der Genetik (siehe *Plomin* und *von Stumm,* 2018 sowie *Lee et al.,* 2018) sehen wir uns hier an dieser Stelle veranlasst, kurz auf die Genetik der Intelligenz einzugehen:

Im Januar 2018 kündigten *Plomin* und *von Stumm* (2018, 148) an, „The new genetics of intelligence" (so der Titel ihres Beitrags) werde aufklären, was die unterschiedlichen kognitiven Fähigkeiten von Menschen beeinflusse:

„Recent genome-wide [also das gesamte Erbgut betreffende, die Autoren] association studies have successfully identified inherited genome sequence differences that account for 20 % of the 50 % heritability of intelligence. These findings open new avenues for research into the causes and consequences of intelligence using genom-wide polygenic scores [abgekürzt GPS, die Autoren] that aggregate the effects of thousands of genetic variants."

Die beteiligten Wissenschaftlerinnen und Wissenschaftler in einem internationalen Konsortium aus 88 Instituten haben die Ergebnisse herkömmlicher IQ-Tests von 280.000 Probanden (a. a. O., 151) und parallel deren Genome erfasst. Bisher wurden 1.271 der Gene, die das Merkmal „Intelligenz" beeinflussen, entdeckt (siehe *Lee et al.*, 2018, 1112). „Nach Schätzungen der Forscher sind es aber zwischen 10.000 und 100.000 solcher Schaltelemente im Genom, die unsere Intelligenz steuern." (*Bahnsen*, 2018a, 33)

„Schon bald dürfte sich die volle Macht der ‚neuen Genetik' entfalten. IQ-Vorsagen sollen nicht mehr nur auf Erbgut-Profilen beruhen, sondern auf komplett entschlüsselten Genomen. Die EU hat zu diesem Zweck die ‚One Million Genomes'-Initiative gestartet. Eine Million entschlüsselter Genome, so lautet die Hoffnung, würden weitaus treffsicherere IQ-Prognosen erlauben.

Zwangsläufig wird die ‚neue Genetik' die alten Fragen neu stellen: Was will man über die Anlagen des einzelnen Menschen wissen? Welche Kinder soll man besonders fördern? Was ist Bildungsgerechtigkeit? Es dürfte sinnvoll sein, heute damit anzufangen, sich über die Antworten Gedanken zu machen." (*Bahnsen*, 2018a, 33)

„Tatsächlich könnten IQ-Scores irgendwann einmal helfen, sehr begabte Kinder zu identifizieren, die von einer Förderung besonders profitieren würden, sie aber in Schule oder Kita niemals bekommen. Dafür aber muss die Vorhersagekraft der IQ-GPS noch erheblich besser werden." (*Bahnsen*, 2018b, 35)

Welchen ethischen Fragen müssten wir uns dann in diesem Zusammenhang stellen?

2.2 Zum Begabungsbegriff

Bevor wir uns in Kap. 4 mit mathematischer Begabung auseinandersetzen, wollen wir uns hier – wie bereits angekündigt – zunächst mit dem allgemeinen Begabungsbegriff beschäftigen. Auf welcher „Bedeutungsebene" (in welcher analytischen Dimension) dies geschieht, kann Abb. 2.4 entnommen werden.

In diesem Abschnitt geht es nicht um die Entstehung von Begabungen (siehe dazu Abschn. 4.3), sondern um eine Beschreibung („Definition") des Begriffs „Begabung" bzw. „Hochbegabung", die für die Zwecke dieses Buches geeignet ist. Bezogen auf Abb. 2.4 ist also hier (in der Regel) die Bedeutungsebene „Begabung als beschreibender Begriff" angesprochen.

In der einschlägigen (psychologischen und pädagogischen) Literatur trifft man auf eine große terminologische Vielfalt bezüglich der Begriffe „Begabung" und „Hochbegabung" und findet z. B. zum Konstrukt „Hochbegabung" keine einheitliche, (von der Mehrzahl der Hochbegabungsforscher) allgemein akzeptierte Definition.

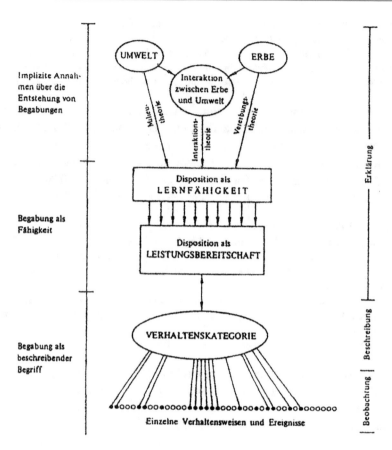

Abb. 2.4 Bedeutungsebenen des Begabungsbegriffs (nach *Schiefele* und *Krapp,* 1973, 26; siehe auch *Helbig,* 1988, 34)

Nach *Hany* (1987, 87 f.) dient der qualitative Begriff „Hochbegabung" „in der Laien-sprache zur Kenntlichmachung von Personen, die durch besondere Fähigkeiten oder besondere Leistungen auffallen". Verständnis und Wertschätzung von Fähigkeiten und Leistungen sind jedoch kulturabhängig. Demnach ist auch die inhaltliche Bestimmung von Hochbegabung sowohl historischen als auch kulturellen Veränderungen unterworfen. „In der Wissenschaftssprache ist ‚Hochbegabung' ein (unscharfer) Sammelbegriff für bestimmte Verhaltensmerkmale ‚hochbegabter' Personen, die sich durch extreme Werte in Fähigkeits- und/oder Leistungsmessungen auszeichnen." (a. a. O.) *Feger* (1988, 53) begründet, warum es die eine allgemein verbindliche Definition von Hochbegabung nicht geben kann: „Die Frage, was Hochbegabung ausmacht, wird immer wesentlich bestimmt durch den Hintergrund einer Kultur, durch Werte und Einstellungen, durch Organisationsstrukturen (etwa des Schulsystems) usw."

Sternberg (1993, 185 ff.) nennt in seiner impliziten Theorie der (Hoch-)Begabung (giftedness) fünf notwendige und in der Gesamtheit hinreichende Merkmale (Kriterien) für das Vorliegen einer (Hoch-)Begabung:

1. das **Exzellenz-Kriterium:** In einem oder mehreren Bereichen ragt ein Individuum im Vergleich zu Gleichaltrigen hervor.
2. das **Seltenheits-Kriterium:** Das Individuum muss ein hohes Niveau eines Merkmals (z. B. Intelligenz) aufweisen, welches im Vergleich zu Gleichaltrigen selten ist.
3. das **Produktivitäts-Kriterium:** In dem Bereich oder in den Bereichen, in denen das Individuum herausragt, muss es produktiv sein oder potenziell produktiv sein können.

„In childhood, of course, it is possible to be labelled as gifted without having been productive. In fact, children are typically judged largely on potential rather than actual productivity. As people get older, however, the relative weights of potential and actualized potential change, with more emphasis placed on actual productivity." (a. a. O., 186)

4. das **Nachweis-Kriterium:** Durch einen oder mehrere valide Tests muss das Individuum seine Ausnahmestellung in dem betreffenden Bereich nachgewiesen haben.
5. das **Wert-Kriterium:** Das Individuum muss in einem Bereich besondere Leistungen zeigen bzw. erwarten lassen, der von seiner Gesellschaft, in der es lebt, als wertvoll und wichtig angesehen wird.

Im Rahmen dieses Buches ist es nicht möglich, alle relevanten Definitionsvarianten bzw. Theorien/Modelle zur Hochbegabung zu diskutieren (eine gut lesbare Übersicht über ältere Theorien/Modelle bietet ein Teil der Dissertation von *Hany*, 1987; siehe dort 5–91). Die Zahl der Definitionsversuche bzw. der Theorieansätze war (und ist) so groß, dass *Lucito* sich (bereits) 1964 veranlasst sah, zur besseren Überschaubarkeit eine Typisierung vorzuschlagen (außer *Lucito,* 1964 siehe auch *Holling* und *Kanning,* 1999, 5 f. und *Feger,* 1988, 57 ff.):

Typ 1 *(Ex-post-facto-Definitionen):* Nach diesen Definitionen wird eine Person als hochbegabt bezeichnet, nachdem sie etwas Herausragendes vollbracht hat. Kinder jüngeren Alters können mit solchen Definitionen im Regelfall nicht erfasst werden.

Typ 2 *(IQ-Definitionen):* Diese Definitionen beziehen sich auf eine explizit genannte untere Schranke des IQ-Wertes, meist von 130. Wer diese Schranke erreicht oder einen höheren Wert erzielt, gilt als hochbegabt.

Typ 3 *(Talentdefinitionen):* Bei diesen Definitionen geht es um Ausweitungen des Begabungskonzeptes. Sie beziehen Sonderbegabungen und Begabungen in einer großen Zahl von Bereichen ein.

Typ 4 *(Prozentsatzdefinitionen):* Ein bestimmter Prozentsatz der Bevölkerung wird als hochbegabt definiert. Bei dem zugrunde gelegten Kriterium kann es sich um

Schulnoten, um Schulleistungstests oder auch um Werte in Intelligenztests (dabei Überschneidung mit dem Typ 2) handeln.

Typ 5 *(Kreativitätsdefinitionen):* Bei diesen Definitionen wird ausdrücklich eine reine Definition nach dem IQ abgelehnt. Originelle und produktive Leistungen werden für das Vorliegen einer Hochbegabung als kennzeichnend hervorgehoben.

Diese Typen schließen sich nicht gegenseitig aus. So können Definitionen von Hochbegabung gleichzeitig mehreren Typen zugeordnet werden.

Lucito selbst hat einen **Definitionstyp 6** herausgearbeitet, bei dem er das *Guilford*'sche Modell der Intelligenz (siehe Abschn. 2.1) stärker betont, als dies üblicherweise beim Typ der Kreativitätsdefinitionen der Fall ist:

> „Hochbegabt sind jene Schüler, deren potenzielle intellektuelle Fähigkeiten sowohl im produktiven als auch im kritisch bewertenden Denken ein derartig hohes Niveau haben, dass begründet zu vermuten ist, dass sie diejenigen sind, die in der Zukunft Probleme lösen, Innovationen einführen und die Kultur kritisch bewerten, wenn sie adäquate Bedingungen der Erziehung erhalten." (*Lucito,* 1964, 184; übersetzt durch P. B.)

Wir verzichten darauf, Vor- und Nachteile der aufgeführten Definitionstypen nach *Lucito* herauszuarbeiten (siehe dazu *Feger,* 1988, 60), und beschränken uns darauf, eine weitere (bereichsunspezifische) Beschreibung des Begabungsbegriffs anzugeben, die wir im Folgenden zugrunde legen werden:

Begabung lässt sich nach *Heller* (1996, 12) als individuelles, relativ stabiles und überdauerndes Fähigkeitsgefüge und Handlungspotenzial auffassen, bestehend aus kognitiven, emotionalen, kreativen und motivationalen Bestandteilen, die durch bestimmte Einflüsse weiter ausgeprägt werden können und so eine Person in die Lage versetzen, in einem mehr oder weniger eng umschriebenen Bereich besondere Leistungen zu erbringen.

Gelegentlich findet man in der Literatur die Differenzierung in „begabt", „durchschnittlich hochbegabt" und „hochbegabt vom Typ des Wunderkindes" (siehe z. B. *Chauvin,* 1979, 70) oder von „hochbegabt"[1] und „höchst begabt" (*Feger,* 1988, 56). Der kanadische Psychologe *Gagné* unterscheidet sogar fünf Stufen von Begabung von „mildly" bis „extremely", wobei die jeweils höhere Stufe aus den besten 10 % der darunterliegenden besteht (z. B. *Gagné,* 2004). Auf solche Abstufungen wird im Folgenden nicht eingegangen.

Wir verstehen den Begriff „begabt" als Oberbegriff von „hochbegabt" und nicht als Synonym zu „hochbegabt". Im nächsten Abschn. 2.3 werden noch beide Begriffe („begabt" und „hochbegabt") verwendet, insbesondere um Modelle zur Hochbegabung

---

[1]Es gibt auch das Phänomen der Spezialbegabung (in einem bestimmten Gebiet) oder das des Idiot-Savant. Bei Idiots-Savants liegen eine erhebliche Intelligenzminderung und eine Hochbegabung in einem isolierten Bereich vor.

beschreiben zu können. Danach werden wir in der Regel den Begriff „begabt" benutzen (insbesondere „mathematisch begabt").

Bei der obigen Beschreibung des Begabungsbegriffs nach *Heller* ist besonders hervorzuheben, dass es sich um ein **individuelles** Fähigkeitsgefüge und Handlungspotenzial handelt. Begabungen sind so unterschiedlich, wie Menschen verschieden sind.

> „Begabung ist eng mit der Entwicklung verschiedener Persönlichkeitseigenschaften verbunden. Interessen und Neigungen ebenso wie Beharrlichkeit und Ausdauer, Charakterstärke und Verantwortungsbewusstsein fördern ihre Herausbildung. Umgekehrt können besondere Leistungen, die auf der Grundlage von Begabungen vollbracht werden, auch die Selbstsicherheit, das Selbstbewusstsein und die soziale Kompetenz fördern. Diese Wechselwirkungen verlaufen nicht immer harmonisch, sondern können auch zu widersprüchlichen, konfliktreichen Entwicklungen führen. Besondere Aufmerksamkeit verdienen dabei Widersprüche zwischen Interessen und Können, zwischen kognitiven Fähigkeiten und sozialer/ körperlicher Entwicklung, zwischen Leistung und sozialer Kommunikation. Begabte junge Menschen können auch ‚schwierig' sein: Sie denken ‚quer', fallen durch Ungeduld, Unruhe und andere ‚unangepasste' Verhaltensweisen auf, sie können introvertiert oder exzentrisch sein. Ihre ‚Abweichung von der Normalität' verlangt auch Einfühlungsvermögen und Verständnis ihrer Umwelt." (*BLK,* 2001, 6)

Im Übrigen treten die meisten Hochbegabungen bereichsspezifisch in Erscheinung, universelle Hochbegabungen sind relativ selten. Außerdem gibt es unter den spezifisch mathematisch Hochbegabten verschiedene Ausprägungen (Genaueres siehe Kap. 4).

> „Neuerdings gewinnt die Auffassung an Popularität, dass Begabungen lediglich theoretisch begründbare Einschätzungen von Wissenschaftlern darstellen […], die beispielsweise aussagen, ob eine Person
>
> - *möglicherweise* einmal Leistungseminenz erreichen wird (Talent),
> - *wahrscheinlich* einmal Leistungseminenz erreichen wird (Begabter)
> - oder schon *sicher* Leistungseminenz erreicht hat (Experte)." (*Ziegler,* 2009b, 937)

2.3   (Mehrdimensionale) Modelle zur (Hoch-)Begabung

Begabungsforscher haben Modelle zur Begabung bzw. Hochbegabung entwickelt. Solche Modelle sollen sowohl die Grundlagen von Begabung/Hochbegabung als auch deren mögliche Wirkungen aufzeigen. *Mönks* und *Ypenburg* (2005, 16–20) unterscheiden folgende (nicht überschneidungsfreie) Arten von Modellen (siehe auch *Hany,* 1987, 5–91):

- **Fähigkeitsmodelle:** Diese gehen von der Annahme aus, dass intellektuelle Fähigkeiten bereits im Kindesalter festgestellt werden können und sich im Laufe des Lebens nicht wesentlich ändern, d. h. dass es sich dabei um stabile Fähigkeiten handelt.

- **Modelle kognitiver Komponenten:** Diese beziehen sich vor allem auf Prozesse der Informationsverarbeitung.
- **leistungs-/förderungsorientierte Modelle:** Diese machen einen Unterschied zwischen Anlagen eines Menschen und ihrer Verwirklichung.
- **soziokulturell orientierte Modelle:** Diese gehen davon aus, dass sich Begabung/ Hochbegabung nur bei einem günstigen Zusammenwirken von individuellen und sozialen Faktoren verwirklichen kann.

Zunächst (Unterabschn. 2.3.1, 2.3.2, 2.3.3 und 2.3.4) werden vier primär leistungs-/ förderungsorientierte Modelle vorgestellt, die in der Literatur häufig genannt werden und im Rahmen der Begabtenförderung in verschiedenen Ländern als theoretische Basis dienen. Auch für die Thematisierung der Schwerpunkte dieses Buches – Theorie und (Förder-)Praxis – scheinen sie uns besonders geeignet. (Auf Evaluationskriterien für Hochbegabungsmodelle gehen wir hier nicht weiter ein. Ein für unsere Zwecke wichtiges Kriterium ist die Möglichkeit, Fördermaßnahmen aus dem jeweiligen Modell ableiten zu können).

Danach (Unterabschn. 2.3.5 und 2.3.6) werden Modelle zur Synthese von Begabung und Expertise thematisiert: das Modell der sich entwickelnden Expertise und das Aktiotop-Modell von *Ziegler.*

2.3.1   Das „Drei-Ringe-Modell" von *Renzulli*

In den 1970er Jahren war *Renzulli* zu der Überzeugung gekommen, dass Hochbegabung nicht allein durch hohe intellektuelle Fähigkeiten charakterisiert werden kann (siehe *Renzulli,* 1978).

Vielmehr betonte er für ihr Vorliegen das erfolgreiche Zusammenspiel dreier Persönlichkeitsmerkmale, nämlich überdurchschnittlicher intellektueller Fähigkeiten, der Kreativität und der Motivation. Diese drei gleichberechtigten Ausprägungen von Merkmalen müssen nach *Renzulli* jeweils in überdurchschnittlicher, aber nicht unbedingt in herausragender Qualität vorhanden sein. Aufgrund dieser Erkenntnis entwickelte *Renzulli* das sogenannte „Drei-Ringe-Modell" der Hochbegabung, das diese als Schnitt der genannten drei Persönlichkeitsmerkmale charakterisiert (siehe Abb. 2.5).

Überdurchschnittliche intellektuelle Fähigkeiten umfassen nach *Renzulli* allgemeine Fähigkeiten wie

- ein hohes Niveau im Schlussfolgern und abstrakten Denken, in der Raumvorstellung, im Erinnern und in sprachlicher Gewandtheit;
- gute situative Anpassungsfähigkeit;
- schnelle Informationsverarbeitung und schneller Informationszugriff.

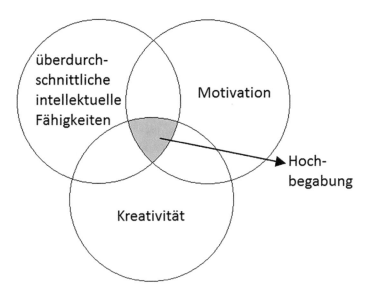

Abb. 2.5 Drei-Ringe-Modell von *Renzulli* (nach *Renzulli,* 1978, 182)

Unter **Motivation** (bei *Renzulli* „task commitment", wörtlich: Aufgabenbezogenheit) versteht er eine spezielle Form der Leistungsmotivation: Energie in Form von Ausdauer, Beharrlichkeit, Begeisterungsfähigkeit und Entschlossenheit, aber auch z. B. Offenheit für Selbst- oder Fremdkritik, die Personen bei der Bearbeitung spezieller Probleme einbringen.

Kreativität (Genaueres siehe Unterabschn. 8.7.1) ist nach *Renzulli* eine bestimmte Form des Lösungsverhaltens, die sich durch Flüssigkeit, Flexibilität und Originalität im Denken, durch Offenheit für neue Erfahrungen sowie die Bereitschaft auszeichnet, Risiken im Denken und Handeln einzugehen.

Überdurchschnittliche Einzelausprägungen in den drei beschriebenen Persönlichkeitsmerkmalen stellen dabei eine notwendige, jedoch nicht hinreichende Bedingung für die Entstehung von Hochbegabung dar. Diese Komponenten müssen nach *Renzullis* Modell interagieren, d. h., Hochbegabung entsteht durch deren günstiges und erfolgreiches Zusammenspiel. (*Renzulli* setzt offenbar Begabung mit Leistung gleich).

Das „Drei-Ringe-Modell" von *Renzulli* und seine Erweiterung durch *Mönks* (siehe Unterabschn. 2.3.2) sind Modelle, die hochbegabtes Verhalten als Zusammenspiel verschiedener Faktoren aufzeigen. Jedoch sind überdurchschnittliche intellektuelle Fähigkeiten, die sich vor allem in Intelligenztests feststellen lassen, bei ihnen Grundbedingung für eine Hochbegabung.

Konkret bedeutet dies, dass beispielsweise ein Grundschulkind, das nachweislich über hohe intellektuelle Fähigkeiten verfügt, nur dann eine außergewöhnliche Leistung erbringen kann, wenn es sich von der jeweiligen Aufgabe/vom jeweiligen Problem in hohem Maße angesprochen und herausgefordert fühlt (task commitment) und die Möglichkeit besteht, kreativ tätig werden zu können. Ein Kind mit hohem Potenzial wird dauerhaft kaum entsprechende Leistungen erbringen, wenn es sich nicht mit Aufgaben/ Problemen auseinandersetzen darf, die seinen Fähigkeiten entsprechen.

Süß (2006, 15) kritisiert das „Drei-Ringe-Modell" von *Renzulli* in der folgenden Weise: „Das Problem ist, dass dieses Modell nicht empirisch geprüft werden kann. Auch ist es nicht möglich, dafür einen Test zu entwickeln. Unklar ist zudem, wie die verschiedenen Merkmale zu gewichten sind, wenn Hochbegabung diagnostiziert werden soll."

Später (siehe *Renzulli,* 2004) hat *Renzulli* seinen Hochbegabungsbegriff um sogenannte „co-kognitive" Merkmale erweitert („co-kognitiv" deshalb, weil sie mit den kognitiven Merkmalen interagieren und diese fördern). Zu ihnen zählt er: Optimismus; Mut; Hingabe an ein bestimmtes Thema oder Fach; Sensibilität für menschliche Belange; physische und mentale Energie; Zukunftsvision/Gefühl, eine Bestimmung zu besitzen.

2.3.2   Das „Mehr-Faktoren-Modell" von *Mönks*

Bereits *Renzulli* (1978, 261) hat festgestellt: „Children who manifest or are capable of developing an interaction among the three clusters require a wide variety of educational opportunities and services that are not ordinarily provided through regular instructional programs."

Genauer ausgearbeitet und ergänzt wurden diese Feststellungen durch *Mönks.*

Dieser entwickelte Anfang der 1990er Jahre das oben beschriebene Modell von *Renzulli* zum sogenannten „Triadischen Interdependenzmodell der Hochbegabung" weiter, welches auch als Mehr-Faktoren-Modell bezeichnet wird (*Mönks,* 1992). Dieses später überarbeitete Modell (siehe *Mönks,* 1996) basiert ebenfalls auf den drei Persönlichkeitsmerkmalen Intelligenz, Kreativität und Motivation als konstituierende Merkmale für Hochbegabung, welche durch den Schnitt dieser Faktoren dargestellt wird.

Mönks geht davon aus, dass sich Hochbegabung nur dann entfalten kann, wenn die drei äußeren Einflussgrößen (Familie, Schule, Peers[2]) und die drei inneren Fähigkeitsbereiche (hohe intellektuelle Fähigkeiten, Kreativität, Motivation) günstig ineinandergreifen (siehe Abb. 2.6).

---

[2]„Peer groups (engl. peer: der Gleiche) sind Gruppen von etwa gleichartigen Jugendlichen, welche sich meist informell (spontan, ohne Anlass von außen) bilden [...]. Den peer groups kommt besonders bei der Loslösung des Kindes vom Familienverband und als Alternative zur formellen Gruppe der Schulklasse entscheidende Bedeutung für die Persönlichkeitsentwicklung im Rahmen der Sozialisation der Heranwachsenden zu." (*Schröder,* 1992, 268)

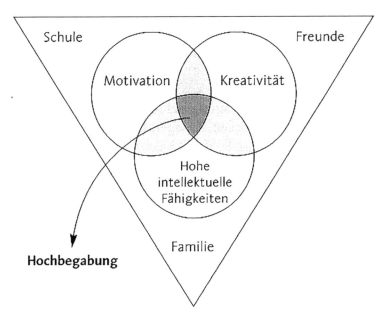

Abb. 2.6 Das Mehr-Faktoren-Modell der Hochbegabung nach *Mönks* (*Mönks* und *Ypenburg,* 2005, 26)

Zusammenfassend kann Hochbegabung auf der Grundlage des Modells von *Mönks* als Resultat eines intensiven und harmonischen Interaktionsprozesses zwischen der Triade von intellektuellen Fähigkeiten, Kreativität und Motivation einer Person und der Triade von Familie, Schule und Freunden beschrieben werden, wobei für die Vermittlung zwischen beiden Triaden die soziale Kompetenz der betreffenden Person entscheidend ist (im Modell selbst allerdings nicht explizit genannt).

Kritisch anzumerken ist, dass in diesem Modell weitgehend ungeklärt bleibt, wie die Faktoren genau zusammenspielen, wie die drei Ringe voneinander abzugrenzen sind (siehe auch *Renzulli,* 1978) und wie die innere und äußere Triade zusammenwirken (vgl. z. B. *Holling* und *Kanning,* 1999, 12).

Dass die Erweiterung des Modells von *Renzulli* durch *Mönks* „*wenig (hoch-) begabungsspezifisch*" ist, begründet *Rost* (1991, 205) wie folgt:

„[…] plaziert man anstelle von ‚Hochbegabung' in die Mitte des Dreiecks […] eine beliebige andere Personvariable: Sei es Depressivität oder […] Glück […], das Bild stimmt immer: Peers, Schule und Familie sind als Umfeld stets wichtig, jedes Verhalten, jede Eigenschaft des Individuums wird von den jeweiligen besonderen gesellschaftlichen Verhältnissen beeinflußt."

Ziegler (2008, 49 f.) äußert folgende (u. E. gerechtfertigte) Kritik am additiven Modell von *Mönks:*

„Obwohl das Modell recht griffig erscheint und insbesondere für die Praxis eine hohe Attraktivität aufweist, sind verschiedene Schwächen unübersehbar. Erstens hat es seine empirische Bewährungsprobe noch nicht bestanden; es fehlen einschlägige Evaluations-studien. Zweitens sind die ausgewählten Variablen nicht unumstritten. So ist die Kreativität ein psychologisches Konstrukt, dessen Brauchbarkeit von vielen angezweifelt wird; reliable Messverfahren existieren nicht. Drittens sind die Variablen nicht überschneidungsfrei; bei-spielsweise können Peers die gleiche Schule besuchen. Schließlich ist viertens der kritische Punkt der Variablenausprägungen nicht geklärt, ab dem ihr Zusammenwirken zu Leistungs-exzellenz führen könnte."

2.3.3   Das Modell von *Gagné*

Im Unterschied zu *Renzulli* und *Mönks* unterscheidet der kanadische Entwicklungs-psychologe *Gagné* in seinem Konzept zwischen Begabung („giftedness") und Talent („talent"), siehe Abb. 2.7.

Hiernach soll der Begriff „giftedness" nur für angeborene Begabungsbereiche und der Begriff „talent" ausschließlich für Leistungsbereiche gebraucht werden (vgl. *Hany,* 1987, 62).

Leistungsfähigkeit ist also für *Gagné* eine veränderbare Größe in Abhängigkeit von inneren und äußeren Leistungsbedingungen. Den unterschiedlichen Anlagen des Individuums sind spezifische Fähigkeitsbereiche zugeordnet. Begabung liegt dann vor,

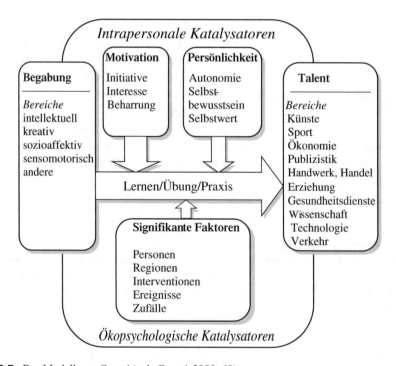

Abb. 2.7 Das Modell von *Gagné* (vgl. *Gagné,* 2000, 68)

wenn in dem einen oder anderen Bereich ein hohes Potenzial vorhanden ist. Beim Talent wird die außergewöhnliche Befähigung durch ein entsprechendes Leistungsprodukt für die Umwelt sichtbar. Ob ein solches jedoch entstehen kann, hängt ab von den „Katalysatoren", die leistungsfördernd oder leistungshemmend auf ein Individuum wirken können. Diese können in seiner Umwelt (u. a. Familie, Schule) liegen oder in seiner Person (u. a. Einstellungen, Interessen) begründet sein.

Gagné betont die notwendigen Lernprozesse, die zu besonderer Leistungsfähigkeit führen können. Deutlicher als bei *Renzulli* werden verschiedene potenzielle Begabungsbereiche benannt. Im Gegensatz zu *Renzulli* ist der kreative Bereich einer von mehreren möglichen Begabungsbereichen und keine notwendige Voraussetzung für Begabung. Dieser Position von *Gagné* schließen wir uns jedoch nicht an (siehe die Definition von Begabung nach *Heller*).

2.3.4   Das Münchner Hochbegabungsmodell

Es gibt weitere Modelle und Ansätze, die sich u. a. auch auf das Verhältnis von Kreativität und Intelligenz oder Umwelt und Begabung beziehen. Auf diese können wir hier nicht alle eingehen. Allerdings skizzieren wir noch das sogenannte „Münchner Hochbegabungsmodell" (siehe Abb. 2.8), da wir dieses im vorliegenden Band für Empfehlungen zur Diagnostik von Hochbegabung zugrunde legen.

Dieses mehrdimensionale Konzept, das u. a. auf der Theorie der multiplen Intelligenzen von *Gardner* (1991) und dem multidimensionalen Begabungsmodell von *Gagné* (2000) basiert, fasst Hochbegabung als „individuelle kognitive, motivationale und soziale Möglichkeit" auf, um „Höchstleistungen in einem oder mehreren Bereich/ Bereichen zu erbringen, z. B. auf sprachlichem, mathematischem, naturwissenschaftlichem vs. technischem oder künstlerischem Gebiet, und zwar bezüglich theoretischer und/oder praktischer Aufgabenstellungen" (*Heller*, 1990, 87).

Ähnlich wie *Gagné* unterscheiden die Münchner Begabungsforscher *(Heller, Hany* und *Perleth)* in ihrem Modell zwischen Begabungsfaktoren oder Fähigkeitsdimensionen auf der einen Seite und Leistungsbereichen auf der anderen Seite. Sie verzichten jedoch auf den Talentbegriff (bzw. verwenden die Begriffe „Begabung" und „Talent" synonym) und sprechen unmittelbar von Leistung. Gemäß den Persönlichkeits- und Umweltkatalysatoren nach *Gagné* benennen sie Moderatormerkmale in der Form von nichtkognitiven Persönlichkeitsmerkmalen und familiären bzw. schulischen Umweltmerkmalen. Bei den nichtkognitiven Persönlichkeitsmerkmalen bedürfen die „Kontrollerwartungen" bzw. „Kontrollüberzeugungen" einer Erläuterung:

Mit dem Konzept der „Kontrollüberzeugung" werden in der Psychologie Ursachenzuschreibungen für Erfolge oder Misserfolge der eigenen Person verknüpft.

> „Eine internale Kontrollüberzeugung liegt vor, wenn eine Person die Ursache für ein Ereignis (z. B. gutes Leistungsergebnis) in ihrer eigenen Person ansiedelt (z. B. eigene Begabung

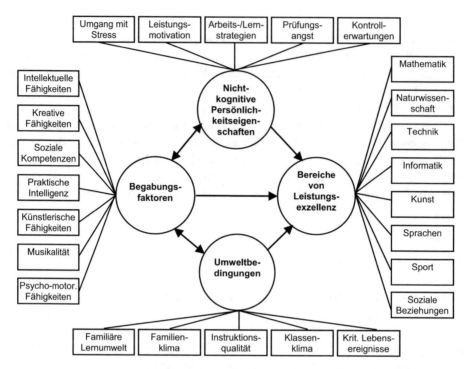

Abb. 2.8 Das Münchner Hochbegabungsmodell (nach *Heller et al.*, 2005, 149; siehe auch *Heller,* 2010, 6)

und/oder Anstrengung). Glaubt die betreffende Person hingegen, dass die Ursachen nicht in ihr selbst, sondern einer anderen Person begründet sind, so liegt eine ‚sozial-externale Kontrollüberzeugung' vor. Schließlich kann die Person auch der Überzeugung sein, die Ursachen wären überhaupt nicht durch sie oder andere Menschen zu kontrollieren. Verantwortlich ist vielleicht das ‚Schicksal' oder eine ‚Gottesfügung'. In diesem Falle liegt eine sog. ‚fatalistisch-externale Kontrollüberzeugung' vor. Es ist offensichtlich, dass letztere sich negativ auf das Leistungsverhalten einer Person auswirken dürfte. Wer nicht selbst für die Leistung, die er erbringt, verantwortlich zu machen ist, für den erübrigt sich jegliche Form der Anstrengung." (*Holling* und *Kanning,* 1999, 62)

Untersuchungen zu Kontrollüberzeugungen hochbegabter Kinder belegen, dass sich diese darin signifikant von „normalbegabten" (siehe das nachfolgende Zitat[3]) Kindern unterscheiden.

„Hochbegabte Kinder nehmen eine positivere Selbsteinschätzung ihrer eigenen Fähigkeiten vor. [....] Gleichzeitig beschreiben sie sich in ihrer Selbsteinschätzung als anstrengungs-

---

[3]Obwohl wir der Auffassung sind, dass der Begriff „normalbegabt" in sich widersprüchlich ist, übernehmen wir ihn hier wegen des Zitats von *Holling* und *Kanning.*

bereiter. Beide Ergebnisse weisen auf eine hohe internale Kontrollüberzeugung hin. Zusätzlich sehen sie sich negativen schulischen Ereignissen weniger hilflos ausgeliefert als normalbegabte Kinder (geringe fatalistisch-externale Kontrollüberzeugung). Beides zusammengenommen beschreibt eine sehr gute motivationale Basis für leistungsbezogenes Handeln." (*Holling* und *Kanning,* 1999, 62)

Nach dem Münchner Hochbegabungsmodell sind die Leistungen in den unterschiedlichen Bereichen bedingt durch die Begabungsfaktoren und die intra- und interpersonalen Moderatorfaktoren. Die Begabungsfaktoren stehen in wechselseitiger Beziehung zu den Moderatorfaktoren. Dies wird in Abb. 2.8 durch Doppelpfeile angedeutet. Aus unserer Sicht kritisch anzumerken ist, ob nicht auch Doppelpfeile zwischen den nichtkognitiven Persönlichkeitseigenschaften und den Umweltbedingungen auf der einen Seite sowie den Bereichen von Leistungsexzellenz auf der anderen Seite angebracht wären.

Wegen der Kritik an eindimensionalen Intelligenz- und Begabungstheorien stellen die Münchner Begabungsforscher den reinen IQ-Messungen ihr „Münchner Hochbegabungs-Testsystem" (siehe Abschn. 6.4) entgegen.

Süß (2006, 15) bewertet das Münchner Hochbegabungsmodell so: „Das Modell ist kein Hochbegabungsmodell, sondern ein Bedingungsmodell für die Entwicklung bereichsspezifischer Leistungen, wobei das Zusammenwirken der zahlreichen Variablen nicht spezifiziert wird. Unklar ist auch, ob die angenommenen Begabungen empirisch unterscheidbar sind." Die gleiche Kritik gilt u. E. auch für das Modell von *Gagné.*

Ziegler (2008, 51) stellt bezüglich des Entwicklungsstands des Münchner Hochbegabungsmodells drei „Hauptprobleme" fest:

„Erstens scheint es noch zu sehr in der Tradition der Intelligenztestungen verhaftet; so werden beispielsweise intellektuelle Fähigkeiten nach wie vor mittels IQ-Tests erfasst. Zweitens sind in das Modell viele Variablen aufgenommen, die theoretisch noch schlecht verstanden sind, etwa, was eine Persönlichkeitseigenschaft ‚Musikalität' bedeutet. Die Ergebnisse der Expertiseforschung legen es sogar nahe, dass auf die Postulierung solcher an Alltagsbegriffe angelehnter Eigenschaften verzichtet werden kann: Statt statischer Eigenschaften betone man besser Prozesse, insbesondere Lernprozesse. Schließlich ist das Modell drittens individuumszentriert. Unklar ist, wie man sich die Wechselwirkungen zwischen Begabungsfaktoren und ihren Moderatoren vorstellen sollte: Sind das jeweils bidirektionale Wechselwirkungen, oder wechselwirkt alles mit allem, und falls ja, nach welchen Regeln verläuft dies? Hier wäre beispielsweise die Aufnahme systemtheoretischer Gedanken hilfreich. Trotz dieser Kritikpunkte ist unbestritten, dass das Münchner Hochbegabungsmodell derzeit zu Recht als eines der weltweit führenden Modelle gilt. Insbesondere bietet es weitreichende Möglichkeiten über monokausale und einfache additive Modelle hinaus."

2.3.5 Das Modell der sich entwickelnden Expertise

In jüngerer Zeit wurden Modelle zur Beschreibung und Förderung von Begabung bzw. Exzellenz entwickelt, die einen stärker systemischen Ansatz verfolgen. Dazu gehören auch Überlegungen, die ursprünglich klar voneinander getrennte Begabungs- und

Expertiseforschung zu verbinden, beispielsweise im Konzept der *sich entwickelnden Expertise,* das von *Sternberg* (1998, 2000) formuliert wurde. Diese Verknüpfung wird beispielsweise aufgegriffen im breit rezipierten und gut ausgearbeiteten Aktiotop-Modell von *Ziegler* (z. B. 2009a), das die Exzellenzentwicklung aus systemischer Perspektive beschreibt und gleichzeitig Folgerungen für eine nachhaltige Förderung abzuleiten sucht.

Wie auch für Begabung gibt es für den Begriff der Expertise keine einheitliche Definition; weitgehend geteilt wird allerdings die Auffassung, dass ein Experte durch dauerhaft erbrachte herausragende Leistungen in einem bestimmten Gebiet gekennzeichnet wird. Vor allem in querschnittlich angelegten Untersuchungen wurde der Frage nachgegangen, worauf Experten ihre besondere Leistungsfähigkeit gründen. Unter anderem die folgenden charakteristischen Unterschiede zwischen Experten und Novizen lassen sich in der einschlägigen Literatur (z. B. *Berliner,* 2001; *Gruber* und *Mandl,* 1996; *Ziegler,* 2008) finden: Experten ...

- verfügen über eine breitere, differenziertere und qualitativ anders strukturierte Wissensbasis als Novizen. Damit gehen eine effiziente Enkodierung dargebotener Informationen und die Verwendung elaborierter Strategien für den Erwerb, den Abruf und die Nutzung von Wissen einher.
- arbeiten zunächst intensiver an einer Problemrepräsentation und orientieren sich dabei an der Tiefenstruktur.
- entwerfen häufig sehr schnell sachgemäße Pläne und greifen dabei auf besser geeignete Strategien zurück als Novizen.
- erkennen bedeutsame Muster schneller, arbeiten flexibler, können Repräsentationen schneller wechseln sowie mit mehrdeutigen und komplexen Situationen besser umgehen.
- verfügen über eine große Zahl automatisierter kognitiver Handlungsschritte. Während einer Problembearbeitung müssen diese deshalb nicht erarbeitet, sondern brauchen lediglich abgerufen zu werden.
- können ihr eigenes Leistungsvermögen besser einschätzen.

Bei Experten aus verschiedenen Inhaltsgebieten gibt es neben vielen Gemeinsamkeiten mitunter auch Unterschiede. Beispielsweise arbeiten Physik-Experten bei passenden Problemstellungen eher vorwärts, während unter Experten aus dem Bereich des Programmierens das Rückwärtsarbeiten als Problembearbeitungsstrategie weit verbreitet ist (*Waldmann* und *Weinert,* 1990). Derartige Unterschiede werden verständlich, wenn man bedenkt, dass Expertise nicht zuletzt durch langfristige Anpassung des kognitiven Systems an die spezifischen Anforderungen der jeweiligen Domäne entsteht (*Waldmann et al.,* 2003).

Notwendige Voraussetzung zur Entwicklung von Expertise ist natürlich eine intensive Auseinandersetzung mit der jeweiligen Domäne. Für ein mittleres Ausmaß von Expertise in Domänen wie Schach, Physik oder Mathematik gehen Kognitionspsychologen von einigen tausend Stunden Beschäftigungszeit aus (*Waldmann* und *Weinert,* 1990), für das Erreichen von Höchstleistungen formulierten bereits *Simon* und *Chase* (1973) die weithin akzeptierte Zehnjahresregel. Allerdings ist dabei nicht nur die reine Beschäftigungszeit bedeutsam, vielmehr kommt der Qualität der Auseinandersetzung eine entscheidende Rolle zu. Besonders wichtig ist dabei der Umfang der *deliberate practice,* für die *Ziegler* (2008, 42) die folgenden Charakteristika hervorhebt:

- Die Lernaktivität muss explizit *auf Lernzuwächse hin konzipiert* sein.
- Der *Schwierigkeitsgrad* der Lernaktivität muss dem individuellen Leistungsstand *angepasst* sein, das heißt, genau einen Lernschritt darüber liegen.
- Der Lernende erhält ein *aussagekräftiges Feedback,* das ihm den Erfolg beziehungsweise Misserfolg seines Lernens klar anzeigt.
- Es bestehen ausreichende *Übungsgelegenheiten,* insbesondere für die Fehlerkorrektur.

Eine solche Übungspraxis wird in der Regel als anstrengend und mitunter als wenig freudvoll empfunden, zumal sie nicht unmittelbar zu sozialer oder anderweitiger Anerkennung führt.

Die besondere Rolle der „*Deliberate Practice*" wird auch in Abb. 2.9 deutlich. Allerdings gehen Befunde zur Expertiseentwicklung weitgehend auf Einzelfallstudien zurück, oft konnten in den Untersuchungen nur retrospektiv erhobene Beschreibungen und grobe Maße beispielsweise zum häuslichen Umfeld oder zum Lernverhalten genutzt werden. In der Tat ist die Expertiseforschung mit ihren klassischen Methoden kaum in der Lage, Expertiseentwicklung nachzuzeichnen (*Perleth,* 2001).

Fragt man nach Voraussetzungen zur Expertiseentwicklung, ist eine Synthese von Expertise- und Begabungsansatz fruchtbar. Die bedeutende Rolle angeborener Potenziale an der Ausbildung außergewöhnlicher Leistungen ist u. a. an den folgenden Befunden erkennbar:

- Individuen können von vergleichbarer Lern- und Übungspraxis unterschiedlich stark profitieren (*Winner,* 1999).
- Nicht jede Person entwickelt durch langjährige Erfahrungen Expertise.
- Verschiedene Experten einer Domäne, die an ihrer jeweiligen Leistungsgrenze vermutet werden können, zeigen mitunter durchaus unterschiedliche Leistungsniveaus (*Schneider,* 1992). Man denke beispielsweise an Mathematikprofessorinnen und -professoren, von denen nur sehr wenige mit einer Fields-Medaille, so etwas wie dem Nobelpreis für Mathematik, ausgezeichnet werden.

Davon ausgehend beruhen Expertise- und Begabungsansatz eher auf unterschiedlichen Akzentuierungen denn auf unüberbrückbaren Gegensätzen; mittlerweile kann sogar von einem fließenden Übergang zwischen Begabungs- und Expertiseforschung gesprochen werden (*Perleth,* 2001). So entstanden integrative Modellierungen einer Begabungs-, Talent- oder Expertiseentwicklung und als besonders interessanter Ansatz gerade auch

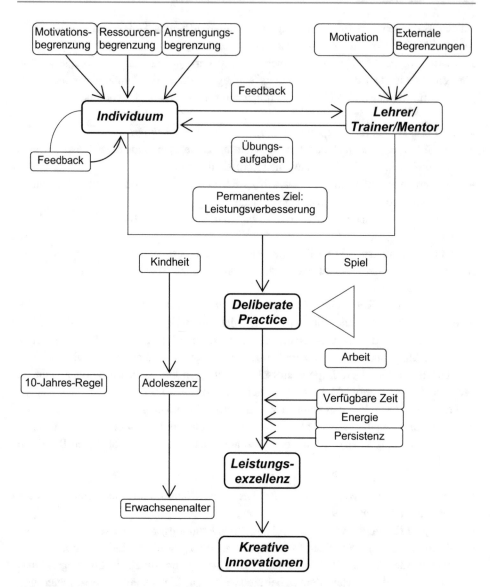

Abb. 2.9 Prototypischer Verlauf des Erwerbs von Expertise (nach *Ziegler,* 2009a, 14)

für eine Einordnung der für die Domäne Mathematik bislang vorliegenden Befunde das von *Sternberg* (1998, 2000) vorgeschlagene Konzept einer *sich entwickelnden Expertise.*

Nach *Sternberg* ist ein Individuum kontinuierlich in einem Prozess der sich entwickelnden Expertise, wann immer es in der jeweiligen Domäne tätig ist. Dabei gibt es selbstverständlich interindividuelle Unterschiede hinsichtlich der Geschwindigkeit der Expertiseentwicklung und auch in Bezug auf deren mögliche Asymptote, die in angeborenen Merkmalen begründet sind. Einfluss auf die Expertiseentwicklung haben aber auch Umfang und Art der Auseinandersetzung mit der Domäne und die Unterstützung durch die Umwelt, wobei insgesamt die durch Umweltfaktoren bedingte Varianz höchstwahrscheinlich deutlich größer ist als die in angeborenen Unterschieden begründete (dazu auch *Simonton,* 1999).

Entscheidend für das Konzept der sich entwickelnden Expertise insbesondere auch aus pädagogischer Perspektive ist, dass die in Intelligenz- oder Begabungstests gemessenen Fähigkeiten selbst als *Teil des aktuellen Entwicklungsstands der Expertise* aufgefasst werden. Damit gehen sie einer möglichen Expertise nicht länger voraus, sie verlieren den Status mehr oder weniger zuverlässiger Prädiktoren. Aus dieser Sicht werden Fähigkeitstests zwar häufig zur Voraussage späterer Leistungen beispielsweise in Schule oder Beruf benutzt, aber allein deswegen kommt den damit gemessenen Konstrukten *kein kausaler Charakter* zu – wie man ihn beispielsweise Begabungen im klassischen Ansatz zuweist:

„What distinguishes ability tests from the other kinds of assessments is how the ability tests are used (usually predictively) rather than what they measure. There is no qualitative distinction among the various kinds of assessments." (*Sternberg,* 1998, 11)

Auf Konsequenzen aus diesem Verständnis gehen wir im Abschn. 4.6 näher ein.

2.3.6 Das Aktiotop-Modell von *Ziegler*

Eine noch stärker systemische Perspektive für die Beschreibung von Begabungen, aber auch für die Begabtenförderung eröffnet das **Aktiotop-Modell** (siehe *Ziegler,* 2005 und Abb. 2.10), das der deutsche Psychologe *Albert Ziegler* anknüpfend an systemtheoretisch orientierte Vorüberlegungen von *Haensly et al.* (1986) entwickelte. Die Notwendigkeit einer Systemsicht begründet *Ziegler* mit einer weitgehenden Ineffektivität traditioneller Begabtenförderung, die auch in Überblicksstudien nachgewiesen wurde (*Ziegler,* 2009a; auch *Freeman,* 2006). Eine wichtige Ursache dafür sieht er in der Fokussierung auf das Individuum mit seinen vermeintlichen Eigenschaften, die verbunden ist mit einer Vernachlässigung der Tatsache, dass das Kind bzw. der Jugendliche mit der ihn umgebenden biologischen, technologischen und sozialen Umwelt ein eng vernetztes und dynamisches System bildet. Systemisches Denken fokussiert dagegen nicht auf einzelne Elemente, beispielsweise (Schul-)Leistungen im mathematischen Bereich, sondern auf deren Organisation zu einem Ganzen. Mit Blick auf Begabung könnte der auch schon bei *Sternbergs* Ansatz implizit in Anspruch genommene Grundsatz lauten: Exzellenz liegt nicht im Individuum, sondern im System aus Individuum und seiner Umwelt (siehe dazu auch *Ziegler,* 2009a, 6).

Das Hauptmerkmal exzellenter Personen ist die Fähigkeit zu erfolgreichen Handlungen auch in sehr anspruchsvollen Situationen. Das Aktiotop-Modell will dementsprechend den Erwerb und Gebrauch eines exzellenten Handlungsrepertoires erklären sowie Fördermöglichkeiten ableiten. Dabei versteht man – in gewisser Analogie zum

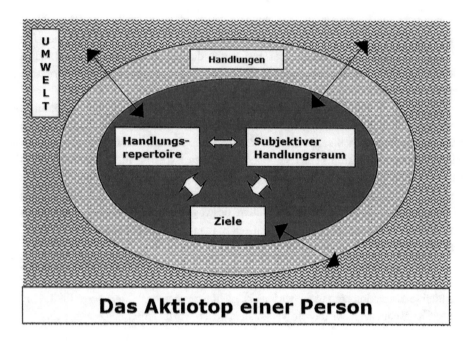

Abb. 2.10 Komponenten eines Aktiotops (nach *Ziegler,* 2009a, 15)

Biotop – unter einem Aktiotop eines Individuums den Ausschnitt der Welt, mit dem es handelnd interagiert und an den es sich handelnd adaptiert. Dieses zunächst allgemeine Konzept kann als Bezugsrahmen für die Untersuchung jeglichen intelligenten Handelns dienen; je nach Zielsetzung muss es mit weiteren Theorien untersetzt werden.

Das Aktiotop einer Person weist nach *Ziegler* vier Komponenten auf: ihr Handlungsrepertoire, ihren subjektiven Handlungsraum, ihre Ziele und die das Individuum umgebende Umwelt.

> „Das **Handlungsrepertoire** umfasst sämtliche Handlungen, die eine Person zu einem bestimmten Zeitpunkt ihrer Entwicklung durchführen kann. Von besonderem Interesse ist [mit Blick auf die Begabungsförderung, die Autoren] der gegenwärtige Leistungsstand in einer Domäne, also das Gesamt an Handlungen, die eine Person erfolgreich in einer Domäne durchführen kann." (*Ziegler,* 2008, 55)

Die **Ziele** machen eine weitere Komponente des Aktiotops aus.

> „Menschliche Aktiotope sind [...] durch eine permanente **Anpassung** an immer komplexere Umwelten gekennzeichnet. [....] Bei der Entwicklung von Leistungsexzellenz müssen die Ziele darauf gerichtet sein, das Handlungsrepertoire in einer Domäne weiterzuentwickeln. Nach jedem erfolgten Lernschritt muss das nächste Lernziel gesetzt werden." (a. a. O., 55 f.)

Wichtig scheint es in diesem Zusammenhang also, sich zum einen funktionale Ziele zu setzen, die tatsächlich erreichbar sind und sich in das gesamte Zielsystem einfügen. Zum anderen sollten die Ziele adaptiv, also stets an den aktuellen Leistungsstand angepasst sein.

In der **Umwelt** wird das Handlungsrepertoire erweitert. „Dazu zählen Lerngelegenheiten, Materialien, Mentoren etc. Eine besonders wichtige Umwelt ist die Talentdomäne, in der das Handlungsrepertoire erweitert wird." (a. a. O., 56) Bei der Bewertung der Förderwirkung der Umwelt spielen die darin prinzipiell möglichen und die tatsächlich realisierten Lernmöglichkeiten eine wesentliche Rolle. Allerdings müssen diese Möglichkeiten aus der Perspektive des Individuums betrachtet werden, hier kommt die vierte Komponente ins Spiel.

Im **subjektiven Handlungsraum** „werden in jedem Moment […] **potentielle Handlungsmöglichkeiten** abgebildet, die […] zum Erreichen der in diesem Moment aktivierten *Ziele* in […] der jeweils zugänglichen **Umwelt** führen können" (a. a. O., 56). Neuere Forschungen (*Ziegler* und *Stoeger,* 2009) belegen, dass für die Erweiterung des Handlungsrepertoires ein lernorientierter subjektiver Handlungsraum wichtiger ist als ein hoher IQ (siehe auch *Ziegler,* 2008, 56).

Zur Feststellung eines Talents oder einer Hochbegabung im Hinblick auf das Aktiotop-Modell äußert sich *Ziegler* (2008, 54) so:

> „Im Aktiotop-Modell darf ein Forscher zur Feststellung eines Talents oder einer Hochbegabung nicht nur das Lernen betrachten, sondern er muss eine umfassende Lebensweltanalyse des Individuums durchführen. Nur so lassen sich dessen Entwicklungschancen abschätzen. [….] Die individuumszentrierte Sichtweise der Hochbegabung wird so zu einer Betrachtung des gesamten Systems aus Individuum und seiner Umwelt ausgedehnt."

Literatur

Amelang, M., & Bartussek, D. (⁴1997). *Differentielle Psychologie und Persönlichkeitsforschung.* Stuttgart: Kohlhammer.

Bahnsen, U. (2018a). Natural Born Schlaumeier. *Die Zeit, Nr. 27,* 33.

Bahnsen, U. (2018b). Was wird aus mir? *Die Zeit, Nr. 43,* 33–35.

Berliner, D. C. (2001). Learning about and learning from expert teachers. *International Journal of Educational Research, 35*(5), 463–482.

Bund-Länder-Kommission für Bildungsplanung und Forschungsförderung (BLK) (2001). *Begabtenförderung – ein Beitrag zur Förderung von Chancengleichheit in Schulen* (Materialien zur Bildungsplanung und Forschungsförderung, Heft 91). Bonn.

Burt, C. (1949). The structure of the mind: a review of the results of factor analysis. *British Journal of Educational Psychology, 19,* 100–111, 176–199.

Cattell, R. B. (1973). *Die wissenschaftliche Erforschung der Persönlichkeit.* Weinheim: Beltz.

Chauvin, R. (1979). *Die Hochbegabten* (Übers. aus dem Französischen) (Schriftenreihe Erziehung und Unterricht, H. 23). Bern, Stuttgart: Paul Haupt.

Facaoaru, C. (1985). *Kreativität in Wissenschaft und Technik.* Bern: Huber.

Feger, B. (1988). *Hochbegabung: Chancen und Probleme.* Bern: Huber.

Freeman, J. (2006). Giftedness in the Long Term. *Journal for the Education of the Gifted, 29*(4), 384–403.

Friedman, N. P., Miyake, A., Corley, R. P., Young, S. E., De Fries, J. C., & Hewitt, J. K. (2006). Not All Executive Functions Are Related to Intelligence. *Psychological Science, 17*(2), 172–179.

Gagné, F. (2000). Understanding the Complex Choreography of Talent Development through DMGT-Based Analysis. In K. A. Heller et al. (Eds.), *International Handbook of Giftedness and Talent, 2nd Edition*, 67–79. Amsterdam et al.: Elsevier.

Gagné, F. (2004). Transforming gifts into talents: the DMGT as a developmental theory. *High Ability Studies, 15*(2), 119–147.

Gardner, H. (1991). *Abschied vom IQ: Die Rahmentheorie der vielfachen Intelligenzen*. Stuttgart: Klett-Cotta.

Gruber, H., & Mandl, H. (1996). Das Entstehen von Expertise. In J. Hoffmann & W. Kintsch (Hrsg.), *Lernen. Enzyklopädie der Psychologie* (C, Serie 2, Band 7, 583–615). Göttingen: Hogrefe.

Guilford, J. P. (^{3}1965). *Persönlichkeit*. Weinheim: Beltz.

Haensly, P., Reynolds, C. R., & Nash, W. R. (1986). Giftedness: coalescence, context, conflict, and commitment. In R. J. Sternberg & J. E. Davidson (Eds.), *Conceptions of giftedness*, 128–148. New York: Cambridge University Press.

Hany, E. A. (1987). *Modelle und Strategien zur Identifikation hochbegabter Schüler*. Dissertation, LMU München.

Helbig, P. (1988). *Begabung im pädagogischen Denken: Ein Kernstück anthropologischer Begründung von Erziehung*. Weinheim: Juventa.

Heller, K. A. (1990). Zielsetzung, Methode und Ergebnisse der Münchner Längsschnittstudie zur Hochbegabung. *Psychologie in Erziehung und Unterricht, 37*(2), 85–100.

Heller, K. A. (1996). Begabtenförderung – (k)ein Thema in der Grundschule? *Grundschule, 28*(5), 12–14.

Heller, K. A. (^{2}2000). Einführung in den Gegenstandsbereich der Begabungsdiagnostik. In K. A. Heller (Hrsg.), *Begabungsdiagnostik in der Schul- und Erziehungsberatung*, 13–40. Bern, Göttingen, Toronto, Seattle: Huber.

Heller, K. A. (2010). The Munich Model of Giftedness and Talent. In K. A. Heller (Ed.), *Munich Studies of Giftedness*, 3–12. Berlin: LIT.

Heller, K. A., Perleth, C., & Tim, T. L. (2005). The Munich Model of Giftedness designed to identify and promote gifted students. In R. J. Sternberg & J. E. Davidson (Eds.), *Conceptions of giftedness*, 147–170. Cambridge: Cambridge University Press.

Holling, H., & Kanning, U. P. (1999). *Hochbegabung: Forschungsergebnisse und Fördermöglichkeiten*. Göttingen, Bern, Toronto, Seattle: Hogrefe.

Jäger, A. O. (1982). Mehrmodale Klassifikation von Intelligenzleistungen: Experimentell kontrollierte Weiterentwicklung eines deskriptiven Intelligenzstrukturmodells. *Diagnostica, 28*(3), 195–225.

Jäger, A. O., Süß, H.-M., & Beauducel, A. (1997). *Berliner Intelligenzstruktur-Test*. Göttingen: Hogrefe.

Lee, J. J. et al. (2018). Gene discovery and polygenic prediction from a genome-wide association study of educational attainment in 1.1 million individuals. *Nature Genetics, 50*(8), 1112–1121.

Lucito, L. J. (1964). Gifted Children. In L. M. Dunn (Ed.), *Exceptional children in the schools*, 179–238. New York: Holt, Rinehart and Winston.

Mönks, F. J. (1992). Ein interaktionales Modell der Hochbegabung. In E. A. Hany & H. Nickel (Hrsg.), *Begabung und Hochbegabung*, 17–23. Bern: Huber.

Mönks, F. J. (1996). Hochbegabung. *Grundschule, 28*(5), 15–17.

Mönks, F. J., & Ypenburg, J. J. (^{4}2005). *Unser Kind ist hochbegabt: Ein Leitfaden für Eltern und Lehrer*. München, Basel: Ernst Reinhardt.

Neubauer, A., & Stern, E. (2007). *Lernen macht intelligent: Warum Begabung gefördert werden muss*. München: Deutsche Verlags-Anstalt.

Perleth, C. (2001). Follow-up-Untersuchungen zur Münchner Hochbegabungsstudie. In K. A. Heller (Hrsg.), *Hochbegabung im Kindes- und Jugendalter*, 357–446. Göttingen: Hogrefe.

Plomin, R., & von Stumm, S. (2018). The new genetics of intelligence. *Nature Reviews Genetics, 19*, 148–159.

Renzulli, J. S. (1978). What makes giftedness? Reexamining a definition. *Phi Delta Kappan, 60*(11), 180–184, 261.

Renzulli, J. S. (2004). Eine Erweiterung des Begabungsbegriffs unter Einbeziehung co-kognitiver Merkmale. In C. Fischer, F. J. Mönks & E. Grindel (Hrsg.), *Curriculum und Didaktik der Begabtenförderung: Begabungen fördern, Lernen individualisieren*, 54–82. Münster: LIT.

Rost, D. H. (1991). Identifizierung von „Hochbegabung". *Zeitschrift für Entwicklungspsychologie und Pädagogische Psychologie, 23*(3), 197–231.

Schiefele, H., & Krapp, A. (1973). *Grundzüge einer empirisch-pädagogischen Begabungslehre* (Studienhefte zur Erziehungswissenschaft). München: Oldenbourg.

Schneider, W. (1992). Erwerb von Expertise: Zur Relevanz kognitiver und nichtkognitiver Voraussetzungen. In E. A. Hany & H. Nickel (Hrsg.), *Begabung und Hochbegabung*, 105–122. Bern: Huber.

Schröder, H. (^{2}1992). *Grundwortschatz Erziehungswissenschaft: Ein Wörterbuch der Fachbegriffe*. München: Ehrenwirth.

Simon, H. A., & Chase, W. G. (1973). Skill in Chess. *American Scientist, 61*(4), 394–403.

Simonton, D. K. (1999). Talent and its Development: An Emergenic and Epigenic Model. *Psychological Review, 106*(3), 435–457.

Spearman, C. (1904). „General intelligence", objectively determined and measured. *American Journal of Psychology, 15*, 201–293.

Spearman, C. (1927). *The abilities of man*. London: MacMillan.

Stern, W. (1912). *Die psychologischen Methoden der Intelligenzprüfung und deren Anwendung an Schulkindern*. Berlin: 5. Kongress der Experimentellen Psychologie.

Stern, W. (1916). Psychologische Begabungsforschung und Begabungsdiagnose. In P. Petersen (Hrsg.), *Der Aufstieg der Begabten*, 105–112. Leipzig: Teubner.

Stern, W. (1935). *Allgemeine Psychologie auf personalistischer Grundlage*. Den Haag: Mouton.

Sternberg, R. J. (1977). *Intelligence, information processing and analogical reasoning*. Hillsdale: Erlbaum.

Sternberg, R. J. (1984). Toward a triarchic theory of human intelligence. *The Behavioral and Brain Sciences, 7*, 269–315.

Sternberg, R. J. (1985). *Beyond IQ: A triarchic theory of human intelligence*. Cambridge: University Press.

Sternberg, R. J. (1993). Procedures for Identifying Intellectual Potential in the Gifted: A Perspective on Alternative "Metaphors of Mind". In K. A. Heller, F. J. Mönks & A. H. Passow (Eds.), *International Handbook of Research and Development of Giftedness and Talent*, 185–207. Oxford, New York, Seoul, Tokyo: Pergamon.

Sternberg, R. J. (1998). Abilities Are Forms of Developing Expertise. *Educational Researcher, 27*(3), 11–20.

Sternberg, R. J. (2000). Giftedness as Developing Expertise. In K. A. Heller, F. J. Mönks, R. J. Sternberg & R. F. Subotnik (Eds.), *International Handbook of Giftedness and Talent* (2nd ed., 55–66). Amsterdam: Elsevier.

Sternberg, R. J., & Davidson, J. E. (Eds.). (1986). *Conceptions of Giftedness*. Cambridge: University Press.

Süß, H.-M. (2006). Eine Intelligenz – viele Intelligenzen? Neuere Intelligenztheorien im Widerstreit. In H. Wagner (Hrsg.), *Intellektuelle Hochbegabung: Aspekte der Diagnostik und Beratung*, 7–39. Bonn: Bock.

Thurstone, L. L. (1938). *Primary mental abilities*. Chicago: The University of Chicago Press.

Vernon, P. E. (1950). *The structure of human abilities*. London: Methuen.

Vernon, P. E. (1965). Ability factors and environmental influences. *American Psychologist, 20*, 723–733.

Waldmann, M. R., Renkl, A., & Gruber, H. (2003). Das Dreieck von Begabung, Wissen und Lernen. In W. Schneider & M. Knopf (Hrsg.), *Entwicklung, Lehren und Lernen: Zum Gedenken an Franz Emanuel Weinert*, 219–233. Göttingen: Hogrefe.

Waldmann, M., & Weinert, F. E. (1990). *Intelligenz und Denken. Perspektiven der Hochbegabungsforschung*. Göttingen: Hogrefe.

Winner, E. (1999). Giftedness: Current Theory and Research. *Current Directions in Psychological Science, 9*(5), 153–156.

Ziegler, A. (2005). The Actiotope Model of Giftedness. In R. J. Sternberg & J. R. Davidson (Eds.), *Conceptions of giftedness*, 411–434. Cambridge: Cambridge University Press.

Ziegler, A. (2008). *Hochbegabung*. München: Ernst Reinhardt.

Ziegler, A. (2009a). „Ganzheitliche Förderung" umfasst mehr als nur die Person: Aktiotop- und Soziotopförderung. *Heilpädagogik online 02/09*, 5–34. Verfügbar unter: www.psycho.ewf.fau.de/mitarbeiter/ziegler/publikationen/Publikation01.pdf (10.04.2020)

Ziegler, A. (^{2}2009b). Hochbegabte und Begabtenförderung. In R. Tippelt & B. Schmidt (Hrsg.), *Handbuch Bildungsforschung*, 937–951. Wiesbaden: VS Verlag für Sozialwissenschaften.

Ziegler, A., & Stoeger, H. (2009). Begabungsförderung aus einer systemischen Perspektive. *Journal für Begabtenförderung, 9*(2), 6–31.

Mathematisches Denken und Tätigsein 3

Mathematische Begabung – was ist das? Ein klassischer Definitionsvorschlag stammt von *Kießwetter,* der 1985 formulierte:

> „Mathematische Hochbegabung ist ein Konglomerat von (abtestbaren) Eigenschaften und Fähigkeiten eines Individuums, aufgrund dessen die Voraussage gemacht werden kann, daß dieses Individuum später und mit sehr hoher Wahrscheinlichkeit ganz besondere, innerhalb der Mathematik wertvolle Leistungen erbringen wird (wenn es im mathematischen Bereich tätig wird)." (*Kießwetter,* 1985, 302)

Natürlich lassen sich an eine solche Definition auch immer Fragen richten. Zwei zentrale, die in den vergangenen Jahrzehnten immer wieder gestellt wurden, formulierten *Wieczerkowski et al.* (2000) in einem einschlägigen internationalen Handbuch (a. a. O., 413):

> 1. Ist mathematische Begabung ein Ausdruck spezifischer kognitiver Merkmale oder ist sie, zumindest zum wesentlichen Teil, Ergebnis einer hohen allgemeinen Intelligenz?
> 2. Ist mathematische Begabung ein monolithisches Konstrukt oder gibt es verschiedene Profile außergewöhnlicher mathematischer Fähigkeiten?

Zugleich wiesen sie auf die – gelegentlich allerdings außer Acht gelassene – Selbstverständlichkeit hin, dass Antworten auf diese Fragen vor allem auch davon abhängig sind, was unter Mathematik und mathematischem Tätigsein verstanden wird. Entsprechende Vorstellungen beteiligter Personen(gruppen) – und nicht etwa eine „objektive Struktur von Mathematik", die es gar nicht gibt (u. a. *Davis* und *Hersh,* 1986, 117) – bestimmen

© Springer-Verlag GmbH Deutschland, ein Teil von Springer Nature 2020
T. Bardy und P. Bardy, *Mathematisch begabte Kinder und Jugendliche,* Mathematik Primarstufe und Sekundarstufe I + II, https://doi.org/10.1007/978-3-662-60742-8_3

neben möglichen Traditionen, Zielen oder sozialen Rahmenbedingungen die verwendeten Definitions- und Untersuchungsansätze ganz wesentlich (*Zimmermann*, 1986).

Nachdem wir uns im vorigen Kapitel mit allgemeinen Intelligenz- und Begabungsmodellen beschäftigt haben, ist das dritte Kapitel zunächst diesem Punkt gewidmet. In Abschn. 3.1 wollen wir, in Anlehnung an *Zimmermann,* und damit ausgehend von wenigen Schlaglichtern auf die Geschichte der Mathematik, Motive für die Beschäftigung mit dieser Wissenschaft und typische mathematische Aktivitäten vorstellen. In Abschn. 3.2 wird mathematisches Denken im Vergleich zum Alltagsdenken thematisiert, während der Abschn. 3.3 die geistigen Grundlagen mathematischen Denkens behandelt. Der Spezifik mathematischen Denkens und Tätigseins ist der Abschn. 3.4 gewidmet. Hier wird zunächst lokal nach typischen mathematischen Denkweisen und entsprechenden Fähigkeiten gefragt, während anschließend Beschreibungsansätze von *Kießwetter* zum Tätigsein eines forschenden Mathematikers präsentiert werden, wobei sich die Überlegungen *Kießwetters* auf eine eher globale Ebene beziehen.

Damit stellt dieses Kapitel eine wesentliche Grundlage für die nachfolgenden Teile des Buches dar, in denen wir uns detailliert mit möglichen Charakterisierungen mathematischer Begabungen, mit Fallstudien mathematisch begabter Kinder und Jugendlicher, der Diagnostik mathematischer Begabung sowie mit Förderkonzepten und -schwerpunkten auseinandersetzen wollen (siehe Abb. 3.1).

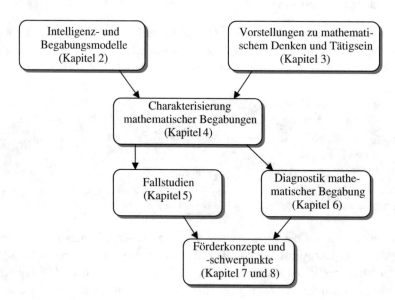

Abb. 3.1 Aufbau des Buches

3.1   Hauptmotive und Schlüsselaktivitäten zur Entstehung von Mathematik – ein Blick in die Geschichte

Warum und in welcher Weise werden Menschen mathematisch tätig? Antworten darauf kann man auf verschiedenen Wegen suchen, ein möglicher sind Untersuchungen zur historischen Entwicklung der Mathematik. Unter anderem mit dieser Perspektive setzte sich *Bernd Zimmermann* mit Mathematikgeschichte auseinander. Als besondere Potenziale dieses Ansatzes benennt er die langen Zeiträume und unterschiedlichen Kulturen, die man auf Motive und Aktivitäten hin untersuchen kann und welche sich als besonders ertragreich beim Hervorbringen neuer Mathematik erwiesen haben (vgl. *Zimmermann*, 2003). Die folgenden Motive bzw. Aktivitäten konnte *Zimmermann* identifizieren:

Nutzen und Anwenden (Motiv 1): Eines der ältesten Motive für die Beschäftigung mit Mathematik ist die Suche nach Hilfsmitteln, die den Alltag verbessern und erleichtern oder überhaupt erst ein Überleben ermöglichen. Vor mehr als 30.000 Jahren wurden bereits im südlichen Afrika und in Mitteleuropa Tierknochen für die Repräsentation von (An-)Zahlen genutzt. Vor mehr als 5000 Jahren entstanden in Mesopotamien Texte zur Wirtschaftsverwaltung in der dort entwickelten Keilschrift, es wurden kontextabhängige Symbole für die Repräsentation von Zahlen und Mengen genutzt. Später fand in Handels- und Steuerfragen das proportionale Denken seinen Anfang. Auch die Vorhersage astronomischer Ereignisse war im Altertum ein bedeutsames Motiv für die Beschäftigung mit Mathematik. Das Bauwesen war ein weiteres wichtiges Anwendungsfeld; bis zum Ende des 18. Jahrhunderts galt Architektur als Teilgebiet der Mathematik. Heutzutage ist der Alltag durchdrungen von Mathematik, man denke nur an die Computer- und Kommunikationstechnologie, Mobilität, den Wirtschafts- und Finanzbereich, …

Wiederholbarkeit und Sicherheit von Rechenverfahren (Motiv 2): Die Anwendung von Mathematik im Alltag führt zum Wunsch nach „Rezepten", nach denen immer wieder notwendige Berechnungen sicher und effizient ausgeführt werden können. Algorithmen spielen in unserem Informationszeitalter eine überragende Rolle, aber auch in Mesopotamien und im alten Ägypten wurden bereits anspruchsvolle Berechnungs-*verfahren* entwickelt. Der Gaußsche Algorithmus zur Lösung von Systemen linearer Gleichungen oder das Horner-Schema waren in China bereits etwa 2000 Jahre früher bekannt als in Europa (*Vogel*, 1968).

Riten und Religionen (Motiv 3): Seit frühester Zeit scheinen auch rituelle und religiöse Motive von besonderer Wichtigkeit für die Entstehung von Mathematik zu sein. Man denke beispielsweise an das englische Stonehenge, dessen Anfänge bereits 5000 Jahre zurückreichen, das als astronomischer Kalender interpretiert werden kann und u. a. dazu genutzt wurde, die „richtigen" Zeitpunkte für Rituale zu finden. Mit etwa 7000 Jahren deutlich älter ist die Kreisgrabenanlage von Goseck bei Weißenfels, mit der der damalige Zeitpunkt der Wintersonnenwende recht genau bestimmt werden konnte. Sie gilt als älteste Kultstätte Mitteleuropas; archäologische Funde deuten an, dass es dort auch rituelle Menschenopfer gab. Auch die ägyptische Mathematik und Arbeiten der Pythagoreer waren theologisch bzw. spirituell geprägt. Geometrische Fragestellungen hatten ihren Ausgangspunkt in Altarbauten, auch eines der drei berühmten klassischen Probleme der Antike betrifft einen Altar in Delos. Der mallorquinische Philosoph und Theologe *Ramon Llull* (1232–1316) versuchte, Argumente für die Wahrheit des Christentums nach kombinatorischen Methoden zu erzeugen, die noch etwa 400 Jahre später *Leibniz* beeinflussten. Auch viele mathematische Arbeiten *Johannes Keplers* sind stark religiös beeinflusst.

Ästhetik (Motiv 4): Verbindungen zwischen Kunst und Mathematik gab es bereits in Mesopotamien und seitdem weltweit in ganz unterschiedlichen Kulturkreisen. Man denke beispielsweise an ornamentale islamische Kunst oder den goldenen Schnitt als enge Verbindung von Mathematik und europäischer Kunst und Architektur. Auch in der fraktalen Geometrie oder in der Computergeometrie gibt es ästhetische Bezüge.

Spielen (Motiv 5): Brettspiele, Würfelspiele etc. werden seit alters her von den Menschen genutzt; in Ägypten und Mesopotamien waren sie sogar als Grabbeigaben gebräuchlich. Glücks- und Sportspiele waren Ausgangspunkt der Entwicklung der Wahrscheinlichkeitsrechnung; die Graphentheorie begann mit dem „Königsberger Brückenproblem", das eher der Unterhaltungsmathematik zuzurechnen ist. Auch das „Problem der 100 Vögel" dient einerseits der Unterhaltung und kann andererseits als Stimulans für die Entstehung neuer Mathematik angesehen werden (*Fritzlar* und *Hrzán,* 2011; *Suter,* 1910–1911).

Interesse an Methoden der Erkenntnisfindung, Heuristik (Motiv 6): Entdeckungsmethoden wie „Analogisieren" oder „Rückwärtsarbeiten" werden seit frühester Zeit unbewusst bei der Schaffung neuer Mathematik genutzt (*Zimmermann,* 1995). Erste Reflexionen über solche Vorgehensweisen findet man bei *Platon* und *Aristoteles,* von größerer mathematischer Bedeutung ist beispielsweise die „Methodenschrift" von *Archimedes* oder ein entsprechendes Werk von *Pappos* (oder *Pappus*), das als erstes Lehrbuch mathematischer Heuristik aufgefasst werden kann. Solche Bücher gab es auch im arabischen Raum, später bemühte sich beispielsweise *Leibniz* um eine „ars inveniendi et judicandi", auch *Descartes* und *Viète* untersuchten Methoden zum Erfinden und Urteilen.

Interesse an Methoden der Erkenntnissicherung, Beweise (Motiv 7): Was die Mathematik der griechischen Antike hervorhebt, ist ihr Streben nach Sicherheit mathematischer Erkenntnisse und nach stichhaltigen Begründungen. Beispielsweise werden die „Elemente" von *Euklid* als diesbezüglich typisches Werk gesehen, das eine überaus stark prägende Kraft über Jahrhunderte hinweg entfaltete. Dieses Interesse war allerdings in verschiedenen Kulturkreisen und zu verschiedenen Zeiten unterschiedlich.

Beispielsweise findet sich in den „neun Büchern arithmetischer Technik" (*Vogel*, 1968), die in China vor etwa 2000 Jahren entstanden, kein einziger Beweis.

Eine große Entwicklung nahm die Logik ab Anfang des 20. Jahrhunderts insbesondere mit der durch *Russells* Antinomie ausgelösten Grundlagenkrise der Mathematik und auch mit den Arbeiten *Gödels* (1931), die gleichzeitig die Grenzen der Logik zogen.

Interesse an Systemen und Theorien (Motiv 8): Von *Euklid* über *Frege* bis hin zur Gruppe *Bourbaki* war es immer wieder ein Ziel von Mathematikern, umfassende axiomatisch aufgebaute Systeme mathematischer Begriffe und Aussagen zu schaffen sowie wesentliche Teilgebiete der Mathematik auf diese Weise zu formalisieren.

Interesse an herausfordernden Problemen (Motiv 9): Im Verlauf der Geschichte der Mathematik waren es immer wieder besondere Probleme, die Mathematiker herausforderten und zu auch grundlegenden Weiterentwicklungen anregten. Dazu gehören als die drei klassischen Probleme der Antike die Kreisquadratur, die Würfelverdopplung und die Winkeldreiteilung, die sich glücklicherweise sämtlich nicht mit Zirkel und Lineal ausführen lassen und dadurch besonders fruchtbar waren. So kann das erste Problem als wesentliche Anregung für die Entwicklung der Integralrechnung angesehen werden. Das „Vier-Linien-Problem" (auch „Pappus-Problem" genannt) löste *Descartes* nach etwa 2000 Jahren und begründete damit die analytische Geometrie. Das „Vier-Farben-Problem" wurde durch den ersten unter Mathematikern anerkannten Computerbeweis gelöst. Das „Fermat-Problem" scheint eher unspektakulär, stimulierte aber für mehr als 350 Jahre mathematische Kreativität, bevor es in langjähriger Arbeit von *Wiles* gelöst wurde (*Singh*, 2000).

Die dargestellten Motive führen zu einem Verbund von Schlüsselaktivitäten beim Mathematiktreiben (siehe Abb. 3.2). Wegen der großen Bedeutung der praktischen Geometrie und Architektur kann das *Konstruieren* vom *Anwenden* (Motiv 1) abgetrennt werden; gemeinsam mit dem *Berechnen* (Motiv 2) bilden diese Aktivitäten einen Schwerpunkt im Schulalter. Da religiöse und ästhetische Werte bzw. Wertesysteme (Motive 3 und 4) mathematisches Tätigsein stimulieren und bestimmen können, ist auch das *Bewerten* eine wichtige mathematische Aktivität, ebenso wie das *Spielen* (Motiv 5) für Kinder, aber auch für Erwachsene. Das *Begründen* und *Ordnen* (Motive 7 und 8) können als übergeordnete Aktivitäten aufgefasst werden und stehen deshalb an der Spitze des Achtecks. In den Ausführungen ist deutlich geworden, dass selbstverständlich auch das *Erfinden* (insbesondere Motive 6 und 9) eine außerordentlich wichtige mathematische Aktivität ist.

Dieser Verbund typischer mathematischer Aktivitäten kann beispielsweise auch genutzt werden, um Charakteristika mathematischer Epochen bzw. zeitliche und lokale Schwerpunktsetzungen herauszuarbeiten (*Zimmermann*, 1998) sowie Vorstellungen zur Mathematik und zum Mathematikunterricht von Schülern und Studierenden zu beschreiben (*Haapasalo*, 2011).

Abb. 3.2 Schlüsselaktivitäten beim Mathematiktreiben (*Zimmermann,* 1999, 236)

3.2 Alltagsdenken und mathematisches Denken

Sind Alltagsdenken[1] und mathematisches Denken in einem gewissen Sinne „verwandt" oder sind sie grundsätzlich verschieden? Anhand zweier (zugespitzter) Thesen hat *Heymann* idealtypisch die extremen Standpunkte aus einem Spektrum von Antwortmöglichkeiten auf diese Frage deutlich gemacht.

Die *„Differenzannahme"* beschreibt er in der folgenden Weise (*Heymann,* 1996, 224):

> „Alltägliches und mathematisches Denken sind grundverschieden. Das Alltagsdenken ist – wie die Alltagssprache, auf die es sich stützt – vage, unpräzise und führt zu keinen klaren Ergebnissen. Eine Ursache von Fehlern ist, dass die Schüler ihrem Alltagsdenken verhaftet bleiben. Im Mathematikunterricht ist jedoch die mathematische Denkweise die allein angemessene. Ein vorrangiges Ziel des Mathematikunterrichts muss es sein, das Alltagsdenken der Schüler möglichst weitgehend durch mathematisches Denken zu ersetzen. Schülern, denen das ‚Umschalten' auf das mathematische Denken nicht gelingt, ist die Unvollkommenheit und Problemunangemessenheit des Alltagsdenkens zu demonstrieren."

Bei diesem Standpunkt wird Mathematik als ein von der Lebenswelt völlig losgelöstes Denkgebäude angesehen. Ein von dieser Position ausgehender Mathematikunterricht kann kaum zwischen Alltagsdenken und mathematischem Denken vermitteln.

---

[1]Denken an sich könnte man in einem weit gefassten kognitionspsychologischen Sinne als ein kognitives Operieren mit Repräsentationen von Inhalten umschreiben (vgl. *Heymann,* 1996, 226).

Den anderen extremen Standpunkt, die *„Kontinuitätsannahme"*, erläutert *Heymann* so
(a. a. O.):

> „Das mathematische Denken stellt gleichsam eine systematische Fortschreibung des All-
> tagsdenkens dar: Das Alltagsdenken wird durch Schärfung seiner Begrifflichkeit und
> durch systematische und bewusste Anwendung bestimmter Schlussweisen und Strategien,
> die im Prinzip (aber häufig eben inkonsequent) auch im Alltagsdenken schon nachweisbar
> sind, für eine bestimmte Klasse von Problemen (eben die sogenannten ‚mathematischen‘
> Probleme) effektiviert. Zwischen dem Alltagsdenken (bzw. der Alltagssprache) und dem
> mathematischen Denken (bzw. der Fachsprache) gibt es eine Fülle von Zwischenstufen, die
> für das Mathematiklernen wichtig sind. Mathematisches Lernen hat desto größere Erfolgs-
> chancen, je weniger die Lernenden zwischen ihrem Alltagsdenken und dem im Unterricht
> geforderten mathematischen Denken eine Kluft empfinden."

Bei dieser Kontinuitätsannahme werden im Vergleich zur Differenzannahme die
Vermittlungsintentionen des Mathematikunterrichts (zwischen Alltagsdenken und
mathematischem Denken sowie zwischen den mathematischen Inhalten und einer über
das Fach „Mathematik" hinausweisenden Allgemeinbildung) deutlich.

Sie kommt der von *Katja Lengnink* u. a. vertretenen Auffassung näher als die
Differenzannahme, ohne sie völlig zu treffen. Nach ihrer verbindenden Sichtweise
gibt es zwischen Alltagsdenken und mathematischem Denken neben Entsprechungen
auch grundlegende qualitative Unterschiede; mathematisches Denken ist daher an sich
zunächst keine kontinuierliche Fortschreibung des Alltagsdenkens. Ein Versuch, Unterschiede zu beschreiben, findet sich bei *Lengnink* und *Peschek* (2001, 69):

> „Wenn wir von mathematischem Denken sprechen, so meinen wir ein Denken in und mit
> Begriffen, Regeln und (oft symbolischen) Darstellungen, die Elemente einer konventio-
> nalisierten Fachsprache darstellen und innerhalb eines begrenzten Kontexts, den man
> Mathematik nennt, mit relativ hoher Präzision, Exaktheit und Eindeutigkeit festgelegt sind.
> Wir meinen mit mathematischem Denken also ein Denken mit den Mitteln und nach den
> Regeln einer relativ klar abgegrenzten, hochgradig konventionalisierten Mathematik. Unter
> Alltagsdenken wollen wir […] jegliches Denken verstehen, das nicht dem mathematischen
> Denken (im eben beschriebenen, konventionalisierten Sinn) zuzuordnen ist."

Allerdings basiert mathematisches Denken nach dieser Sichtweise auf grundlegenden, auch überkulturellen Denkhandlungen. Sie sind zunächst vormathematisch
und allgemein, formen sich aber durch die Auseinandersetzung mit mathematischen
Aspekten in spezifischer Weise aus (*Lengnink* und *Prediger,* 2000). Diese Spezifik auf
gemeinsamer Grundlage besitzt auch didaktisches Potenzial:

> „Daher sollte der Wechsel zwischen den beiden Denkformen (in beiden Richtungen!)
> bewusst und möglichst reflektiert erfolgen. Wir würden jenem Lernen die größten Erfolgs-
> chancen einräumen, das die Übergänge zwischen den beiden Denkformen zu einem

zentralen Inhalt des Lernens von Mathematik macht. So ließe sich nicht nur das Alltagsdenken für mathematische Probleme effektivieren, sondern auch umgekehrt das
mathematische Denken besser (durchaus auch im Sinne von kritischer) für das Alltagsdenken nutzen." (*Lengnink* und *Peschek,* 2001, 68 f.)

Bezogen auf Grundschulkinder mag die gewählte Beschreibung von mathematischem
Denken als recht „hoch gegriffen" anmuten. Dennoch sind wir der Meinung, dass es
Grundschulkinder gibt (siehe z. B. Felix in Kap. 1), die bereits im beschriebenen Sinne
mathematisch denken, zumindest auf dem Wege sind, mathematisch zu denken. Sie
brauchen über den „normalen" Mathematikunterricht hinaus noch ein klein wenig Unterstützung, um ihre Ideen in der Sprache und mit den Begriffen der „konventionalisierten
Mathematik" ausdrücken zu können.

Ulm (2010, 3–7) benennt verschiedene Facetten mathematischen Denkens und stellt
diese in drei Dimensionen dar: inhaltsbezogenes und prozessbezogenes Denken sowie
Denken im Rahmen mathematikbezogener Informationsbearbeitung (siehe Abb. 3.3).

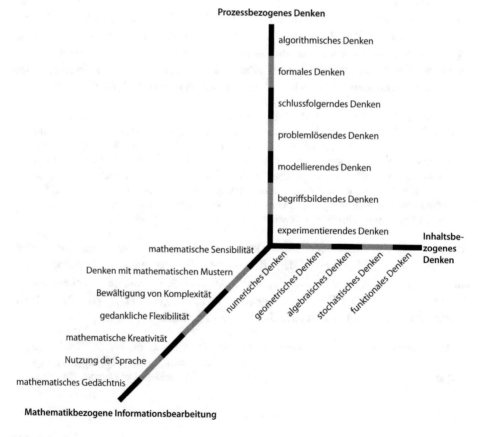

Abb. 3.3 Facetten mathematischen Denkens (*Ulm,* 2010, 4)

Aus Platzgründen bitten wir Sie, sich selbst zu den angegebenen Facetten inhalts-bezogenen und prozessbezogenen Denkens unterrichtsnahe Beispiele zu überlegen. Zur Wahrnehmung, Verarbeitung, Speicherung und zum Abruf mathematikbezogener Informationen erwähnen wir hier die Beispiele von *Ulm* (a. a. O., 5):

- *„Mathematische Sensibilität:* Z. B. Mathematik in der Umwelt wahrnehmen, in mathematikhaltigen Situationen Besonderes und Interessantes erkennen, Fragen auf-spüren, die Struktur von Problemstellungen erfassen, mit mathematischen Objekten gefühlvoll umgehen, die ästhetische Komponente mathematischer Sachverhalte empfinden
- *Denken mit mathematischen Mustern:* Z. B. in Beispielen zugrunde liegende all-gemeine Muster und Strukturen erkennen, konkrete Situationen abstrahieren, ver-allgemeinern, Analogien erkennen und nutzen, allgemeine Einsichten auf Konkretes übertragen, mit Mustern operieren
- *Bewältigung von Komplexität:* Z. B. relevante Informationen aus komplexen Situationen herausfiltern, Informationen strukturieren, Gedankengänge durch Denken in übergeordneten Strukturen verkürzen, gedanklich mit mehreren Objekten parallel operieren
- *Gedankliche Flexibilität:* Z. B. Repräsentationsebenen wechseln (enaktiv, ikonisch, verbal, mathematisch-symbolisch), Situationen unter verschiedenen Blickwinkeln betrachten, Situationen umstrukturieren, gedankliche Prozesse umkehren
- *Mathematische Kreativität:* Z. B. zu einer mathematischen Situation Ideen und Assoziationen produzieren, divergent denken, gegebene Rahmen durchbrechen, Bekanntes in origineller Weise nutzen, phantasievolle Gedankengänge entwickeln, Querverbindungen herstellen
- *Nutzung von Sprache:* Z. B. mündlich oder schriftsprachlich dargestellte Situationen verstehen, Sprache zur Entwicklung und Darstellung mathematischer Überlegungen und Ergebnisse nutzen
- *Mathematisches Gedächtnis:* Z. B. mathematische Situationen und Ergebnisse, Schemata von Argumentationen sowie grundsätzliche Zugänge zu Problemen merken, Neues mit vorhandenem Wissen vernetzen, Wissen flexibel und situationsadäquat abrufen"

Selbstverständlich sind die inhaltsbezogenen Facetten mathematischen Denkens nicht unabhängig voneinander. Außerdem sind die Prozesse mathematiktypischen Tätig-seins „nicht isoliert voneinander zu sehen, sie können bei der Beschäftigung mit Mathematik nebeneinander oder miteinander verwoben verlaufen" (a. a. O., 4). Auch bei den Facetten der dritten Dimension „ist die Strukturierung mathematikbezogener Informationsbearbeitungsprozesse nicht als überschneidungsfreie Einteilung zu sehen" (*Ulm*, 2010, 5).

3.3 Geistige Grundlagen mathematischen Denkens

Devlin (2003, 26 ff.) hebt als die wichtigsten geistigen Fähigkeiten, die es uns gestatten, Mathematik zu betreiben, die folgenden hervor (wir haben eine etwas andere Reihenfolge gewählt):

1. die Ausprägung eines „Zahlensinns";
2. numerische Kompetenz;
3. algorithmische Fähigkeiten;
4. der Sinn für Ursache und Wirkung;
5. die Fähigkeit, Bezüge herzustellen/über Zusammenhänge nachzudenken;
6. die Fähigkeit, eine längere Kausalkette von Tatsachen oder Ereignissen zu konstruieren und zu verfolgen;
7. die Fähigkeit zum logischen Denken;
8. die Fähigkeit zu abstrahieren;
9. die Fähigkeit zur Raumvorstellung.

Diese Fähigkeiten können nicht alle als unabhängig voneinander angesehen werden.

Zu (1), der Ausprägung eines „Zahlensinns": Menschen sind sehr früh nach der Geburt in der Lage, zwischen Mengen aus zwei bis zu vier Objekten simultan (mit einem Blick, ohne zu zählen) zu unterscheiden *(subitizing)*.[2] Eine Differenzierung solcher Mengen ist sogar intermodal möglich. Neuere Untersuchungen stellen allerdings ein angeborenes Zahlkonzept in Zweifel und deuten darauf hin, dass derartige Unterscheidungen auf der Wahrnehmungsebene erfolgen, beispielsweise Unterschiede in der räumlichen Ausdehnung erkannt werden. Es scheint sich also eher um eine Sensitivität für Quantitäten zu handeln, *Krajewski* (2005) spricht in diesem Zusammenhang von einer „Mengenbewusstheit". Können Kleinkinder zunächst nur bei gleichzeitig

---

[2]Auch einige Tierarten verfügen über diese Fähigkeit. So können nach *Ifrah* (1991) z. B. Raben und Elstern Mengen mit einem bis vier Elementen unterscheiden (a. a. O., 21): „So berichtet Tobias Dantzig […] von einem Schlossherrn, der einen Raben töten wollte, der sein Nest im Wachturm des Schlosses gebaut hatte. Der Schlossherr hatte mehrmals versucht, den Vogel zu überraschen, aber jedes Mal, wenn er sich näherte, floh der Rabe aus seinem Nest und ließ sich auf einem benachbarten Baume nieder, um zurückzukommen, sobald sein Verfolger den Turm wieder verlassen hatte. Der Schlossherr griff daraufhin zu einer List: Er ließ zwei seiner Begleiter in den Turm ein; nach wenigen Minuten zog sich der eine zurück, während der andere blieb. Der Rabe ließ sich aber nicht überlisten und wartete das Verschwinden des zweiten ab, bevor er an seinen alten Platz zurückkehrte. Das nächste Mal gingen drei Männer in den Turm, von denen sich zwei wieder entfernten; aber das listige Federvieh wartete mit noch größerer Geduld als sein verbliebener Kontrahent. Danach wiederholte man das Experiment mit vier Männern, aber ohne Erfolg. Es gelang schließlich mit fünf Personen, da der Rabe nicht mehr in der Lage war, vier von fünf Leuten zu unterscheiden."

dargebotenen Mengen feststellen, welche größer ist (Vergleichsschema), sind sie später auch in der Lage festzustellen, ob eine Menge zu- oder abgenommen hat (Zunahme-Abnahme-Schema). In der Regel wiederum etwas später entwickelt sich die Einsicht, dass Mengen in Teile zerlegt oder zu einer Gesamtmenge zusammengefügt werden können (Teil-Ganzes-Schema). Nach *Resnick* (1989 und 1992) gelten diese proto-quantitativen Schemata als wichtigstes Fundament der späteren mathematischen Entwicklung (*Krajewski,* 2005).

Zu (2), numerischer Kompetenz: Die unter (1) beschriebenen Fähigkeiten bedeuten noch nicht, dass gezählt werden kann oder Zahlen begrifflich erfasst werden. Zählen und Zahlen müssen gelernt werden. Man kann davon ausgehen, dass die Fähigkeit des Zählens in dem Sinne, die Zahlenreihe beliebig fortsetzen und beliebig große Mengen von Objekten auszählen zu können, dem Menschen vorbehalten ist (*Ifrah,* 1991; *Devlin,* 2003, 26).

Zu (3), algorithmischen Fähigkeiten: Gemeint ist die Fähigkeit, einen Algorithmus zu befolgen. Dabei wird unter einem Algorithmus eine Handlungsvorschrift bzw. ein Verfahren zur Bearbeitung einer bestimmten Klasse von Aufgaben verstanden, die bzw. das eindeutig ist und in endlich vielen Schritten zur Lösung führt. Ein typisches Beispiel aus der Grundschulmathematik ist das Verfahren zur schriftlichen Multiplikation, in der Sekundarschulmathematik kann die Lösungsmenge einer quadratischen Gleichung mithilfe der sogenannten „p-q-Formel" („Mitternachtsformel") bestimmt werden.

Mit diesen ersten drei Fähigkeiten sind wir bereits in der Lage, Arithmetik zu betreiben. Die Fähigkeiten (2) und (3) werden bei den sieben Primärfaktoren der Intelligenz nach *Thurstone* zum Faktor N *(number)* zusammengefasst (siehe *Thurstone,* 1938).

Zu (4), dem Sinn für Ursache und Wirkung: Neben vielen Tierarten erwerben auch die Menschen den Sinn für Ursache und Wirkung in einem frühen Alter, offenbar ergibt sich dadurch ein Überlebensvorteil.

Zu (5), der Fähigkeit, Bezüge herzustellen bzw. über Zusammenhänge nachzudenken: In einer etwas fortgeschritteneren Mathematik geht es häufig darum, Bezüge zwischen abstrakten Objekten herzustellen. Als Beispiel aus der Grundschulmathematik können Zusammenhänge zwischen Arithmetik und Geometrie genannt werden, etwa beim Thema „figurierte Zahlen" (siehe dazu z. B. *Käpnick,* 2001, 46 ff.).

Hier kann auch die Fähigkeit zum analogen Denken eingeordnet werden, also die Fähigkeit,

„Entsprechungen zwischen einzelnen Merkmalen oder Merkmalskombinationen zu nutzen, um weitere Merkmale auf Grund der Kenntnisse über ein Vergleichsobjekt vorherzusagen. Dabei sind die Kenntnisse über das Vergleichsobjekt ausgeprägter, und es wird Nutzen

aus dem gespeicherten Wissen gezogen. Von analogem Denken spricht man, wenn in Vor-
stellungsbildern und gedanklichen Konstruktionen Relationen vorhergesagt werden können,
die realen Relationen entsprechen." (*Bösel*, 2001, 311)

In der Kognitionspsychologie wird dem analogen Denken eine große Bedeutung
zuerkannt, da es in verschiedenen Bereichen eine zentrale Rolle spielt, z. B. für das
Lernen an Beispielen sowie im Rahmen des Problemlösens und des kreativen Arbeitens.
Wichtige wissenschaftliche Errungenschaften werden dem „Denken in Analogien"
zugeschrieben; nach *Pólya* (1954, 17) gibt es vielleicht keine mathematische Ent-
deckung, an der Analogienutzung nicht beteiligt war. Zur Nutzung des Analogieprinzips
als heuristische Strategie sei auf Unterabschn. 8.2.3 verwiesen.

**Zu (6), der Fähigkeit, eine längere Kausalkette von Tatsachen oder Ereignissen zu
konstruieren und zu verfolgen:** Über diese Fähigkeit verfügen wir noch nicht in den
ersten Lebensjahren. Ab welchem Alter sie sich zu entwickeln beginnt, ist individuell
sehr unterschiedlich. Gerade hierin (und in den Fähigkeiten (7) und (8)) dürften begabte
Kinder gegenüber nicht begabten Kindern gleichen Alters einen erheblichen Entwicklungsvorsprung aufweisen. Nach Auffassung von *Devlin* (2003, 28) erwarben unsere
Vorfahren diese Fähigkeit zusammen mit dem Sprachvermögen.

Zu (7), der Fähigkeit zum logischen Denken: Sie ist mit (6) eng verwandt und eine
Grundvoraussetzung, um (zumindest fortgeschrittenere) Mathematik betreiben zu
können. Im *Thurstone*schen Intelligenzmodell stellt der entsprechende (sehr komplexe)
Faktor R *(reasoning)* die Fähigkeiten zum logischen Schließen, zur Induktion (Erkennen
von Regeln) und zur Deduktion dar (mit Deduktion ist dabei die praktische Anwendung
von Regeln oder Prinzipien gemeint). Der Faktor R kann als Denkfähigkeitsfaktor im
engeren Sinne angesehen werden, er ist nicht an eine bestimmte Art des Aufgabenmaterials gebunden.

Zu (8), der Fähigkeit zu abstrahieren: Über die Fähigkeit zu abstrahieren äußert sich
Devlin (a. a. O., 149 f.) so:

„Eines der Charakteristika des menschlichen Gehirns, über das anscheinend keine andere
Spezies verfügt, ist die Fähigkeit zum abstrakten Denken. Zwar scheinen zahlreiche Tierarten in der Lage – wenn auch nur in sehr begrenztem Maße –, über reale Objekte in
ihrer unmittelbaren Umgebung nachzudenken. Einige, darunter Schimpansen und andere
Menschenaffen, können darüber hinaus anscheinend noch mehr. So kann ein Bonobo-Affe
zum Beispiel in geringem Umfang über ein einzelnes, ihm vertrautes Objekt aus seiner
Umgebung nachdenken, das gerade nicht da ist. Das Abstraktionsvermögen des Menschen
dagegen ist so stark, dass man es als eigene Gehirnleistung bezeichnen könnte. Wir können
praktisch über alles nachdenken, was wir wollen: reale, uns vertraute, aber zur Zeit nicht
vorhandene Objekte, reale Objekte, die wir nie gesehen, sondern von denen wir nur gehört
oder gelesen haben, oder rein fiktionale Objekte. Während also ein Bonobo darüber

nachdenken mag, wie er an die Banane kommen könnte, die er seinen Pfleger gerade hat verstecken sehen, haben wir kein Problem damit, uns eine zwei Meter lange vergoldete Banane vorzustellen, die auf einer mit zwei rosa Einhörnern bespannten Kutsche gezogen wird.

Wie ist es möglich, über etwas nachzudenken, was es gar nicht gibt? Anders gefragt, *was genau* ist das Objekt unseres Nachdenkens, wenn wir beispielsweise an ein rosa Einhorn denken? Dies ist eine jener Fragen, über die sich Philosophen endlos auslassen können, doch als Standardantwort gilt, dass es sich bei den Objekten, über die wir nachdenken, um *Symbole* handelt, d. h. um Objekte, die für andere Objekte stehen. [....] Die Symbole, die das Objekt der Gedanken eines Schimpansen oder eines anderen Menschenaffen bilden, sind beschränkt auf die Darstellung realer Objekte. Dagegen können Symbole als Objekte unserer Gedanken auch Phantasieversionen realer Objekte darstellen, etwa imaginäre Bananen oder Pferde, ja sogar vollends phantasierte Objekte wie vergoldete Bananen oder ein Einhorn."

Devlin (a. a. O.) unterscheidet vier Abstraktionsebenen:

Als *Abstraktionen der Ebene 1* bezeichnet er diejenigen, bei denen überhaupt keine Abstraktion stattfindet.

„Die Objekte des Nachdenkens sind real und in der unmittelbaren Umgebung sinnlich erfaßbar. (Nachdenken über Objekte in der unmittelbaren Umgebung kann jedoch durchaus beinhalten, daß man sie sich an einen anderen Ort gebracht oder anders angeordnet vorstellt. Daher scheint es mir sinnvoll, auch diesem Prozeß eine gewisse Abstraktionsleistung zuzugestehen.) Zahlreiche Tierarten scheinen zu solchen Abstraktionen der Ebene 1 in der Lage." (a. a. O., 150)

Abstraktionen der Ebene 2 befassen sich mit realen und vertrauten Objekten, die sich allerdings nicht in der unmittelbaren Umgebung befinden. Schimpansen und andere Menschenaffen dürften zu solchen Abstraktionen noch fähig sein.

Nur Menschen sind zu *Abstraktionen der Ebene 3* in der Lage.

„Dabei können die Objekte des Nachdenkens real, aber der Person noch nie begegnet sein, imaginäre Versionen oder Varianten realer Objekte oder imaginäre Kombinationen realer Objekte sein. Auch wenn es sich bei Objekten der Abstraktionsebene 3 um imaginäre Objekte handelt, können sie doch mit Bezeichnungen für reale Objekte beschrieben werden. So können wir ein Einhorn als Pferd mit einem Horn auf der Stirn beschreiben." (a. a. O.)

Nach *Devlin* ist die Fähigkeit zu Abstraktionen der dritten Ebene im Wesentlichen äquivalent zu der Fähigkeit, über eine Sprache zu verfügen.

„Mathematisches Denken findet auf *Abstraktionsebene 4* statt. Mathematische Objekte sind etwas vollkommen Abstraktes. Sie haben keine offensichtliche oder direkte Verbindung zur realen Welt." (a. a. O.)

Wie konnte sich das menschliche Gehirn so weit entwickeln, dass es zur (höheren) Mathematik fähig wurde? Hierzu waren nach Auffassung von *Devlin* keine neuen Denkprozesse notwendig. Vielmehr ging es um

„die Anwendung bereits vorhandener Denkprozesse auf einer höheren Abstraktionsebene. Mit anderen Worten, der entscheidende Schritt bestand nicht in einer höheren Komplexität des Denkprozesses, sondern in einer höheren Abstraktion.

[....]

Der Schlüssel zur Fähigkeit zum mathematischen Denken besteht darin, diese Fähigkeit, die ‚Realität in unserem Kopf zu kopieren‘, noch weiter zu verbessern, bis zu jener Ebene 4 der reinen Symbole." (a. a. O., 151 f.)

Auch der Kognitionspsychologe *Klix* (1993, 17) spricht von „verschieden hohen Abstraktionsebenen":

„Das wesentlichste Ergebnis des Denkens in den sprachlichen Kategorien des Gedächtnisses ist die Ausbildung und Fixierung verschieden hoher Abstraktionsebenen. Wie die Sprossen einer Leiter funktionieren die Bezeichnungen für immer abstraktere Begriffe. Man gelangt in zunehmend höhere (abstraktere, umfangreichere) Ebenen und überblickt oder ‚begreift‘ dabei kognitiv immer weitere Gebiete der (mentalen) Wirklichkeit. Schließlich kann man auch die Sprossen der eigenen Leiter, also die Formen des Denkens und Schließens, von einer Art Meta-ebene aus betrachten. Dies führt zur Erkennung von Regeln des Denkens, zur Erkenntnis der Prozesse, die von einer Stufe zur nächsten führen. Hier liegt die Basis auch für die Ausbildung von Zahlsystemen, für die Erkenntnis logischer Formen der Realität, für die Formulierung von Gesetzen in der Natur und in den Formen des menschlichen Denkens selbst."

Die kognitiven Prozesse des abstrakten Denkens werden von Neurowissenschaftlern in der Großhirnrinde verortet (siehe *Leusch,* 2019, 33). Mittlerweile haben Forscher (*Fiddes et al.,* 2018 sowie *Suzuki et al.,* 2018) eine für Menschen spezifische Gen-gruppe identifiziert, die „eine entscheidende Aufgabe bei der Bildung der Großhirnrinde erfüllt" (*Leusch,* 2019, 33). Diese Gengruppe wird unter der Bezeichnung NOTCH2NL zusammengefasst und lässt das menschliche Gehirn wachsen, insbesondere den Neo-kortex, von dem angenommen wird, dass er in der menschlichen Entwicklung der jüngste Teil der Großhirnrinde ist. Der Neokortex scheint

„vor allem für jene Fähigkeiten verantwortlich zu sein, die beim Menschen im Vergleich zu anderen Säugern besonders stark ausgeprägt sind, wie Lern- und Sprachbegabung, voraus-schauendes Planen sowie ausgeprägtes Sozial- und Kooperationsverhalten. [....] Evolutions-biologen gehen […] davon aus, dass die Entwicklung des Kortex für den *Homo sapiens* vermutlich wichtiger war als die alleinige Zunahme des Hirnvolumens, die sich seit dem Auftreten der Gattung *Homo* vor etwa 2,5 Mio. Jahren beobachten ließ" (a. a. O., 33 f.).

„NOTCH2NL scheint an der Hirnentwicklung einen beachtlichen Anteil gehabt zu haben, wie seine Rolle bei der Ausbildung der Großhirnrinde und damit der kognitiven Leistungen nahelegt. Und dennoch ist die Geschichte wohl um einiges komplizierter. Denn über die genetischen Mechanismen und neurologischen Prozesse im Gehirn wissen wir noch längst nicht alles." (a. a. O., 35)

Bei der Frage, warum das menschliche Gehirn im Vergleich zum Gehirn von Menschen-affen (diese besitzen keine funktionalen NOTCH2NL-Gene) weitaus leistungsfähiger ist, spielen drei Faktoren eine herausragende Rolle: die Größe des menschlichen Gehirns, sein Aufbau sowie die Qualität seiner neuronalen Vernetzungen.

„Erst nachdem sich Schimpansen und Menschen auseinander entwickelt haben, muss es zu der entscheidenden Erbgutveränderung gekommen sein, die NOTCH2NL in der Menschenlinie funktionsfähig machte. Die Wissenschaftler datieren das auf den Zeitraum zwischen drei und vier Millionen Jahren vor heute." (a. a. O., 34)

Zu (9), der Fähigkeit zur Raumvorstellung: Die Fähigkeit zur Raumvorstellung (Faktor S im *Thurstone*schen Modell) ist für die meisten Spezies überlebenswichtig.

Nach *Besuden* (1999, 2 f.) lässt sich die Raumvorstellung zunächst grob in folgende Komponenten einteilen[3]:

- räumliches Orientieren (als Fähigkeit, sich wirklich oder gedanklich im Raum orientieren zu können);
- räumliches Vorstellen im engeren Sinne (als Fähigkeit, räumliche Objekte oder Beziehungen in der Vorstellung reproduzieren zu können);
- räumliches Denken (als Fähigkeit, mit Vorstellungsinhalten gedanklich zu operieren, ihre Lage bzw. Beziehungen zueinander in der Vorstellung zu verändern).

Bezogen auf die genannten neun geistigen Grundlagen mathematischen Denkens werfen wir nun noch einen kurzen Blick in die Entwicklungsgeschichte des Menschen (siehe dazu auch *Devlin,* 2003, 216 f. und 230 f.):

Bereits beim Homo habilis[4] (siehe Abb. 3.4) lassen sich Ansätze der Fähigkeiten (1) (Zahlensinn) und (9) (Sinn für räumliche Orientierung) feststellen. Da ebenfalls alle heutigen höheren Primaten ein (gewisses) Verständnis von Ursache und Wirkung ausgebildet haben (Fähigkeit (4)), ist anzunehmen, dass der Homo habilis auch darüber bereits verfügte.

Weil der Aufbau einer Sozialstruktur eine Fähigkeit des Homo erectus[5] war, dürfte sich bei ihm die Fähigkeit (5) (Nachdenken über Zusammenhänge) entwickelt haben. Eine solche Lebensweise erfordert nämlich, über Beziehungen innerhalb einer Gruppe

---

[3]Ein detaillierteres Modell findet man bei *Maier* (1999); siehe dazu auch Abschn. 8.9.

[4]Der Homo habilis folgte vor etwa zwei Millionen Jahren den Australopithecinen, den frühesten bekannten Ur- oder Vormenschen. Diese Art hatte auch noch ein affenähnliches Äußeres, war allerdings etwas größer. Das Gehirnvolumen betrug etwa 640 cm^3 im Vergleich zu etwa 440 cm^3 bei den Australopithecinen oder bei unseren heutigen Menschenaffen. Dies war jedoch noch weniger als die Hälfte des Gehirnvolumens des modernen Menschen (etwa 1350 cm^3).

[5]Diese neue Spezies entstand vor etwa 1,5 Mio. Jahren. Es steht nicht fest, ob der Homo erectus vom Homo habilis oder aus einer getrennten parallelen Linie abstammt, die mit den Australopithecinen begann. Ein besonderes Kennzeichen dieser neuen Spezies war das Gehirnvolumen (etwa 950 cm^3, also mehr als das Doppelte des Volumens heutiger Menschenaffen).

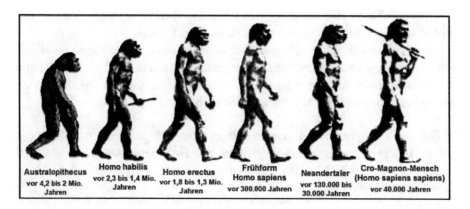

Australopithecus
vor 4,2 bis 2 Mio.
Jahren

Homo habilis
vor 2,3 bis 1,4 Mio.
Jahren

Homo erectus
vor 1,8 bis 1,3 Mio.
Jahren

Frühform
Homo sapiens
vor 300.000 Jahren

Neandertaler
vor 130.000 bis
30.000 Jahren

Cro-Magnon-Mensch
(Homo sapiens sapiens)
vor 40.000 Jahren

Abb. 3.4 Der Weg zum aufrechten Gang (Quelle: https://www.helles-koepfchen.de/geschichte-der-evolution/urmenschen-homo-erectus-neandertaler-und-homo-sapiens.html, 14.09.2019)

nachzudenken und sich auch daran zu erinnern. Die Entwicklung von Speeren mit Widerhaken ist zudem ein untrügliches Zeichen dafür, dass der Homo erectus (zumindest in einem gewissen Umfang) bereits über die Fähigkeit (6) verfügte (eine Kausalkette von Tatsachen oder Ereignissen zu konstruieren und zu verfolgen). Ihm fehlten demnach nur die Fähigkeiten (2), (3), (7) und (8). Entscheidend unter diesen ist die Fähigkeit (8). Aus dem Abstraktionsvermögen folgen die anderen Fähigkeiten fast von allein. Denn mit diesem Vermögen kann Sprache entstehen. Und Sprache in Verbindung mit dem Zahlensinn führt zur Fähigkeit (2), der numerischen Kompetenz. Algorithmische Fähigkeiten (3) und die Fähigkeit zum logischen Denken (7) sind im Grunde genommen lediglich abstrakte Formen von Fähigkeit (6). Der entscheidende Schritt vom Homo erectus zum Homo sapiens (wörtlich: „der einsichtige Mensch") war demnach die Entwicklung des abstrakten Denkens.

3.4 Mathematisches Tätigsein als Problemlösen und Theoriebilden

3.4.1 Zum Problemlösen

*Die Erkenntnis beginnt nicht mit Wahrnehmungen oder Beobachtungen oder der Sammlung von Daten oder von Tatsachen, sondern sie beginnt mit **Problemen**.*

(*Popper,* 2019, 80)

Karl R. Popper, einer der bedeutendsten Philosophen und Wissenschaftstheoretiker des 20. Jahrhunderts, betitelte das letzte seiner Bücher „Alles Leben ist Problemlösen" und schrieb: „Ja wir können, wenn wir wollen, das Leben als Problemlösen schlechthin beschreiben [...].“ (*Popper*, 1994, 70) Auch *Pólya* (1980, 1) verband das Mensch-Sein mit der Fähigkeit, Probleme zu lösen: „Solving problems is the specific achievement of intelligence [...]. Solving problems is human nature itself.“

Domänenübergreifend (ohne expliziten Bezug auf mathematische Probleme) umschreibt der Psychologe *Duncker* (1935, 1) den Begriff „Problem“ wie folgt:

> „Ein ‚Problem‘ entsteht z. B. dann, wenn ein Lebewesen ein Ziel hat und nicht ‚weiß‘, wie es dieses Ziel erreichen soll. Wo immer der gegebene Zustand sich nicht durch bloßes Handeln (Ausführen selbstverständlicher Operationen) in den erstrebten Zustand überführen läßt, wird das Denken auf den Plan gerufen.“

Allen Definitionen des Begriffs „Problem“ in der Psychologie gemeinsam sind drei Stufen oder Komponenten:

1. Anfangs- oder Startzustand,
2. Ziel oder Zielzustand (Lösung des Problems),
3. Lücke zwischen Start- und Zielzustand/Barriere/Hindernis (siehe z. B. *Dörner*, 1976, 10; *Edelmann*, 1996, 314).

Anfangs- und Zielzustand sowie eventuelle Zwischenzustände umfassen den sogenannten „Problemraum“. Problemlösen lässt sich somit als Suchen nach geeigneten Mitteln oder „Operatoren“ im Problemraum charakterisieren (*Anderson*, 2001, 243). „Lässt sich der Zielzustand mit Hilfe von verfügbarem Wissen und Mitteln unmittelbar erreichen, fehlt die Barriere und es handelt sich nicht um ein Problem, sondern um eine Aufgabe.“ (*Heinze*, 2005, 78)

Der Mathematikdidaktiker *Schoenfeld* (1989, 87 f.) schlägt folgende Definition für den Begriff „mathematisches Problem“ vor, der wir uns anschließen:

> „For any student, a mathematical problem is a task (a) in which the student is interested and engaged and for which he wishes to obtain a resolution, and (b) for which the student does not have a readily accessible mathematical means by which to achieve that resolution.
>
> As simple as this definition may seem, it has some significant consequences. First, it presumes that engagement is important in problem solving; a task isn't a problem for you until you've made it *your* problem. Second, it implies that tasks are not ‚problems‘ in and of themselves; whether or not a task is a problem for you depends on what you know. Third, most of the textbook and homework ‚problems‘ assigned to students are not problems according to this definition, but exercises. [...] Fourth, the majority of what has been called ‚problem solving‘ in the past decade – introducing ‚word problems‘ into the curriculum – is only a small part of problem solving. [...] And fifth, as broad as the definition above may seem, problem solving covers only part of ‚thinking mathematically‘. Also important are developing metacognitive skills and developing a mathematical point of view [...].“

Zwei Aspekte der Definition eines mathematischen Problems nach *Schoenfeld* (mit Blick auf Kinder und Jugendliche) wollen wir besonders hervorheben:

Zu Aspekt 2:

Aufgaben (im Sinne ihrer Verwendung im Mathematikunterricht) sind nicht per se „Probleme". Vielmehr hängt es vom jeweiligen Aufgaben- bzw. Problembearbeiter ab, ob er ein Verfahren kennt, um sie zu lösen. Dies wurde auch von *Kilpatrick* (1985, 2) herausgestellt:

„To be a problem, it has to be a problem for someone." Und weiter (a. a. O., 3): „Researchers in mathematics education have long accepted the truth that a problem for you today may not be one for me today or for you tomorrow." *Pólya* (1962, 117) formulierte diesen Aspekt so: „Where there is no difficulty, there is no problem."

Zu Aspekt 3:

Die meisten „Probleme" in Schulbüchern – auch sogenannte „Textaufgaben" – sind keine Probleme im Sinne der Definition von *Schoenfeld*. *Pólya* (1945/1973, 6) fordert: „[…] the problem should be well chosen, not too difficult and not too easy, natural and interesting, and some time should be allowed for natural and interesting presentation."

Zur Umschreibung des Begriffs „Problemlösen" schließen wir uns dem Vorschlag von *Mayer* und *Wittrock* an (sie beziehen sich auch auf nicht-mathematische Probleme):

> „When you are faced with a problem and you are not aware of any obvious solution method, you must engage in a form of cognitive processing called *problem solving*. Problem solving is cognitive processing directed at achieving a goal when no solution method is obvious to the problem solver […]. According to this definition, problem solving has four main characteristics. First, problem solving is *cognitive*, that is, it occurs internally in the problem solver's cognitive system, and can only be inferred indirectly from the problem solver's behavior. Second, problem solving is a *process*, that is, it involves representing and manipulating knowledge in the problem solver's cognitive system. Third, problem solving is *directed*, that is, the problem solver's cognitive processing is guided by the problem solver's goals. Fourth, problem solving is *personal*, that is, the individual knowledge and skills of the problem solver help determine the difficulty or ease with which obstacles to solutions can be overcome. Thus, problem solving is cognitive processing directed at transforming a given situation into a goal situation when no obvious method of solution is available […]." (*Mayer* und *Wittrock*, 2006, 287 f.)

Da Versuche zum Problemlösen auch scheitern können, die Lösung des jeweiligen Problems also nicht in jedem Fall gefunden wird, sprechen wir im Folgenden statt von Problem*löse*prozessen von Problem*bearbeitungs*prozessen.

In der Literatur findet man verschiedene Modelle, die Problembearbeitungsprozesse beschreiben. Die meisten haben ihren Ursprung in dem bekannten Modell von *Pólya* (1945/1973), das vier Phasen umfasst:

1. Verstehen des Problems,
2. Ausdenken eines Plans,
3. Ausführen des Plans,
4. Rückschau.

(Ausführliche Informationen zu diesem Modell mit Fragen, die sich der Problembearbeiter in den einzelnen Phasen stellen sollte, findet die Leserin/der Leser im Unterabschn. 8.2.1, in dem es um das Thema „Heuristik" geht.)

> „These four phases may give the impression that problem solving is a very linear procedure, working on one of the four steps after the other. This, of course, is not true – the process of problem solving involves going back and forth, devising different plans, as well as failing and trying again. In other words, the process of problem solving is not linear, but rather dynamic, cyclic, and iterative in its nature." (*Rott et al.,* 2016, 15)

Die dynamische, zyklische und iterative Interpretation des Modells von *Pólya* wird in den Modellen von *Schoenfeld* (1985) und *Fernandez et al.* (1994) deutlich (siehe die Abb. 3.5 und 3.6).

Schoenfeld (1985) unterscheidet Planen von ungeordneten heuristischen Aktivitäten, indem er im Vergleich zum Modell von *Pólya* eine neue Phase hinzufügt, die er „Exploration" nennt. Nach dem Ausdenken eines Plans muss dieser nicht sofort ausgeführt werden (Implementation des Plans), sondern es kann nützlich sein, zur Exploration überzugehen, um dann zur Planung zurückzukehren (dieses „Hin und Her" kann auch mehrfach erfolgen). Von der Exploration aus kann der Weg zur Planung auch über eine erneute (vertiefte) Analyse führen.

Bei ihrem Modell des Problembearbeitungsprozesses betonen *Fernandez et al.* (1994) die Wichtigkeit von selbstregulativen Tätigkeiten („the managerial processes of self-monitoring, self-regulating, and self-assessment"; a. a. O., 196); man beachte die eingezeichneten (Doppel-)Pfeile in Abb. 3.6:

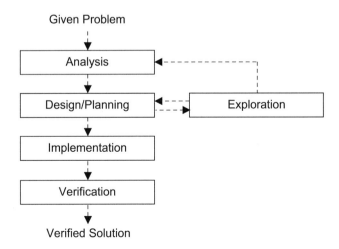

Abb. 3.5 Problembearbeitungsprozess nach *Schoenfeld* (1985, Kap. 4)

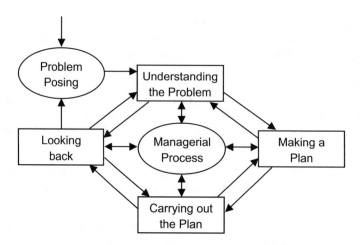

Abb. 3.6 Problembearbeitungsprozess nach *Fernandez et al.* (1994, 196)

„The arrows represent managerial decisions implicit in the movement from one stage to another, and the overall diagramm suggests that the process is not necessarily linear. For example, a student may begin by engaging in thought to understand a problem and then move into the planning stage. After some consideration of a plan, the student´s self-monitoring of understanding may indicate the need to understand the problem better and cause the student to return to the understanding-the-problem stage." (a. a. O., 196)

Außerdem legen *Wilson et al.* (1993) großen Wert auf die Tätigkeit des Problem-Findens und -Formulierens *(problem posing):*

„Another aspect of problem solving that is seldom included in textbooks is problem posing or problem formulation. [...] Pólya did not talk specifically about problem posing, but much of the spirit and format of problem posing is included in his illustrations of looking back." (a. a. O., 60 f.)

Für forschende Mathematiker(-innen) ist das erfolgreiche Finden von mathematisch anspruchsvollen Problemen von zentraler Bedeutung. Auch bei der Förderung von mathematisch begabten Kindern und Jugendlichen sollte das eigenständige Finden von mathematisch reizvollen Problemstellungen im Rahmen von zugänglichen Problemfeldern eine bedeutende Rolle spielen (siehe Abschn. 8.1).

„Mathematische Probleme vielfältiger Art möglichst elegant bzw. effizient zu lösen, aber auch mathematische Probleme überhaupt zu finden und zu formulieren, gehört zum Selbstverständnis derjenigen, die sich mit Mathematik beschäftigen." (*Heinrich et al.,* 2015, 279)

Wie lassen sich domänenübergreifend Probleme klassifizieren? In der Literatur sind unterschiedliche Versuche zu finden, Probleme zu klassifizieren (siehe z. B. *Reitman,* 1965; *Greeno,* 1978; *Haas,* 2000). Der Kognitionspsychologe *Dörner* (1976, 11 ff.) klassifiziert Probleme nach der Art der Barrieren, die die Problembewältigung anfänglich

Tab. 3.1   Problemtypen nach *Dörner* (1976)

	Startzustand	Operatoren/ Mittel	Reihenfolge der Opera- toren/Mittel	Zielzustand	Beispiel
Interpola- tions- probleme	Bekannt	Bekannt	Unbekannt	Bekannt	1. Beispiel (Puppen- theater)
Synthese- probleme	Bekannt	Unbekannt	Unbekannt	Bekannt	4. Beispiel (Zählen)
Dialektische Probleme	Bekannt	Unbekannt	Unbekannt	Unbekannt	2. Beispiel (kleinste natür- liche Zahl)

verhindern. Er unterscheidet danach drei Problemtypen: Interpolationsprobleme, Syntheseprobleme und dialektische Probleme (vgl. Tab. 3.1; dort ist (von uns) auch jeweils ein Beispiel aus der Mathematik angegeben, und zwar aus Unterabschn. 8.2.4). Die Art der Barriere (und damit der Problemtyp) erwächst nicht nur aus der Problem- stellung, sondern ist auch vom Problembearbeiter und dessen Wissensstrukturen sowie von seiner Motivation abhängig. „Diese Vorerfahrungen des jeweiligen Individuums bestimmen wesentlich, ob überhaupt eine Barriere vorhanden ist, das heißt, ob es sich bei einem Gegenstandsbereich um ein Problem oder eine Aufgabe handelt." (*Heinze,* 2005, 78)

Bei einem Interpolationsproblem sind die einzelnen Lösungsschritte zwar bekannt, jedoch nicht deren Kombination. Bei einem Syntheseproblem sind einzelne Lösungs- schritte nicht bekannt und müssen noch erzeugt werden. Ein dialektisches Problem liegt dann vor, wenn sowohl der Zielzustand als auch die Lösungsschritte unklar sind oder zu diesen höchstens vage Vorstellungen vorliegen. (siehe auch *Heinze,* 2007, 5)

In der Tab. 3.2 sind Merkmale von (Routine-)Aufgaben und solche von Problemen zusammengestellt.

Im Blick auf unsere Klientel sind natürlich **Problemaufgaben** für die Förderung von größter Bedeutung. Wegen des stärker verbreiteten Gebrauchs des Wortes sprechen wir im Folgenden in der Regel jedoch auch von „Aufgaben", wenn eigentlich „Probleme" bzw. „Problemaufgaben" gemeint sind.

Neben den in diesem Buch vorkommenden Problemaufgaben gibt es Sammlungen von mathematischen Problemen für mathematisch begabte Kinder bzw. Jugendliche, z. B. für die Jahrgangsstufen 1 und 2 *Hasemann et al.,* 2006 („Denkaufgaben für die 1. und 2. Klasse"), für die Jahrgangsstufen 3 und 4 *Bardy* und *Hrzán,* 2010 („Aufgaben für kleine Mathematiker mit ausführlichen Lösungen und didaktischen Hinweisen"), für die Jahrgangsstufen 1 bis 4 *Ulm,* 2010 („Mathematische Begabungen fördern"), für die Jahrgangsstufen 5 und 6 *Fritzlar et al.,* 2006 („Mathe für kleine Asse mit Kopiervorlagen"), für höhere Jahrgangsstufen *Fürther Mathematik-Olympiade,* 2007

Tab. 3.2   Routine- vs. Problemaufgabe nach *Dörner* (1976)

(Routine-)Aufgabe	Problem(-Aufgabe)
• entschlüsselbar als Aufgabe eines bestimmten Typs • Abruf einer verfügbaren Lösungsprozedur möglich • formales bis ritualhaftes Abarbeiten der gespeicherten Prozedur möglich • Erfolg auch ohne Verständnis möglich • provoziert i. A. nicht zum Weiterdenken, Fortspinnen; wirkt abgeschlossen	• eine „Barriere" verhindert das Entschlüsseln; die Aufgabe ist offen, mehrdeutig • Suche nach einem Lösungsweg notwendig; man benötigt Einfälle, andere Sichtweisen, neuartige Verbindungen der Wissensbestände • inhaltliches Denken ist unverzichtbar zur Konstruktion eines Lösungsweges • ohne Verständnis kein Erfolg möglich • provoziert zum Weiterdenken, Variieren, Ausbauen; wirkt offen

(„FüMO – Das Buch"), *Mathematischer Korrespondenzzirkel Göttingen,* 2005, 2008 („Voller Knobeleien" bzw. „Voller neuer Knobeleien") und *Löh et al.,* 2016 („Quod erat knobelandum").

In der mathematischen Forschung geht es vor allem um die Lösung inner- und außermathematischer Probleme. Dabei sind außermathematische Probleme solche, die aus anderen Wissenschaften (oder dem Alltag) stammen und mithilfe mathematischer Überlegungen oder Methoden gelöst werden können.

Berühmt ist eine Liste von 23 innermathematischen Problemen, die *David Hilbert,* 1900 auf dem Internationalen Mathematiker-Kongress in Paris vorstellte (siehe *Hilbert,* 1900). Seiner Auffassung nach sollten sich die Mathematiker diesen Problemen verstärkt zuwenden. In der Einleitung zu seinem Vortrag sagte *Hilbert* u. a. (a. a. O., 1):

> „Die hohe Bedeutung bestimmter Probleme für den Fortschritt der mathematischen Wissenschaft im Allgemeinen und die wichtige Rolle, die sie bei der Arbeit des einzelnen Forschers spielen, ist unleugbar. Solange ein Wissenszweig Ueberfluß an Problemen bietet, ist er lebenskräftig; Mangel an Problemen bedeutet Absterben oder Aufhören der selbstständigen Entwickelung. Wie überhaupt jedes menschliche Unternehmen Ziele verfolgt, so braucht die mathematische Forschung Probleme. Durch die Lösung von Problemen stählt sich die Kraft des Forschers; er findet neue Methoden und Ausblicke, er gewinnt einen weiteren und freieren Horizont."

Die von *Hilbert* vorgetragenen 23 Probleme wurden zu Meilensteinen der Mathematik im 20. Jahrhundert. Etliche sind inzwischen gelöst, ein paar gelten als unlösbar.

Hilbert ging in seiner Einleitung auch auf das „Fermat-Problem" ein (siehe Abschn. 3.1). Dazu führte er aus (a. a. O., 2):

> „*Fermat* hatte bekanntlich behauptet, daß die *Diophantische* Gleichung (außer in gewissen selbstverständlichen Fällen)
>
> $$x^n + y^n = z^n$$
>
> in ganzen Zahlen *x, y, z* unlösbar sei; das Problem, *diese Unmöglichkeit nachzuweisen,* bietet ein schlagendes Beispiel dafür, wie fördernd ein sehr spezielles und scheinbar unbedeutendes Problem auf die Wissenschaft einwirken kann. Denn durch die *Fermat*sche Aufgabe angeregt, gelangte *Kummer* zu der Einführung der idealen Zahlen und zur Entdeckung des Satzes von der eindeutigen Zerlegung der Zahlen eines Kreiskörpers in ideale Primfaktoren – eines Satzes, der heute in der ihm durch *Dedekind* und *Kronecker* erteilten Verallgemeinerung auf beliebige algebraische Zahlbereiche im Mittelpunkte der modernen Zahlentheorie steht, und dessen Bedeutung weit über die Grenzen der Zahlentheorie hinaus in das Gebiet der Algebra und der Funktionentheorie reicht."

Am 23. Juni 1993 bewies *Andrew Wiles* (nach vielen Jahren intensiver Forschung) im Rahmen eines Vortrags in seiner Heimatstadt Cambridge die Fermatsche Vermutung (*Singh*, 2000, 25 ff.): Die diophantische Gleichung $x^n + y^n = z^n$ besitzt für natürliche Zahlen $n > 2$ keine von 0 verschiedenen ganzzahligen Lösungen.

Zu beachten ist allerdings die folgende Aussage von *Kilpatrick* (1985, 3): „Mathematics is not simply the famous problems that great mathematicians have worked on; all mathematics is created in the process of formulating and solving problems."

Es gibt auch forschende Mathematiker(innen), die damit beschäftigt sind, Probleme aus anderen Wissenschaften zu bearbeiten (häufig im Team mit Experten dieser Wissenschaften). Ohne Verwendung von Mathematik geht es nicht, wenn man z. B. Verkehrsströme analysieren will, um damit Staus vorhersagen zu können; fast überall, ob z. B. an der Börse, in der Softwareprogrammierung oder bei der Optimierung von Fahrplänen, wird Mathematik benötigt.

Ein aus unserer Sicht schönes Beispiel stammt aus der Geschichte der Medizin: Es geht um die Behandlung einseitiger Aphakie. Unter Aphakie versteht man das Fehlen der Augenlinse (entfernt wegen grauem Star oder Unfall). Bei fast allen Patienten, denen auf einer Seite die Augenlinse entfernt wurde, traten große Sehbehinderungen auf. Das dreidimensionale Sehen ging verloren; der Patient hatte Schwierigkeiten, die (verschieden großen) Netzhautbilder in beiden Augen zu koordinieren.

Bis vor etwa 43 Jahren waren die Antworten der Augenärzte auf diese Probleme die folgenden:

a) Das betroffene Auge wurde mit mattiertem Glas verdeckt (also nur einäugiges Sehen) oder

b) die Linse des anderen Auges wurde ebenfalls entfernt oder

c) in das aphake Auge wurde eine Plastiklinse eingesetzt.

Letztere Methode brachte jedoch das zusätzliche Problem, dass es (jedenfalls damals) beim ersten Versuch kaum möglich war, die optimale Linse zu finden. Alle drei Möglichkeiten waren für die betroffenen Patienten nur sehr unbefriedigend: im ersten Fall nur einäugiges Sehen, in den beiden anderen Fällen mindestens eine weitere Operation.

Diese Missstände haben ein Team von Augenärzten und Mathematikern an der Universität Münster veranlasst, einen anderen Lösungsweg zu suchen. Er wurde in einer speziellen Kombination aus Brillenglas und Haftschale für das aphake Auge gefunden. Besonders interessant ist, dass die mathematischen Mittel, die benötigt wurden, um das Problem zu lösen, nicht aus der „höheren" Mathematik stammen, sondern aus der Schulmathematik: Strahlensätze, Bruchgleichungen, Einsetzen in Formeln, Systeme nichtlinearer Gleichungen mit zwei Variablen (Einsetzungsverfahren), quadratische Gleichungen.

Bereits 1979 waren mehrere hundert Patienten nach dieser Methode behandelt worden (siehe *Werner,* 1979). Alle hatten keine Kopfschmerzen mehr, wurden vor einer zusätzlichen Augenoperation bewahrt und erhielten das dreidimensionale Sehvermögen zurück.

Unabhängig von den Lösungsversuchen zu inner- oder außermathematischen Problemen sind wir mit *Halmos* (1980) der Auffassung, dass Problemlösen „the heart of mathematics" ist:

„[…] the mathematician´s main reason for existence is to solve problems, […] what mathematics really consists of is problems and solutions." (a. a. O., 519)

Was braucht man domänenübergreifend, um Probleme lösen zu können?

Ein Problemlöser benötigt sowohl eine geeignete kognitive als auch eine geeignete sogenannte „metakognitive" Ausstattung. Bei der Lösung von Problemen sind nach *Kilpatrick* und *Radatz* (1983, 153) drei Strukturen bedeutsam:

1. die epistemische Struktur,
2. die heuristische Struktur,
3. die metakognitive Struktur.

Die Einteilung der kognitiven Struktur in eine epistemische Struktur (Wissensstruktur, reichhaltiges Wissen über den jeweiligen Inhaltsbereich) und eine heuristische Struktur (Problemlösestruktur, Gesamtheit der Problemlösestrategien) stammt von *Dörner* (1976, 26 f.).

„Die Wissensstruktur beinhaltet Regeln, Begriffe und Algorithmen, die insbesondere zur Bewältigung einer Aufgabe aus dem Gedächtnis abgerufen werden. Beim Lösen von Problemen reicht dieses Wissen jedoch allein nicht aus, um das gewünschte Ziel zu erreichen, so dass zusätzlich Konstruktionsverfahren (Operatoren) zur Herstellung der unbekannten Transformationen benötigt werden." (*Heinze,* 2005, 79)

Diese Konstruktionsverfahren heißen **Heurismen** (Findeverfahren, siehe Abschn. 8.2). Mit ihrer Hilfe versucht der Problembearbeiter, die Barriere(n) des jeweiligen Problems zu überwinden.

Unter **Metakognition** versteht man allgemein das Wissen und die Kontrolle über die eigenen Kognitionen, über die eigenen Denk- und Lernaktivitäten. „Im Zusammenhang mit Problemlöseverhalten bewirken Metakognitionen u. a. das Erkennen verfügbarer Strategien und die Auswahl der zur Problemlösung vermutlich [...] erfolgreichsten Strategie [...]." (a. a. O., 82) Unter der metakognitiven Struktur des jeweiligen Problembearbeiters kann man demnach sein Steuerungssystem für die Auswahl des zu aktivierenden Wissensbestands und der für das vorliegende Problem abzurufenden nützlichen Strategie(n) verstehen, unter Einschluss der Möglichkeit der Konstruktion für ihn neuer Strategien. Sind diese neuen Strategien erst einmal konstruiert und ist deren Wirksamkeit an weiteren Problemen erprobt, so gehören sie nun zur heuristischen Struktur.

In der Mathematikdidaktik besteht allgemeiner Konsens darüber, dass „die Entwicklung der Problemlösekompetenz ein schwieriger und langwieriger Prozess ist" (*Törner* und *Zielinski,* 1992, 259). In ähnlicher Weise äußert sich *Kilpatrick* (1985, 8): „Research [...] suggests that ‚slowly and with difficulty‘ is probably the best answer to the question of how problem solving is learned." Zur Entwicklung der „Problemlösefähigkeit (individuell und im Mathematikunterricht)" konstatiert *Heinze* (2007, 15): „Es gibt bisher keine elaborierten Theorien zur Entwicklung dieser Fähigkeit (insbesondere im Rahmen der sozialen Interaktion des Unterrichtsgeschehens)."

> „Über die Bedeutung heuristischer Bildung bzw. Schulung herrscht weitgehend Einigkeit, jedoch nicht über die Methode, die das am besten zu leisten vermag. Hier kann man zwischen direkten und indirekten Fördermaßnahmen unterscheiden. Bei direkter Förderung geht es im Kern um Vermittlung, nachfolgendes Üben und Reflektieren von heuristischen Vorgehensweisen an speziell hierfür ausgewählten Problemen. Derartige Förderansätze werden auch unter der Begrifflichkeit Lehren bzw. Lernen *über* Problemlösen gefasst. Indirektes Fördern (welches auch als Lehren bzw. Lernen *durch* Problemlösen bezeichnet wird) betont eher die Gestaltung der Situation, und zwar so, dass Denken und damit Lernen angeregt werden, ohne in der Regel die Strategien explizit zu benennen (vgl. z. B. Leuders 2003; Fritzlar 2011). Grundsätzlich müssen direkte und indirekte Förderansätze aber einander nicht ausschließen.

> Im Hinblick auf die Art und Eignung von Maßnahmen, die es auf die Förderung metakognitiver Vorgänge (Kontroll- und Steuerungsprozesse) abgesehen haben und auf Reflexion beruhen, finden sich ebenfalls verschiedene Positionen (vgl. z. B. Kretschmer 1983; Charles und Lester 1984). Unterschiedlich beantwortet wird überdies die Frage, ob Förderung eher auf spezifische oder eher auf relativ bereichsunabhängige allgemeine Elemente hin angelegt werden soll [...]." (*Heinrich et al.,* 2015, 291)

Im Folgenden benennen wir (in der Literatur) häufig erwähnte Maßnahmen zur Förderung von Problemlösekompetenz, die z. B. bei *Kilpatrick* (1985), *Bruder* (1992), *Heinrich* (1992), *Tietze* und *Förster* (2000) oder *Leuders* (2003) zu finden und aus unserer Sicht insbesondere für die Förderung mathematisch begabter Kinder und Jugendlicher wichtig sind (siehe auch die weitergehende Zusammenstellung bei *Heinrich et al.,* 2015, 291 f.):

- (implizites Lernen durch) individuelles Bearbeiten/Lösen zahlreicher und verschiedenartiger Probleme,
- heuristische Vorgehensweisen (explizit) lehren und vielseitig anwenden lassen (siehe auch Abschn. 8.2),
- Reflexion der eigenen Problemlösetätigkeiten,
- metakognitive Strategien lehren und anwenden lassen,
- ein konstruktives Verhältnis zu Denkfehlern schaffen,
- Lernen durch kooperatives Arbeiten in Gruppen,
- geeignete (problemorientierte) Lernumgebungen bereitstellen.

3.4.2 Zum Theoriebilden

Im Unterabschn. 3.4.1 haben wir versucht, deutlich werden zu lassen, dass das Problemlösen einen wesentlichen Teil mathematischen Tätigseins ausmacht. *Kießwetter* (1992, 11) weist auf einen weiteren wichtigen Teil hin, das Theoriebilden. Seine Auffassung beruht darauf, dass.

> „[…] sich die Mathematik als Prozeß [darstellt], der stets bei interessanten Problemstellungen beginnt, sich manchmal mit der Lösung der Einzelprobleme begnügt und manchmal sogar begnügen muß, zumeist jedoch in systematischen Darstellungen von mathematischen Teilgebieten wie Algebra, Geometrie, Analysis, Funktionentheorie, Theorie der Differentialgleichungen, […] usw. mündet. So betrachtet ist Mathematik vor allem ein Theoriebildungsprozeß."

Während *Zimmermann* einzelne mathematiktypische Aktivitäten aus der historischen Entwicklung dieser Wissenschaft herausarbeitet (siehe Abschn. 3.1), nimmt *Karl Kießwetter* (2006) eine stärker umfassende Perspektive ein. Charakteristisch für das forschende Arbeiten von Mathematiker(inne)n sind aus seiner Sicht *Theoriebildungsprozesse,* in denen die Auseinandersetzung mit (einzelnen) mathematischen Fragestellungen oder Problemen zwar eine zentrale Rolle spielt, die jedoch zugleich darüber hinaus gehen: Sie beginnen in der Regel mit der Erkundung einer mathematisch reichhaltigen Situation, aus der – sofern sie nicht vorgegeben ist – eine Anfangsfragestellung gewonnen wird. Durch deren Bearbeitung, durch Variationen und Ausweitungen können sich weitere Arbeitsanlässe ergeben – ein Kreislauf aus Problembearbeitungen und dabei emergierenden weiter(führend)en Fragestellungen wird in Gang gesetzt (siehe Abb. 3.7). Aus den dabei entstehenden Ergebnissen und Methoden, aus entwickelten Strategien und Hilfsmitteln, aus den gebildeten Begriffen und den gefundenen logischen Zusammenhängen erwächst ein „Theoriegewebe", das schließlich noch zu optimieren ist (beispielsweise in Bezug auf Eleganz, Passung an bereits Vorhandenes, Verallgemeinerungsfähigkeit), das konserviert und in bereits vorhandene Wissensbestände integriert werden muss, wobei sich weitere Arbeitsanlässe ergeben können (siehe auch *Fritzlar,* 2012).

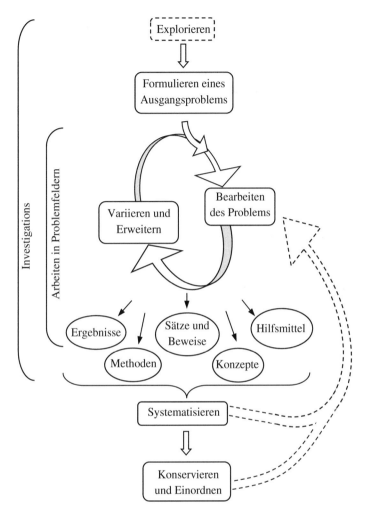

Abb. 3.7 Modell eines Theoriebildungsprozesses in der Mathematik (*Fritzlar,* 2007, 253)

Vollständige Theoriebildungsprozesse wie in Abb. 3.7 dargestellt sind selbstverständlich für sehr junge oder noch unerfahrene Schülerinnen und Schüler nicht möglich. Wie in der Abbildung angedeutet, lassen sich jedoch wesentliche Kernelemente von Theoriebildungsprozessen durch das Arbeiten in sog. „Problemfeldern" (siehe dazu Abschn. 8.1) und durch „Investigations" der angelsächsischen Tradition realisieren.

Einer der Autoren hat erlebt, wie zwei Viertklässler bei der Arbeit im Problemfeld „Summenzahlen" (siehe dazu Unterabschn. 8.1.2) den Satz von *Sylvester* jeweils selbstständig entdeckt haben: Die Anzahl der Darstellungen einer Zahl als Summenzahl ist gleich der Anzahl der ungeraden Teiler ungleich 1 dieser Zahl. Selbst älteren mathematisch begabten Schülerinnen und Schülern dürfte es allerdings kaum gelingen, diesen Satz zu beweisen.

Fritzlar (2008, 71) äußert sich zu „Investigations" wie folgt:

> „Die gemäß des britischen Ursprungs (Cockcroft Report, 1982) sogenannten Investigations beginnen mit einer Situation, die von den Bearbeitern zunächst verstanden und exploriert werden muss, oder mit Daten, die organisiert und interpretiert werden müssen. Ihr kommt insbesondere im Entwickeln von *Forschungsfragen* eine kritische Rolle zu, denen dann möglichst eigenständig nachgegangen werden soll. Dabei bestimmen erst die eigenen Fragestellungen die Bearbeitungsziele, vorgegebene Lösungskriterien gibt es nicht. Aufgrund dieser Kernideen gelten Investigations als stärker divergent oder *offener*, aber damit auch anspruchsvoller als die Auseinandersetzung mit traditionellen mathematischen Problemstellungen."

Ein **Beispiel** (siehe Abb. 3.8):

Diese Abbildung diente als Einstieg in das Forschungsthema bei einer Gruppe mathematisch begabter Sechstklässlerinnen und -klässler. In der Abb. 3.9 sind wichtige Stufen der Forschungen dieser Gruppe zusammengestellt. Die Abbildung dient lediglich der Veranschaulichung der Hypothesen der Schülerinnen und Schüler. Die Hypothesen wurden fast immer auf der Grundlage vieler Beispiele auf größeren Geobrettern formuliert.

Die Formel in der letzten Zeile der Abb. 3.9 ist der Satz von *Pick:* Bezeichnet man für jedes einfache Gittervieleck die Anzahl der inneren Gitterpunkte mit i und die Anzahl der Gitterrandpunkte mit r, so gilt für die Maßzahl A des Flächeninhalts des Vielecks: $A = i + \frac{1}{2}r - 1$.

Ein vollständiger Beweis des Satzes von *Pick* ist umfangreich, nicht an allen Stellen einfach und deshalb selbst für begabte Kinder kaum verständlich. Eine Beweisskizze findet man in *Fritzlar et al.* (2006, 115).

Die Nutzung von „Investigations" kann als ein wichtiger Entwicklungsschritt hin zu Theoriebildungsprozessen angesehen werden. „Das kontinuierliche, zunehmend reflektierte Sammeln heuristischer Erfahrungen und eine allmähliche Erweiterung von Problembearbeitungs- zu Theoriebildungsprozessen in der Elementarmathematik

---

Forschung auf dem Geobrett

Auf einem Geobrett lassen sich viele verschiedene Vielecke spannen. Wie hängen die Größe des Vielecks und die Anzahl der benutzten Stifte zusammen?

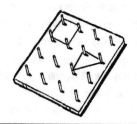

Abb. 3.8 Forschung auf dem Geobrett (*Fritzlar*, 2008, 71)

Der Flächeninhalt ist umso größer, je mehr Gitterpunkte im Innern und/oder auf dem Rand des Vielecks liegen.

Es gibt inhaltsgleiche Flächen mit unterschiedlich vielen inneren Punkten (i) und umgekehrt Flächen mit gleich vielen inneren Gitterpunkten aber unterschiedlichen Flächeninhalten; also ist auch die Anzahl der Randpunkte (r) relevant.

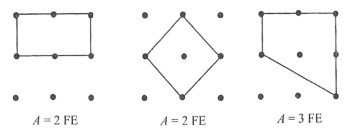

$A = 2$ FE $A = 2$ FE $A = 3$ FE

Der Flächeninhalt kann sich nicht aus der Summe $i+r$ ergeben.

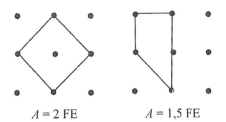

$A = 2$ FE $A = 1{,}5$ FE

Fügt man einen inneren Gitterpunkt hinzu, vergrößert sich der Flächeninhalt stärker als bei Hinzunahme eines Randpunktes.

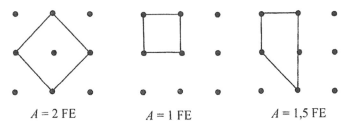

$A = 2$ FE $A = 1$ FE $A = 1{,}5$ FE

Für die Maßzahl des Flächeninhaltes gilt: $A = i + \dfrac{1}{2}r - 1$.

Abb. 3.9 Stufen der Forschung auf dem Geobrett (*Fritzlar*, 2008, 73)

scheinen mir daher fruchtbare Perspektiven einer langfristigen Förderung mathematisch interessierter Schülerinnen und Schüler." (*Fritzlar,* 2010, 135)

Ein Beispiel für einen vollständigen Theoriebildungsprozess (Adressaten: mathematisch begabte Oberstufenschülerinnen und -schüler) findet man unter den Titeln „Wahlen und wählen" und „Theoriebildung bei der Untersuchung nichttransitiver Würfelstrukturen" bei *Kießwetter* (1992 bzw. 1989).

Literatur

Anderson, J. R. (2001). *Kognitive Psychologie.* Heidelberg: Springer.

Bardy, P., & Hrzán, J. (^{3}2010). *Aufgaben für kleine Mathematiker mit ausführlichen Lösungen und didaktischen Hinweisen.* Köln: Aulis Verlag Deubner.

Besuden, H. (1999). Raumvorstellung und Geometrieverständnis. *Mathematische Unterrichtspraxis, 20*(3), 1–10.

Bösel, R. M. (2001). *Denken: Ein Lehrbuch.* Göttingen: Hogrefe.

Bruder, R. (1992). Problemlösen lernen – aber wie? *mathematik lehren, 52,* 6–12.

Charles, R. J., & Lester, F. K. (1984). An evaluation of a process-oriented instructional program in mathematical problem solving in grades 5 and 7. *Journal of Research in Mathematics Education, 15,* 5–34.

Cockcroft Report (1982). *Mathematics counts: Report of the Committee of Inquiry into the teaching of mathematics in schools.* London: Her Majesty´s Stationary Office.

Davis, P. J., & Hersh, R. (1986). *Erfahrung Mathematik.* Basel: Birkhäuser.

Devlin, K. (2003). *Das Mathe-Gen* (Übers. aus dem Amerikanischen). München: Deutscher Taschenbuch Verlag.

Dörner, D. (1976). *Problemlösen als Informationsverarbeitung.* Stuttgart: Kohlhammer.

Duncker, K. (1935/1963). *Zur Psychologie des produktiven Denkens.* Berlin, Heidelberg: Springer.

Edelmann, W. (1996). *Lernpsychologie.* Weinheim: Beltz.

Fernandez, M. L., Hadaway, N., & Wilson, J. W. (1994). Problem solving: Managing it all. *The Mathematics Teacher, 87*(3), 195–199.

Fiddes, I. et al. (2018). Human-Specific NOTCH Signaling and Cortical Neurogenesis. *Cell, 173,* 1356–1369.

Fritzlar, T. (2007). Mathematisches Forschen und Theoriebilden – Konzeptionelle Grundlage für die Förderung mathematischer Begabungen. *Beiträge zum Mathematikunterricht 2007,* 250–253.

Fritzlar, T. (2008). Förderung mathematisch begabter Kinder im mittleren Schulalter. In C. Fischer, F. J. Mönks & U. Westphal (Hrsg.), *Individuelle Förderung: Begabungen entfalten – Persönlichkeit entwickeln: Fachbezogene Forder- und Förderkonzepte,* 61–77. Berlin: LIT.

Fritzlar, T. (2010). Begabung und Expertise: Eine mathematikdidaktische Perspektive. *mathematica didactica, 33,* 113–140.

Fritzlar, T. (2011). Pfade trampeln … statt über Brücken gehen: Lernen durch Problemlösen. *Grundschule, 11,* 32–34.

Fritzlar, T. (2012). Konzeptionelle Überlegungen zu einer langfristigen Förderung mathematisch begabter Kinder und Jugendlicher. In C. Fischer, C. Fischer-Ontrup, F. Käpnick, F. J. Mönks, H. Scheerer & C. Solzbacher (Hrsg.), *Individuelle Förderung multipler Begabungen: Fachbezogene Forder- und Förderkonzepte,* 121–133. Münster: LIT.

Fritzlar, T., & Hrzán, J. (2011). Vogelaufgaben – gestern und heute. In W. Herget & S. Schöneburg (Hrsg.), *Mathematik – Ideen – Geschichte: Anregungen für den Mathematikunterricht*, 197–210. Hildesheim: Franzbecker.

Fritzlar, T., Rodeck, K., & Käpnick, F. (2006). *Mathe für kleine Asse: 5./6. Schuljahr.* Berlin: Cornelsen.

Fürther Mathematik-Olympiade e.V. (Hrsg.). (2007). *FüMO – Das Buch.* Berlin: TENEA LTD., Bristol, Niederlassung Deutschland.

Gödel, K. (1931). Über formal unentscheidbare Sätze der Principia Mathematica und verwandter Systeme I. *Monatshefte für Mathematik und Physik, 38*(1), 173–198.

Greeno, J. G. (1978). A study of problem solving. In R. Glaser (Ed.), *Advances in Instructional Psychology, Vol. I.* Hillsdale (N.Y.): John Wiley & Sons.

Haapasalo, L. (2011). Zoktagon – ein möglicher Einstieg in eine neue Art der Bewertung von Mathematik und Mathematikunterricht. In T. Fritzlar, L. Haapasalo, F. Heinrich & H. Rehlich (Hrsg.), *Konstruktionsprozesse und Mathematikunterricht*, 129–143. Hildesheim: Franzbecker.

Haas, N. (2000). *Das Extremalprinzip als Element mathematischer Denk- und Problemlöseprozesse: Untersuchungen zur deskriptiven, konstruktiven und systematischen Heuristik.* Hildesheim, Berlin: Franzbecker.

Halmos, P. R. (1980). The heart of mathematics. *The American Mathematical Monthly, 87*(7), 519–524.

Hasemann, K., Leonhardt, U., & Szambien, H. (2006). *Denkaufgaben für die 1. und 2. Klasse.* Berlin: Cornelsen Scriptor.

Heinrich, F. (1992). *Zur Entwicklung des Könnens der Schüler im Lösen von Komplexaufgaben.* Dissertation. FSU Jena.

Heinrich, F., Bruder, R., & Bauer, C. (2015). Problemlösen lernen. In R. Bruder, L. Hefendehl-Hebeker, B. Schmidt-Thieme & H.-G. Weigand (Hrsg.), *Handbuch der Mathematikdidaktik*, 279–301.

Heinze, Aiso (2007). Problemlösen im mathematischen und außermathematischen Kontext. *Journal für Mathematik-Didaktik, 28*(1), 3–30.

Heinze, Astrid (2005). *Lösungsverhalten mathematisch begabter Grundschulkinder – aufgezeigt an ausgewählten Problemstellungen.* Münster: LIT.

Heymann, H. W. (1996). *Allgemeinbildung und Mathematik.* Weinheim, Basel: Beltz.

Hilbert, D. (1900). *Mathematische Probleme.* Verfügbar unter: http://www.deutschestextarchiv.de/book/view/hilbert_mathematische_1900?p=9 (16.04.2020)

Ifrah, G. (^{2}1991). *Universalgeschichte der Zahlen.* Frankfurt, New York: Campus.

Käpnick, F. (2001). *Mathe für kleine Asse: Empfehlungen zur Förderung mathematisch interessierter und begabter Kinder im 3. und 4. Schuljahr.* Berlin: Volk und Wissen.

Kießwetter, K. (1985). Die Förderung von mathematisch besonders begabten und interessierten Schülern – ein bislang vernachlässigtes sonderpädagogisches Problem. *Der Mathematisch-Naturwissenschaftliche Unterricht (MNU), 38*(5), 300–306.

Kießwetter, K. (1989). Theoriebildung bei der Untersuchung nichttransitiver Würfelstrukturen. *Mitteilungen der Mathematischen Gesellschaft in Hamburg*, Band XI, H. 6.

Kießwetter, K. (1992). »Mathematische Begabung«– über die Komplexität der Phänomene und die Unzulänglichkeit von Punktbewertungen. *Der Mathematikunterricht (MU), 38*(1), 5–18.

Kießwetter, K. (2006). Können Grundschüler schon im eigentlichen Sinne mathematisch agieren – und was kann man von mathematisch besonders begabten Grundschülern erwarten, und was noch nicht? In H. Bauersfeld & K. Kießwetter (Hrsg.), *Wie fördert man mathematisch besonders befähigte Kinder?*, 128–153. Offenburg: Mildenberger.

Kilpatrick, J. (1985). A retrospective account of the past 25 years on teaching mathematical problem solving. In E. A. Silver (Ed.), *Teaching and learning mathematical problem solving: Multiple research perspectives*, 1–15. Hillsdale: Lawrence Erlbaum Associates.

Kilpatrick, J., & Radatz, H. (1983). How teachers might make use of research on problem solving, *Zentralblatt für Didaktik der Mathematik (ZDM)*, *15*(3), 151–155.

Klix, F. (1993). *Erwachendes Denken: Geistige Leistungen aus evolutionspsychologischer Sicht.* Heidelberg, Berlin, Oxford: Spektrum Akademischer Verlag.

Krajewski, K. (2005). Vorschulische Mengenbewusstheit von Zahlen und ihre Bedeutung für die Früherkennung von Rechenschwäche. In M. Hasselhorn, H. Marx & W. Schneider (Hrsg.), *Diagnostik von Mathematikleistungen*, 49–70. Göttingen: Hogrefe.

Kretschmer, I. F. (1983). *Problemlösendes Denken im Unterricht: Lehrmethoden und Lernerfolge.* Frankfurt a. M.: Peter Lang.

Lengnink, K., & Peschek, W. (2001). Das Verhältnis von Alltagsdenken und mathematischem Denken als Inhalt mathematischer Bildung. In K. Lengnink, S. Prediger & F. Siebel (Hrsg.), *Mathematik und Mensch: Sichtweisen der Allgemeinen Mathematik.* Mühltal: Verlag Allgemeine Wissenschaft.

Lengnink, K., & Prediger, S. (2000). Mathematisches Denken in der Linearen Algebra. *Zentralblatt für Didaktik der Mathematik (ZDM)*, *32*(4), 111–122.

Leuders, T. (2003). 4.2 Problemlösen. In T. Leuders (Hrsg.), *Mathematik-Didaktik: Praxishandbuch für die Sekundarstufe I und II*, 119–134. Berlin: Cornelsen Verlag Scriptor.

Leusch, V. (2019). Das Geheimnis des großen Gehirns. *Spektrum der Wissenschaft*, *1.19*, 33–35.

Löh, C., Krauss, S., & Kilbertus, N. (Hrsg.). (2016). *Quod erat knobelandum.* Berlin, Heidelberg: Springer Spektrum.

Maier, P. H. (1999). *Räumliches Vorstellungsvermögen: Ein theoretischer Abriß des Phänomens räumliches Vorstellungsvermögen. Mit didaktischen Hinweisen für den Unterricht.* Donauwörth: Auer.

Mathematischer Korrespondenzzirkel Göttingen (Hrsg.). (2005). *Voller Knobeleien.* Göttingen: Universitätsverlag.

Mathematischer Korrespondenzzirkel Göttingen (Hrsg.). (2008). *Voller neuer Knobeleien.* Göttingen: Universitätsverlag.

Mayer, R. E., & Wittrock, M. C. (2006). Problem Solving. In P. A. Alexander & P. H. Winne (Eds.), *Handbook of Educational Psychology*, 287–304. London: Routledge.

Pólya, G. (1945/1973). *How to solve it.* Princeton, NJ: Princeton University Press.

Pólya, G. (1954). *Mathematics and plausible reasoning. Part I.* Princeton, NJ: Princeton University Press.

Pólya, G. (1962). *Mathematical Discovery – On Understanding, Learning, and Teaching Problem Solving. Part I.* New York: Ishi Press (Nachdruck von 2009).

Pólya, G. (1980). On Solving Mathematical Problems in High School. In S. Krulik (Ed.), *Problem Solving in School Mathematics*, 1 ff. Reston, Virginia: NCTM Yearbook 1980.

Popper, K. R. (1994). *Alles Leben ist Problemlösen: Über Erkenntnis, Geschichte und Politik.* München: Piper.

Popper, K. R. ([20]2019). *Auf der Suche nach einer besseren Welt.* München: Piper.

Reitman, W. R. (1965). Cognition and thought – an information-processing approach. New York: John Wiley & Sons.

Resnick, L. B. (1989). Developing mathematical knowledge. *American Psychologist, 44*(2), 162–169.

Resnick, L. B. (1992). From protoquantities to operators: Building mathematical competence on a foundation of everyday knowledge. In G. Leinhardt, R. Putnam & R. A. Hattrup (Eds.), *Analysis of arithmetic for mathematics teaching*, 373–430. Hillsdale, NJ: Erlbaum.

Rott, B., Kuzle, A., & Čadež, T. H. (2016). Problem solving: A short introduction. In T. Fritzlar, D. Assmus, K. Bräuning, A. Kuzle & B. Rott (Eds.), *Problem Solving in Mathematics Education*, 11–17. Münster: WTM.

Schoenfeld, A. H. (1985). *Mathematical problem solving*. London: Academic Press.

Schoenfeld, A. H. (1989). Teaching Mathematical Thinking and Problem Solving. In L. B. Resnick & L. E. Klopfer (Eds.), *Toward a thinking curriculum: Current cognitive Research*, 83–103. Washington DC: Association for Supervisors and Curriculum Developers.

Singh, S. (^{5}2000). *Fermats letzter Satz: Die abenteuerliche Geschichte eines mathematischen Rätsels*. München: Deutscher Taschenbuch Verlag.

Suter, H. (1910–1911). Das Buch der Seltenheiten der Rechenkunst von Abū Kāmil el-Misrī. *Bibliotheca Mathematica, 11*, 100–120.

Suzuki, I. et al. (2018). Human-Specific NOTCH2NL Expand Cortical Neurogenesis through Delta/NOTCH Regulation. *Cell, 173*, 1370–1384.

Thurstone, L. L. (1938). *Primary mental abilities*. Chicago: The University of Chicago Press.

Tietze, U.-P., & Förster, F. (^{2}2000). Fachdidaktische Grundfragen. In U.-P. Tietze, M. Klika & H. Wolpers (Hrsg.), *Mathematikunterricht in der Sekundarstufe II. Bd. 1: Fachdidaktische Grundfragen – Didaktik der Analysis*, 1–177. Braunschweig: Vieweg.

Törner, G., & Zielinski, U. (1992). Problemlösen als integraler Bestandteil des Mathematikunterrichts – Einblicke und Konsequenzen. *Journal für Mathematik-Didaktik, 13*(2/3), 253–270.

Ulm, V. (Hrsg.). (2010). *Mathematische Begabungen fördern*. Berlin: Cornelsen Verlag Scriptor.

Vogel, K. (1968). *Chiu Chang Suan Shu: Neun Bücher arithmetischer Technik*. Braunschweig: Vieweg.

Werner, H. (1979). Mathematische Modelle in der Medizin. In G. Meinardus (Hrsg.), *Approximation in Theorie und Praxis: Ein Symposiumsbericht*. Mannheim, Wien, Zürich: BI.

Wieczerkowski, W., Cropley, A. J., & Prado, T. M. (2000). Nurturing Talents/Gifts in Mathematics. In K. A. Heller et al. (Eds.), *International Handbook of Giftedness and Talent, 2nd Edition*, 413–425. Amsterdam et al.: Elsevier.

Wilson, J. W., Fernandez, M. L., & Hadaway, N. (1993). Mathematical problem solving. In P. S. Wilson (Ed.), *Research ideas for the classroom: High school mathematics (Chapter 4)*, 57–77. Indianapolis: Macmillan.

Zimmermann, B. (1986). From Problem Solving to Problem Finding in Mathematics Instruction. In P. Kupari (Ed.), *Mathematics Education in Finland. Yearbook 1985*, 81–103. Jyväskylä.

Zimmermann, B. (1995). Rekonstruktionsversuche mathematischer Denk- und Lernprozesse anhand früher Zeugnisse aus der Geschichte der Mathematik. In B. Zimmermann (Ed.), *Kaleidoskop elementarmathematischen Entdeckens*. Hildesheim: Franzbecker.

Zimmermann, B. (1998). On Changing Patterns in the History of Mathematical Beliefs. In G. Törner (Ed.), *Current State of Research on Mathematical Beliefs VI. Proceedings of the MAVI-Workshop, University of Duisburg, März 6–9, 1998*, 107–117. Duisburg: Universität Duisburg.

Zimmermann, B. (1999). Kreativität in der Geschichte der Mathematik. In B. Zimmermann, G. David, T. Fritzlar, F. Heinrich & M. Schmitz (Hrsg.), *Kreatives Denken und Innovationen in mathematischen Wissenschaften*, 227–245. Jenaer Schriften zur Mathematik und Informatik: Math/Inf/99/29. Jena: Friedrich-Schiller-Universität.

Zimmermann, B. (2003). On the genesis of mathematics and mathematical thinking – a network of motives and activities drawn from the history of mathematics. In L. Haapasalo & K. Sormunen (Eds.), *Towards Meaningful Mathematics and Science Education Proceedings on the IXX Symposium of the Finnish Mathematics and Science Education Research Association*, 29–47. Joensuu: University of Joensuu.

Mathematische Begabung 4

4.1 Bereichsspezifische Intelligenz?

Zweifel am Vorliegen eines Generalfaktors der Intelligenz brachten Intelligenzforscher dazu, bereichsspezifische Konzeptionen zu entwickeln. Eine dieser Konzeptionen ist das bereits im Abschn. 2.1 (kurz) vorgestellte multiple Intelligenzmodell von *Gardner* (1991). Unter den dort genannten „Intelligenzen" sind für unsere Zielstellung die „logisch-mathematische" und die „räumliche" von besonderer Bedeutung.

Gardner stellt in seinem Modell durch die Kennzeichnung einer logisch-mathematischen Intelligenz die Spezifika einer mathematischen Begabung im Unterschied zu Begabungen für andere Domänen heraus. Nach *Gardner* ist das Vorliegen folgender Fähigkeiten wesentlich für eine mathematische Begabung (siehe dazu auch *Käpnick*, 1998, 72):

- Fähigkeiten im flexiblen Umgang mit Regeln der Logik,
- Fähigkeiten im Erfassen und Speichern mathematischer Sachverhalte,
- Fähigkeiten im Erkennen von Mustern,
- Fähigkeiten im Finden und Lösen von Problemen.

Gardner stützt sich bei seinen Aussagen zur logisch-mathematischen Intelligenz u. a. auf biografisches Material sehr bekannter Mathematiker (siehe *Gardner*, 1991, 130–138).

Obwohl die Trennung von logisch-mathematischer und räumlicher Intelligenz bei *Gardner* verständlich erscheint (insbesondere mit Blick auf die Bedeutung der räumlichen Intelligenz in anderen Domänen, z. B. in den „visuell-räumlichen Künsten"), muss bezüglich mathematischer Begabung (vor allem Hochbegabung) u. E. darauf hingewiesen

© Springer-Verlag GmbH Deutschland, ein Teil von Springer Nature 2020   77
T. Bardy und P. Bardy, *Mathematisch begabte Kinder und Jugendliche,* Mathematik
Primarstufe und Sekundarstufe I + II, https://doi.org/10.1007/978-3-662-60742-8_4

werden, dass für eine hohe mathematische Leistungsfähigkeit räumliche Intelligenz zumindest sehr günstig ist.[1]

Auch *Gardner* erwähnt „produktive Interaktionen zwischen logisch-mathematischen und räumlichen Intelligenzen" (a. a. O., 158).

Die Frage, ob es sich bei mathematischer Hochbegabung um eine Spezifität handelt oder ob es dabei um sehr enge Verbindungen zu hoher Intelligenz geht, wird schon seit vielen Jahren gestellt (siehe auch *Fritzlar* und *Käpnick*, 2013, 7).

Käpnick (2013, 12 f.) kritisiert am klassischen Intelligenzansatz u. a. die folgenden Punkte (insbesondere im Hinblick auf die „Testung" mathematischer Begabung):

- Ein Intelligenztest misst immer nur eine momentane Leistung, wobei Zeitbeschränkungen eine Rolle spielen. (Zusatzbemerkung: Es gibt Mathematiker mit hervorragenden Forschungsergebnissen, die aber wegen der Zeitvorgabe bei IQ-Tests vermuten, keinen eigenen IQ-Wert von 130 oder mehr erreichen zu können.)
- Für eine Hochbegabung einen IQ-Wert von mindestens 130 festzulegen, dürfte Willkür sein.
- „Möglichkeiten der Intelligenz-, der Leistungs- und Persönlichkeitsentwicklung eines Kindes bzw. Jugendlichen werden im Allgemeinen nicht beachtet."
- „Die Beschränkung des Begabungsbegriffs auf kognitive Fähigkeiten entspricht nicht seiner Komplexität […]."
- „Die in Intelligenztests gemessenen kognitiven Fähigkeiten ‚decken' nur unzureichend die Spezifik und die Komplexität mathematischen Tuns ab."
- „Die organisatorische Struktur eines Intelligenztests […] entspricht nicht dem ‚Wesen' mathematisch-produktiven Tuns […]" (siehe auch die obige Zusatzbemerkung).

Die oben genannte Niveaubestimmung von mindestens 130 gilt meistens auch für einen speziellen sog. „mathematischen IQ" (vgl. a. a. O., 12). Dieser lässt sich z. B. mit einem Zusatz zum Intelligenztest CFT-20 ermitteln (siehe *Weiss*, 2006). In diesem

---

[1]In ihren Untersuchungen zum Raumvorstellungsvermögen ist *Berlinger* (2015, 374) u. a. zu folgenden Ergebnissen gelangt:

„Die Einzelfallstudien und die narrativen Mathematikerinterviews erlauben die Einschätzung, dass ein weit überdurchschnittlich entwickeltes [Raumvorstellungsvermögen, die Autoren] zum erfolgreichen Bearbeiten von mathematischen Problemstellungen zwar nicht zwingend erforderlich, aber äußerst hilfreich und von großem Vorteil sein kann."

Das Raumvorstellungsvermögen stellt „ein typdifferenzierendes mathematikspezifisches Begabungsmerkmal dar, was bedeutet, dass es für die Entwicklung einer mathematischen Begabung im Grundschulalter äußerst günstig, aber nicht zwingend erforderlich ist. Besondere Raumvorstellungskompetenzen können aber zweifellos das Lösen von mathematischen Problemaufgaben erleichtern und zugleich die Vorgehensweise beim Aufgabenbearbeiten in besonderer Weise mitprägen."

Zusammenhang interessant ist die Tatsache, dass bei knapp 20 % der mathematisch begabten Kinder, die am Projekt „Mathe für kleine Asse" an der Universität Münster teilgenommen haben, der allgemeine IQ-Wert deutlich niedriger (mindestens um 15 IQ-Punkte) als der mathematische IQ ist (siehe *Käpnick*, 2013, 13).

Im Folgenden werden nun die Ziele, die Methodik und die Ergebnisse von drei ausgewählten neueren Studien vorgestellt, die sich mit der oben gestellten Frage beschäftigen, ob mathematische Hochbegabung konzeptuell verschieden ist von intellektueller Hochbegabung. Diese Studien sind: *Taub et al.*, 2008; *Foth* und *van der Meer*, 2013 sowie *Nolte*, 2012 bzw. 2013.

Die Studie von *Taub et al.* (2008) hat die direkten und indirekten Effekte der allgemeinen Intelligenz (g) und von sieben sog. *broad cognitive abilities* auf die Leistungen in Mathematik untersucht. Die sieben broad cognitive abilities sind: *fluid reasoning* (Gf), *visual processing*, *processing speed* (Gs), *long-term storage and retrieval*, *auditory processing*, *short-term memory*, *crystallized intelligence* (Gc) (siehe a. a. O., 192). Die einzelnen *broad cognitive abilities* sind weiter unterteilt in *narrow abilities*, z. B. beim *fluid reasoning* in *quantitative reasoning*, *induction*, *general sequential reasoning* (a. a. O., 190). Für alle Analysen dieser Studie wurde ein hierarchisches Modell der Intelligenz benutzt, welches aus der Cattel-Horn-Carroll (CHC)-Theorie der Intelligenz abgeleitet wurde. Die Autoren sind der Auffassung, dass „the CHC theory provides a well-supported theoretical framework for research examining the cognitive influences on the development and maintenance of academic skills" (a. a. O., 188).
   Die Studie hatte die beiden folgenden Ziele (a. a. O., 189):

1. Es sollte herausgefunden werden, welche Faktoren, die g und die „CHC broad cognitive abilities" repräsentieren, die mathematischen Leistungen vom Kindergarten bis zur Highschool erklären.
2. Weiterhin ging es darum, zu identifizieren, wie sich diese Effekte während dieser Periode ändern.

Insgesamt dienten 28 Tests als Indikatoren für die sieben „CHC broad ability cognitive factors". Die Mathematik-Leistung wurde mit zwei Tests gemessen: „Applied Problems" und „Calculation".

> „The Applied Problems test required comprehending the nature of a problem, identifying relevant information, performing calculations, and stating solutions. The Calculation test required calculation of problems ranging from simple addition facts to calculus. These two tests provided indicators of the Quantitative Knowledge factor, the mathematics achievement dependent variable." (a. a. O., 189 und 191)

Die Autoren weisen ausdrücklich darauf hin, dass „the mathematics achievement dependent variable, the seven CHC broad cognitive ability factors, and in turn the

Tab. 4.1 Probandenzahlen (*n*)
(siehe *Taub et al.*, 2008, 189)

	Altersgruppen			
	5–6	7–8	9–13	14–19
n	639	720	1995	1615

Tab. 4.2 Effekte (nach *Taub et al.*, 2008, 193)

Standardized Indirect Effects of g and Standardized Direct Effects of CHC Broad Cognitive Abilities on Quantitative Knowledge Across Four Age Groups

Standardized Effects	Age Groups			
	5 to 6	7 to 8	9 to 13	14 to 19
From *g*	.85	.73	.68	.72
From *Gc*	—	—	<u>.17</u>	<u>.43</u>
From *Gs*	<u>.38</u>	—	<u>.15</u>	—
From *Gf*	<u>.58</u>	<u>.75</u>	<u>.49</u>	<u>.37</u>

Note. Direct effects are underlined.

general factor of intelligence were measured by tests from a well-validated instrument that was standardized on a nationally represented sample of children" (a. a. O., 196).

Die Probandenzahlen für die einzelnen Altersgruppen finden Sie in Tab. 4.1.

Die (für uns) wichtigsten Ergebnisse der Studie sind in Tab. 4.2 zusammengefasst.

Hinweis: „Standardized coefficient effect sizes of .05 and above can be considered small effects, effect sizes around .15 can be considered moderate effects, and effect sizes above .25 can be considered *large* effects [...]" (a. a. O., 194).

Der indirekte Effekt von g auf das „Quantitative Knowledge" erfolgte hauptsächlich über *fluid reasoning* (Gf); g hatte einen großen direkten Effekt auf Gf in jeder Altersgruppe (a. a. O.).

„Fluid Reasoning demonstrated consistent large direct effects on the Quantitative Knowledge dependent variable across all four age-differentiated samples included in the analysis. [....] Fluid Reasoning seems to account for some of the prominent problem-solving constructs and strategies implicated in mathematics performance [...]." (a. a. O.)

Chrystallized intelligence (Gc) zeigte einen moderaten Effekt in der Altersgruppe von 9 bis 13 und einen starken Effekt in der Altersgruppe von 14 bis 19.

Processing speed (Gs) zeigte einen starken Effekt auf das „Quantitative Knowledge" in der jüngsten Altersgruppe und einen moderaten Effekt in der Altersgruppe von 9 bis 13.

Die restlichen vier *broad cognitive ability factors (visual processing, long-term storage and retrieval, auditory processing, short-term memory)* zeigten keine signifikanten Effekte auf die mathematischen Leistungen, wobei uns der Faktor *short-term memory* in dieser Liste überrascht.

Die Autoren dieser Studie beenden ihren Bericht mit dem folgenden Satz (a. a. O., 196):

„These results may lead us to recognize that underdeveloped broad cognitive abilities may interfere with an individual's ability to acquire academic skills in mathematics problem-solving and accurate numerical calculation and that well-developed broad cognitive abilities may facilitate advanced performance in these academic areas."

Aus unserer Sicht zeigen die Ergebnisse der Studie, dass man notwendigerweise über die allgemeine Intelligenz (g) „hinausschauen" muss, um hohe mathematische Leistungen von Kindern oder Jugendlichen erklären zu können.

Die hohe Bedeutung der von uns hier ausgewählten zweiten Studie (*Foth* und *van der Meer*, 2013) sehen wir darin, dass in ihr nicht nur kognitive Personenmerkmale (fluide und kristalline Intelligenz), sondern auch nichtkognitive Personenmerkmale (Leistungs-motivation, Interesse[2] für Mathematik und das akademische Selbstkonzept[3]) berück-sichtigt wurden. Die Studie beschäftigt sich nämlich mit der Frage, „welche kognitiven und nicht-kognitiven Personenmerkmale Grundlage für exzellente mathematische Leistungen sind bzw. die Entwicklung exzellenter mathematischer Leistungen begünstigen" (a. a. O., 192). In ihr wurde untersucht, inwiefern sich mathematisch hochleistende Schüler(innen) hinsichtlich der genannten Personenmerkmale und ihrer schulischen Leistungen von Probanden mit durchschnittlichen mathematischen Leistungen unterscheiden (vgl. a. a. O., 201).

Die mathematischen Leistungen der Probanden wurden über einen sog. „Leistungs-index Mathematik" operationalisiert. Dieser wurde ermittelt als arithmetisches Mittel der aggregierten Mathematiknote der beiden letzten Zeugnisse, der Häufigkeit der Teilnahme an mathematischen Schülerwettbewerben und der Häufigkeit der Platzierung auf einem ersten bis dritten Platz in solchen Wettbewerben (alle Variablen z-standardisiert). „Die z-standardisierte Variable ‚Mathematiknote' wurde zudem invertiert, so dass auch für diese Variable gilt: hohe Werte entsprechen hohen Leistungen." (*Foth* und *van der Meer*, 2013, 203)

Bei den Probanden handelte es sich um Schülerinnen und Schüler (Durch-schnittsalter 17 Jahre) der 11. Jahrgangsstufe einer der Netzwerkschulen in Berlin. Dieses Netzwerk mathematisch-naturwissenschaftlich profilierter Schulen fördert gezielt mathematisch-naturwissenschaftlich begabte Schüler(innen). Die Gruppe der mathematisch Hochleistenden bestand aus 23 Probanden, die Gruppe der mathematisch durchschnittlich Leistenden aus 39 Probanden.

---

[2]„Zur Erfassung der Interessen wurde ein in Anlehnung an HEILMANN (1999) modifizierter Fragebogen verwendet, der es ermöglicht, die Intensität des Interesses für verschiedene schul- und alltagsrelevante Interessengebiete zu erfassen." (*Foth* und *van der Meer*, 2013, 202)

[3]Akademisches Selbstkonzept ist hier als Synonym für schulisches Selbstkonzept zu verstehen. Um die Leistungsmotivation und das akademische Selbstkonzept zu erfassen, wurde das Arbeits-verhaltensinventar (AVI) benutzt (*Thiel et al.*, 1979).

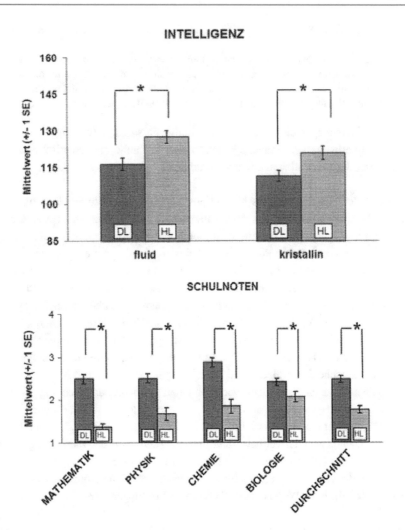

Abb. 4.1 Mittelwerte und Standardfehler (+/– 1 SE) der Intelligenzwerte sowie schulische Leistungen für mathematisch hochleistende Schüler (HL) und mathematisch durchschnittlich leistende Schüler (DL); zu beachten ist die Polung der deutschen Schulnoten (gute Leistungen = niedrige Werte, Wertebereich 1–6; nach *Foth* und *van der Meer*, 2013, 204)

„Mathematisch hochleistende Schüler unserer Studien haben in Übereinstimmung mit den Befunden aus der Literatur eine signifikant höhere fluide Intelligenz als mathematisch durchschnittlich leistende Schüler […]. Die mittlere fluide Intelligenz der mathematisch hochleistenden Schüler liegt mit einem Intelligenzquotienten von 128 deutlich im überdurchschnittlichen Bereich […; siehe hier Abb. 4.1].

[….]

Darüber hinaus weisen mathematisch hochleistende Schüler auch eine höhere kristalline Intelligenz auf.

[....]

Mathematisch hochleistende Schüler zeigen nicht nur in Mathematik, sondern auch in allen anderen erfassten Schulfächern signifikant bessere schulische Leistungen als mathematisch durchschnittlich leistende Schüler [...; siehe hier Abb. 4.1]." (*Foth* und *van der Meer*, 2013, 203 ff.)

„Darüber hinaus zeigen mathematisch hochleistende Schüler eine signifikant höhere Leistungsmotivation und ein deutlich ausgeprägteres Interesse für Mathematik als mathematisch durchschnittlich leistende Schüler. Die fachspezifische intrinsische Lern-motivation (operationalisiert über das Interesse für Mathematik) scheint für überdurch-schnittliche Leistungen in Mathematik sehr bedeutsam zu sein. Der [...] genannte generelle Leistungsvorsprung mathematisch hochleistender Schüler steht in Übereinstimmung mit ihrem generell positiveren akademischen Selbstkonzept.

[....]

Die Korrelationsbefunde [...; siehe hier Tab. 4.3] stützen die Annahme, dass sich schulische Leistungen eher als die Intelligenz auf das akademische Selbstkonzept aus-wirken. Ein signifikant positiver Zusammenhang findet sich zwischen den schulischen Leistungen und dem akademischen Selbstkonzept, nicht aber zwischen Intelligenz und dem akademischen Selbstkonzept. Vermutlich ist die positive Rückmeldung in Form von guten Noten und Wettbewerbserfolgen entscheidend für die Entwicklung eines positiven akademischen Selbstkonzepts. Aus dem genannten Befund kann allerdings keine Kausalität gefolgert werden, denn auch der umgekehrte Einfluss ist denkbar. So kann sich ein positives akademisches Selbstkonzept auch auf die Qualität der gezeigten Leistungen auswirken [...]." (*Foth* und *van der Meer*, 2013, 205 f.)

Nach *Foth* und *van der Meer* (2013, 208) erbringt die Leistungsmotivation einen inkrementellen Beitrag zur Erklärung der mathematischen Leistungsfähigkeit von etwa 8 %. Im Vergleich zum Einfluss des mathematischen Interesses zur Varianzaufklärung (etwa 23 %) ist der Anteil jedoch gering. Die enorme Bedeutung von Interesse und

Tab. 4.3 Produkt-Moment-Korrelation nach *Pearson* zwischen dem akademischen Selbstkonzept und Leistungsparametern (nach *Foth* und *van der Meer*, 2013, 206)

	SK	IQ_{fluid}	IQ_{krist}	MATH	CHEM	PHYS
Akad. Selbstkonzept (SK)						
Fluide Intelligenz (IQ_{fluid})	0.09					
Kristall. Intelligenz (IQ_{krist})	0.17	0.49**				
Mathematiknote (MATH)	0.45**	0.34**	0.27*			
Chemienote (CHEM)	0.53**	0.27*	0.21	0.65**		
Physiknote (PHYS)	0.46**	0.37**	0.30*	0.76**	0.71**	
Biologienote (BIO)	0.56**	0.07	0.28*	0.45**	0.61**	0.50**

Anmerkungen: *p < 0.01 (zweiseitig), *p < 0.05 (zweiseitig); aggregierte Noten der letzten beiden Zeugnisse; wurden vor der Analyse invertiert, d. h., es gilt hohe Leistung = hohe Werte

Motivation für die Begabungsentwicklung konnte auch in einer Längsschnittstudie aufgezeigt werden (siehe *Bardy* und *Bardy*, 2013).

> „Zusammenfassend lässt sich festhalten, dass eine hohe fachspezifische intrinsische Lernmotivation (ermittelt über das Interesse für Mathematik) neben der Intelligenz den entscheidenden Prädiktor mathematischer Leistungen im Hochleistungsbereich darstellt. Mehr als 50 % der Gesamtvarianz der Mathematikleistung können anhand der fluiden und kristallinen Intelligenz, der Leistungsmotivation und des Interesses für Mathematik erklärt werden. Damit bleibt festzuhalten, dass nicht ein Prädiktor allein hinreichend für eine zuverlässige Vorhersage mathematischer Leistungsfähigkeit in der gymnasialen Oberstufe ist, sondern die beste Vorhersage durch eine Kombination von kognitiven und nicht-kognitiven Prädiktoren gelingt.
>   [....]
>   Intellektuelle Hochbegabung stellt als Potenzial eine notwendige, jedoch nicht hinreichende Bedingung für herausragende mathematische Leistungen dar." (*Foth* und *van der Meer*, 2013, 208 und 211)

Heilmann (1999, 40) ist im Übrigen der Auffassung, dass exzellente mathematische Leistungen nicht das Resultat einer spezifischen mathematischen Begabung sind, sondern „die Folge einer früheren Spezialisierung allgemeiner Fähigkeiten".

Die von uns ausgewählte dritte Studie widmet sich folgenden Fragen (siehe *Nolte*, 2013, 181 bzw. *Nolte*, 2012, 51):

- Wie lässt sich erkennen, ob ein Kind mathematisch hochbegabt ist?
- Kann man dies aus sehr hohen Leistungen im Mathematikunterricht ableiten?
- Reicht ein Intelligenztest mit dem Ergebnis eines hohen IQ?
- Decken Intelligenztests tatsächlich die Komplexität und die Art mathematischen Denkens ab, welche benötigt werden, um diejenigen mathematischen Probleme lösen zu können, die in Förderprojekten für Kinder oder Jugendliche angeboten werden?
- Wie kann man die Eignung eines Kindes (zu Beginn der dritten Jahrgangsstufe) für eine (anspruchsvolle) mathematische Förderung ermitteln?

Diese Fragen wurden durch folgende Erfahrungen im Hamburger „PriMa-Projekt"[4] motiviert (*Nolte*, 2013, 183): „Unsere Beobachtungen über die Jahre ergaben, dass hochbegabt getestete Kinder sowohl im Mathematiktest als auch in der Förderung nicht unbedingt besondere mathematische Leistungen zeigten. Umgekehrt beeindruckten uns Kinder mit besonderen mathematischen Leistungen, deren IQ dies nicht erwarten ließ."
    In Tab. 4.4 sind die Informationen des obigen Zitats exemplarisch für den dritten Jahrgang des PriMa-Projekts zahlenmäßig erfasst.

---

[4]Informationen dazu siehe Kap. 6.

Tab. 4.4 Punkte im Mathematiktest und zugehörige IQ-Werte (nach *Nolte*, 2013, 184)

PriMa-MT Punkte	61–40	39–30	29–20	19–0
Gesamt	2 %	14 %	28 %	55 %
IQ	151–143	144–111	141–94	151–92

Nicht überraschend scheint, dass die 2 % besten Probanden im Mathematiktest einen IQ zwischen 143 und 151 hatten, wobei allerdings ein Junge mit IQ 143 die höchste Punktzahl (61) im Mathematiktest erreichte (siehe *Nolte*, 2012, 52). Ein Junge mit IQ 151 erlangte nur 3 Punkte im Mathematiktest (a. a. O.).

Die Ergebnisse des an der Hamburger Universität entwickelten Mathematiktests (PriMa-MT) wurden mit den Ergebnissen der Intelligenzmessung verglichen. Diese war mit dem CFT20 bzw. mit dem CFT20R erfolgt, der mit Mathematiknoten nach *Preckel* und *Brüll* (2008, 74) mit dem Wert 0,49 (hoch) korreliert. Da sich die Ergebnisse der verschiedenen Jahrgänge (vom 2. bis zum 10. Jahrgang) nicht signifikant unterschieden, wurden alle diese Jahrgänge zusammen betrachtet ($n=1663$); siehe Tab. 4.5. Bei der Interpretation dieser Tabelle ist zu berücksichtigen, dass für den PriMa-MT eine Rangliste der erreichten Testpunkte aufgestellt wurde und dadurch negative Korrelationskoeffizienten entstanden sind. „Ein niedriger Rang entspricht besonders guten Leistungen. Diese Skalierung ermöglicht den Vergleich der Ergebnisse über die verschiedenen Jahrgänge unabhängig von der jeweils höchsten Punktzahl, die erreicht wurde […]." (*Nolte*, 2013, 184)

Nolte (a. a. O., 185) kommentiert die in Tab. 4.5 festgehaltenen Ergebnisse u. a. wie folgt:

Tab. 4.5 Statistische Kennzahlen zwischen den Rängen des Mathematiktests auf der einen Seite und dem CFT, Zahlenfolgen und Wortschatz auf der anderen Seite (nach *Nolte*, 2013, 185)

Korrelierte Variablen	Korrelationen	Konfidenzintervall	Quadrierte Korrelation (%)	Partielle Korrelation
Rang PriMa-MT – CFT	–0,34	–0,30 bis –0,39	11,8	–0,28
Rang PriMa-MT – Zahlenfolgen	–0,43	–0,37 bis –0,48	18,2	
Rang PriMa-MT – Wortschatz	–0,24	–0,18 bis –0,30	5,8	

(Anmerkung: Die Angaben bei der quadrierten Korrelation sind offensichtlich durch genauere Werte der Korrelation entstanden als in der Tabelle in der ersten Ergebnisspalte angegeben.)

„Die Korrelation ist mittel bis stark, denn beide Tests messen Intelligenz. Allerdings besagt die quadrierte Korrelation[5], dass nur 11,8 % der Varianz der Ergebnisse des PriMa-MT durch die Ergebnisse des CFT20R erklärt werden kann und umgekehrt. Die Korrelation zwischen Zahlenfolgen- und Mathematiktest ist deutlich höher. In beiden Tests müssen bestimmte Zahlenmuster erkannt werden. Die partielle Korrelation gibt die Korrelation zwischen dem PriMa-MT und dem CFT20R ohne den Testteil Zahlenfolgen an. Aus der niedrigeren Korrelation kann geschlossen werden, dass der Mathematiktest Aspekte mathematischer Kompetenzen erfasst, die mit dem Intelligenztest nicht erhoben werden können."

Nolte (2013, 187 bzw. 2012, 54) zieht das folgende Resümee aus ihrer Studie:

„Ein Intelligenztest allein stellt nicht differenziert genug fest, ob diese Kinder den Anforderungen anspruchsvoller mathematischer Problemstellungen gewachsen sind. Die Ergebnisse bilden jedoch auch keinen Widerspruch zur Intelligenzforschung, da die meisten mathematisch besonders begabt getesteten Kinder hochbegabt getestet wurden." (Dem letzten Satz dieses Zitats können wir auch vor dem Hintergrund der Ergebnisse der hier besprochenen Studien von *Taub et al.*, 2008 und von *Foth* und *van der Meer*, 2013 zustimmen.) Allerdings: „[…] the question whether talent *always* goes hand in hand with a high mathematical talent, can clearly be answered with ‚no'." [Hervorhebung durch uns] Weitere Forschungen zu der Frage, wie sich erkennen lässt, ob ein Kind mathematisch hochbegabt ist, dürften aus unserer Sicht wünschenswert sein.

Wir beenden diesen Abschnitt mit Blick auf die Quelle hoher Begabung und die Bereichsspezifik der Intelligenz mit folgendem Zitat von *Klix* (1992, 456 f.):

„Wenn wir […] annehmen, daß es unterschiedliche Bevorzugungen z. B. in der Leichtigkeit bei der Erzeugung dynamischer Denkstrukturen gibt, die sich in der Bevorzugung verschiedener Kombinationen von Denkoperationen äußern, dann kann man sich erklären, wie
solche Vor-Lieben den Weg zu ihren Inhalten finden. Geliebte operative Strukturbildungen
passen zu Problemgebieten, für deren Erschließung sie gemacht scheinen wie das Kodewort
zum Finden eines Weges in noch nie betretenem Gelände.

  Die erste Begegnung zwischen den gleichsam wie spielend formierten kognitiven
Strukturen und den durch sie erschließbaren Problemräumen könnte jenen zündenden
Funken erklären, von dem man in Biographien großer Begabungen des Menschen-
geschlechts lesen kann. So etwa, wenn der gerade zehnjährige Blaise Pascal bei seiner
ersten Begegnung mit Euklids Elementen gleichermaßen wie berauscht und aufgewühlt
war. Es ist, wie wenn solch emotional erschütternde Begegnung eine Art Vorwissen ent-
hüllte, das das neue Problemgebiet wie einen alten Bekannten vorstellt, den man gesucht
hatte, ohne es zu wissen. Solche Begegnung ist wohl auch notwendig, damit Begabung
ihre externen Bewährungsfelder finden kann. Um es etwas zu profanisieren: So wie der
durch Körperbau prädestinierte Hochspringer die Probe braucht, um seine bevorzugte
Befähigung zu erkennen, so braucht wohl auch der musikalisch Begabte eine schwierige
Tonfolge, um im Nachsingen zu erfahren, daß für ihn leicht ist, was anderen nur mit

---

[5]Wird der Korrelationskoeffizient quadriert, erhält man den Anteil der durch eine Variable erklärten Streuung an der Gesamtstreuung.

Mühe gelingt. Und so, vermuten wir, ist das auch bei der gedanklichen Durchdringung logischer oder mathematischer Probleme. Das dürfte in jedem Falle Wechselwirkungen mit der Motivationsbasis schaffen, die gerade jene Besessenheit hervorbringt, die bei hochbegabten Menschen nicht selten anzutreffen ist. Und die die Gefahr des Verkommens und Vagabundierens dort erzeugt, wo diese Begegnung ausbleibt, gleichwie eine Ranke herumwendelt, die den Pfad eines sie wie von selbst führenden Fadens nicht findet. ·

Wenn wir also die Quelle hoher Begabung in der Befähigung zur Erzeugung spezifischer operativer Denkstrukturen sehen, deren Ergebnisse zu Problemklassen passen wie der Schlüssel zum Schloß, dann läßt sich auch ein Begabungsphänomen versuchsweise klären, das bislang keine Erklärung gefunden hat. Es ist dies das Phänomen der frühkindlichen Hochbegabung. Wo finden wir sie denn?

In der Mathematik, beim Schach, beim Musizieren […], bei der Erprobung in fremden Sprachen, im Tanz und vermutlich auch bei der Nachahmungsfähigkeit von Gesten, Posen oder Lautbildungen."

4.2   Ansätze aus der Kognitionspsychologie und Charakteristika mathematischer Begabung aus fachdidaktischer Sicht

Im Abschn. 2.1 haben wir bereits den (allgemeinen) kognitionspsychologischen Ansatz (kognitive Komponenten) von *Sternberg* im Rahmen seiner Triarchischen Intelligenztheorie thematisiert (siehe *Sternberg*, 1984, 1985). Worin sehen nun Kognitionspsychologen Besonderheiten einer mathematischen Begabung im Vergleich zu allgemeiner intellektueller Begabung?

Van der Meer (1985) hat eine vergleichende Analyse der Problemlöseleistungen von 15 Schülerinnen und Schülern einer Mathematikspezialklasse der Humboldt-Universität in Berlin (Durchschnittsalter 16 Jahre 5 Monate) und von 15 Studierenden des 1. Studienjahres (mit herausragendem Abitur) der dortigen Fachrichtung Psychologie (Durchschnittsalter 20 Jahre 1 Monat) durchgeführt. Als Spezifika einer mathematisch-naturwissenschaftlichen Begabung stellte sie vor allem folgende heraus (vgl. a. a. O., 239–244):

• Bedingt durch ein spezifisches Vorwissen nehmen mathematisch-naturwissenschaftlich hochbegabte Schüler(innen) Informationen schon in einer anderen Qualität auf als weniger oder nicht begabte, die dieses Wissen erst erwerben müssen.
• Mathematisch-naturwissenschaftlich Hochbegabte reduzieren in der Phase der Problembearbeitung die Komplexität[6] gegebener Sachverhalte, so dass das Ausgangsproblem vereinfacht und für den Problembearbeiter überschaubarer wird.

---

[6]Die Komplexitätsreduktion ist eine in der Literatur häufig erwähnte Basiskomponente mathematischer Begabung und nach *Seidel* (2004, 19) die am besten untersuchte Komponente für das Lösen von (mathematischen) Problemen.

- Beim Problemlösen bevorzugen mathematisch-naturwissenschaftlich hochbegabte Schüler(innen) eine Strategie zur Analogieerkennung, die sich durch einen minimalen Vergleichsaufwand und ein minimales Zwischenspeichern von Resultaten im Gedächtnis auszeichnet.
- Mathematisch-naturwissenschaftlich Hochbegabte unterscheiden sich von anderen in der „Art der Verknüpfung elementarer Operationen und in deren Anteil am Gesamtprozeß" (a. a. O., 244). Die höhere Qualität von Denkleistungen bei Hochbegabten besteht gerade in der größeren Einfachheit und Effektivität der Lösungsfindung.

Zusammen mit anderen Mathematikdidaktikern (z. B. *Kießwetter* und *Käpnick*) kritisieren wir vor allem die von *van der Meer* (und weiteren Kognitionspsychologen) in ihren Untersuchungen eingesetzten geschlossenen Aufgaben.

Mit dem Ziel der Erfassung der Natur und Struktur mathematischer Fähigkeiten bei Schülerinnen und Schülern verschiedener Altersstufen (6 bis 17 Jahre) hat der russische Kognitionspsychologe *Krutetskii*[7] (1976) die vermutlich umfangreichste Untersuchung über mehr als ein Jahrzehnt durchgeführt. Unter Anwendung einer großen Methodenvielfalt (u. a. Befragung von und Diskussion mit Schülern, Eltern, Lehrern; Befragung von Didaktikern und bekannten Mathematikern über ihre Vorstellungen zur mathematischen Begabung; Studien zu Biografien von Mathematikern; Fallstudien zu extrem hochbegabten Schüler(inne)n; Erprobung umfangreichen Aufgabenmaterials im Unterricht, welches sich nach Schwierigkeitsgrad und Komplexitätsniveau unterscheidet) kam er zu folgenden eng miteinander verknüpften Basiskomponenten der Struktur mathematischer Fähigkeiten, durch deren sehr hohe Ausprägung sich mathematisch begabte Kinder und Jugendliche auszeichnen (siehe a. a. O., 332 ff. und *Krutezki*[8], 1968, 49 ff.):

1. formalisierte Wahrnehmung mathematischer Strukturen, d. h., die Fähigkeit, von Inhalten zu abstrahieren und nur die formale Struktur eines gegebenen mathematischen Problems zu erfassen;
2. (schnelle und breite) Verallgemeinerung mathematischer Inhalte und Problemstellungen (d. h., ein konkretes Problem wird als Spezialfall eines allgemeineren Problems erkannt);
3. Verkürzung eines Gedankenganges und das Denken in übergeordneten Strukturen;
4. Flexibilität bei Denkprozessen, die ein leichtes und schnelles Umschalten von einer Denkoperation zu einer qualitativ anderen gestatten;
5. Streben nach Klarheit, Einfachheit und auch Eleganz einer Lösung;
6. dauerhaftes und schnelles Erinnern mathematischen Wissens („das mathematische Gedächtnis", *Krutezki*, 1968, 46).

---

[7]Schreibweise des Namens im Englischen.

[8]Schreibweise im Deutschen.

Außer den sechs genannten Basiskomponenten der Struktur mathematischer Fähigkeiten untersuchte *Krutezki* auch Komponenten, „die die Zugehörigkeit eines Schülers zu dem einen oder anderen Typ mathematischer Fähigkeiten bestimmen" (a. a. O.). Dazu zählt *Krutezki* z. B. das Raumvorstellungsvermögen und die Fähigkeit zu anschaulichem Vorstellen abstrakter mathematischer Beziehungen oder Abhängigkeiten. Die gute Ausprägung solcher Komponenten erachtet er zwar als günstig, aber nicht als notwendig für eine hohe mathematische Leistungsfähigkeit.

Im Folgenden werden wir die Basiskomponenten noch näher erläutern bzw. ihre Charakterisierung vertiefen und auch die Entwicklung dieser Komponenten im frühen, mittleren sowie hohen Schulalter gemäß *Krutezki* beschreiben (teilweise dazu auch Beispiele präsentieren).

Zu Komponente (1) „Das formale Erfassen des Mathematikstoffes":

> „In ihrer ursprünglichen Form beginnt diese Komponente sich schon im zweiten bis dritten Schuljahr zu zeigen. Schon da bildet sich bei den fähigsten Schülern das Bestreben, über die Bedingungen der Aufgaben Klarheit zu erlangen, ihre Angaben zu vergleichen. Sie beginnen, sich nicht einfach für einzelne Größen, sondern auch für die Beziehungen unter den Größen zu interessieren. Es zeigt sich ein spezifisches Bedürfnis, beim Erfassen der Aufgabenbedingungen die Beziehungen herauszulösen, einzelne [Zahlen, die Autoren] und Größen zu verknüpfen. Im Zusammenhang damit ermitteln sie gerade solche Angaben leicht, die zur Lösung der Aufgabe notwendig sind. Es wird deutlich erkannt, welche Größen fehlen, welche überflüssig […] sind. [….] Die begabten Schüler der Klassen 4 erfassen den mathematischen Kern der Aufgabe analytisch (sie suchen verschiedene Elemente nach ihrer Struktur aus, geben ihnen eine unterschiedliche Bewertung) und synthetisch (sie vereinigen sie zu Komplexen, suchen Beziehungen und funktionale Abhängigkeiten). In diesem Sinne kann man sagen, daß mathematisch begabte Schüler – angefangen von der Klasse 4 – nicht nur einzelne Elemente erfassen, sondern auch spezifische mathematische Strukturen, Komplexe wechselseitig verknüpfter Größen […].
>
> Im mittleren Schulalter tritt eine weitere Besonderheit des Erfassens des Mathematikstoffes auf, die sich bei begabten Schülern im späten Schulalter noch weiterentwickelt. [….] Gemeint ist die Vielseitigkeit und große Planmäßigkeit des Erfassens, die sich darin äußert, daß ein und dieselbe Aufgabe, ein und derselbe mathematische [Term, die Autoren] unter verschiedenen Gesichtspunkten erfaßt und gewertet werden. Das hängt mit der Formalisierung beim Erfassen, mit der Ermittlung der allgemeinen Beziehungen und dem Herausgliedern der formalen Struktur zusammen." (*Krutezki*, 1968, 49 ff.)

Ein **Beispiel:** Schüler(innen) der Jahrgangsstufe 10 wurden gefragt:

> Wie versteht ihr die Gleichung $\sin^2(\alpha) + \cos^2(\alpha) = 1$?

Nicht begabte Probanden antworteten lediglich, dass sie die Möglichkeit eröffnet, den Sinus (oder Kosinus) eines Winkels durch den Kosinus (oder Sinus) desselben Winkels auszudrücken. Die begabten Probanden jedoch nannten zusätzlich noch weitere Fakten, z. B.: „Die Gleichung bedeutet, dass $\sin(\alpha)$ und $\cos(\alpha)$ nie größer als 1 werden können."

Oder: „Falls die Summe der Quadrate von zwei Zahlen gleich 1 ist, dann ist eine davon der Sinus und die andere der Kosinus desselben Winkels."

„Das eben Gesagte zeigt die Tendenz zur Formalisierung des Mathematikstoffes im Prozeß seines Erfassens, die Fähigkeit, im konkreten mathematischen [Term, die Autoren] oder in der Aufgabe die formale Struktur zu erkennen. Der Schüler abstrahiert dabei von konkreten Angaben und erfaßt in erster Linie nur einfache Beziehungen zwischen den Größen. Es entsteht der Eindruck, als ob durch die Aufgabe ihr Typ ‚durchscheint'. Die genannten Tendenzen äußern sich bei begabten Schülern schon im frühen Schulalter und festigen sich merklich zum späteren Schulalter hin." (*Krutezki*, 1968, 51)

Zu Komponente (2) „Die Verallgemeinerung des Mathematikstoffes":

„Diese Fähigkeit des Denkens der mathematisch begabten Schüler ist fest verbunden mit dem formalisierenden Erfassen des Stoffes. Aus der Sphäre des Erfassens des Mathematikstoffes kommen wir somit in die Sphäre seiner Verarbeitung, aus der Sphäre des Durchdenkens der Bedingungen einer Aufgabe in den Bereich des Lösungsprozesses. [...] Von allen erwähnten Komponenten tritt im frühen Schulalter am klarsten die Fähigkeit zur Verallgemeinerung des Mathematikstoffes hervor, verständlicherweise in relativ einfacher Form als Fähigkeit, das Gemeinsame in verschiedenen Aufgaben und Beispielen zu erfassen und entsprechend auch das Unterschiedliche im Gemeinsamen zu sehen.

[....] Bei besonders begabten Schülern mittleren Schulalters erfolgen diese Verallgemeinerungen spontan durch die Analyse einer einzelnen Erscheinung, die aus einer Reihe ähnlicher Erscheinungen herausgelöst wurde. Die Fähigkeit zum Verallgemeinern äußerte sich darin, im Speziellen das unbekannte Allgemeine zu sehen. Der Weg des Erfassens ‚vom Speziellen (Vielfältigen, von mehreren Beispielen aus) zum unbekannten Allgemeinen' geht allmählich über in den qualitativ völlig anderen Weg ‚vom Speziellen (Besonderen, von einem Beispiel aus) zum unbekannten Allgemeinen'. Während im ersten Fall ein begabter Schüler der Klasse 6 selbständig die Formel für das Quadrat der Summe zweier Zahlen aus der Lösung einer Reihe von Beispielen des Typs $(2x + y) \cdot (2x + y)$ herleitet, ist ein begabter Schüler höherer Klasse imstande, diese Formel aus der Lösung (Analyse) nur eines Beispiels zu entwickeln.

[...] analog zum *formalisierenden Erfassen* können wir von einer *formalisierenden Lösung* sprechen. Wir illustrieren das Gesagte am Beispiel: Der mathematisch begabte Schüler K., der die binomischen Formeln noch nicht kannte, löst in einer Testaufgabe das Beispiel $(2a + 7b)^2$. Hier ist die Aufzeichnung seiner Lösung und Überlegung: ‚Quadrieren bedeutet mit sich selbst multiplizieren. Man erhält $4a^2 + 14ab + 14ab + 49b^2$. Oder in der Mitte $28ab$ ... Und da die zwei Zahlen in der Mitte immer gleich sein müssen ... Sie müssen immer das Produkt aus beiden gegebenen Gliedern sein. Deshalb werde ich solche Beispiele abgekürzt lösen, d. h. beide Glieder multiplizieren und verdoppeln. Und das erste und das letzte Glied sind die Quadrate des ersten und zweiten Gliedes. Das bedeutet, in solchen Beispielen addiert man einfach das Quadrat des ersten Gliedes, das Quadrat des zweiten Gliedes und das doppelte Produkt der beiden Glieder. Das ist zwar nur etwas einfacher, aber trotzdem günstiger ... Und wenn in den Klammern ein Minuszeichen steht? ... Dann sind dieselben Quadrate immer positiv, [...], aber das doppelte Produkt ist negativ, weil es ja immer das Produkt von Gliedern mit verschiedenen Vorzeichen ist. Das bedeutet, daß man beim Quadrieren einer Klammer mit zwei Gliedern die Quadrate des ersten und des zweiten Gliedes und das Doppelte ihres Produkts mit dem Vorzeichen Plus (wenn in der Klammer ein Plus steht) oder mit dem Vorzeichen Minus (wenn in der Klammer Minus steht) addieren muß. […]'

Für begabte Schüler mittleren Alters ist im allgemeinen die Tendenz, jede konkrete Aufgabe in allgemeiner Form zu lösen, charakteristisch." (*Krutezki*, 1968, 51 ff.)

Dazu das folgende Beispiel:
Die mathematisch begabten Schüler A und B aus der 10. Jahrgangsstufe lösten die folgende Aufgabe:

> Beweise, dass $\left(a_1^2 + a_2^2\right) \cdot \left(b_1^2 + b_2^2\right) = (a_1b_1 + a_2b_2)^2$ gilt, wenn $\frac{a_1}{b_1} = \frac{a_2}{b_2}$ vorausgesetzt wird.

A schaute sich die Bedingungen der Aufgabe an und gab dann der Aufgabe eine nicht erwartete, interessante Interpretation: „Unter der Voraussetzung, dass die Vektoren parallel sind, soll gezeigt werden, dass ihr Skalarprodukt gleich dem Produkt ihrer absoluten Beträge ist." Die vektorielle Interpretation ermöglichte es A, die Aufgabe zu verallgemeinern:
$\left(a_1^2 + a_2^2\right) \cdot \left(b_1^2 + b_2^2\right) \geq (a_1b_1 + a_2b_2)^2$ für alle $\begin{pmatrix} a_1 \\ a_2 \end{pmatrix}, \begin{pmatrix} b_1 \\ b_2 \end{pmatrix} \in IR^2$. B stellte gleichzeitig die folgende Frage: „Von welcher allgemeineren Aufgabe kann die gegebene ein Spezialfall sein?" Indem er diese Frage richtig beantwortete, fand er selbstständig die Cauchy-Schwarzsche Ungleichung (vgl. a. a. O., 53).

Zu Komponente (3) „Die ‚Geschlossenheit' des Denkens": Unter „Geschlossenheit" des Denkens versteht *Krutezki* „die Tendenz, im Prozeß der mathematischen Tätigkeit in ‚geschlossenen' Strukturen mit kurzen Schlußfolgerungen (bei Vorhandensein eines exakten, logisch begründeten ‚Skeletts') zu denken. Der Prozeß der Überlegung verkürzt sich […] auf Grund des Herausfallens […] gewisser Zwischenglieder in der Schlußkette; […]" (a. a. O., 45 f.).

> „Die Reduzierung des Denkverlaufs und des Systems entsprechender Operationen ist im Wesentlichen spezifisch für mathematisch begabte Schüler der oberen Klassen (obwohl sie auch im mittleren Schulalter deutlich beobachtet werden kann). Der Ausfall einzelner Glieder des Denkprozesses charakterisiert […] auch den Prozeß des Erfassens des Stoffes. […]
>
> In den letzten Entwicklungsetappen […], wenn der Schüler in geschlossenen Strukturen denkt, empfindet er besondere Schwierigkeiten, wenn er mit der Notwendigkeit konfrontiert wird, einen besonders umfangreichen Denkprozeß zu entfalten. In einzelnen Fällen fällt es den Schülern augenscheinlich schwer, ihren Gedankengang zu begründen. Sie behaupten, daß er für sie so klar ist, daß sie niemals darüber nachdachten, ‚wie etwas zu erklären ist, was völlig klar auf der Hand liegt'." (*Krutezki*, 1968, 54 f.)

Dazu ein Beispiel:
Ein mathematisch begabter Schüler der Jahrgangsstufe 10 sollte folgende Frage bearbeiten:

Abb. 4.2 Länge der Strecke $\overline{OO_1}$ für $r = 1$? (*Krutezki*, 1968, 55)

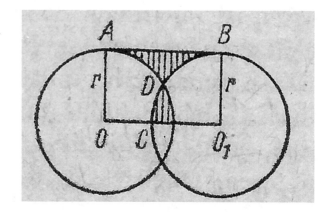

Wie lang ist die Strecke $\overline{OO_1}$, wenn r in beiden Kreisen gleich 1 ist und die schraffierten Figuren den gleichen Flächeninhalt haben? (siehe Abb. 4.2)

Ohne lange zu überlegen, sagte er: „Das Rechteck ist gleich dem Halbkreis, also $\overline{OO_1} = \frac{\pi}{2}$." Als er gebeten wurde, dies zu erklären, fügte er lediglich hinzu: „Im Viertelkreis CO_1B ersetzen wir den schraffierten Teil durch den gleich großen Teil ABD." (siehe a. a. O., 55)

Zu Komponente (4) „Die Flexibilität und Reversibilität des Denkens":

„In der ‚Keimform' wurde diese Komponente bei mathematisch begabten Schülern der unteren Klassen gefunden. Bei fast keinem der untersuchten Schüler der Klasse 2 wurde die deutliche Tendenz gefunden, z. B. mehrere Lösungswege dieser oder jener Aufgabe zu finden. Für viele von ihnen war selbst der Gedanke unvorstellbar, daß eine Aufgabe mehrere Lösungswege haben kann (und alles richtige). Die mathematisch begabten Schüler der Klassen 3 und 4 zeigen bereits eine gewisse Flexibilität der Denkprozesse beim Suchen nach anderen Lösungen […].

Bei mathematisch begabten Jugendlichen […] vollziehen sich Überwindung und Umwandlung gewohnter Denkverfahren schnell und ohne Komplikationen. Sie bemühen sich schon aus eigenem Antrieb, verschiedene Lösungswege zu finden.

Eine besondere und offensichtlich komplizierte Form der Flexibilität des Denkens ist der Übergang vom ‚direkten zum reziproken Denken'. […] Für begabte Schüler bereitet der Übergang vom direkten zum umgekehrten Gedankengang keine Mühe. Das Aufstellen einer direkten Assoziation bedeutet für sie gleichzeitig das Entstehen einer reversiblen. Wenn [ein mathematisch begabter Schüler, die Autoren] […] Beispiele der Art $(a + b) \cdot (a - b) = a^2 - b^2$ lösen lernte, so heißt das, daß er ebenso auch die Zerlegung der Differenz zweier Quadrate in Faktoren erlernte." (*Krutezki*, 1968, 55 f.)

Zu Komponente (5) „Das Streben nach ökonomischem Denken":

„Die Tendenz zur Einschätzung einer Reihe möglicher Lösungsverfahren und die Auswahl des klarsten, einfachsten und ökonomischsten ist im frühen Schulalter noch nicht klar ausgeprägt. Nur besonders Begabte schätzen verschiedene Lösungen als *einfach* oder *kompliziert, besser* oder *schlechter* ein. Diese Tendenz beginnt sich erst im mittleren Schulalter bemerkbar zu machen. Während sich Schüler mit mittleren Fähigkeiten darauf beschränken, die Aufgabe zu lösen, bemühen sich begabte Schüler, sie mit dem besten, ökonomischsten Verfahren zu lösen. Obgleich es den Schülern mittleren Alters nicht immer gelingt, die rationellste Lösung einer Aufgabe zu finden, wählen sie meist den Weg, der am leichtesten und schnellsten zum Ziel führt. Deshalb sind viele ihrer Lösungen elegant. [….]
Eine besondere Entwicklung erfährt die erwähnte Komponente im späten Schulalter. Nach der ersten Lösung einer Aufgabe beginnen gewöhnlich schöpferische Nachforschungen, die auf eine Verbesserung des Verfahrens zielen und das Ziel haben, ein ökonomischeres zu finden." (*Krutezki*, 1968, 56)

Zu Komponente (6) „Das mathematische Gedächtnis":

„Im frühen Schulalter beobachten wir eigentlich keine Äußerungen des mathematischen Gedächtnisses in seinen Entwicklungsformen. Begabte Schüler in diesem Alter prägen sich gewöhnlich gleichermaßen konkrete Fakten und mathematische Beziehungen ein. Aber wenn sie etwas vergessen, so sind das nicht zuerst die mathematischen Beziehungen, sondern Zahlen und konkrete Angaben. Mit den Jahren erhält das Erinnern an Beziehungen immer größere Bedeutung, das Erinnern an konkrete Fakten immer kleinere. Das Gedächtnis befreit sich allmählich von der Aufbewahrung von Speziellem, Konkretem, für die weitere Entwicklung Unwichtigem.
Das Gedächtnis mathematisch begabter Schüler mittleren Alters weist bereits Abstufungen in bezug auf verschiedene Elemente mathematischer Systeme auf. Es trägt verallgemeinernden und unmittelbaren Charakter, d. h. die Tendenz zur Verkürzung des Merkstoffs. Es bewahrt schnell und dauerhaft Aufgabentypen und Verfahren zu ihrer allgemeinen Lösung, Denk- und Beweisschemata auf. Konkrete Aufgaben merken sich diese Schüler gut, aber hauptsächlich nur für die Dauer des Lösungsprozesses, danach vergessen sie sie schnell. An überflüssige Angaben erinnern sie sich schlecht. Das heißt, daß man sich nicht alle mathematischen Informationen merkt, sondern vorwiegend solche, die ‚gereinigt' sind von allen konkreten Bedeutungen.
Qualitativ neue Besonderheiten gewinnt das mathematische Gedächtnis bei mathematisch begabten Schülern oberer Klassen." (a. a. O., 56 f.)

In den letzten zirka 20 Jahren wurden von Mathematikdidaktiker(inne)n spezifische Merkmalsysteme für mathematisch begabte Schüler(innen) verschiedener Altersstufen bzw. Modelle der Entwicklung mathematischer Begabung konstruiert. Dazu gehören u. a. das Merkmalsystem von *Käpnick* (1998) für die Erfassung von Dritt- und Viertklässlern, das darauf basierende, erweiternde Modell von *Käpnick* und *Fuchs* (siehe *Fuchs*, 2006) für das gesamte Grundschulalter, das „Begabungs- und Talentmodell" von *Heinze* (2005) ebenfalls für dieses Alter, das „Modell zur Entwicklung mathematischer Begabungen bei Zweitklässlern" von *Aßmus* (2017) sowie das „Modell zur Entwicklung mathematischer Begabungen im 5. und 6. Schuljahr" von *Sjuts* (2017).

Da alle mathematikspezifischen Begabungsmerkmale (mit Ausnahme des Raumvorstellungsvermögens) und alle begabungsstützenden allgemeinen Persönlichkeitseigenschaften des Merkmalsystems von *Käpnick* im Modell von *Käpnick* und *Fuchs* wieder
auftreten, reicht es aus, wenn wir uns mit diesem Modell als erstem beschäftigen (siehe
Abb. 4.3).

Zunächst zitieren wir ausgewählte Erläuterungen zu diesem Modell, die von *Fuchs*
(2006, 68 f.) stammen:

„- Neuere Ergebnisse der Neuropsychologie und der Kognitionspsychologie bestätigen
nachhaltig […] die Hervorhebung mathematischer Sensibilität und mathematischer
Fantasie als wesentliche bereichsspezifische Merkmale mathematisch begabter Grundschulkinder.

Eine ausgeprägte **mathematische Sensibilität** zeigt sich bei begabten Grundschulkindern vor allem

- in ihrer großen Faszination und in ihrem ausgeprägten Gefühl für Zahlen, Zahl- und
Rechenbeziehungen sowie für geometrische Muster,

in intuitiven Phasen beim Problemlösen, die dem spontanen, offenen, teils sprunghaften,
an intensiven Empfindungen und vielfältigen Bildwelten gebundenen Denken dieser
Kinder entspricht.

Mathematische Fantasie als den für uns wichtigen Hauptaspekt kindlicher Kreativität
entwickeln begabte Grundschulkinder immer wieder eindrucksvoll, wenn sie spielerisch,
offen und ungehemmt mit mathematischen Inhalten umgehen.

- Die […] vorgenommene Unterscheidung **von Kompetenz und Performanz** entspricht
dem in den letzten Jahren in der Didaktik und Lernpsychologie entwickelten Kompetenz-
modell. Hiermit wird der in der Praxis immer wieder häufig auftretenden Diskrepanz
zwischen hoher Leistungspotenz und vergleichsweise geringerer ‚abrufbarer' Leistungsfähigkeit bei Tests u. Ä. Rechnung getragen.

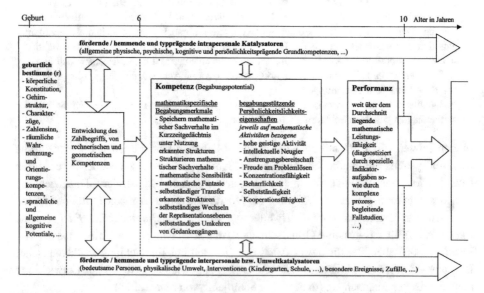

Abb. 4.3 Modell mathematischer Begabungsentwicklung im Grundschulalter nach *Käpnick* und
Fuchs (*Fuchs*, 2006, 67)

- Die Berücksichtigung des **geburtlich bzw. genetisch bedingten Begabungspotentials**
  als wesentliche Komponente unseres Begabungsmodells basiert auf jüngeren Ergebnissen der Hirnforschung bzw. der Neuropsychologie, nach denen vieles dafür spricht,
  dass Begabungen generell eine ‚*starke genetische, hirnorganische Komponente*' haben
  (vgl. WINNER 1998, S. 146). ROTH stellt zudem heraus, dass bzgl. der für unsere
  ganzheitliche Sicht wichtigen Persönlichkeitsprägung ‚*knapp die Hälfte*' der Charakter-
  züge eines Menschen ‚genetisch oder bereits vorgeburtlich bedingt' sind (vgl. ROTH
  2001, S. 452). Er stellt außerdem die große Bedeutung der ersten Lebensjahre heraus,
  indem er einschätzt, dass ‚durch prägungsartige Vorgänge kurz nach der Geburt bzw. in
  den ersten 3 bis 5 Jahren' wesentliche Persönlichkeitsmerkmale bestimmt werden (vgl.
  ebenda).
- Viele Fallstudien aus der Begabungsforschung belegen, dass sowohl **intrapersonale**
  als auch **interpersonale bzw. Umweltkatalysatoren** die Begabungsentwicklung eines
  Kindes maßgeblich beeinflussen. Einleuchtend und hinlänglich bekannt ist, dass allgemeine kognitive Fähigkeiten, wie Sprach- und Denkkomponenten, und persönlich-
  keitsprägende Eigenschaften, wie Temperament oder das jeweilige Selbstkonzept eines
  Kindes, auch das mathematische Begabungsprofil mitbestimmen."

Nun folgt noch eine weitere Erläuterung des in Abb. 4.3 präsentierten Modells, die von
Käpnick (2013, 31) stammt:

„- In Übereinstimmung mit vielen Begabungsforschern (vgl. z. B. GAGNÉ 2000,
FRIEDL u. a. 2009) werden fördernde interpersonale bzw. Umweltkatalysatoren, wie
z. B. eine anregende Erziehung im Elternhaus oder die Möglichkeit der frühen Teilnahme
an speziellen Förderprogrammen, für wichtige und notwendige, aber nicht hinreichende
Bedingungen für die Herausbildung einer mathematischen Begabung gehalten."

In Anlehnung an das Begabungsmodell von *Gagné* (siehe Unterabschn. 2.3.3) hat *Heinze*
(2005) ihr „Differenziertes mathematisches Begabungs- und Talentmodell für Grundschulkinder" entwickelt (siehe Abb. 4.4).

In vielen (auch wesentlichen Punkten) stimmt das Modell von *Heinze* mit dem von
Käpnick und *Fuchs* überein. Auf ein paar Differenzen weisen wir gesondert hin:

- Bei *Heinze* fehlen eine Auflistung geburtlich bestimmter Merkmale sowie die Unterscheidung zwischen Kompetenz und Performanz, wobei beachtet werden muss, dass
  im Talentbegriff von *Gagné* sichtbare mathematische Leistungen eingeschlossen sind.
- *Heinze* hebt in einem eigenständigen Kasten, von dem drei Pfeile ausgehen, den mög-
  lichen Katalysator „Zufall/Glück" besonders hervor, während *Käpnick* und *Fuchs* in
  ihrem Modell „Zufälle" bei den Umweltkatalysatoren auflisten.
- *Heinze* notiert bei den Umwelteinflüssen auch mathematische Förderkurse und
  Mathematikolympiaden.
- *Heinze* listet zwölf mathematikspezifische Begabungsmerkmale (u. a. auch das
  Raumvorstellungsvermögen) auf, während bei *Käpnick* und *Fuchs* davon nur
  sieben genannt werden (darunter auch die oben näher beschriebene „mathematische
  Sensibilität", die bei *Heinze* unter den Persönlichkeitseigenschaften auftaucht). Dabei
  ist allerdings zu beachten, dass *Heinze* von „verschiedenen Ausprägungstypen"

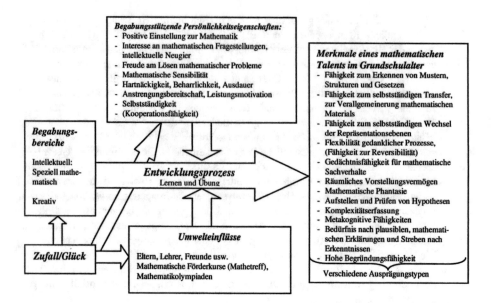

Abb. 4.4 Differenziertes mathematisches Begabungs- und Talentmodell für Grundschulkinder (nach *Heinze*, 2005, 39)

spricht (und damit die Nennung des Raumvorstellungsvermögens verständlich wird; siehe dazu auch *Heinze*, 2005, 70).

- Bei der Auflistung der begabungsstützenden Persönlichkeitseigenschaften unterscheiden sich beide Modelle lediglich geringfügig: Die Persönlichkeitseigenschaften „hohe geistige Aktivität" und „Konzentrationsfähigkeit" im Modell von *Käpnick* und *Fuchs* werden im Modell von *Heinze* nicht explizit aufgeführt. Die „positive Einstellung zur Mathematik" bei *Heinze* taucht bei *Käpnick* und *Fuchs* nicht gesondert auf. Die Klammern bei der „Kooperationsfähigkeit" im Modell von *Heinze* erklärt sie damit, dass sie „von einer zu starken Betonung dieses Merkmals" absieht, und nennt hierfür zwei Gründe (siehe *Heinze*, 2005, 67).

Eine Diskussion zu den Vor- und Nachteilen beider Modelle im Vergleich überlassen wir den Leser(inne)n.

Aßmus (2017) hat ein Modell zur Entwicklung mathematischer Begabung speziell für Zweitklässler entwickelt (siehe Abb. 4.5).

In einer Zusammenfassung kommentiert *Aßmus* ihr Modell wie folgt (a. a. O., 356 f.):

„Auch wenn [...] vorrangig kognitive Merkmale mathematischer Begabungen betrachtet wurden, ist das Konstrukt der mathematischen Begabung nicht auf diese zu reduzieren. Stattdessen wird hier von einem komplexen, dynamischen Wirkungsgefüge kognitiver und

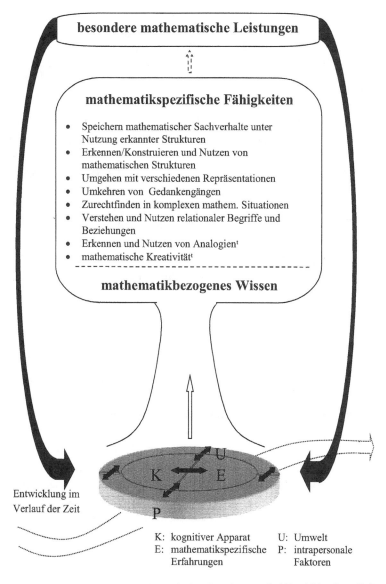

Abb. 4.5 Modell zur Entwicklung mathematischer Begabungen bei Zweitklässlern (*Aßmus*, 2017, 357; angelehnt an *Fritzlar*, 2010, 132)

nicht-kognitiver Personenfaktoren, mathematikspezifischer Erfahrungen und Umwelteinflüssen ausgegangen, wie sie in dem von Fritzlar entworfenen Modell zur Entwicklung mathematischer Expertise dargestellt sind (Fritzlar 2010). Das Modell ist zwar im Kontext der sich entwickelnden mathematischen Expertiseentwicklung entstanden, eignet sich aber m. E. ebenfalls zur Beschreibung von Begabungsentwicklung, da beide Konstrukte starke Ähnlichkeiten aufweisen.

Zusammenfassend wird dieses Modell [...] zum ‚Modell zur Entwicklung mathematischer Begabungen bei Zweitklässlern' [...] modifiziert, indem die von Fritzlar angegebenen mathematikspezifischen Fähigkeiten durch die im Rahmen dieser Studie herausgearbeiteten ersetzt werden. Dabei sind auch die Fähigkeitsbereiche enthalten (gekennzeichnet mit [t]), die bislang nur auf theoretischen Überlegungen basieren. Die weiteren Bestandteile des Modells bleiben im Wesentlichen erhalten."

Da sich das „Modell zur Entwicklung mathematischer Begabungen im 5. und 6. Schuljahr" von *Sjuts* (2017, 366) nicht wesentlich vom Modell von *Käpnick* und *Fuchs* für das Grundschulalter unterscheidet, verzichten wir hier auf die Abbildung dieses Modells. Aus unserer Sicht genügt der Hinweis, dass *Sjuts* bei den mathematikspezifischen Begabungsmerkmalen die Merkmale „Angeben von Strukturen" und „Logisches Schlussfolgern" sowie bei den begabungsstützenden Persönlichkeitseigenschaften die Eigenschaft „Stabilisierung von Interessen" hinzugefügt hat.

Zu mathematisch begabten Schülerinnen und Schülern im mittleren und späten Schulalter hat *Kießwetter* (1985, 302) einen Katalog von charakteristischen Denk- und Handlungsmustern zusammengestellt:

„1. Organisieren von Material;
2. Sehen von Mustern und Gesetzen;
3. Erkennen von Problemen, Finden von Anschlußproblemen;
4. Wechseln der Repräsentationsebene (vorhandene Muster/Gesetze in ‚neuen' Bereichen erkennen und verwenden);
5. Strukturen höheren Komplexitätsgrades erfassen und darin arbeiten;
6. Prozesse umkehren."

Eine besondere Bedeutung misst *Kießwetter* der von ihm sogenannten „Superzeichenbildung" bei, die bei mathematisch begabten Jugendlichen zu beobachten ist. Dabei versteht er unter einem „Superzeichen" die vernetzte Vereinigung von vorhandenen Informationen zu einer neuen, vom Arbeitsgedächtnis als einzeln akzeptierten (Super-) Information.

Kießwetter erläutert das Bilden von Superzeichen und den Umgang mit ihnen so (vgl. *Kießwetter*, o. J., 12):

Beim Problemlösen werden neue Vermutungen, Begriffe, Ordnungen usw. entdeckt, die Assoziationen zu im Langzeitgedächtnis befindlichen Informationen erzeugen können. Diese bereits vorhandenen assoziierten Informationen werden ins Arbeitsgedächtnis „geholt". Das Arbeitsgedächtnis besitzt jedoch nur eine beschränkte Kapazität, so dass alte Informationen „entlassen" werden müssen, damit neue aufgenommen werden können. Damit diese nicht endgültig „gelöscht" werden müssen, können sie teilweise im Langzeitgedächtnis gespeichert werden. Eine Alternative dazu ist die Superzeichenbildung. *Kießwetter* illustriert sie am folgenden Beispiel: Die Einzelinformationen „Weste", „Hose" und „Jacke" werden zur Superinformation „Anzug" zusammengefasst. Übertragen auf einen mathematischen Problemlöseprozess bedeutet dies: Reicht die Kapazität des Arbeitsgedächtnisses nicht aus, muss die Komplexität der Informationen reduziert werden. Vorhandene Informationen werden vernetzt und zu einer neuen einzelnen Superinformation zusammengefasst sowie durch sie substituiert. Damit ist nur noch eine, allerdings qualitativ „hochwertigere" Information vorhanden.

4.3 Biologische Aspekte von Intelligenz und (mathematischer) Begabung sowie Ergebnisse neurowissenschaftlicher Untersuchungen

In diesem Abschnitt beschäftigen wir uns mit der Frage, ob Intelligenz bzw. Begabung (insbesondere mathematische Begabung) angeboren oder erworben ist bzw. wie sich die sog. „Gen-Umwelt-Interaktion" gestaltet. Außerdem berichten wir über neurobiologische Grundlagenkenntnisse zu Intelligenz und Begabung sowie über Ergebnisse ausgewählter neuerer neurowissenschaftlicher Untersuchungen, die aus unserer Sicht im Kontext mathematischer Begabung von Bedeutung und hochinteressant sind.

In der einschlägigen wissenschaftlichen Literatur besteht weitgehend Einigkeit darin, dass die Ausprägung von Begabungen sowohl durch genetische Anlagen als auch durch Umweltfaktoren beeinflusst wird. Konsens besteht allerdings nicht im jeweiligen Ausmaß dieser Einflüsse. *Helbig* (1988, 127–249) ermittelte bei der Auswertung der Ergebnisse zahlreicher Studien zur Frage der Erblichkeit von Begabung eine zentrale Tendenz bei 50 % und einen hauptsächlichen Bereich zwischen 40 % und 70 %. *Weinert* (2000, 367) berichtet von vielen Journalisten, die ihn gefragt haben,

> „ob es nicht schrecklich sei, dass die Gene in so starkem Maße unser Lebensschicksal bestimmen. Ich konnte dem nie zustimmen! Ist es nicht letztlich eine List der Vernunft, dass etwa 50 % der geistigen Unterschiede zwischen Menschen genetisch determiniert sind, ungefähr ein Viertel durch die kollektive Umwelt und ein weiteres Viertel durch die individuelle, zum Teil selbstgeschaffene Umwelt erklärbar sind? Man sollte dieses letzte Viertel weder kognitionspsychologisch noch motivationstheoretisch oder lebenspraktisch gering schätzen. Durch dieses komplexe Determinationsmuster geistiger Leistungsunterschiede zwischen verschiedenen Menschen erübrigen sich Schuldzuweisungen an die biologischen Eltern wie gegenüber der sozialen Umwelt. Es gibt aber auch keine Gründe für persönliche Resignation! Von der Anlage-Umwelt-Forschung aus betrachtet ist die Welt voller Spielräume für die geistige Entwicklung sehr unterschiedlich begabter Individuen. Ist das nicht beruhigend und motivierend zugleich?"

Heute herrscht die Meinung vor, dass der Entwicklung komplexer Merkmale wie z. B. der Intelligenz immer eine **Gen-Umwelt-Interaktion** zugrunde liegt (vgl. *Roth*, 2019, 171 f.). Das bedeutet, dass durch bestimmte Umweltreize spezielle Gene aktiviert oder inaktiviert werden. „Dies ist nicht ein bloßes An- und Abschalten, sondern kann auf vielfache Weise graduiert geschehen, indem die Umwelteinflüsse nicht die Gene selbst, sondern die epigenetischen, d. h. gen-regulatorischen Prozesse betreffen." (a. a. O., 172).

Die neuen Erkenntnisse der Epigenetik[9] widersprechen dem lange Zeit herrschenden Dogma der Biologie, dass erworbene Eigenschaften nicht vererbt werden können. Damit muss dasjenige, was bisher als „genetisch bedingt" angesehen wurde, als Kombination von genetischen und epigenetischen Prozessen betrachtet werden, und außerdem darf dasjenige, was als „angeboren" angesehen wurde, nicht für identisch mit „genetisch determiniert" gehalten werden (vgl. a. a. O.).

> „Denn bestimmte Merkmale, die für die Persönlichkeits- und Intelligenzentwicklung wichtig sind, sind zum Zeitpunkt der Geburt zum Teil schon erheblich durch Umwelteinflüsse, meist über Auswirkungen der Geschehnisse im Gehirn der Mutter auf das Gehirn des ungeborenen Kindes, modifiziert [...]. Die Gen-Umwelt-Interaktion gilt umso mehr für die ersten Tage, Wochen und Monate nach der Geburt, in denen Umwelteinflüsse nach neuester Auffassung eine besondere Bedeutung haben." (*Roth*, 2019, 172)

Nach *Winner* (2004, 169) deuten die meisten Forschungsergebnisse darauf hin, „daß es neurologische und genetische Unterschiede zwischen hochbegabten und durchschnittlich begabten Menschen gibt ebenso zwischen verschiedenen Gruppen von Hochbegabten". Das konkrete Konzept angeborener Komponenten einer mathematischen Begabung von *Devlin* (2003) haben wir bereits im Abschn. 3.3 vorgestellt.

Mit der Frage, welche genetischen bzw. neurologischen Unterschiede zwischen hochbegabten (insbesondere mathematisch hochbegabten) und durchschnittlich begabten Menschen bestehen, wollen wir uns im Folgenden beschäftigen.

Weit verbreitet ist die Annahme, dass eine Person umso intelligenter sei, je größer ihr Gehirn ist. Da beim mathematischen Tätigsein große Teile des Gehirns aktiv sind, könnte man annehmen, dass ein großes Hirnvolumen günstig für das Betreiben von Mathematik und damit für mathematische Hochbegabungen sei. Jedoch: „Die Korrelation zwischen Intelligenz, gemessen mit den üblichen Intelligenztests, und der Gehirngröße [...] ist [...] bestenfalls schwach und liegt nach Angaben einiger Autoren zwischen 0,2 und 0,3 [...], während andere Autoren gar keine Korrelation finden." (*Roth*, 2019, 190)

Das **Volumen des menschlichen Gehirns** variiert zwischen $1000 \, \text{cm}^3$ und $2000 \, \text{cm}^3$, die meisten menschlichen Gehirne haben ein Volumen zwischen $1400 \, \text{cm}^3$ und $1500 \, \text{cm}^3$. Damit ist das Volumen des menschlichen Gehirns etwa neunmal so groß wie das eines Säugetiers vergleichbarer Körpergröße und etwa dreißigmal so groß wie das eines gleich großen Dinosauriers. Jedoch gibt es (siehe auch oben) offenbar keinen Zusammenhang zwischen menschlichem Gehirnvolumen und Intelligenz bzw. Begabung. Es gibt einzelne Hochbegabte, die ein Gehirnvolumen von lediglich $1000 \, \text{cm}^3$ haben, während auch gering begabte Menschen mit einem solchen von $2000 \, \text{cm}^3$ festgestellt wurden. Sogar

---

[9]Die relativ junge Wissenschaft Epigenetik (griechisch *epi*: auf, dazu, nach) erforscht, wie das Leben seine Spuren im Erbgut hinterlässt. „Epigenetiker [...] konzentrieren sich auf die Frage, wie die 20000 bis 30000 menschlichen Gene gesteuert werden, warum etwa der eine Erbfaktor ein- und ein anderer ausgeschaltet ist." (*Wolf*, 2009, 28).

der Neandertaler (eine Urmensch-Spezies, die vor etwa 35.000 Jahren ausstarb) hatte ein größeres Gehirn als die meisten von uns heute: 1500 cm^3 bis 1750 cm^3 (*Devlin*, 2003, 29 f.).

Die „Hardware" eines Gehirns entscheidet also offensichtlich nicht über geistige Exzellenz. Dies wurde auch durch eine Untersuchung des Gehirns von *Carl Friedrich Gauß*[10] (1777–1855), des „Fürsten der Mathematiker", im Jahre 2013 bestätigt. Diese Untersuchung erfolgte mithilfe der Kernspintomografie und erbrachte keine Hinweise auf Besonderheiten in der Struktur seines Gehirns[11], wie sie etwa bei *Einsteins* Gehirn entdeckt wurden (siehe *Witelson et al.*, 1999). Demnach dürfte die „Software" (und nicht die „Hardware") eines Gehirns über das Vorliegen „hoher Intelligenz" bzw. „hoher Begabung" entscheiden.

Wenn es zwischen dem Intelligenzgrad eines Menschen und seinem Gehirnvolumen keine oder nur eine schwache Korrelation gibt, können wir nach anderen Gehirnfaktoren fragen, deren Korrelation mit dem Intelligenzgrad vielleicht deutlich größer ist. Zunächst wird man an die **Anzahl von Nervenzellen** denken, vor allem in der Großhirnrinde (dem „Sitz" von Denken, Problemlösen und Bewusstsein). Immerhin könnten mehr Nervenzellen ja mehr Intelligenz bedeuten. „Leider ist über Variation in der Anzahl von Nervenzellen, besonders in der Großhirnrinde, zwischen einzelnen Menschen nichts bekannt, so dass wir diese Größe nicht mit den gemessenen IQs in Verbindung bringen können." (*Roth*, 2019, 191) Allerdings wurde man bei einem anderen Faktor fündig, und zwar bei der **Verarbeitungsgeschwindigkeit** in der Großhirnrinde: *Neubauer* und *Freudenthaler* (1994) ermittelten bei Reaktionszeiten und nichtverbalen Tests eine Korrelation von 0,4 zwischen Leitungsgeschwindigkeit und Intelligenz; die Leitungsgeschwindigkeit ist also für die getesteten Fähigkeiten von mittelgroßer Bedeutung. Nach diesen Befunden, die mittlerweile mehrfach bestätigt wurden, dürften intelligente Menschen schneller wahrnehmen und denken als weniger intelligente (vgl. dazu *Roth*, 2019, 191 und zum Folgenden a. a. O., 191 ff.).

---

[10]*Gauß* hat auf seinem Sterbebett sein Gehirn einem seiner Göttinger Kollegen, dem Anatomieprofessor *Rudolf Wagner*, vermacht. Es ist bis heute in einwandfreiem Zustand und gehört zu den größten Schätzen der wissenschaftlichen Sammlungen der Universität Göttingen.

[11]Nach der „Posse" um die Vertauschung der Gehirne von *Gauß* und des Mediziners *Conrad Heinrich Fuchs* war im Bericht „Das Gauß-Gehirn vertauscht" u. a. das Folgende im Göttinger Tageblatt (29.10.2013) zu lesen: „Mithilfe der MRT-Bilder konnten die Forscher […] nachweisen, dass frühere Veröffentlichungen über das vermeintliche Gauß-Gehirn keine falschen Informationen lieferten. In diesen wurde das Denkorgan des Mathematikers als normal beschrieben. Dr. Walter Schulz-Schaeffer […] bestätigt nach einer ersten Begutachtung der MRT-Bilder: Das Gehirn des genialen Mathematikers und Astronomen Gauß ist ebenso wie das des Mediziners Fuchs anatomisch weitgehend unauffällig. Beide ähneln sich zudem in Größe und Gewicht. ‚Die altersbedingten Veränderungen an Gauß' Gehirn sind für einen 78-jährigen Mann normal. Veränderungen in den Basalganglien [das sind umfangreiche Ansammlungen von Neuronen tief in der Großhirnrinde, die Autoren] lassen auf einen Bluthochdruck schließen', so stellte der Neuropathologe noch 158 Jahre nach dem Tod von Gauß fest."

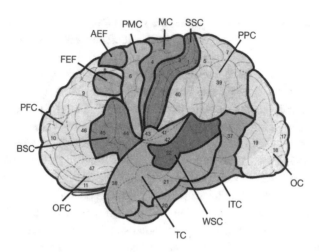

Abb. 4.6 Anatomisch-funktionelle Gliederung der Hirnrinde, von der Seite aus gesehen (*Roth*, 2019, 362; dort auf der Grundlage von *Nieuwenhuys et al.*, 1991, verändert)

Abkürzungen der im Text benutzten Begriffe:
OC: occipitaler Cortex (Hinterhauptslappen)
PFC: präfrontaler Cortex (Stirnlappen)
PPC: posteriorer parietaler Cortex
TC: temporaler Cortex (Schläfenlappen)

Beim Problemlösen spielt das **Arbeitsgedächtnis** eine wichtige Rolle. Vieles deutet darauf hin, dass intelligente Menschen über ein „effektiveres" Arbeitsgedächtnis verfügen als weniger intelligente. (Zum Beispiel konnten *Shelton et al.* (2010, 818) nachweisen, dass die Effektivität des Arbeitsgedächtnisses hoch mit fluider Intelligenz korreliert ($r = 0{,}71$). Bei der Studie von *Vock* (2004, 159) ergaben sich noch höhere Korrelationen zwischen den Arbeitsgedächtnis- und den Intelligenzfaktoren ($r = 0{,}79$ bis $r = 0{,}92$). Offenbar ist „die Kapazität des Arbeitsgedächtnisses einer Person Grundlage und begrenzender Faktor ihrer intellektuellen Fähigkeiten" (a. a. O., 2). Wegen der starken Zusammenhänge zwischen der Kapazität des Arbeitsgedächtnisses und fluider Intelligenz wurde sogar darüber diskutiert, ob möglicherweise gleiche Konstrukte beschrieben werden (vgl. *Rost*, 2009, 168).) Was bedeutet aber ein effektiveres Arbeitsgedächtnis konkret? „Das Arbeitsgedächtnis muss beim Problemlösen mindestens drei Dinge bewältigen, nämlich erstens das Problem identifizieren, zweitens nach Gedächtnisinhalten suchen, die beim Problemlösen gebraucht werden könnten, und diese abrufen, und schließlich diese Inhalte zusammensetzen und zum Problemlösen einsetzen." (*Roth*, 2019, 191) Alle drei Fähigkeiten könnten die Effektivität des Arbeitsgedächtnisses ausmachen oder auch nur eine Fähigkeit, z. B. das Zusammensetzen der abgerufenen Informationen. Die zuletzt genannte Fähigkeit wird von den meisten

Experten dem dorsolateralen[12] präfrontalen[13] Cortex zugeordnet (siehe Abb. 4.6). Das Durchsuchen und Abrufen von problembezogenen Gedächtnisinhalten beanspruchen Neuronen des posterioren[14] parietalen[15], des anterioren[16] occipitalen[17] und des temporalen[18] Cortex.

Mithilfe funktioneller Bildgebung, hier der Positronen-Emissions-Tomografie (PET[19]), konnten *Duncan et al.* (2000) die Frage klären, ob der dorsolaterale präfrontale Cortex der **„Sitz" der allgemeinen (fluiden) Intelligenz (g_f)** ist und ob er eine spezielle Rolle bei der Bewältigung von Intelligenzaufgaben spielt. Wenn es tatsächlich neben den Bereichsintelligenzen (siehe die Thematisierung der „Theorie der multiplen Intelligenzen" von *Gardner* im Abschn. 2.1) eine allgemeine Intelligenz gibt (wie heute die meisten Intelligenzforscher annehmen), dann müsste bei ganz unterschiedlichen Teilitems eines Intelligenztests immer eine bestimmte Hirnregion beteiligt sein. Diese könnte dann als Träger der allgemeinen Intelligenz angesehen werden. Die Antwort von *Duncan et al.* war eindeutig: Bei allen Teilitems war immer der dorsolaterale präfrontale Cortex aktiv.

Außerdem fanden die Forscher stets eine Beteiligung des ventromedialen[20] präfrontalen und anterioren cingulären[21] Cortex (siehe Abb. 4.7). Beide haben mit **Aufmerksamkeit** und **Fehlererkennung** zu tun. Diese sind notwendige Funktionen für intelligente Leistungen.

Nun stellt sich die Frage, ob intelligente Menschen mehr Neuronen im dorsolateralen präfrontalen Cortex haben als weniger intelligente. Bei bildgebenden Verfahren würde sich dies in einer stärkeren Aktivierung dieses Cortex bemerkbar machen.

„Untersuchungen zeigen jedoch, dass Ungeübte und weniger Intelligente beim Lösen komplizierterer [jedoch der gleichen, die Autoren] Probleme ihre Gehirne mehr beanspruchen als Geübte und Intelligentere. Die Erklärung hierfür ist relativ einfach: Kompliziertes Aufrufen und Zusammenfügen von Informationen aus den verschiedenen Zentren ist für das Gehirn stoffwechselphysiologisch teuer, geht langsam vor sich und ist hochgradig fehleranfällig. Es gilt also: Je weniger Aufwand, desto besser." (*Roth*, 2019, 193)

---

[12]Zum Rücken hin und seitlich gelegenen.

[13]An der Stirnseite gelegenen.

[14]Hinteren.

[15]Wandständigen.

[16]Vorderen.

[17]Zum Hinterhaupt gehörigen.

[18]Von lat. *tempus*: in der Medizin Schläfe.

[19]Die PET ist ein Verfahren der Nuklearmedizin. Dieses erzeugt Schnittbilder von lebenden Organismen, indem es die Verteilung einer schwach radioaktiv markierten Substanz sichtbar macht. Auf diese Weise werden biochemische und physiologische Funktionen abgebildet.

[20]Das heißt ventral (bauchwärts) und medial (zur Körpermitte hin gelegen).

[21]Den Gyrus cinguli (eine Windung im medialen Abschnitt des Gehirns) betreffend.

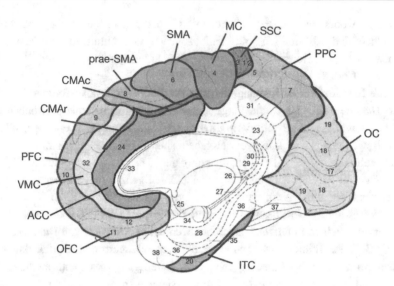

Abb. 4.7 Anatomisch-funktionelle Gliederung der Hirnrinde, von der „Mittellinie" (Die Linie zwischen den Gehirnhälften.) aus gesehen, d. h. seitliche Sicht auf das Gehirn, wenn man die zwei Hirnhälften voneinander trennt (*Roth*, 2019, 363; dort auf der Grundlage von *Nieuwenhuys et al.*, 1991, verändert)

Abkürzungen der im Text benutzten Begriffe:

ACC: anteriorer cingulärer Cortex (Gyrus cinguli),

OC: occipitaler Cortex,

PFC: präfrontaler Cortex,

PPC: posteriorer parietaler Cortex,

VMC: ventromedialer (präfrontaler) Cortex.

Die Vermutung, dass intelligente Personen ihre Hirnrinde ökonomischer nutzen als weniger intelligente, wurde von *Haier et al.* (1992) durch PET-Untersuchungen bestätigt:

> „Versuchspersonen unterschiedlichen Intelligenzgrades, gemessen mit Standard-Intelligenztests, mussten ein Computerspiel (,Tetris') lösen, welches das [Raumvor-stellungsvermögen, die Autoren] testet, während ihre Hirnaktivität gemessen wurde. Die Ergebnisse zeigten, dass intelligentere Versuchspersonen beim Lösen der Aufgabe eine geringere Hirnaktivität aufwiesen als weniger intelligente. Die dabei besonders betroffenen Hirnareale waren der präfrontale Cortex und der anteriore und posteriore cinguläre Cortex [...]." (*Roth*, 2019, 193 f.)

Die Ergebnisse dieser Forschungen erhärteten die Formulierung der sog. **„Hypothese von der neuronalen Effizienz"** durch *Haier et al.* (1988). Dieser Hypothese schienen allerdings z. B. die Ergebnisse der Studie von *Lee et al.* (2006, siehe dort 582) zu wider-sprechen. Mittlerweile konnten die Erkenntnisse bezüglich der genannten Hypothese durch *Dunst et al.* (2014, 29) verfeinert werden:

„The results provide evidence that neural efficiency is a function of both intelligence und task demands. Results indicate that the neural efficiency hypothesis needs to be refined. According to the refined definition, neural efficiency describes the phenomenon that more intelligent individuals show lower brain activity than less intelligent ones only when working on cognitive tasks with a comparable sample-based difficulty. We hypothesize that this reflects a more efficient adaption of brain activation due to lower person-specific challenge. However, when comparable person-specific challenge is established lower versus higher IQ brains show similar brain activity levels. These results suggest that the neural efficiency phenomenon may actually be explained by the adaption of brain activation to the person-specific task demands."

Mithilfe der funktionellen Kernspintomografie konnten *Hoppe et al.* (2012) die zuletzt genannten Befunde erweitern. Allen Probanden wurde die Aufgabe gestellt, einige dreidimensional dargestellte Körper mental zu drehen und anzugeben, welcher dieser Körper mit einem Vergleichskörper übereinstimmt. Die Probanden mit durchschnittlicher Intelligenz strengten bei dieser mentalen Rotation ihren präfrontalen Cortex mehr an als die Hochintelligenten. Statt des präfrontalen Cortex aktivierten die letzteren Probanden vermehrt den hinteren parietalen und unteren temporalen Cortex.

   „Dies alles deutet darauf hin, dass Intelligenz in beträchtlichem Maße davon abhängt, wie schnell bestimmte Hirngebiete aktiviert und darin enthaltene Informationen ausgelesen und zusammengesetzt und wie schnell ‚problematische‘ Zonen wie das frontale Arbeitsgedächtnis in ihrer Aktivität heruntergefahren werden können." (*Roth*, 2019, 196)

Nach diesem Überblick über biologische Aspekte von Intelligenz und Begabung berichten wir nun ausführlicher über drei von uns ausgewählte neurowissenschaftliche Untersuchungen, ihre Ziele, ihre Probanden, ihre Methodik und ihre Ergebnisse, bei den letzten zwei Studien vor allem unter dem Aspekt speziell mathematischer Begabung.

Wir beginnen mit der Längsschnittstudie von *Shaw et al.* (2006). Die Autoren zielten allgemein darauf ab, die neuroanatomischen Korrelate des relativ stabilen Merkmals der Intelligenz in den schnell wachsenden Gehirnen von Kindern und Jugendlichen zu erforschen. Insbesondere interessierten sie sich für die Entwicklung des Cortex bei Kindern und Jugendlichen (im Alter von 6 bis 18 Jahren) in Abhängigkeit von ihrem IQ.

   An der Studie nahmen insgesamt 307 Proband(inn)en teil. Bei den Teilnehmern selbst bzw. in ihrer Familiengeschichte gab es keine psychiatrischen oder neurologischen Funktionsstörungen. Die Ermittlung des jeweiligen IQ erfolgte mit altersangepassten Versionen des Wechsler-Intelligenztests. „In 220 subjects, full-scale IQ was estimated from four subtests (vocabulary, similarities, block design and matrix reasoning), and in 87 children two subtests were used (vocabulary and block design)." (a. a. O., 678) Für die Längsschnittanalyse wurde das gesamte Sample in drei Gruppen eingeteilt, mit der einschränkenden Bedingung, dass in jeder Gruppe etwa gleich viele Probanden vertreten waren. Dies führte zu folgender Gruppeneinteilung: „superior intelligence" (IQ 121–149), „high intelligence" (IQ 109–120) und „average intelligence" (IQ 83–108).

   Bei allen Probanden erfolgte mindestens ein Scan des Gehirns; 178 Teilnehmer (58 %) wurden zweimal gescannt, 92 Teilnehmer dreimal oder öfter. Das mittlere

Scan-Intervall bezog sich auf etwa zwei Jahre. Wie wurde die Dicke des Cortex gemessen? Die Dicke der Hirnrinde wurde als Abstand der Oberfläche der grauen Substanz und der Oberfläche der weißen Substanz an etwa 41.000 Orten der gesamten Hirnrinde ermittelt (Genaueres dazu und zu den statistischen Auswertungen siehe a. a. O., 678 f.).

Die Autoren konnten zeigen, dass die **Entwicklung der Dicke des Cortex** im Alter von 7 bis 16 Jahren eher als die Dicke selbst mit dem Intelligenzniveau eng verbunden ist. Dies illustrieren und erläutern wir mithilfe der Abb. 4.8 und 4.9.

Eine Abnahme der kortikalen Dicke ab einem bestimmten Alter war bei allen drei Intelligenzgruppen zu beobachten, bei der Gruppe mit „average intelligence" über die gesamte betrachtete Zeitspanne, bei der Gruppe mit „high intelligence" ab der späten Kindheit und bei der Gruppe mit „superior intelligence" ab der frühen Jugend. Dem relativ schnellen Zuwachs der kortikalen Dicke bei der Gruppe mit „superior intelligence" folgte eine schnellere Abnahme im Vergleich zu den anderen Gruppen.

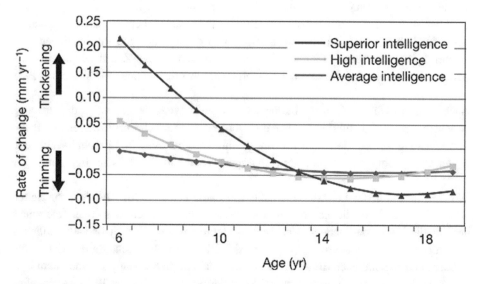

Abb. 4.8 Änderungsrate der Dicke des Cortex (*Shaw et al.*, 2006, 677)
Legende: Die Änderungsrate der Dicke bezieht sich hier auf den rechten oberen und den medialen frontalen Gyrus (Ein Gyrus ist eine aus der Hirnmasse hervortretende Gehirnwindung.). Bei diesen Gyri zeigten sich signifikante Unterschiede bezüglich der Graphen für die verschiedenen Intelligenzgruppen. Positive Werte auf der zweiten Achse des Koordinatensystems bedeuten zunehmende kortikale Dicke, negative Werte abnehmende Dicke. Die ersten Koordinaten der Schnittpunkte der Graphen mit der ersten Achse geben das Alter an, in dem die maximale kortikale Dicke erreicht wurde: für die Gruppe mit „average intelligence" 5,6 Jahre, für die Gruppe mit „high intelligence" 8,5 Jahre und für die Gruppe mit „superior intelligence" 11,2 Jahre.

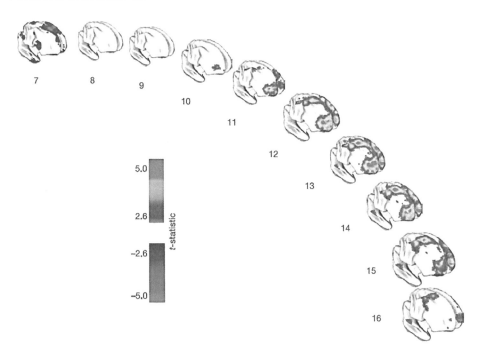

Abb. 4.9 Entwicklungsdifferenzen bei der kortikalen Dicke zwischen der Gruppe mit „superior intelligence" und der Gruppe mit „average intelligence" (*Shaw et al.*, 2006, 678)

Legende: In der Abbildung sind signifikante Unterschiede bei der kortikalen Dicke im jeweiligen Alter farblich hervorgehoben. Sie zeigt, dass die Gruppe mit „superior intelligence" im frühesten hier betrachteten Alter einen dünneren präfrontalen Cortex hat als die Gruppe mit „average intelligence" (violette und blaue Regionen). Dann gibt es in der Gruppe mit „superior intelligence" einen schnellen Anstieg der kortikalen Dicke (rote, gelbe und grüne Regionen), wobei der Gipfel im Alter von 13 Jahren erreicht wird. In der späten Jugend nimmt die Differenz der jeweiligen Dicken ab.

„Initially, the superior intelligence group had a relatively thinner cortex in superior prefrontal gyri, but then showed a rapid increase in cortical thickness. By 11yr, regions of thicker cortex became apparent in the superior intelligence group – initially in anterior portions of the right superior and middle frontal gyri, spreading to involve more posterior regions of the right prefrontal cortex and the left superior and middle frontal gyri. By late adolescence, the accelerated rate of cortical loss in the most intelligent group leads to decreased regional differences.

[….]

Thus, we have demonstrated that level of intelligence is related to the pattern of cortical growth during childhood and adolescence. The differing trajectories of cortical change are most prominent in the prefrontal cortex, […] and that the magnitude of frontal cortical activation correlates highly with intelligence.

[….]

‚Brainy' children are not cleverer solely by virtue of having more or less grey matter at any one age. Rather, intelligence is related to dynamic properties of cortical maturation." (*Shaw et al.*, 2006, 678)

Schon viele Jahre haben sich *O'Boyle* **und seine Mitarbeitenden** mit Forschungsfragen zur morphologischen und funktionalen Charakteristik der Gehirne mathematisch begabter Kinder und Jugendlicher beschäftigt. Die Forscher interessierten sich sowohl für qualitative als auch für quantitative Unterschiede bezogen auf deren Gehirne im Vergleich zu den Gehirnen von Kindern und Jugendlichen mit durchschnittlichen mathematischen Fähigkeiten. An ihren Untersuchungen waren stets Probanden im Alter von 10 bis 15 Jahren beteiligt, die zu den besten 1 % bei den folgenden Tests gehörten: beim SAT (**S**cholastic **A**ptitude **T**est) in den USA oder beim SCAT-Numerical Reasoning Test (**S**chool **C**ollege **A**bilities **T**est) in Australien (siehe *O'Boyle*, 2008, 182). In der genannten Veröffentlichung gibt *O'Boyle* einen Überblick über die von ihm und seinen Mitarbeitern gewonnenen Ergebnisse.

Zu ihren Methoden gehörten sowohl EEG- als auch fMRT-Untersuchungen (EEG: **E**lektro**e**nzephalogramm, fMRT: **f**unktionelle **M**agnet**r**esonanz**t**omografie). Über eine fMRT-Untersuchung berichtet *O'Boyle* ausführlich (a. a. O., 183 f.):

Diese Methode wurde benutzt, um die Gehirnaktivierung während der Bearbeitungen von Aufgaben zur mentalen Rotation zu beobachten. *O'Boyle* merkt an, „that mental rotation is a visuospatial task that is oftentimes (though not uniformly) reported to correlate with mathematical ability (i. e., the better at mental rotation, the higher the math ability)" (a. a. O., 183). In dieser Studie bearbeiteten sechs mathematisch begabte Jungen (Durchschnittsalter 14,3 Jahre) und sechs altersmäßig dazu passende Jugendliche mit durchschnittlichen mathematischen Fähigkeiten dreidimensionale Probleme mentaler Rotation, während sie in der fMRT-Scanning-Umgebung waren. Bei jedem Versuch wurden die Probanden aufgefordert, einen von vier Knöpfen zu drücken, um anzuzeigen, welches der vier Testobjekte ihrer Auffassung nach identisch mit dem vorgegebenen Objekt ist, wenn es im Raum gedreht wurde.

Wie man an den begleitenden *headplots* der Jugendlichen mit durchschnittlichen mathematischen Fähigkeiten erkennen kann (siehe die Abb. 4.10), fanden deren vorherrschende Aktivierungen in der rechten frontalen Region und im rechten Scheitellappen statt; es gab nur eine geringfügige Andeutung einer Aktivierung in der linken Hemisphäre. Bei den mathematisch begabten Jugendlichen war der Betrag der Hirnaktivierung deutlich größer als der bei den Jugendlichen mit durchschnittlichen mathematischen Fähigkeiten; und das gesamte Muster der Aktivität war ganz unterschiedlich verteilt. Speziell gab es eine bilaterale Aktivierung der rechten und linken frontalen Regionen, begleitet von einer signifikanten bilateralen Aktivierung der praemotorischen, parietalen und oberen occipitalen Regionen. Besonders erwähnenswert ist die erhöhte Aktivierung sowohl des rechten als auch des linken vorderen cingulären Cortex bei den mathematisch begabten Jugendlichen im Vergleich zu den Jugendlichen mit durchschnittlichen mathematischen Fähigkeiten.

Abb. 4.10 „Headplots"
a der Jugendlichen
mit durchschnittlichen
mathematischen Fähigkeiten,
b der mathematisch begabten
Jugendlichen, und **c** Gebiete,
die nur bei den mathematisch
begabten Jugendlichen
aktiviert wurden, im Vergleich
zu jenen bei den Jugendlichen
mit durchschnittlichen
mathematischen Fähigkeiten
(*O'Boyle*, 2008, 184)

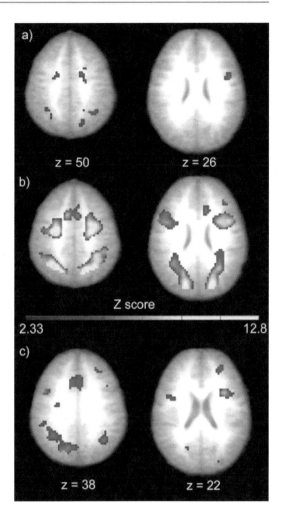

Die zuletzt genannten Resultate zeigen, dass mathematisch begabte Jugendliche Gehirnregionen aktivieren, die nicht in typischer Weise von den Jugendlichen mit durchschnittlichen mathematischen Fähigkeiten aktiviert werden, insbesondere die bilaterale Aktivierung des präfrontalen Cortex, des Scheitellappens und des vorderen cingulären Cortex. Von den letzteren Regionen wird angenommen, dass sie einen neuronalen Zirkel bilden, der dafür bekannt ist, dass er zwischen räumlicher Aufmerksamkeit und dem Arbeitsgedächtnis vermittelt sowie zur Feinabstimmung ausführender Funktionen beiträgt (siehe *Mesulam*, 2000). Diese Regionen könnten auch eine wichtige Rolle beim deduktiven Argumentieren spielen und – in einem geringeren Ausmaß – bei der Entwicklung kognitiver Expertise (vgl. *Knauff et al.*, 2002).

Die Abbildungen auf der linken und der rechten Seite zeigen jeweils die Aktivierungen in zwei unterschiedlichen Höhen des Gehirns an (zwei Gehirnschnitte).

O'Boyle fasst die Hauptergebnisse (bis 2008) seiner Forschungen und derjenigen seiner Mitarbeiter wie folgt zusammen (a. a. O., 184):

> „By way of summary, both the behavioral and neuroimaging findings reported here suggest three general characteristics that best describe the operating properties of the mathematically gifted brain: (a) enhanced development of the RH [right hemisphere, die Autoren], resulting in a unique form of functional bilateralism, with specialized contributions from both sides of the brain combining to drive cognition and behavior; (b) enhanced interhemispheric communication and cooperation […], which assist in coordinating and integrating information between the cerebral hemispheres; and (c) heightened brain activation, approximating (or exceeding) that of an adult brain even though they are still adolescents, which is suggestive of enhanced processing power and may reflect highly developed attentional and executive functions that serve to fine-tune their unique form of cerebral organization."

Die Autoren des dritten Beitrags, auf den wir hier näher eingehen, sind **Torsten Fritzlar** und **Frank Heinrich** (siehe *Fritzlar* und *Heinrich*, 2010 oder auch 2008). Sie beziehen sich auf eine Untersuchung von **Gundula Seidel** (siehe dazu *Krause et al.*, 2003). *Seidel* beschäftigte sich in ihrer Untersuchung mit der Frage, ob mathematisch begabte Schüler(innen) zur Bewältigung komplexer mathematischer Problemstellungen in stärkerem Maße sowohl begriffliche als auch bildhaft-anschauliche Repräsentationen (also jeweils eine Doppelrepräsentation[22]) aufbauen als Schüler(innen) mit durchschnittlichen mathematischen Fähigkeiten (vgl. dazu und zum Folgenden *Fritzlar* und *Heinrich*, 2008, 398 f.). Die Probanden waren zwölf (nach Urteil ihrer Lehrer(innen)) mathematisch begabte Gymnasiasten und zwölf Gymnasiasten mit durchschnittlichen mathematischen Fähigkeiten. *Seidel* ließ die Probanden Probleme bearbeiten, die für diese bei Berücksichtigung ihrer Vorkenntnisse und Erfahrungen sowohl algebraisch als auch anschauungsgeometrisch lösbar waren.

> „Die Unterscheidung ist nicht absolut. Gemeint ist vielmehr zum einen ein Lösungsvorgehen, bei dem die Arbeit mit Zahlen, Variablen, Gleichungen etc., also mit Symbolen dominiert, und zum anderen ein Vorgehen, das sich insbesondere durch die Arbeit mit geometrischen Formen, also durch die Arbeit mit Bildern auszeichnet." (*Fritzlar* und *Heinrich*, 2010, 30)

Dazu ein **Beispiel**, welches in der Untersuchung von *Seidel* verwendet wurde (hier mit modifizierter Formulierung):

> Der Flächeninhalt eines Quadrates mit der Diagonalenlänge $d = 5$ cm wird verdoppelt. Wie lang ist die Seite eines Quadrates mit diesem doppelten Flächeninhalt?

---

[22]Zur Entstehung der sog. „Doppelrepräsentationshypothese" für die Domäne Mathematik siehe *Fritzlar* und *Heinrich* (2010, 29 f.).

Abb. 4.11 Doppelter
Flächeninhalt eines
Quadrates bei vorgegebener
Diagonalenlänge (*Fritzlar* und
Heinrich, 2010, 30)

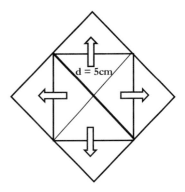

Eine algebraische Lösung besteht natürlich darin, den Satz des Pythagoras zu benutzen.
Eine (kreative) bildhaft-anschauliche Lösung kann sich durch Einzeichnen beider
Diagonalen eines Quadrates ergeben. Durch „Herausklappen" der dadurch entstandenen
vier kongruenten gleichschenkligen rechtwinkligen Dreiecke „sieht" man sofort die
Lösung (siehe Abb. 4.11).

„Erwartungsgemäß zeigten die mathematisch Begabten bessere Leistungen. Sie konnten
mehr Probleme und diese schneller lösen als die Normalbegabten. Die besseren Leistungen
waren jedoch durch die traditionellen Maße der Experimentalpsychologie nicht erklär-
bar; bezüglich IQ, Visualisierungsfähigkeit oder Gedächtniskapazität waren Unterschiede
zwischen den beiden Versuchspersonengruppen nicht signifikant. Mittels EEG-Analysen
konnte jedoch nachgewiesen werden, dass bei mathematisch begabten Schülerinnen und
Schülern bereits innerhalb der ersten Sekunden nach dem Instruktionsverstehen jene Hirnregionen aktiviert sind, die für die begriffliche *und* für die bildhaft-anschauliche Modalität
verantwortlich gemacht werden. Bei Normalbegabten war eine solche doppelte Aktivation
hingegen nicht nachweisbar. Bei der folgenden Abbildung [hier Abb. 4.12, die Autoren]
handelt es sich um eine schematische topografische Darstellung der aktivierten kortikalen
Areale (Maps) bei Normal- und Hochbegabten, wobei aus methodologischen Gründen
eine Differenzbildung vorgenommen wurde. Damit ist Folgendes gemeint: Die Versuchspersonen mussten Probleme bearbeiten, die – wie im eben vorgestellten Beispiel – in
beiden Modalitäten lösbar sind. Darüber hinaus waren Additionsaufgaben mit drei oder vier
Summanden zu lösen, also Aufgaben in einer Modalität. Diese dienten als Referenz. Wird
die Differenz („2-Modalitätsstrategien minus 1-Modalitätsstrategie") gebildet, erhält man
die abgebildeten Maps. Die dunklen Bereiche in der rechten Map gelten als Nachweis für
die Arbeit in zwei Modalitäten […].

   Bei einzelnen Schülern aus der Versuchsgruppe der Hochbegabten konnten außerdem
bereits innerhalb der ersten 10 s der Problembearbeitung mehrfache Wechsel der Aktivation
zwischen Arealen der begrifflichen und der bildhaft-anschaulichen Modalität nachgewiesen
werden. Die Gruppenunterschiede waren allerdings nicht signifikant. Möglicherweise waren
die verwendeten mathematischen Anforderungen für die Begabtenpopulation zu einfach.
Ferner ist nicht auszuschließen, dass derartige Wechsel bei Normalbegabten erst zu einem
späteren Zeitpunkt eintreten." (*Fritzlar* und *Heinrich*, 2010, 31)

Abb. 4.12 Schematische
topografische Darstellung der
aktivierten kortikalen Areale
(a. a. O., 31)

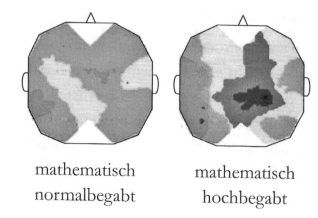

mathematisch
normalbegabt

mathematisch
hochbegabt

In diesem Abschnitt konnten wir – zumindest partiell – über bedeutende Fortschritte aus der neurowissenschaftlich orientierten Begabungsforschung der letzten Jahrzehnte berichten. Dennoch bleiben noch viele Fragen offen. Einige dieser Fragen sind beispielhaft in dem folgenden Zitat von *Neubauer* und *Stern* (2007, 196) zu finden:

> „Die vielleicht spannendste – aber noch völlig offene – Frage an eine neurowissenschaftlich orientierte Begabungsforschung einerseits und die Lehr-Lern-Forschung andererseits ist sicherlich die, wie die offensichtlich relativ stark genetisch determinierten Strukturvariablen der Neuronenzahl (graue Substanz) und der Myelinisierung (weiße Substanz), die noch dazu substanziell mit Intelligenz korrelieren, mit dem eher dynamisch und durch Lernen bzw. Umwelt determinierten Prozess der Synapsenbildung (und -rückbildung) zusammenwirken. Können Lernen oder generell Umwelteinflüsse auch die Neuronenzahl und das Ausmaß der Myelinisierung beeinflussen? Und umgekehrt: Inwieweit ist der Prozess des Synapsenwachstums in den ersten Jahren, vor allem aber der Prozess der synaptischen Bereinigung zum Zeitpunkt der Pubertät umweltabhängig oder doch genetisch vorbestimmt? Hängt der Beginn der Pubertät selbst damit irgendwie zusammen?
>
> Und selbst wenn wir uns nicht auf der Ebene der gehirnstrukturellen Veränderung einlassen: Inwieweit kann man eine effizientere Gehirnnutzung trainieren? Werden Gehirne, wenn sie sich jahrelang mit einer bestimmten Aufgabe beschäftigen, im Laufe der Zeit effizienter, das heißt, verbrauchen sie weniger Energie, wenn sie in der Aufgabe trainiert sind?"

4.4 Soziologische Aspekte mathematischer Begabung

Soziologen unterscheiden im Allgemeinen bei ihren Untersuchungen zur Kennzeichnung intellektuell begabter Kinder nicht zwischen unterschiedlichen Begabungsrichtungen, sondern gehen von der Existenz einer allgemeingeistigen Begabung aus, die z. B. eine besondere mathematische Leistungsdisposition mit einschließt. Bezüglich der Kennzeichnung dieser Kinder sind die Untersuchungen vor allem darauf ausgerichtet, ihre soziale Reife, ihre speziellen Tätigkeitsprofile, ihre Selbstkonzepte und ihr Temperament im Vergleich zu Kindern gleichen Alters herauszuarbeiten.

Hochbegabte Kinder differieren im Rahmen eines breiten Spektrums von Stufen sozialer Reife, wenngleich sie insgesamt als überdurchschnittlich sozial kompetent beurteilt werden (*Stapf*, 2006, 43 ff.). Um die Differenzen deutlich zu machen, unterscheiden *Roedell et al.* (1989, 15) zwischen hochbegabten Kindern, die „in ihrer intellektuellen Entwicklung nur mäßig beschleunigt sind", und extrem hochbegabten Kindern. Hochbegabte Kinder mit einer „mäßig beschleunigten intellektuellen Entwicklung" haben in der Regel gute Fähigkeiten in der Interaktion mit anderen Kindern. Sie sind auch eher als andere in der Lage, ihren eigenen sozialen Status und den ihrer Klassenkameraden passend einzuschätzen. Nach *Roedell et al.* (a. a. O., 20) und *Czeschlik* (1993, 155) erkennen sie Bedürfnisse anderer schnell und leicht und gehen auf fremde Bedürfnisse sensibel ein. Dies ist offensichtlich auch darin begründet, dass sie häufig gleichartige oder ähnliche Freizeitinteressen und Spielgewohnheiten wie nicht begabte Kinder haben, obwohl sie geistige Tätigkeiten stärker als weniger begabte Grundschülerinnen und -schüler bevorzugen. Im Vergleich zu anderen Kindern lassen sich hochbegabte Kinder bei diesen geistigen Tätigkeiten auch weniger ablenken und können ihre motorischen Aktivitäten besser beherrschen. Nach *Czeschlik* (a. a. O.) wirkt sich dies auf die Güte der Informationsaufnahme und der Bearbeitung von Aufgaben aus. *Roedell et al.* (1989, 15) konstatieren, dass Kinder mit einer „mäßig beschleunigten intellektuellen Entwicklung" unter Altersgenossen und bei Lehrerinnen und Lehrern meistens beliebt, emotional stabil sowie in der Schule und im späteren Leben in der Regel erfolgreich sind.

Extrem hochbegabte Kinder dagegen haben Schwierigkeiten, in ihrem sozialen Umfeld einen entsprechenden Platz zu finden. (Die Behauptung, extrem hochbegabte Kinder hätten häufig soziale Anpassungsprobleme, findet man in der Literatur oft. Neuere Studien (siehe *Schilling*, 2002; *Alvarez*, 2007, 72 f.) fanden jedoch keine Hinweise darauf.) Diese Probleme werden von *Roedell et al.* insbesondere auf deren spezifische Tätigkeitsprofile zurückgeführt. Im Vergleich zu anderen gleichaltrigen Kindern, die ein breites Spektrum von Tätigkeiten (vor allem Spielen) bevorzugen, sind hochbegabte Kinder (sogar schon im Vorschulalter) eher an geistigen Tätigkeiten wie Lesen oder dem Umgang mit Zahlen und Formen interessiert. Sie können sich (manchmal einseitig) für spezielle mathematische, biologische oder andere Themen begeistern. *Rost* und *Hanses* (1994, 215) weisen darauf hin, dass diese Kinder wegen ihrer kognitiven Akzeleration nur selten passende Spielkameraden finden und deshalb oft schon frühzeitig mehr auf sich selbst angewiesen sind. Weitere Probleme extrem hochbegabter Kinder bestehen darin, dass sich bei ihnen eine große Diskrepanz zwischen dem Niveau ihrer intellektuellen Fähigkeiten und ihrer physischen Entwicklung herausbilden kann (*Roedell et al.*, 1989, 15) sowie ihre geistigen Fähigkeiten ihre soziale Reife weit überflügeln können. Einigen dieser Kinder fällt es schwer, elementare Normen des Zusammenlebens einzuhalten (*Roedell et al.*, 1989, 15; *Rohrmann* und *Rohrmann*, 2010, 104 ff.; *Stapf*, 2006, 90 ff.; *Webb et al.*, 2007, 33 f.). Dagegen begründet *Fels* (1999, 78 f.) typische soziale Probleme solcher Kinder (z. B. Isolation oder Entfremdung) mit der Reaktion der sozialen Umgebung auf deren ungewöhnliche intellektuelle Fähigkeiten.

Das Temperament begabter Kinder ist mitbestimmend dafür, in welchem Ausmaß diese sich in ihre soziale Umgebung einfügen. Nach *Thomas* und *Chess* (1970) ist die Anpassung ihres Verhaltens Resultat der Interaktion ihres Temperaments und ihrer Umgebung. „Fälschlicherweise wird häufig angenommen, es handle sich bei begabten Kindern um aufgeschlossene Kinder, die schnell und positiv auf ihre Umwelt und neue Dinge zugehen." (*Benölken*, 2011, 73) In einer Studie von *Gordon* und *Thomas* (1967) über den Zusammenhang von Intelligenz und Temperament konnte nachgewiesen werden, dass sich unter den „zögernden" Kindern, die zunächst „abseits stehen", sich später aber allmählich eingliedern, und unter den „verschlossenen" Kindern, die lang andauernd neuen Situationen gegenüber negativ eingestellt sind, mehr hochbegabte Kinder als ursprünglich vermutet befinden. Außerdem kann die gelegentliche Unter-bewertung der eigenen Leistungsfähigkeit negative Folgen wie z. B. die Entwicklung eines zu geringen Selbstbewusstseins haben (siehe *Roedell et al.*, 1989, 16 ff.).

4.5   Mathematische Begabung und Geschlecht

Mädchen sind anders als Jungen, und das nicht nur als Folge von Erziehung (siehe dazu auch *Brinck*, 2005 und *Wieczerkowski et al.*, 2000). Forschungsliteratur aus den letzten 40 Jahren belegt z. B., dass Mädchen sozialer veranlagt sind als Jungen. Fort-schritte in der Hirnforschung und in der Biologie zeigen, dass die Unterschiede zwischen den Geschlechtern weniger kulturell bedingt sind, als dies noch vor einigen Jahren angenommen wurde.

Da Chromosomen und Hormone eine große Bedeutung für die Entstehung von Geschlechtsunterschieden haben (siehe dazu und zum Folgenden z. B. *Bischof-Köhler*, 2011, 179 ff.) und das Verhältnis von männlichen und weiblichen Geschlechtshormonen durchaus Einfluss auf die Entwicklung mathematischer Begabungen haben kann, gehen wir auf die Wirkung von Chromosomen und Hormonen hier (kurz) ein.

Biologische Geschlechtsunterschiede treten ab der Befruchtung der Eizellen mit der Entstehung des sog. „genetischen" oder „chromosomalen" Geschlechts auf, welches in den Geschlechtschromosomen begründet ist. Beim Menschen (allgemein bei Säugetieren) gibt es zwei Arten dieser **Chromosomen,** das X-Chromosom und das Y-Chromosom. Männer haben die Kombination XY, Frauen XX. Bei der Bildung von Gameten (den Keimzellen, also Samen- bzw. Eizellen) halbiert sich der Chromosomen-satz; Eizellen sind also immer vom Typ X, Samenzellen hingegen können vom Typ X oder vom Typ Y sein. Demnach entscheidet das Keimmaterial des Vaters darüber, ob eine Tochter oder ein Sohn geboren wird.

Die weitere Differenzierung der Geschlechter erfolgt mit der Ausbildung des sog. „gonadalen" Geschlechts. In den ersten sechs Wochen der Schwangerschaft unter-scheiden sich die Gonaden (Keimdrüsen) bei den Geschlechtern nicht. Etwa um die siebte Woche der Schwangerschaft induziert beim genetisch männlichen Embryo ein bestimmtes Gen auf dem Y-Chromosom die Entwicklung der Hoden. Bei den genetisch weiblichen Embryonen bedarf die alternative Entwicklung der Gonaden zu Ovarien (Eierstöcken) (etwa um die achte Woche) keines zusätzlichen genetischen Anstoßes. Mit der Ausbildung der Gonaden zu Eierstöcken oder Hoden ist der unmittelbare Einfluss der Geschlechtschromosomen auf die körperliche Differenzierung der Geschlechter abgeschlossen. Über die von den Gonaden produzierten **Hormone** erfolgt die weitere Steuerung.

Die Hoden entfalten sehr bald eine folgenreiche Aktivität in der Weise, dass sie in erheblichem Ausmaß männliche Geschlechtshormone, die sog. „Androgene", produzieren. Das wichtigste Androgen ist das Testosteron. Daneben entsteht auch eine kleine Menge weiblicher Sexualhormone. In den Eierstöcken werden die weiblichen Geschlechtshormone Östrogen (vornehmlich Östradiol) und Gestagen (hauptsächlich Progesteron) gebildet, in kleinen Mengen auch Testosteron. Bei beiden Geschlechtern wird die weitere körperliche Differenzierung nur über die Konzentration der Androgene bestimmt.

In einigen Studien wurde z. B. nachgewiesen, dass ein optimales Verhältnis von Androgenen und Östrogenen und nicht ein besonders hoher Androgenspiegel förderlich für eine gute Raumvorstellung ist. „Meistens erreichen Frauen mit einem überdurchschnittlich hohen und Männer mit einem vergleichsweise niedrigeren Testosteronspiegel bessere Ergebnisse bei Tests zum räumlichen Vorstellungsvermögen. Demnach korrespondieren besonders gut ausgeprägte räumliche Fähigkeiten möglicherweise mit einem Testosteronniveau, welches im unteren männlichen Normbereich liegt […]." (*Benölken*, 2011, 105)

Über die Rolle von Chromosomen und Hormonen bei der Festlegung des Geschlechts gibt es kaum divergierende Auffassungen. Doch wie lässt sich die Tatsache bewerten, dass ebenfalls die Gehirne von Mädchen und Jungen unterschiedlich funktionieren und auch unterschiedlich genutzt werden?

Im statistischen Durchschnitt sind Mädchen verbaler, Jungen räumlicher orientiert. Es gibt natürlich auch sprachlich begabte Jungen, und es gibt Mädchen mit einem hervorragenden Ortssinn. Jungen verwenden die visuellere rechte Gehirnhälfte, um mathematische Probleme zu lösen. *Hoyenga*, eine Hirnforscherin, erklärt die unterschiedlichen Begabungen in der folgenden Weise (siehe *Hoyenga*, 1993): Männer haben eine stärkere Verbindung innerhalb jeder Hirnhälfte, Frauen eine stärkere Vernetzung zwischen den beiden Hälften. Das weibliche Gehirn sieht mehr, hört mehr, kommuniziert schneller und schafft schneller Querverweise. Möglicherweise müssen diese Unterschiede nicht unbedingt angeboren sein, sie können sich u. E. auch als Folge der Sozialisation in einer spezifischen Gesellschaft ergeben.

An der Universität von Iowa wurde ein Mathematikexperiment mit begabten Kindern zwischen 10 und 12 Jahren durchgeführt (siehe *O'Boyle* und *Benbow*, 1990; *O'Boyle et al.*, 1991 und *O'Boyle et al.*, 1995). Es erbrachte die folgenden erstaunlichen Erkenntnisse: Die meisten Mädchen und Jungen benutzten beide Gehirnhälften, um die vorgelegten Mathematikaufgaben zu lösen. Die hochbegabten Jungen allerdings ließen die linke Seite total ausgeschaltet und benutzten nur die rechte. Gleiches wurde bei Kindern im Umgang mit dreidimensionalen Puzzles beobachtet: Die Jungen aktivierten lediglich eine Gehirnhälfte, die Mädchen beide. Die Jungen erzielten bessere Ergebnisse.

Weiterhin ist bekannt, dass Mädchen nicht nur beide Gehirnhälften für sprachliche Prozesse verwenden, sondern dass das weibliche Hirn 20 % bis 30 % mehr Anteile der Sprache widmet als das männliche Hirn. Dabei ist noch zu beachten, dass das Volumen des weiblichen Hirns um etwa 14 % kleiner ist als das männliche (hauptsächlich bedingt durch die Körpergröße) und das weibliche Hirn auch vergleichsweise weniger Nervenzellen enthält. Alle diese Unterschiede haben allerdings nichts mit Intelligenzgefällen zu tun. Männer weisen in der Intelligenzleistung eine größere Streubreite auf. „Bei ihnen finden sich einerseits die extremen Minderbegabungen, andererseits aber auch Höchstbegabungen etwas häufiger als bei Frauen." (*Bischof-Köhler*, 2011, 180)

Unter begabten Kindern werden Jungen häufig als diejenigen beobachtet, die in Mathematik besser sind und auch ein größeres Interesse an dieser Domäne haben. Diese Unterschiede manifestieren sich nicht nur in schulischen Belangen, z. B. in Testleistungen oder in der Wahl von Mathematik als Spezial- oder Leistungsfach, sondern auch in außerschulischen Aktivitäten wie in der Teilnahme an Sommerakademien oder an Mathematik-Wettbewerben. In Deutschland sind solche Unterschiede relativ groß. In osteuropäischen und asiatischen Ländern sind Leistungsunterschiede zwischen Jungen und Mädchen und Unterrepräsentanz von Mädchen deutlich geringer.

Le Maistre und *Kanevsky* (1997) geben als typische Erklärungen kognitive Differenzen an: größere Geschwindigkeit gewisser Funktionen des zentralen Nervensystems, höhere Leistungen der rechten Hirnhälfte, bessere räumliche Vorstellung und schnelleres Bilden von Mustern.

Bischof-Köhler (2011, 215) weist auf den folgenden Umstand hin: „Dass Frauen und Männer sich im Denken unterscheiden, ist den Konstrukteuren von Intelligenztests schon ziemlich bald aufgefallen. Es ergab sich nämlich das Problem, wie sie bei der Zusammenstellung der Aufgaben vermeiden konnten, dass eines der Geschlechter im Gesamttest benachteiligt würde."

In Abb. 4.13 ist das Profil der Durchschnittsleistungen einer Normalpopulation im Intelligenz-Struktur-Test (IST) von *Amthauer* dargestellt (siehe auch *Bischof-Köhler*, 2011, 216). Dieser Test setzt sich aus neun Untertests zusammen und wird im deutschen Sprachraum häufig angewandt. Abb. 4.13 zeigt die Leistungsprofile in diesen Untertests. Die Leistungsprofile wurden aus einer Zufallsstichprobe von jeweils 1000 Frauen und Männern gewonnen, also von Erwachsenen.

„Zunächst wurde, ohne die Geschlechter zu trennen, die Verteilung der bei jedem Untertest erzielten Leistungen berechnet. […]

Dabei ergaben sich für jede Teilaufgabe eigene Mittelwerte und Streuungen. Diese konnte man dann aber vergleichbar machen, indem man die Mittelwerte zur Deckung brachte und die Skaleneinheiten auf die jeweilige Standardabweichung bezog. Dadurch erhielt man eine gemeinsame Skala, auf der dann nach der Trennung der Geschlechter deren Unterschiede erkennbar werden." (*Bischof-Köhler*, 2011, 215 f.)

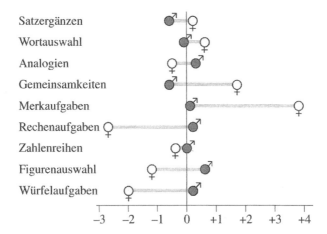

Abb. 4.13 Geschlechtstypische Leistungsprofile im Intelligenz-Struktur-Test (*Bischof-Köhler*, 2011, 216)

In den Untertests „Rechenaufgaben" (Rechnen bei Textaufgaben), „Figurenauswahl" (Rekonstruktion von Figuren aus ihren Bruchstücken) und „Würfelaufgaben" (ein in bestimmter räumlicher Sicht dargestellter Würfel muss in einer Reihe von Würfeln gefunden werden, unter denen er sich in anderer Perspektive abgebildet befindet) schnitten die Frauen also schlechter ab als die Männer. In den Untertests „Gemeinsamkeiten" (zu mehreren angegebenen Items soll der geeignete Oberbegriff gefunden werden) und „Merkaufgaben" (Erinnerungsvermögen für Listen konkreter Objekte) waren die Frauen besser.

„Der Generalbefund, dass Frauen im Durchschnitt über etwas bessere *verbale Fähigkeiten* verfügen, während Männer einen Vorsprung im *räumlichvisuellen Vorstellungsvermögen* sowie im *quantitativ-mathematischen* und im *analytischen* Denken aufweisen, bestätigt sich auch in anderen Intelligenzprüfverfahren." (a. a. O., 216)

1988 erschien ein sehr interessanter Artikel (siehe *Benbow*, 1988), in dem über Ergebnisse berichtet wurde, die sich auf ein Programm zur Suche nach mathematisch begabten Jugendlichen in den USA bezogen. *Bischof-Köhler* (2011, 228 f.) beschreibt das Programm und seine Ergebnisse kurz wie folgt:

„Die Erhebung erstreckte sich über 15 Jahre, und nach diesem Zeitabschnitt hatten mehrere Hunderttausende Jungen und Mädchen daran teilgenommen. Es handelt sich also um eine geradezu phänomenale Stichprobengröße. Da dieses Testverfahren seither jedes Jahr erneut eingesetzt wurde, sind mittlerweile natürlich noch weitere zigtausend Daten angefallen.

Um mathematische Talente rechtzeitig herauszufinden und zu fördern, wurden Jungen und Mädchen im Alter von 12–13 Jahren, die in Mathematik in den üblichen Schulaufgaben besonders gut abschnitten, einem eigenen Test (Scholastic Aptitude Test for Mathematics,

SAT-M) unterzogen. Dieser dient eigentlich dazu, ältere Schüler zu prüfen, die spezielle Kurse in fortgeschrittener Mathematik besucht hatten. Durch die Wahl gerade dieser Aufgaben wollte man vermeiden, dass die Versuchspersonen mit Problemstellungen konfrontiert wurden, die sie bereits kannten. Es ist also mit einiger Sicherheit auszuschließen, dass unterschiedliche Förderung das Ergebnis beeinflusst haben könnte.

[….]

Nun zeigte sich über die 15 Jahre hinweg, in denen das Programm bereits durchgeführt worden war, dass die Jungen stets durchschnittlich um 30 Punkte höher lagen als die Mädchen, also um immerhin sechs Prozent der 500 Punkte, die männliche siebzehnjährige Collegestudenten im Durchschnitt in diesem Test erreichen. Je höher die erzielte Punktzahl war, umso ausgeprägter wirkte sich der Unterschied aus, er fiel also bei den ausgesprochenen Hochleistungen besonders ins Gewicht. Bei einer Punktzahl von 500 war das Verhältnis zwischen Jungen und Mädchen 2 : 1, bei 600 bereits 5 : 1 und bei 700 sogar 13 : 1. Später, auf dem College, verstärkte sich der Unterschied noch etwas."

Die Abb. 4.14 vermittelt einen Eindruck von den unterschiedlichen Leistungsprofilen der Geschlechter.

„Um dem Phänomen genauer auf den Grund zu gehen, führte man den gleichen Test zusätzlich mit generell hochbegabten Kindern durch. Das Ergebnis bestätigte sich im Wesentlichen, auch hier zeigte sich der Unterschied in Mathematik in derselben Größenordnung, und zwar wiederum zunehmend mit der Punktzahl. [….]

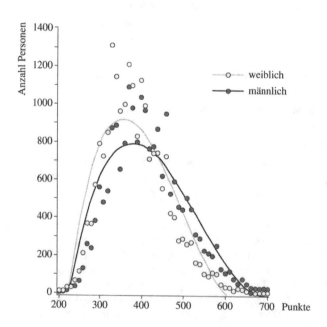

Abb. 4.14 Testergebnisse des Mathematikteils des Scholastic Aptitude Test (SAT-M) aus den Jahren 1980–1983 (*Bischof-Köhler*, 2011, 229)

In der Folge hat sich das gleiche Ergebnis auch in anderen Kulturen gezeigt, z. B. in Deutschland und China [...]." (a. a. O., 229)

„Eine im Jahre 2010 veröffentlichte Studie[23], die sämtliche Testergebnisse mit dem SAT-M von 1981 bis 2010 einer Sichtung unterzog, dokumentierte indessen eine interessante Veränderung. Im Zeitraum zwischen 1981 und 1991 hatte sich das Verhältnis bei den Höchstwerten zugunsten der Mädchen verbessert: Nun kamen bei der Punktzahl 700 nur noch 4 Jungen auf ein Mädchen, bei 800 waren es 6,58 zu 1. In den folgenden 20 Jahren bis heute hat sich an diesem Verhältnis dann allerdings nichts mehr geändert. Einerseits haben spezifische Programme zur Ermutigung der Mädchen endlich Wirkung gezeigt. Entscheidend ist aber, dass die männliche Verteilungskurve nach wie vor eine höhere Varianz aufweist und der Überhang von Höchstbegabungen, wenn auch weniger ausgeprägt, am äußersten rechten Pol weiter besteht." (a. a. O., 230)

Benölken (2011, 452 ff.) hat in seiner Dissertation aufgrund von quantitativen Untersuchungen zu potenziell mathematisch begabten Mädchen (im Grundschulalter) u. a. folgende Erkenntnisse gewonnen:

- Potenziell mathematisch begabte (im Folgenden abgekürzt: pmb) Mädchen weisen in ihren mathematikspezifischen Begabungsmerkmalen (siehe *Käpnick*, 1998) im Durchschnitt keine signifikanten Unterschiede zu pmb Jungen gleichen Alters auf.
- Pmb Mädchen benötigen tendenziell häufig mehr Zeit beim Bearbeiten mathematischer Problemaufgaben als pmb Jungen.
- Pmb Mädchen sind im Vergleich zu beiden Jungengruppen (pmb und nicht mathematisch begabten Jungen) und im Vergleich zu nicht mathematisch begabten (nmb) Mädchen tendenziell häufiger dominant während der Beschäftigung mit Mathematik. Tendenziell ähneln sich eher die Mädchengruppen und die Jungengruppen untereinander.
- Das soziale Umfeld besitzt motivationsförderlichere Attributionsmuster für mathematikspezifische Leistungen bei pmb Mädchen als bei nmb Mädchen.
- Pmb Mädchen besitzen im Vergleich zu pmb Jungen leicht motivationsabträglichere Attributionsmuster.
- Pmb Mädchen besitzen ein breiteres Interessenspektrum als pmb Jungen.
- Pmb Mädchen weisen ein höheres Interesse an der Mathematik auf als nmb Mädchen.
- Das Interesse pmb Mädchen an der Mathematik ist etwa genauso groß wie das der Jungen (beider Gruppen).
- Pmb Mädchen ähneln in ihren mathematisch-naturwissenschaftlich-technischen Interessen pmb Jungen, besitzen aber auch ausgeprägte sprachlich-literarische Interessenschwerpunkte. Pmb Jungen zeigen eher weniger Interesse am sprachlich-literarischen Bereich.

---

[23]Siehe *Wai et al.* (2010).

- Pmb Mädchen besitzen im Vergleich zu nmb Mädchen ein positiveres mathematik-spezifisches Selbstkonzept, nämlich ein ähnlich positives wie dasjenige von pmb und nmb Jungen.
- Pmb Mädchen und pmb Jungen unterscheiden sich in ihrer subjektiven Schwierig-keitseinschätzung bzgl. der Mathematik von den nmb Kindern und halten Mathematik jeweils für eher nicht schwierig.
- Pmb Mädchen schreiben der Mathematik z. T. einen höheren intrinsischen Wert zu als nmb Mädchen und ähneln hier eher den Jungen beider Gruppen: Pmb Mädchen haben mehr Spaß an der Beschäftigung mit mathematischen Problemen als nmb Mädchen.
- Pmb Mädchen lehnen Zeitdruck wie nmb Kinder tendenziell häufiger ab als pmb Jungen.
- Für pmb Mädchen ist die Kontrolle ihrer Lösungen tendenziell ebenso wichtig wie für nmb Mädchen (hier unterscheiden sich die Mädchen von den Jungen beider Gruppen, für welche die Lösungskontrolle tendenziell weniger Bedeutung besitzt).
- Pmb Mädchen wünschen sich wie pmb und nmb Jungen häufiger mathematische Herausforderungen als nmb Mädchen. Tendenziell wünschen sie sich aber auch häufiger als pmb Jungen Gewissheit, Lösungen zu Aufgaben zu finden, besitzen also tendenziell ein größeres Sicherheitsdenken.
- Pmb Mädchen tendieren mehr als pmb Jungen zu eher „visuell-attraktiven" und eher anschaulichen Lösungen als pmb Jungen, die eher zu „schlichten", „technischen" und eher abstrakten Lösungen tendieren.
  In Bezug auf pmb Mädchen bedeutet dies:
  1. Sie stellen ihre Lösungen häufiger als pmb Jungen mithilfe von Farben dar und neigen häufiger zu Zeichnungen, Skizzen u. Ä.
  2. Sie formulieren häufiger als pmb Jungen Lösungstexte.
  3. Sie achten mehr auf saubere, ordentliche und übersichtliche Lösungen als pmb Jungen.
- a) Pmb Mädchen tendieren eher als pmb Jungen zu kooperativem Arbeiten, geben Hilfestellungen und fordern diese auch selbst ein. Andererseits arbeiten pmb Mädchen aber auch z. T. gerne alleine.
  b) Insbesondere bei der Lösungsbearbeitung arbeiten pmb Mädchen eher als pmb Jungen kooperativ; die Lösungsdarstellung wird anschließend aber eher individuell vorgenommen (gemäß dem in der Gruppe vereinbarten Lösungsplan).
- Pmb Mädchen bevorzugen in einem höheren Maße als pmb Jungen mathematische Aufgaben, die einen künstlerisch-ästhetischen Aspekt beinhalten.

In einer qualitativen Interview-Studie (siehe *Benölken*, 2017), an der vier Mädchen und vier Jungen (und deren Eltern) teilnahmen, konnten folgende Ergebnisse zu den unter-suchten Konstrukten „Selbstkonzept", „Attributionen" und „Interesse am Mathematik-unterricht" bzw. „Interesse an Mathematik im Allgemeinen" nach einem Jahr Teilnahme an einem Förderprogramm „Mathe für kleine Asse" erzielt werden:

„Bei allen Mädchen werden positive Auswirkungen der Identifikation ihrer hohen mathematischen Begabungen auf die günstige Ausprägung motivationaler Faktoren berichtet […]. Insbesondere finden sich in den Befragungen bei den Mädchen in allen Fällen Hinweise darauf, dass die Projektteilnahme, d. h. die Identifikation des Begabungspotenzials, zu einer verstärkten Zuwendung zu der Beschäftigung mit Mathematik führte. Demgegenüber wird – im Gegensatz zu den Jungen – von keinem der Mädchen berichtet, es habe sich früh auffallend intensiv mit Mathematik beschäftigt. [….]

Bei den Jungen sind keine den Mädchen vergleichbare Auswirkungen der Identifikation ihrer hohen mathematischen Begabungen auf die Ausprägung der betrachteten motivationalen Faktoren erkennbar, denn die Interviewaussagen deuten darauf hin, dass günstige Charakteristika von Selbstkonzepten, Attributionen und Interesse an Mathematik im Allgemeinen weit überwiegend bereits vorher vorhanden waren." (a. a. O., 62)

4.6   Mathematische Begabung als sich entwickelnde mathematische Expertise

In diesem Abschnitt wollen wir die bereits im Unterabschn. 2.3.5 begonnene Thematisierung des domänenunabhängigen Konzepts der sich entwickelnden Expertise von *Sternberg* (1998, 2000) erweitern und vertiefen sowie auf die Domäne Mathematik beziehen. Außerdem beschäftigen wir uns mit den von *Usiskin* (2000) herausgearbeiteten verschiedenen Niveaus mathematischer Expertise.

Sternberg (1998, 16 und 12) betont, dass sein Modell der sich entwickelnden Expertise in folgenden Punkten sich wesentlich von früheren Theorien unterscheidet:

a) Alle diese Theorien sehen Fähigkeiten eines Individuums als der Expertise vorangehend an. Fähigkeiten werden dort als Prädiktoren von Expertise in verschiedenen Domänen aufgefasst, während im Modell von *Sternberg* Fähigkeiten selbst als sich entwickelnde Formen von Expertise angesehen werden (Fähigkeiten sind eher flexibel als fixiert).

b) Ein Individuum befindet sich ständig in einem Prozess sich entwickelnder Expertise, wenn es in einer bestimmten Domäne tätig ist (Ausführlicheres dazu siehe Unterabschn. 2.3.5).

Die Spezifika des Modells der sich entwickelnden Expertise nach *Sternberg* sind der Abb. 4.15 zu entnehmen.

Das Modell der sich entwickelnden Expertise umfasst fünf Schlüsselelemente: „metacognitive skills, learning skills, thinking skills, knowledge, and motivation" (siehe hierzu und zum Folgenden *Sternberg*, 2000, 60 ff.; beachten Sie, dass *Sternberg* hier von „skills" spricht; wir werden im folgenden Kontext jedoch nicht den Begriff „Fertigkeit" verwenden, sondern den Begriff „Fähigkeit"). Obwohl es praktisch ist, die genannten fünf Elemente zu separieren, interagieren sie alle miteinander (siehe Abb. 4.15), direkt

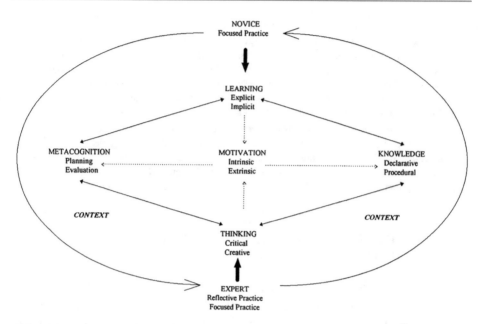

Abb. 4.15 Modell der sich entwickelnden Expertise nach *Sternberg* (1998, 16)

oder indirekt. Zum Beispiel führt Lernen zu Wissen, andererseits erleichtert Wissen weiteres Lernen.

- **Metakognitive Fähigkeiten:** Metakognitive Fähigkeiten (von *Sternberg* auch „Metakomponenten" genannt, siehe Abschn. 2.1) beziehen sich auf das Verstehen und die Kontrolle der eigenen Kognition eines Individuums und werden auch als ein wichtiges Element von Begabung angesehen (siehe dazu *Borkowski* und *Peck*, 1986; *Jackson* und *Butterfield*, 1986). „Seven metacognitive skills are particularly important: problem recognition, problem definition, problem representation, strategy formulation, resource allocation, monitoring of problem solving, and evaluation of problem solving [...]." (*Sternberg*, 2000, 62)
- **Fähigkeiten zu lernen:** Fähigkeiten zu lernen sind auch wichtige Elemente von Begabung. „Learning skills are sometimes divided into explicit and implicit ones. Explicit learning is what occurs when we make an effort to learn; implicit learning is what occurs when we pick up information incidentally, without any systematic effort." (a. a. O.)
- **Fähigkeiten zu denken:** Es gibt drei Hauptarten von Fähigkeiten zu denken: „Critical (analytical) thinking skills include analyzing, critiquing, judging, evaluating, comparing and contrasting, and assessing. Creative thinking skills include creating, discovering, inventing, imagining, supposing, and hypothesizing. Practical thinking skills include applying, using, utilizing, and practicing [...]." (a. a. O.)

- **Wissen:** Es gibt zwei Hauptarten von Wissen, die in schulischen/akademischen Situationen relevant sind: „Declarative knowledge is of facts, concepts, principles, laws, and the like. It is ‚knowing that'. Procedural knowledge is of procedures and strategies. It is ‚knowing how'." (a. a. O.)
- **Motivation:** Motivation ist ein sehr wichtiger Teil von Begabung. Man kann zwischen mehreren verschiedenen Arten von Motivation unterscheiden. Eine erste Art ist die Leistungsmotivation. Personen, die eine hohe Leistungsmotivation haben, suchen moderate Herausforderungen und Risiken. Sie finden Aufgaben attraktiv, welche für sie weder sehr leicht noch sehr schwierig sind.
  Eine zweite Art von Motivation ist Kompetenz- (Selbstwirksamkeits-)Motivation, ‚which refers to persons' beliefs in their own ability to solve the problem at hand [...]. Experts need to develop a sense of their own efficacy to solve difficult tasks in their domain of expertise' (a. a. O.). Diese Art der Selbstwirksamkeit kann sich sowohl aus intrinsischen als auch aus extrinsischen Belohnungen ergeben. Natürlich sind auch andere Arten von Motivation wichtig.

Begabung erlangt Bedeutung aus einem Kontext heraus (siehe Abb. 4.15). Der Novize arbeitet in Richtung Expertise mittels „deliberate practice" (siehe Unterabschn. 2.3.5). Aber diese Praxis benötigt die Interaktion aller fünf Schlüsselelemente. Im Zentrum steht die Motivation. Sie treibt die anderen Elemente an. Ohne sie bleiben diese Elemente „träge". Expertise geschieht auf vielen Niveaus:

> „People thus cycle through many times, on the way to successively higher levels of expertise. They do so through the elements in the figure.
>   Motivation drives metacognitive skills, which in turn activate learning and thinking skills, which then provide feedback to the metacognitive skills, enabling one's level of expertise to increase [...]. The declarative and procedural knowledge acquired through the extension of the thinking and learning skills also results in these skills being used more effectively in the future.
>   All of these processes are affected by, and can in turn affect, the context in which they operate." (a. a. O., 63)

Auf der Grundlage des Konzepts sich entwickelnder Expertise von *Sternberg* hat *Fritzlar* (2010) für den Bereich mathematischer Begabung im Schulalter einen Ansatz zur Integration von Forschungen zu Begabungen und Forschungen zur Expertise vorgestellt:
   Er hat Grundlagen für die Entwicklung einer mathematischen Expertise durch eine Abbildung veranschaulicht (siehe Abb. 4.16).
   Die Schattierungen in der Abbildung sollen den Einfluss angeborener Variablen und die Doppelpfeile die bedeutenden Wechselwirkungen der verschiedenen Bereiche aufeinander andeuten. „Der punktierte Pfeil steht für die Dynamik aller Bereiche: Deren Eigenschaften, die Bedeutung von Merkmalen aus den verschiedenen Bereichen und auch die Gesamtbedeutung der jeweiligen Bereiche für die Expertiseentwicklung verändern sich im Laufe der Zeit [...]." (*Fritzlar*, 201β, 48)

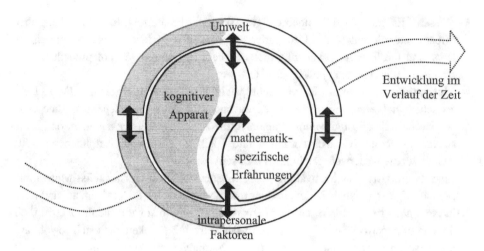

Abb. 4.16 Merkmalsbereiche zur Entwicklung mathematischer Expertise (*Fritzlar*, 2013, 49)

Der Einfluss genetischer Dispositionen ist relativ groß (siehe auch die Größe der Schattierungen in Abb. 4.16). Dennoch ist die Verfügbarkeit von Lerngelegenheiten äußerst bedeutsam (vgl. hierzu und zum Folgenden *Fritzlar*, a. a. O., 49 ff.).

Unabdingbar für die weitere Expertiseentwicklung ist mathematisches Tätig-sein. Dazu gehören nicht nur Tätigkeiten mit großem Umfang, sondern vor allem auch qualitativ hochwertige Lernaktivitäten und Erfahrungen.

„Erfolgt die Auseinandersetzung mit der Domäne Mathematik anfangs spielerisch, informell und eher von den vorfindbaren Umständen bestimmt, wird später eine ziel-gerichtete, anstrengungsorientierte Ausbildung wichtig." (a. a. O., 50) Die Realisierung des Konzepts des intentionalen Übens bzw. der *deliberate practice* ist angesagt. „Für das Erreichen außergewöhnlicher Leistungen ist schließlich eine zunehmende Ausrichtung des gesamten Alltags auf die mathematische Weiterentwicklung notwendig, wobei das Individuum gegebenenfalls auch selbstständig nach entsprechenden Gelegenheiten suchen muss." (a. a. O.)

Im Regelfall werden anfangs Familienmitglieder und später (für weitere Fort-schritte) Lehrer(innen) sorgen, die einfühlsam sind und für Mathematik begeistern können. Danach könnten „Meisterlehrer" bzw. Experten nützlich sein, die spezielle Lehrmethoden verwenden und den Leistungszuwachs in der Förderung stets im Blick haben. Außerdem kann die Zusammenarbeit mit ähnlich Fortgeschrittenen hilfreich sein, z. B. bei der Vorbereitung zu Mathematik-Wettbewerben, und immer wichtiger werden. Gleich Gesinnte könnten sich wechselseitig helfen, anleiten, unterstützen, fordern, ermutigen, inspirieren und sogar durch Konkurrenz motivieren.

„Aus dem notwendig großen Umfang an Lernerfahrungen folgt die enorme Bedeutung nicht-kognitiver Persönlichkeitsmerkmale. Nur durch enorme Motivation, Interesse, Ausdauer, Hin-gabe, Anstrengungs- und Lernbereitschaft, durch Leistungsorientierung, Willenskraft etc. ist es möglich, eine geeignete kognitive Ausstattung mit einem hinreichend großen Erfahrungs-schatz zusammenzubringen […]. Auch wenn für die Aneignung von Grundlagen und den Aufbau einer angemessenen Arbeitshaltung sowie entsprechender (Übungs-)Gewohnheiten zunächst häufig ein gewisser Druck durch die Eltern notwendig und nützlich ist, muss das Individuum im Laufe der Zeit zunehmend selbst Verantwortung für seine Entwicklung über-nehmen, wofür u. a. auch Selbstvertrauen und soziale Kompetenzen notwendig sind.

[….]

Insgesamt kann davon ausgegangen werden, dass der Einfluss angeborener domänen-unspezifischer Merkmale des kognitiven Apparats zugunsten mathematikspezifischer Erfahrungen und deren Niederschlag auf diesen immer weiter zurückgeht […].

Kommt zunächst dem unmittelbaren Umfeld des Individuums in der Bereitstellung günstiger Entwicklungsbedingungen eine besondere Bedeutung zu, werden auf dem langen Entwicklungsweg, der mit viel Mühe verbunden ist, intrapersonale Faktoren immer wichtiger." (a. a. O., 51 f.)

Usiskin (2000) beschreibt (je nach Sichtweise) sieben/acht Niveaus mathematischer Expertise (er selbst spricht von Niveaus mathematischen Talents):

Niveau 0 – kein Talent

Auf dem niedrigsten Niveau gibt es Erwachsene, die nur sehr wenige mathematische Kenntnisse haben. In gewisser Weise können sie als Novizen in der Domäne Mathematik angesehen werden. „They are like very young children in what they know, but they do not any longer have the potential that very young children have." (a. a. O., 153) Niveau 0 bedeutet die Abwesenheit jeglichen mathematischen Talents. „That is, it is not at all a level of talent. We all were at this level at one time in our lives, […]." (a. a. O.)

Zugang zu Niveau 1 – Basistalent: das kulturelle Niveau

„It is the level of facility with number concepts. It is the ability to reason arithmetically, to be able to obtain estimates to arithmetic problems involving any of the four fundamental operations." (a. a. O., 154) Viele Erwachsene, vielleicht sogar die Mehrheit, befinden sich auf dem Niveau 1. Den meisten, die dieses Niveau erreicht haben, dürfte dies zwischen den Jahrgangsstufen 6 und 9 gelungen sein. „Let us say that the average person attains this level in 10th grade or so. That person has had 10 years of schooling with perhaps 1,500 hours of instruction, and lots of outside experience with arithmetic." (a. a. O.)

Zugang zu Niveau 2 – „The Honors Student"

Die Aufgabe der Mathematik-Lehrer(innen) an Sekundarschulen besteht darin, die Schüler(innen) zu diesem Niveau zu bringen. Es handelt sich um das Niveau, von dem nationale Organisationen wie z. B. der „National Council of Teachers of Mathematics" in den USA annehmen, dass es von allen Schüler(inne)n erreicht werden kann, wenn sie von „algebra for all" sprechen. „What does it take to get to Level 2? A student who is diligent, who does daily homework from the early years of school, can get to this level." (a. a. O.)

Zugang zu Niveau 3 – der/die großartige Schüler(in) (Top 1–2 % der Bevölkerung)
„These students see functions as objects and can do elementary proofs with ease. They have insight and find unexpected solutions to problems." (a. a. O.) Wie kann man Schüler(innen) zu diesem Niveau hin unterstützen bzw. fördern? Sie brauchen die Gelegenheit, sich mit mathematischen Problemen zu beschäftigen, die im normalen Mathematikunterricht nicht thematisiert werden. „They may get these problems from books of math puzzles, by playing chess, by working with computer languages and programs, or from a subject like physics that utilizes a great deal of mathematics." (a. a. O.) Welche Voraussetzungen werden in Schulen benötigt, um diese Schüler(innen) zu einem solchen Niveau zu bringen? „In a school without a math team, mathematics contests, and a mathematics club, it is almost impossible for a student to get to this level." (a. a. O., 155)

Zugang zu Niveau 4 – der/die außergewöhnliche Schüler(in)
In einer Highschool der USA ist es durchaus möglich, dass Schüler(innen) ein höheres Niveau als Niveau 3 erreichen:

> „If we think of Level 3 as being reached by 1–2 % of the population, then about 40,000 – 80,000 students a year in the United States reach Level 3. About one-half of 1 % of this group, about 200–400 students a year across the nation, are even better. [….]
>
> Although we think of these students as having been born with a gift for mathematics, their talent, too, has required development. They have done more than take the courses in their schools and participate in mathematics clubs or contests. They may go to special programs on weekends. They may have gone to mathematics camps in summers […]. They read the magazine *Quantum* or books on mathematics or puzzle books. [….] They may have other interests, but they also have some devotion to mathematics.
>
> [….]
>
> This student is already acting like a mathematics major or beginning graduate student, even while in high school. This student is writing short papers, trying out proofs and other strategies, and talking mathematics with mathematicians. This student is a mathematician." (a. a. O.)

Zugang zu Niveau 5 – der/die produktive Mathematiker(in):
Wenn Schüler(innen) auf dem Niveau 4 die Highschool verlassen, um Mathematik zu studieren (zunächst auf der *undergraduate school*), haben sie meist schon wenigstens die Hälfte der Kurse absolviert, die dort in der Anfangsphase besucht werden. Es handelt sich um zehn Kurse, die über Analysis hinausgehen. In den meisten sind schwierige Probleme die Regel.

Die Kultur der *graduate school* ist noch anders als die der *undergraduate culture*. Die vier oder fünf Jahre in der *graduate school* werden mit dem Ziel absolviert, die Studierenden in die Lage zu versetzen, nicht nur schwierige Probleme zu lösen, sondern sogar solche, die bis dahin noch nicht gelöst wurden.

Die Studierenden können ein solches Training nicht allein dadurch gestalten, dass sie das lokale College besuchen. „If you are interested in number theory, you need to go where there are number theorists; if you are interested in functional analysis, you go where there are functional analysts. The student is the apprentice, and the professor the craftsperson." (a. a. O., 156) Nur wenige produktive Mathematiker(innen) haben eine solche „Lehre" nicht gemacht. „And so, to become a productive mathematician, a person needs also to have more love for the subject and more diligence and determination than was needed at any previous level." (a. a. O.)

Zugang zu Niveau 6 – der/die außergewöhnliche Mathematiker(in):
In den USA werden Mathematik-Graduiertenschulen in Niveaugruppen unterteilt: „Princeton, Berkeley, Harvard, the University of Chicago, and maybe one or two others are in a top group; Michigan, Illinois, Yale, and a number of others in a second group, and so on." (a. a. O.) Von der Studentin/dem Studenten, die/der eine dieser Universitäten besucht, wird erwartet, dass sie/er nicht damit zufrieden ist, produktiv in dem Sinne zu sein, dass ein wenig originelle Mathematik entsteht. Man hofft, dass sie/er ein(e) außergewöhnliche(r) Mathematiker(in) wird. Außergewöhnliche Mathematiker(innen) gehören zu den wenigen Prozent ihres Berufs.

Zugang zu Niveau 7 – die „größten" Mathematiker aller Zeiten:
Die folgenden Mathematiker zählt *Usiskin* (a. a. O., 157) zu den „größten": *Euler, Gauß, Archimedes, Newton, Leibniz, Riemann, Lagrange, Pascal, Euklid*. Bei der Frage, wen man aus dem 20. Jahrhundert benennen könnte, tut sich *Usiskin* schwer. Er erwähnt zwar *Andrew Wiles*, begründet aber ausführlich, warum er sich eher für *Srinivasa Ramanujan* entscheiden würde.

Literatur

Alvarez, C. (2007). *Hochbegabung: Tipps für den Umgang mit fast normalen Kindern.* München: DTV.

Aßmus, D. (2017). *Mathematische Begabung im frühen Grundschulalter unter besonderer Berücksichtigung kognitiver Merkmale.* Münster: WTM.

Bardy, P., & Bardy, T. (2013). „Meine Leistungen in Mathematik und mein Interesse sind um 100 Prozent gesunken" – eine Längsschnittstudie zu zwei als „mathematisch begabt" eingeschätzten Kindern. In T. Fritzlar & F. Käpnick (Hrsg.), *Mathematische Begabungen: Denkansätze zu einem komplexen Themenfeld aus verschiedenen Perspektiven*, 61–91. Münster: WTM.

Benbow, C. P. (1988). Sex differences in mathematical reasoning ability in intellectually talented preadolescents: Their nature, effects and possible causes. *Behavioral and Brain Sciences, 11*, 169–232.

Benölken, R. (2011). *Mathematisch begabte Mädchen: Untersuchungen zu geschlechts- und begabungsspezifischen Besonderheiten im Grundschulalter.* Münster: WTM.

Benölken, R. (2017). Begabung, Geschlecht und Motivation – Erkenntnisse zur Bedeutung motivationaler Komponenten als Bedingungsfaktoren für die Entwicklung mathematischer Begabungen. *mathematica didactica, 40*(1), 55–72.

Berlinger, N. (2015). *Die Bedeutung des räumlichen Vorstellungsvermögens für mathematische Begabungen bei Grundschulkindern: Theoretische Grundlegung und empirische Untersuchungen.* Münster: WTM.

Bischof-Köhler, D. (⁴2011). *Von Natur aus anders: Die Psychologie der Geschlechtsunterschiede.* Stuttgart: Kohlhammer.

Borkowski, J. G., & Peck, V. A. (1986). Causes and consequences of metamemory in gifted children. In R. J. Sternberg & J. E. Davidson (Eds.), *Conceptions of Giftedness,* 182–200. New York: Cambridge University Press.

Brinck, C. (2005). Anders von Anfang an. *Die Zeit Nr. 10/*2005 (03.03.05).

Czeschlik, T. (1993). Temperamentsfaktoren hochbegabter Kinder. In D. H. Rost (Hrsg.), *Lebensumweltanalyse hochbegabter Kinder,* 139–158. Göttingen et al.: Hogrefe.

Devlin, K. (2003). *Das Mathe-Gen* (Übers. aus dem Amerikanischen). München: DTV.

Duncan, J. R. et al. (2000). A neural basis for general intelligence. *Science,* 289, 457–460.

Dunst, B., Benedek, M., Jauk, E., Bergner, S., Koschutnig, K., Sommer, M., Ischebeck, A., Spinath, B., Arendasy, M., Bühner, M., Freudenthaler, H., & Neubauer, A. C. (2014). Neural efficiency as a function of task demands. *Intelligence,* 42, 22–30.

Fels, C. (1999). *Identifizierung und Förderung Hochbegabter in den Schulen der Bundesrepublik Deutschland.* Bern et al.: Haupt.

Foth, M., & van der Meer, E. (2013). Mathematische Leistungsfähigkeit – Prädiktoren überdurchschnittlicher Leistungen in der gymnasialen Oberstufe. In T. Fritzlar & F. Käpnick (Hrsg.), *Mathematische Begabungen: Denkansätze zu einem komplexen Themenfeld aus verschiedenen Perspektiven,* 191–220. Münster: WTM.

Friedl, S. et al. (2009). *Professionelle Begabtenförderung: Empfehlungen zur Qualifizierung von Fachkräften in der Begabtenförderung.* Salzburg: Eigenverlag des ÖZBF.

Fritzlar, T. (2010). Begabung und Expertise: Eine mathematikdidaktische Perspektive. *mathematica didactica,* 33, 113–140.

Fritzlar, T. (2013). Robert – Zur Entwicklung mathematischer Expertise bei Kindern und Jugendlichen. In T. Fritzlar & F. Käpnick (Hrsg.), *Mathematische Begabungen: Denkansätze zu einem komplexen Themenfeld aus verschiedenen Perspektiven,* 41–59. Münster: WTM.

Fritzlar, T., & Heinrich, F. (2008). Doppelrepräsentation und mathematische Begabung – Theoretische Aspekte und praktische Erfahrungen. *Beiträge zum Mathematikunterricht 2008,* 397–400.

Fritzlar, T., & Heinrich, F. (2010). Doppelrepräsentation und mathematische Begabung im Grundschulalter – Theoretische Aspekte und praktische Erfahrungen. In T. Fritzlar & F. Heinrich (Hrsg.), *Kompetenzen mathematisch begabter Grundschulkinder erkunden und fördern,* 25–44. Offenburg: Mildenberger.

Fritzlar, T., & Käpnick, F. (2013). Vorwort. In T. Fritzlar & F. Käpnick (Hrsg.), *Mathematische Begabungen: Denkansätze zu einem komplexen Themenfeld aus verschiedenen Perspektiven,* 5–7. Münster: WTM.

Fuchs, M. (2006). *Vorgehensweisen mathematisch potentiell begabter Dritt- und Viertklässler beim Problemlösen: Empirische Untersuchungen zur Typisierung spezifischer Problembearbeitungsstile.* Berlin: LIT.

Gagné, R. M. (²2000). Understanding the Complex Choreography of Talent Development Through DMGT-Based Analysis. In K. A. Heller, F. J. Mönks, R. J. Sternberg & R. F. Subotnik (Eds.), *International Handbook of Giftedness and Talent,* 67–79. Oxford, New York, Seoul, Tokyo: Pergamon.

Gardner, H. (1991). *Abschied vom IQ: Die Rahmentheorie der vielfachen Intelligenzen*. Stuttgart: Klett-Cotta.

Gordon, E. M., & Thomas, A. (1967). Children's Behavioral Style and the Teacher's Appraisal of Their Intelligence. *Journal of School Psychology, 5*(4), 292–300.

Haier, R. J., Siegel, B. V., Mac Lachlan, A., Soderling, E., Lottenberg, S., & Buchsbaum, M. S. (1992). Regional glucose metabolic changes after learning a complex visuospatial/motor task: A positron emission tomographic study. *Brain Research, 570*, 134–143.

Haier, R. J., Siegel, B. V., Nuechterlein, K. H., Hazlett, E., Wu, J., Pack, J., Browning, H., & Buchsbaum, M. S. (1988). Cortical glucose metabolic rate correlates of abstract reasoning and attention studied with positron emission tomography. *Intelligence, 12*, 199–217.

Heilmann, K. (1999). *Begabung – Leistung – Karriere: Die Preisträger im Bundeswettbewerb Mathematik 1971–1995*. Göttingen: Hogrefe.

Heinze, A. (2005). *Lösungsverhalten mathematisch begabter Grundschulkinder – aufgezeigt an ausgewählten Problemstellungen*. Berlin: LIT.

Helbig, P. (1988). *Begabung im pädagogischen Denken: Ein Kernstück anthropologischer Begründung von Erziehung*. Weinheim, München: Beltz.

Hoppe, C., Fliessbach, K., Stausberg, S., Stojanovic, J., Trautner, P., Elger, C. E., & Weber, B. (2012). A key role for experimental task performance on the neural correlates of mental rotation. *Brain & Cognition, 78*, 14–27.

Hoyenga, K. (1993). *Gender Related Differences*. Boston: Allyn & Bacon.

Jackson, N. E., & Butterfield, E. C. (1986). A conception of giftedness designed to promote research. In R. J. Sternberg & J. E. Davidson (Eds.), *Conceptions of Giftedness*, 151–181. New York: Cambridge University Press.

Käpnick, F. (1998). *Mathematisch begabte Kinder: Modelle, empirische Studien und Förderungsprojekte für das Grundschulalter*. Frankfurt a. M. et al.: Peter Lang.

Käpnick, F. (2013). Theorieansätze zur Kennzeichnung des Konstruktes „Mathematische Begabung" im Wandel der Zeit. In T. Fritzlar & F. Käpnick (Hrsg.), *Mathematische Begabungen: Denkansätze zu einem komplexen Themenfeld aus verschiedenen Perspektiven*, 9–39. Münster: WTM.

Kießwetter, K. (1985). Die Förderung von mathematisch besonders begabten und interessierten Schülern – ein bislang vernachlässigtes sonderpädagogisches Problem. *Der Mathematische und Naturwissenschaftliche Unterricht (MNU), 38*(5), 300–306.

Kießwetter, K. (o. J.). *Teil 1 des geplanten Buches „Materialien aus dem Hamburger Modell"*. (unveröffentlicht)

Klix, F. (1992). *Die Natur des Verstandes*. Göttingen, Bern, Toronto, Seattle: Hogrefe.

Knauff, M., Mulack, T., Kassubek, J., Salih, H., & Greenlee, M. (2002). Spatial imagery in deductive reasoning: A function MRI study. *Cognitive Brain Research, 13*, 203–212.

Krause, W., Seidel, G., & Heinrich, F. (2003). Über das Wechselspiel zwischen Rechnen und bildhafter Vorstellung beim Lösen mathematischer Probleme. *MU – Der Mathematikunterricht, 49*(6), 50–62.

Krutetskii, V. A. (1976). *The Psychology of Mathematical Abilities in Schoolchildren*. Chicago: The University of Chicago Press.

Krutezki, W. A. (1968). Altersbesonderheiten der Entwicklung mathematischer Fähigkeiten bei Schülern. *Mathematik in der Schule, 6*(1), 44–58.

Lee, K. H., Choi, Y. Y., Gray, J. R., Cho, S. H., Chae, J.-H., Lee, S., & Kim, K. (2006). Neural correlates of superior intelligence: Stronger recruitment of posterior parietal cortex. *NeuroImage, 29*, 578–586.

Le Maistre, C., & Kanevsky, L. (1997). Factor influencing the realization of exceptional mathematical ability in girls: an analysis of the research. *High Ability Studies, 8*, 31–46.

Mesulam, M. (2000). *Principles of behavioral and cognitive neuropsychology*. London: Oxford University Press.

Neubauer, A. C., & Freudenthaler, H. H. (1994). The mental speed approach to the assessment of intelligence. In J. Kingma & W. Tomic (Eds.), *Advances in Cognition and Educational Practice: Reflections on the Concept of Intelligence*, 149–174. Reenwich, CT: JAI Press.

Neubauer, A., & Stern, E. (2007). *Lernen macht intelligent: Warum Begabung gefördert werden muss*. München: DVA.

Nieuwenhuys, R., Voogd, J., & Huijzen, C. van (1991). *Das Zentralnervensystem des Menschen*. Berlin, Heidelberg: Springer.

Nolte, M. (2012). „High IQ and High Mathematical Talent!" Results from nine years talent search in the PriMa-Project Hamburg (Summary of a report given at 12th International Congress on Mathematical Education). *Newsletter of the International Group for Mathematical Creativity and Giftedness*, *3*, 51–56.

Nolte, M. (2013). Fragen zur Diagnostik besonderer mathematischer Begabung. In T. Fritzlar & F. Käpnick (Hrsg.), *Mathematische Begabungen: Denkansätze zu einem komplexen Themenfeld aus verschiedenen Perspektiven*, 181–189. Münster: WTM.

O'Boyle, M. W. (2008). Mathematically Gifted Children: Developmental Brain Characteristics and Their Prognosis for Well-Being. *Roeper Review*, *30*(3), 181–186.

O'Boyle, M. W., Alexander, J. E., & Benbow, C. P. (1991). Enhanced right hemisphere activation in the mathematically precocious: A preliminary EEG investigation. *Brain and Cognition*, *17*, 138–153.

O'Boyle, M. W., & Benbow, C. P. (1990). Enhanced right hemisphere involvement during cognitive processing may relate to intellectual precocity. *Neuropsychologia*, *28*, 211–216.

O'Boyle, M. W., Benbow, C., & Alexander, J. E. (1995). Sex differences, hemispheric laterality and associated brain activity in the intellectually gifted. *Developmental Neuropsychology*, *11*, 415–443.

Preckel, F., & Brüll, M. (2008). *Intelligenztests*. München: Ernst Reinhardt.

Roedell, W. C., Jackson, N. E., & Robinson, H. B. (1989). *Hochbegabung in der Kindheit: Besonders begabte Kinder im Vor- und Grundschulalter*. Heidelberg: Asanger.

Rohrmann, S., & Rohrmann, T. (²2010). *Hochbegabte Kinder und Jugendliche: Diagnostik – Förderung – Beratung*. München: Ernst Reinhardt.

Rost, D. H. (2009). *Intelligenz: Fakten und Mythen*. Weinheim et al.: Beltz.

Rost, D. H., & Hanses, P. (1994). Besonders begabt: besonders glücklich, besonders zufrieden? Zum Selbstkonzept hoch- und durchschnittlich begabter Kinder. *Zeitschrift für Psychologie*, *202*(4), 379–403.

Roth, G. (2001). *Fühlen, Denken, Handeln – Wie das Gehirn unser Verhalten steuert*. Frankfurt a. M.: Suhrkamp.

Roth, G. (²2019). *Bildung braucht Persönlichkeit: Wie Lernen gelingt?* Stuttgart: Klett-Cotta.

Schilling, S. R. (2002). *Hochbegabte Jugendliche und ihre Peers. Wer allzu klug ist, findet keine Freunde?* Münster, New York, München, Berlin: Waxmann.

Seidel, G. (2004). *Ordnung und Multimodalität im Denken mathematisch Hochbegabter: Sequentielle und topologische Eigenschaften kognitiver Mikrozustände*. Berlin: Wissenschaftlicher Verlag.

Shaw, P., Greenstein, D., Lerch, J., Clasen, L., Lenroot, R., Gogtay, N., Evans, A., Rapoport, J., & Giedd, J. (2006). Intellectual ability and cortical development in children and adolescents. *Nature*, *440*, 676–679.

Shelton, J. T., Elliott, E. M., Matthews, R. A., Hill, B. D., & Gouvier, W. D. (2010). The Relationships of Working Memory, Secondary Memory, and General Fluid Intelligence: Working Memory Is Special. *Journal of Experimental Psychology, Learning, Memory and Cognition*, *36*(3), 813–820.

Sjuts, B. (2017). *Mathematisch begabte Fünft- und Sechstklässler: Theoretische Grundlegung und empirische Untersuchungen*. Münster: WTM.

Stapf, A. ([3]2006). *Hochbegabte Kinder: Persönlichkeit, Entwicklung, Förderung*. München: Beck.

Sternberg, R. J. (1984). Toward a triarchic theory of human intelligence. *The Behavioral and Brain Sciences, 7*, 269–315.

Sternberg, R. J. (1985). *Beyond IQ: A triarchic theory of human intelligence*. Cambridge: University Press.

Sternberg, R. J. (1998). Abilities Are Forms of Developing Expertise. *Educational Researcher, 27*(3), 11–20.

Sternberg, R. J. ([2]2000). Giftedness as Developing Expertise. In K. A. Heller, F. J. Mönks, R. J. Sternberg & R. F. Subotnik (Eds.), *International Handbook of Giftedness and Talent*, 55–66. Amsterdam: Elsevier.

Taub, G. E., Keith, T. Z., Floyd, R. G., & Mc Grew, K. S. (2008). Effects of general and broad cognitive abilities on mathematics achievement. *School Psychology Quarterly, 23*(2), 187–198.

Thiel, R. D., Keller, G., & Binder, A. (1979). *Arbeitsverhaltensinventar*. Braunschweig: Westermann.

Thomas, A., & Chess, S. (1970). Behavioral Individuality in Childhood. In L. R. Aronson, E. Tobach, D. S. Lehrman & S. Rosenblatt (Eds.), *Development and Evolution of Behavior*, 371–401. San Francisco: Freeman.

Usiskin, Z. (2000). The Development Into the Mathematically Talented. *The Journal of Secondary Gifted Education, 11*(3), 152–162.

van der Meer, E. (1985). Mathematisch-naturwissenschaftliche Hochbegabung. *Zeitschrift für Psychologie, 193*(3), 229–258.

Vock, M. (2004). *Arbeitsgedächtniskapazität bei Kindern mit durchschnittlicher und hoher Intelligenz*. Dissertation an der Universität Münster.

Wai, J., Cacchio, M., Putallaz, M., & Makel, M. C. (2010). Sex differences in the right tail of cognitive abilities: A 30 year examination. *Intelligence, 38* (4), 412–423.

Webb, J. T., Meckstroth, E. A., & Tolan, S. S. ([5]2007). *Hochbegabte Kinder, ihre Eltern, ihre Lehrer: Ein Ratgeber* (überarbeitet und ergänzt von N. D. Zimet und F. Preckel). Bern: Huber.

Weinert, F. E. (2000). Begabung und Lernen. *Neue Sammlung, 40*(3), 353–368.

Weiss, R. H. (2006). *Grundintelligenztest CFT 20-R* (Skala 2). Göttingen et al.: Hogrefe.

Wieczerkowski, W., Cropley, A. J., & Prado, T. M. (2000). Nurturing Talents/Gifts in Mathematics. In K. A. Heller et al. (Eds.), *International Handbook of Giftedness and Talent, 2nd Edition*, 413–425. Amsterdam et al.: Elsevier.

Winner, E. (1998). *Hochbegabt – Mythen und Realitäten von außergewöhnlichen Kindern*. Stuttgart: Klett-Cotta.

Winner, E. ([2]2004). *Hochbegabt: Mythen und Realitäten von außergewöhnlichen Kindern*. Stuttgart: Klett-Cotta.

Witelson, S. F., Kigar, D. L., & Harvey, T. (1999). The exceptional brain of Albert Einstein. *Lancet, 353*, 2149–2153.

Wolf, C. (2009). Zwischen Erbe und Erfahrung. *Gehirn & Geist, 11*, 28–32.

Einige Fallstudien

5

Über die Einführungsbeispiele (siehe Kap. 1) hinaus sollen die folgenden Fallstudien aufzeigen, zu welchen mathematischen Leistungen bereits Kinder bzw. Jugendliche fähig sind. Zum Teil erfahren Sie nicht nur Mathematisches, sondern auch Persönliches über die Kinder bzw. den Jugendlichen.

5.1 Fallstudien aus der Literatur

Beispiel Carl Friedrich Gauß (9 Jahre):
Eine sehr bekannte Geschichte aus seiner Volksschulzeit hat Carl Friedrich Gauß im Kreise guter Bekannter gern erzählt (siehe z. B. *Chauvin*, 1979, 88 f. oder *Michling*, 1997, 9 ff.). Obwohl wir die Authentizität der beschriebenen Dialoge nicht garantieren können, übernehmen wir hier die hoch interessante Darstellung von *Michling* (a. a. O.):

„Liggetse! Mit diesen plattdeutschen Worten legte im Jahre 1786 ein neunjähriger Schüler seine Schiefertafel mit der Rückseite nach oben auf den Tisch des Klassenzimmers der Katharinenvolksschule zu Braunschweig und setzte sich wieder auf seinen Platz. Fest davon überzeugt, dass er die von seinem Lehrer der ganzen Klasse gestellte Rechenaufgabe richtig gelöst habe. Der Schulmeister Büttner war allerdings anderer Meinung; denn besagter Knabe hatte nur wenige Sekunden für eine Rechenaufgabe gebraucht, welche die Schüler längere Zeit beschäftigen sollte. Waren doch sämtliche Zahlen von 1 bis fortlaufend 100 schriftlich zusammenzuzählen. Für neun- bis zehnjährige Volksschüler wahrlich keine leichte Aufgabe!

Während die in dem niedrigen Klassenzimmer herrschende Stille nur durch das Kratzen von etwa vierzig Griffeln auf den Schiefertafeln unterbrochen wurde, blickte Lehrer Büttner bald zu dem seelenruhig mit gefalteten Händen dasitzenden, seiner Meinung nach äußerst vorwitzigen Schüler hinüber, bald auf seine von den Knaben sehr gefürchtete Karwatsche, mit welcher er falsche Resultate recht schmerzhaft zu ‚rektifizieren‘ pflegte. Mit diesem

© Springer-Verlag GmbH Deutschland, ein Teil von Springer Nature 2020
T. Bardy und P. Bardy, *Mathematisch begabte Kinder und Jugendliche,* Mathematik Primarstufe und Sekundarstufe I + II, https://doi.org/10.1007/978-3-662-60742-8_5

pädagogischen Instrument gestaltete er seinen Unterricht gegebenenfalls außerordentlich eindrucksvoll! Als Zeichen seiner unbedingten Autorität war sie stets bei der Hand.

‚Dir werde ich den Vorwitz noch nachhaltig austreiben!' dachte der Schultyrann und liebäugelte erneut mit seiner Karwatsche. Aber er sollte sich getäuscht haben! Als der Stapel der nach und nach übereinander gelegten Schiefertafeln am Schluss der Unterrichtsstunde umgedreht wurde, so dass die zuerst abgegebene Tafel nun oben lag, wollte Lehrer Büttner seinen Augen nicht trauen: In klarer Schönschrift stand darauf nur eine einzige Zahl: 5050! Und diese Zahl war zweifellos das richtige Resultat.

Die übrigen Tafeln waren von oben bis unten beschrieben, aber die meisten wiesen ein falsches Ergebnis auf. Nachdem die unglücklichen Besitzer dieser Tafeln, der Größe ihres Fehlers entsprechend, mit der Karwatsche behandelt worden waren, rief der Lehrer durch das Schluchzen der gemaßregelten Opfer hindurch: ‚Gauß! – Nach vorne kommen! – Heraus mit der Sprache! Wie ist er zu diesem Resultat gelangt?' ‚Im Kopf ausgerechnet, Herr Lehrer! Eine so einfache Aufgabe brauche ich doch nicht schriftlich zu lösen.' ‚Einfache Aufgabe', schnaubte der gestrenge Pädagoge, ‚das muß er mir wohl etwas näher erklären!' – ‚Nun, ich habe mir überlegt, dass die erste Zahl 1 und die letzte Zahl 100 zusammen 101 ergeben. Das Gleiche gilt für 2 plus 99, für 3 plus 98, für 4 plus 97, und so weiter, bis hin zu 50 plus 51. Im ganzen also 50 Zahlenpaare. 50 mal 101 aber ergibt 5050! – Das konnte ich dann ganz leicht im Kopf ausrechnen.' ‚So, so! Ganz leicht konntest du das! – Na, dann setz' dich mal ganz schnell wieder auf deinen Platz!'

‚Ist doch ein Teufelskerl, dieser kleine Gauß', brummte der Lehrer. Im Stillen aber dachte er: ‚Was soll ich dem eigentlich noch beibringen? – Meine Karwatsche ist hier jedenfalls fehl am Platze.'

Noch sprachloser als Lehrer Büttner aber war ein blasser, etwa 17 Jahre alter Jüngling, der diese Szene von seinem Stuhl in der Ecke des Klassenzimmers aus miterlebt hatte. Dieser junge Mann war der Schulgehilfe Martin Bartels, der den Hauptlehrer bei seiner pädagogischen Tätigkeit zu unterstützen hatte. Bartels' Hobby – so würden wir heute sagen – aber war die Mathematik. Und auf dieser Basis fanden sich der neunjährige Johann Carl Friedrich Gauß und der siebzehnjährige Martin Bartels zum gemeinsamen Studium der Rechenkunst. Selbst Lehrer Büttner tat das Seinige und bestellte für die beiden ein Rechenbuch aus Hamburg. Bartels wusste weitere Bücher zu beschaffen, und so drangen die beiden ungleichen Autodidakten bis zum Binomischen Lehrsatz und bis zum Geheimnis der unendlichen Reihen vor.

Dreißig Jahre später war Johann Martin Christian Bartels Professor der Mathematik an der Kaiserlich Russischen Universität zu Kasan, Carl Friedrich Gauß aber Professor der Astronomie und Direktor der neuen Universitäts-Sternwarte zu Göttingen, die durch sein Wirken Weltruhm erlangte."

Beispiel Sonya (9 Jahre):

Krutetskii (1976, 251; siehe dazu auch *Bauersfeld*, 2002, 6 f. und *Dörfler*, 1984, 241 f.) berichtet u. a. über Sonya. Ihr wurden im Rahmen der Untersuchungen von *Krutetskii* (siehe Abschn. 4.2) u. a. die folgenden zwei Aufgaben vorgelegt.

Aufgabe Nr. 1
Wenn ein Vogel auf jedem Stängel sitzt, dann hat ein Vogel keinen Platz. Wenn immer zwei Vögel auf einem Stängel sitzen, dann bleibt ein Stängel übrig. Wie viele Vögel und wie viele Stängel sind es?

Die meisten Kinder, auch begabte, lösen eine solche Aufgabe in der Regel durch Probieren. (Eine elegante, ikonisch unterstützte Lösungsidee ist die folgende:

zuerst: ● ● ● ●
dann: ●● ●●

Dabei steht ein Strich für einen Stängel, ein Punkt für einen Vogel. Also sind es vier Vögel und drei Stängel. Ein Punkt, ein Strich und zwei Punkte werden jeweils fortlaufend so lange markiert, bis die geforderte Situation eingetreten ist.)

Anders Sonya. Sie sagte zunächst: „Hier ist eine verschiedene Verteilung. Alles in allem sind da zwei unbekannte Zahlen ... Wenn man die erste durch die zweite teilt, gibt es einen Rest, und wenn man die andere zum Divisor ... nein. Nein, nicht so ... Wenn die erste Zahl durch die zweite geteilt wird, kriegen wir entweder irgendeine Zahl mit einem Rest oder eine um 1 größere Zahl mit einem Defizit. Wie löst man solche Probleme? ... Ah, ich hab's! ... Das bedeutet, dass der Rest plus dem Defizit gleich ist der zweiten Zahl!".

(Der Interviewer forderte eine Erklärung.) „Na, das ist so: Nach der zweiten Division hatten wir 1 mehr, und das ist so, weil der Rest plus das Defizit genau die zweite Zahl ausmacht. Jetzt weiß ich, wie man solche Probleme löst!" (Der Interviewer: „Halt, du hast die Aufgabe noch nicht gelöst! Wie viele Stängel und wie viele Vögel sind es?") „Oh, ich vergaß ... erst bleibt ein Vogel übrig, dann fehlen zwei Vögel. Also 3 Stängel und 4 Vögel."

Es ist gar nicht so einfach, Sonyas Gedankengänge zu verstehen. Sie deuten auf hohe mathematische Begabung hin. Wir versuchen, Sonyas Idee verständlich zu machen (für den Fall, dass sie noch nicht verstanden wurde):

Zunächst ein Beispiel, welches keinen unmittelbaren Bezug zum Ausgangsproblem hat. Als erste Zahl wählen wir 58, als zweite 7. Es gilt:

$$58:7 = 8 + \frac{2}{7} = 9 - \frac{5}{7} \left(\text{wegen } \frac{2}{7} + \frac{5}{7} = 1 \right)$$

„Irgendeine Zahl" ist in unserem Beispiel also 8, der Rest 2; das „Defizit" ist 5. Sonya hat richtig erkannt, dass der Rest plus dem Defizit immer die zweite Zahl ergibt $(2+5=7)$.

Hier eine passende allgemeine (algebraische) Überlegung:

$$a{:}b = c + \frac{\text{Rest}}{b} = (c+1) - \frac{\text{Defizit}}{b}$$

Daraus ergibt sich: $\dfrac{\text{Rest}}{b} = 1 - \dfrac{\text{Defizit}}{b}$

$$\Rightarrow \frac{\text{Rest} + \text{Defizit}}{b} = 1$$

$$\Rightarrow \text{Rest} + \text{Defizit} = b$$

Bezogen auf das Sonya gestellte Problem ist der Rest 1 (ein Vogel hat keinen Platz), das Defizit 2 (ein Stängel bleibt übrig, d. h., es fehlen 2 Vögel). Somit ist die Zahl der Stängel $1+2=3$ und die Zahl der Vögel $3+1=4$.

Das Besondere an der Idee von Sonya ist, dass sie nicht nur bei dieser einen Aufgabe, sondern bei einer kompletten Aufgabenklasse schnell zur Lösung führt.

Wir möchten dies an zwei weiteren Aufgaben verdeutlichen.

> a) Auf einem Baum mit mehreren Ästen lassen sich Vögel nieder. Wenn auf jedem Ast zwei Vögel sitzen, hat ein Vogel keinen Platz. Wenn auf jedem Ast, der besetzt ist, drei Vögel sitzen, bleibt ein Ast übrig. Um wie viele Vögel und um wie viele Äste handelt es sich?
>
> b) In einem Raum stehen mehrere gleich lange Bänke. Setzen sich auf jede Bank 5 Personen, dann müssen 4 Personen stehen. Setzen sich auf je eine Bank 6 Personen, so bleibt eine Bank übrig, auf der nur 3 Personen sitzen. Wie viele Personen und wie viele Bänke sind in dem Raum?

Bei a) ist der Rest 1, das Defizit 3. Die Anzahl der Äste ist demnach 4 und die Anzahl der Vögel $3 \cdot 3 = 9$.

$$9 : 4 = 2 + \frac{1}{4} = 3 - \frac{3}{4}$$

Bei b) ist der Rest 4 (siehe den zweiten Satz der Aufgabe), das Defizit 3 (siehe den dritten Satz der Aufgabe: $6 - 3 = 3$). Die Anzahl der Bänke ist also 7, die Anzahl der Personen $5 \cdot 7 + 4 = 39$.

$$39 : 7 = 5 + \frac{4}{7} = 6 - \frac{3}{7}$$

Alle drei genannten Aufgaben lassen sich also jeweils als Fälle des Verteilens von „Objekten" in „Fächer" auffassen, wobei einmal m und dann n Objekte in jedes Fach kommen ($m < n$, in den drei Aufgaben gilt jeweils: $n - m = 1$).

Aufgabe Nr. 2
Eine Tochter ist 8 Jahre alt, ihre Mutter ist 38. In wie viel Jahren wird die Mutter dreimal so alt wie die Tochter sein?

Sonya äußerte sich zu dieser Aufgabe so: „Das heißt, die Mutter wird älter und die Tochter auch. Ihre Jahre ändern sich … Aber die Differenz zwischen ihnen ändert sich nicht. Die Mutter wird immer um dieselbe Zahl älter sein … Warum, das ist klar: In der Mutter stecken mehrere Töchter, und in der Differenz sollte es eine weniger sein … Ja, so ist es – dreimal? Dann sind in der Mutter drei Töchter, und in der Differenz sind zwei Töchter. Die Differenz ist 30, und die Tochter ist 15. In sieben Jahren also."

Schnell erkennt Sonya das für ihren Lösungsweg Entscheidende, die konstante Altersdifferenz. Bemerkenswert ist auch, wie sie die abstrakte Beziehungsstruktur sprachlich darstellt: „In der Mutter sind (stecken) drei Töchter."

Im Übrigen beendete Sonya mit 15 Jahren ihre Schulzeit und begann in diesem Alter ein Hochschulstudium.

Beispiel Robin (6./7. Jahrgangsstufe):

In der Dissertation von *Ehrlich* (2013) findet man drei sehr umfangreiche Einzelfallstudien zu mathematisch begabten Sechst- und Siebtklässlern, u. a. die zu Robin. Aus Platzgründen können wir hier nur ein paar wichtige und interessante Informationen zur Person von Robin sowie zwei seiner hervorragenden mathematischen Leistungen präsentieren (vgl. a. a. O., 194–216):

Bereits im Vorschulalter von Robin beeinflussten seine Eltern seine Begabung kindgerecht und sensibel. Eingeschult wurde er im regulären Alter. Da er in der ersten Jahrgangsstufe überdurchschnittliche mathematische Leistungen zeigte, durfte er ab der zweiten Jahrgangsstufe am Mathematikunterricht der nächsthöheren Stufe teilnehmen. In der vierten Jahrgangsstufe erhielt er anspruchsvolle „Knobelaufgaben" und besuchte außerdem ein halbes Jahr lang an seiner Grundschule einen Mathematik-Kurs, in welchem er zusätzlich gefordert und gefördert wurde. Robin nahm auch ab der vierten Jahrgangsstufe sehr erfolgreich am Förder-Projekt „Mathe für kleine Asse" der Universität Münster teil. Hier gehörte er von Beginn an zur Leistungsspitze.

Nach dem Wechsel auf ein Gymnasium erhielt Robin das Angebot, eine Jahrgangsstufe zu überspringen. Dieses Angebot nahm er jedoch nicht an, weil er sonst seine Freunde aus der letzten Grundschulklasse nicht mehr so häufig wie früher hätte sehen können. Seine schulischen Leistungen in der Jahrgangsstufe 7 waren in allen Fächern „sehr gut", mit Ausnahme von Kunst, Musik, Physik und Sport (dort jeweils „gut"). Seine hohen intellektuellen Fähigkeiten zeigte er auch in einem Intelligenztest.

Während seiner Gymnasialzeit bearbeitete Robin parallel zur Teilnahme am Projekt „Mathe für kleine Asse" auch Aufgaben aus einem Knobelkalender und beteiligte sich sehr erfolgreich an Mathematikwettbewerben. Seine Begeisterung für Mathematik zeigte er auch dadurch, dass er in den „großen" Ferien eine Mathematik-Sommerakademie besuchte.

Anne legt aus kleinen schwarzen und weißen Plättchen Rechtecksanordnungen. Dabei vergrößert sie ihre Rechtecksanordnungen nach ein und derselben Regel und schreibt darunter jeweils die Gesamtzahl der Plättchen einer Figur.

1. Figur	2. Figur	3. Figur

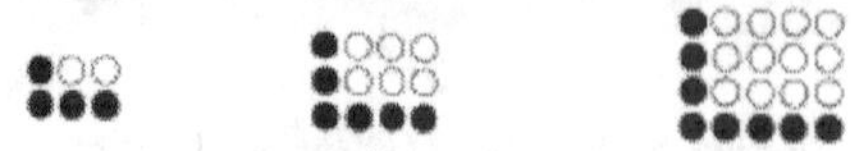

6   12   20

a)   Aus wie vielen schwarzen und wie vielen weißen Plättchen besteht Annes 4. Figur?

Anzahl der schwarzen Plättchen: ____

Anzahl der weißen Plättchen: ____

b)   Gib an, wie man die **Anzahl** der kleinen weißen und der kleinen schwarzen Plättchen in einer beliebigen Figur erhalten kann. Du kannst eine Regel für die schrittweise Vergrößerung oder eine Formel für das n-te Rechteck angeben.

Abb. 5.1 Indikatoraufgabe 3 für die Jahrgangsstufen 5 und 6, ohne Teil c) (*Sjuts*, 2017, 175)

Die Leistungen von Robin belegen wir hier beispielhaft durch Eigenproduktionen zu zwei Aufgaben (siehe die Abb. 5.1, 5.2, 5.3 und 5.4). Die erste Aufgabe entstammt einem „Indikatoraufgabentest" für die Jahrgangsstufen 5 und 6, die zweite einem solchen Test für die Jahrgangsstufen 6 und 7 (diese Tests wurden an der Universität Münster entwickelt). Robin bearbeitete diese Aufgaben im Rahmen des Projekts „Mathe für kleine Asse" jeweils in seinem dazu passenden Alter.

Aufgabe 1:
Offensichtlich begnügte sich Robin bei der Angabe der Anzahlen der weißen Quadrate (bei der ihm selbst vorliegenden Aufgabenstellung war wohl die Rede von „Quadraten" und nicht von „Plättchen") nicht damit, die von ihm angegebene Differenz zu benennen.

b)   Gib eine Regel für die schrittweise Vergrößerung der Anzahlen der kleinen weißen und der kleinen schwarzen Quadrate an. Wenn du willst, kannst du auch die Anzahl der kleinen weißen und der kleinen schwarzen Quadrate im n-ten Rechteck nennen:

Gesamtzahl der Quadrate = $(n+1) \cdot (n+2)$

schwarz: $n + n+2$ oder $n \cdot 2 + 2$

weiß: Gesamtzahl der Quadrate (minus) die schwarzen oder
$n \cdot n+1$

Abb. 5.2 Eigenproduktion von Robin zu Aufgabe 1b) (*Ehrlich*, 2013, 197)

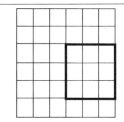

a) Wie viele Quadrate entdeckst du in dem obigen 6x6-Quadrat? Ein spezielles Quadrat wurde schon eingezeichnet. Gib bei deiner Antwort auch die Größe (in Kästchen) der jeweiligen Quadrate an.

b) Wie viele Quadrate enthält ein 7x7-Quadrat?
Gib bei deiner Antwort auch die Größe (in Kästchen) der jeweiligen Quadrate an.

Abb. 5.3 Indikatoraufgabe 4 für die Jahrgangsstufen 6 und 7, ohne Teil c (*Ehrlich,* 2013, 282)

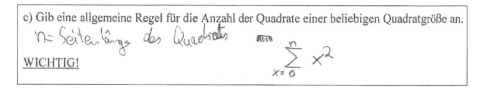

c) Gib eine allgemeine Regel für die Anzahl der Quadrate einer beliebigen Quadratgröße an.

$n =$ Seitenlänge des Quadrats

WICHTIG!
$$\sum_{x=0}^{n} x^2$$

Abb. 5.4 Indikatoraufgabe 4c) mit Eigenproduktion von Robin (*Ehrlich,* 2013, 214)

Er wollte auch hierbei eine Formel angeben. (Dass er dabei vergaß, Klammern um den
Term $n+1$ zu setzen, sei ihm verziehen.) *Ehrlich* hebt die besondere Leistung von Robin
in der folgenden Weise hervor (a. a. O., 197 f.):

„Robin bildete mit dieser Lösung eine Ausnahme, die anderen Projektteilnehmer lösten
die Aufgaben häufig durch rekursives Berechnen von Differenzen, indem sie z. B. Pfeile
zeichneten oder eine Tabelle anlegten. Bzgl. des Niveaus hob sich Robin schon in der 5.
Klasse durch sein strukturelles, verallgemeinerndes und abstraktes Verständnis von den
anderen mathematisch begabten Jugendlichen ab."

Aufgabe 2:
Ehrlich (a. a. O., 214) kommentiert die Lösung von Robin zu Aufgabe 2 (siehe die
Abb. 5.3 und 5.4) so: „Robins Lösung […] stellte von der mathematischen Qualität
und Abstraktion eine herausragende Ausnahme im Vergleich zu den anderen Probanden
dar […]. Kein anderer Proband nutzte derart professionelle Symbolik und stellte damit
neben einem enorm großen mathematischen Fachwissen ausgezeichnete Strukturierungs-
fähigkeiten unter Beweis."

5.2 Berichte und Untersuchungen aus unserem eigenen Umfeld

Beispiel Linn (4. Jahrgangsstufe):

Im Rahmen der „Aufnahmeprüfungen" für die „Kreisarbeitsgemeinschaften Mathematik" in Halle an der Saale wurde sowohl für Drittklässler als auch für Viertklässler u. a. folgende **Aufgabe** benutzt:

> Tina ist 18 Jahre alt, ihre Mutter ist 44. Nach wie vielen Jahren wird ihre Mutter (nur noch) doppelt so alt wie Tina sein?

Eine hoch interessante Lösung hat uns eine Viertklässlerin geliefert, deren Eltern aus Vietnam stammen; nennen wir sie hier Linn. Sie schrieb

$$\text{„44}:18 = 2 \text{ Rest } 8\text{"}$$

und deutete den Rest als die richtige Antwort „nach 8 Jahren".

Wegen der Testsituation hatten wir leider nicht die Gelegenheit, nachzufragen, warum Linn so gerechnet hat.

Tatsächlich ist Linns Vorgehen mathematisch korrekt, wie die folgende (beispielgebundene) Rechnung zeigt: $44 = 2 \cdot 18 + 8$

Daraus ergibt sich: $44 + 8 = (2 \cdot 18 + 8) + 8$

$$\Rightarrow 44 + 8 = 2 \cdot 18 + 2 \cdot 8$$

$$\Rightarrow 44 + 8 = 2 \cdot (18 + 8)$$

An der Gleichung $44 + 8 = 2 \cdot 18 + 8 + 8$ kann man inhaltlich gut erkennen, warum die Idee von Linn für die korrekte Aufgabenbearbeitung geeignet ist:

Gefragt ist, nach wie vielen Jahren die Mutter doppelt so alt wie Tina sein wird. Nach so vielen Jahren muss das Doppelte des derzeitigen Alters von Tina (also $2 \cdot 18$ Jahre) als Summand in der Summe des späteren Alters der Mutter vorkommen. Um 44 zu erhalten, muss zu $2 \cdot 18$ die Zahl 8 addiert werden. Die Gleichung $44 = 2 \cdot 18 + 8$ besagt, dass man 44 durch 18 dividieren sollte und der errechnete Rest 8 die richtige Antwort liefert.

Also: Addiert man den errechneten Rest (hier 8) zu den Ausgangszahlen (hier 44 und 18), so ergibt sich, dass die neue erste Zahl (hier 52) das Doppelte der neuen zweiten Zahl (hier 26) ist.

Dies funktioniert (für das Verdoppeln) bei beliebigen natürlichen Zahlen a und b (mit der Voraussetzung $b < \frac{a}{2}$) immer, wie die folgende Rechnung zeigt:

$$a = 2 \cdot b + \text{Rest}$$

$$\Rightarrow a + \text{Rest} = 2 \cdot b + 2 \cdot \text{Rest}$$

$$\Rightarrow a + \text{Rest} = 2 \cdot (b + \text{Rest})$$

Die Idee von Linn lässt sich sogar verallgemeinern; statt Verdoppeln nehmen wir Verdreifachen, Vervierfachen, …, Ver-n-fachen ($n \in \text{IN}\setminus\{1; 2\}$).

Dann gilt, falls $b < \frac{a}{n}$ und $n - 1$ ein Teiler von $(a - n \cdot b)$:

$$a = n \cdot b + (n - 1) \cdot c$$
$$\Rightarrow a + c = (n \cdot b + (n - 1) \cdot c) + c$$
$$\Rightarrow a + c = n \cdot b + n \cdot c$$
$$\Rightarrow a + c = n \cdot (b + c)$$

(Zu beachten: Um c zu erhalten, muss der „Rest" bei Division von a durch b mit dem Ergebnis n noch durch $n - 1$ dividiert werden.)

In dieser verallgemeinerten Form lässt sich die Idee von Linn sogar auf das zweite, Sonya gestellte Problem anwenden. Dort ist $a = 38$, $b = 8$ und $n = 3$.

Die Voraussetzungen sind erfüllt:

$$8 < \frac{38}{3}; \, 3 - 1 = 2, \text{ und } 2 \text{ teilt } 38 - 3 \cdot 8 = 14$$

Es gilt: $38 : 8 = 3 + \frac{14}{8}$ (diese Darstellung ist wegen des geforderten Verdreifachens erforderlich)

bzw. $38 = 3 \cdot 8 + 2 \cdot 7$. Demnach ist $c = 7$.

$$38 + 7 = 3 \cdot (8 + 7)$$

Diese Lösung ist natürlich nicht so elegant wie die von Sonya.

Beispiel Felix (siehe Kap. 1):

Hier möchten wir Felix etwas genauer vorstellen, damit Sie wenigstens von einem der in der Einführung genannten Kinder nicht nur Mathematisches, sondern auch ein klein wenig Persönliches erfahren (siehe dazu auch *Bardy* und *Hrzán,* 2002 und 2006).

Die originellen Ideen von Felix im Rahmen unseres Mathematischen Korrespondenzzirkels und einer Kreisarbeitsgemeinschaft in Mathematik waren für uns Anlass, in Gesprächen mit seiner Klassenlehrerin, seiner Mutter, seiner Mathematiklehrerin und seinem Vater sowie im Rahmen teilnehmender Unterrichtsbeobachtung (jeweils durch *J. Hrzán*) mehr über ihn herauszufinden: einziges Kind, Mutter Erzieherin in einer Sonderschule, Vater Brückenbauingenieur.

a) Ergebnisse eines Gesprächs mit seiner Klassenlehrerin (Ende der dritten Jahrgangsstufe, Felix 9 Jahre 1 Monat):
   Felix wird als typischer Einzelgänger eingeschätzt, der sich meist abseits vom Geschehen bewegt. Er ist zurückhaltend und bescheiden. Insbesondere beim Bearbeiten von Sachaufgaben findet Felix eigene und interessante Lösungswege, mit denen er jedoch nie prahlt. Meist ist er sehr ernst, kaum einmal lustig, fröhlich oder ausgelassen.

Felix wird als typisches „Oma-Kind" bezeichnet. Es besteht der Eindruck, dass die Erziehung von Felix zum großen Teil von der Oma übernommen wird. Sie betreut ihn täglich viele Stunden und spricht mit ihm offen über alle Probleme. Außer in Musik und Sport (jeweils Note 2) hat er in allen Fächern die Note 1. Obwohl er musikalisch ist und Flöte spielt, schämt er sich, vor der Klasse zu singen. Im Fach Deutsch fällt er durch kreative Äußerungen und originelle Erzählungen auf. Einen festen Freund im Klassenverband hat er (noch) nicht.

b) Informationen aus einem Gespräch mit seiner Mutter (Mitte zweites Halbjahr 4. Jahrgangsstufe, Felix 9 Jahre 9 Monate):

Im Baby- und Kleinkindalter weist die Entwicklung von Felix keine Besonderheiten auf. Jedoch hatte er schon immer ein geringes Schlafbedürfnis, sein Schlaf ist aber sehr tief.

Bereits seit Ende der Kinderkrippe (im Alter von 3 Jahren) fällt Felix dadurch auf, dass er seinen Eltern sehr viele Fragen zu allen Dingen des Lebens stellt. Dabei lässt er sich nicht mit unzureichenden Antworten abspeisen. Felix kann sehr genau beobachten und besitzt ein sehr gutes Gedächtnis. Bereits vor der Einschulung spielte er u. a. Schach und Skat und fiel dabei durch sein logisches Denkvermögen auf.

Seit seiner Kindergartenzeit ist sein Sprachvermögen hinsichtlich Umfang, Vokabular und Satzbau dem gleichaltriger Kinder überlegen. Zwar hat er wegen sozialer Schwierigkeiten wenig gesprochen, aber wenn, dann in vollständigen Sätzen.

Unmittelbar nach Schulanfang lernte er innerhalb von acht Wochen lesen. Fehlende Kenntnisse eignete er sich selbst an oder erfragte sie von seinen Eltern oder seiner Oma, die ihn in der Grundschulzeit fast täglich zur Schule brachte und dort abholte. Er liest sehr viel, um Antworten auf ihn bewegende Fragen zu finden. Gelegentlich trennen die Eltern ihn von Büchern, weil er nach ihrer Auffassung zu viel und zu lange liest. Hierbei wird auch deutlich, dass Felix sich sehr lange konzentrieren kann. Gleichzeitig zeichnet er sich durch eine ungewöhnlich starke Fantasie aus. Seine Schulaufsätze, die stets zu den besten gehören, belegen das.

Im Umgang mit gleichaltrigen Kindern fällt es Felix schwer, Kontakte zu knüpfen. Offensichtlich ist bei ihm eine diesbezügliche Barriere vorhanden. Wenn einmal Kontakte innerhalb einer Kindergruppe geknüpft sind, nimmt er im Spiel recht schnell die Führungsrolle ein. Wegen gewisser sozialer Probleme und Rhythmikstörungen wurde von den Eltern zunächst eine spätere Einschulung erwogen, die auch durch Kinderärztin und Kindergarten befürwortet wurde. Von Seiten der Grundschule wurde diese jedoch abgelehnt und auch nicht realisiert. Die Rhythmikstörungen konnten insbesondere in den letzten drei Jahren durch musiktherapeutische Maßnahmen abgebaut werden. Seitdem spielt Felix Flöte.

Ein Überwechseln von Felix in ein Spezialgymnasium ab Klasse 5 (ein solcher Wechsel war damals in Sachsen-Anhalt nur an wenigen Spezialgymnasien möglich) kam für die Eltern nicht in Frage, da sie ihr Kind die ganze Woche über in ein Internat hätten geben müssen.

c) Ein paar Eindrücke aus Unterrichtsbeobachtungen (Ende 4. Jahrgangsstufe, Felix 9 Jahre 10 Monate):

Während andere Kinder sich in den kleinen Pausen aktiv bewegen, Gespräche führen und Meinungsverschiedenheiten auch durch körperliche „Kontakte" austragen, sitzt Felix meist ruhig auf seinem Platz und hat anscheinend nichts mit dem Treiben der anderen Kinder zu tun.

In einer Übungsphase, in der Aufgaben zur schriftlichen Multiplikation in Vorbereitung auf eine Klassenarbeit gelöst wurden, war Felix meist als Erster fertig. Jedoch meldete er sich nicht, als nach den Lösungen der Aufgaben gefragt wurde. Träumend schaute er vor sich hin.

In einem anderen Unterrichtsabschnitt, in dem die Kinder gefragt wurden, wie man am besten an die Lösung von Sachaufgaben herangehe, meldete sich Felix als Erster. Vor allem, so meinte er, sei es wichtig, den Text so oft zu lesen, bis der Inhalt der Aufgabenstellung verstanden sei. Gleichzeitig, so Felix, müsse man auf bestimmte Zahlenangaben oder Worte wie mal oder minus achten; und manchmal sei es sinnvoll, eine Skizze zu machen.

Zur Lösung konkreter Sachaufgaben benannte die Lehrerin in diesem Unterrichtsabschnitt fünf Kinder (darunter Felix), die sich selbst eine Gruppe von Kindern aus der Klasse auswählen sollten, mit denen sie gemeinsam die Aufgaben lösen wollten. Felix organisierte seine Gruppe sehr schnell (offensichtlich wusste er sofort, mit welchen Kindern er zusammenarbeiten wollte) und konnte mit dieser zuerst mit der Arbeit beginnen. Vorher hatte er aus dem umfangreichen Aufgabenangebot der Lehrerin ebenfalls sehr schnell eine Aufgabe für die Arbeitsgruppe ausgewählt, die ihm offenbar interessant und anspruchsvoll genug erschien. Felix las dann den anderen Kindern zuerst die Aufgabenstellung vor und entwickelte sogleich erste Gedanken in Bezug auf den Lösungsweg. Die anderen Kinder griffen seine Vorschläge auf und führten danach entsprechende Rechnungen aus. Anschließend fragten sie ihn nach der Richtigkeit ihrer Ergebnisse und freuten sich, wenn er diese bestätigte. Offensichtlich wurde er bei der Einnahme dieser Führungsrolle von den Kindern voll akzeptiert. Sie vertrauten auch sofort auf die Richtigkeit aller seiner Aussagen.

d) Bemerkungen zu einem Gespräch mit der Mathematiklehrerin, das den Unterrichtsbeobachtungen folgte:

Die Klasse von Felix wird von ihr als sehr leistungsschwach eingeschätzt. In den beiden anderen vierten Klassen der Schule befinden sich fast alle guten Schülerinnen und Schüler. Erst kurz vor dem Tag des Unterrichtsbesuches waren wieder fünf Kinder mit Lese-Rechtschreib-Schwächen in seine Klasse gekommen. Außer Felix gibt es noch zwei bis drei Kinder mit einem Leistungsstand von 1 oder 2 im Fach Mathematik. Die Leistungen fast aller anderen Kinder bewegen sich zwischen 3 und 6. Felix unterstützt leistungsschwache Kinder (das wird von der Mathematiklehrerin gefördert). Für die Lehrerin nimmt er gewissermaßen die Rolle einer zweiten Lehrperson ein. Das macht Felix gern und erhält dafür von allen Kindern Anerkennung und Achtung.

Sehr anspruchsvolle Aufgaben, die seinem Leistungsstand entsprechen würden, erhält er in der Schule nicht. Dadurch würde er – nach Meinung der Lehrerin – in eine stärkere Isolierung geraten.

Felix fühlt sich (und ist) in dieser Klasse verloren. Mittlerweile hat er jedoch einen Freund, der ein relativ leistungsschwacher Schüler ist. Gründe für diese Freundschaft sind der Lehrerin nicht bekannt.

e) Bemerkungen zu einem Gespräch mit dem Vater (Anfang 11. Jahrgangsstufe, Felix 16 Jahre 3 Monate):

In diesem Alter besuchte Felix ein Gymnasium und hatte kein besonderes Interesse an der Lösung mathematischer Problemstellungen. Er wollte aber einen Beruf ergreifen, der etwas mit Mathematik zu tun hat. In der Freizeit galt sein besonderes Interesse der Musik. Er spielte in einem Orchester Klarinette.

Literatur

Bardy, P., & Hrzán, J. (^{2}2002). Zur Förderung begabter Dritt- und Viertklässler in Mathematik. In A. Peter-Koop (Hrsg.), *Das besondere Kind im Mathematikunterricht der Grundschule*, 7–24. Offenburg: Mildenberger.

Bardy, P., & Hrzán, J. (2006). Projekte zur Förderung besonders leistungsfähiger Grundschulkinder an der Universität Halle-Wittenberg. In H. Bauersfeld & K. Kießwetter (Hrsg.), *Wie fördert man mathematisch besonders befähigte Kinder?*, 10–16. Offenburg: Mildenberger.

Bauersfeld, H. (2002). Das Anderssein der Hochbegabten. Merkmale, frühe Förderstrategien und geeignete Aufgaben. *mathematica didactica*, 25(1), 5–16.

Chauvin, R. (1979). *Die Hochbegabten* (Übers. aus dem Französischen) (Schriftenreihe Erziehung und Unterricht, H. 23). Bern, Stuttgart: Paul Haupt.

Dörfler, W. (1984). Verallgemeinern als zentrale mathematische Fähigkeit. *Journal für Mathematik-Didaktik*, 5(4), 239–264.

Ehrlich, N. (2013). *Strukturierungskompetenzen mathematisch begabter Sechst- und Siebtklässler: Theoretische Grundlegung und empirische Untersuchungen zu Niveaus und Herangehensweisen*. Münster: WTM.

Krutetskii, V. A. (1976). *The Psychology of Mathematical Abilities in Schoolchildren*. Chicago: The University of Chicago Press.

Michling, H. (^{3}1997). *Carl Friedrich Gauß: Aus dem Leben des Princeps mathematicorum*. Göttingen: Verlag Göttinger Tageblatt.

Sjuts, B. (2017). *Mathematisch begabte Fünft- und Sechstklässler: Theoretische Grundlegung und empirische Untersuchungen*. Münster: WTM.

Zur Diagnostik von (mathematischer) Begabung in der Grundschule und in der Sekundarstufe I

Anlagen lassen sich nicht direkt messen, sondern nur über die Qualität von Leistungen erschließen.

> „Will man nicht Hochleistungsfähigkeit mit Hochbegabung gleichsetzen, so muss man wohl oder übel unterscheiden, dass zwar Hochbegabung in der Regel Hochleistungen erwarten lässt, dass aber nicht umgekehrt von Hochleistungen ohne weiteres auf eine verursachende Hochbegabung geschlossen werden kann. Zudem sind Spitzenleistungen neben den Anlagen sowohl von der Arbeitssituation und der aktuellen Disponiertheit wie von den Aufgabenmerkmalen abhängig, d. h., sie sind unausweichlich situations- und aufgabenspezifisch. Dieser Umstand erhöht das Risiko für die querschnittartige Erhebung von Leistungen, was bei standardisierten Tests der Normalfall ist. Verlässlichere Einschätzungen kann man eher von längerfristigen Beobachtungen einschlägiger Problemlösetätigkeiten und dem begleitenden allgemeinen Verhalten erwarten, d. h. von einer prozessartigen Diagnose." (*Bauersfeld,* 2006, 84 f.)

6.1 Warum soll man Begabte identifizieren?

Heller (2000, 243) nennt als Aufgaben der Begabungsdiagnostik zum einen die **Talentsuche** oder **Hochbegabtenidentifikation** (als Vorstufe einer beabsichtigten Förderung begabter Kinder oder Jugendlicher bzw. im Rahmen von Forschungsprojekten) und zum anderen die **Einzelfalldiagnose** (als Beratungsgrundlage erzieherischer Prävention und gegebenenfalls pädagogisch-psychologischer Intervention).

Nach *Heller* (a. a. O., 244) erfahren „**Talentsuchen** für bestimmte Förderprogramme […] ihre Berechtigung a) durch das Recht jedes einzelnen auf optimale Begabungs- bzw. umfassende Entwicklungsförderung, b) durch gesellschaftliche Ansprüche an jeden einzelnen, somit auch an Hochbegabte, einen angemessenen Beitrag für andere zu leisten." In diesem Zusammenhang wird gelegentlich auch auf die Pflicht zu besonderen

© Springer-Verlag GmbH Deutschland, ein Teil von Springer Nature 2020
T. Bardy und P. Bardy, *Mathematisch begabte Kinder und Jugendliche,* Mathematik Primarstufe und Sekundarstufe I + II, https://doi.org/10.1007/978-3-662-60742-8_6

Leistungen Hochbegabter hingewiesen, die aus gesellschaftlichen oder volkswirtschaft-lichen Anforderungen erwachse.

> „**Einzelfalldiagnosen** dienen der Vorbeugung oder Aufklärung individueller Verhaltens- und Leistungsprobleme, sozialer Beziehungskonflikte oder von Erziehungs- bzw. Sozialisations-problemen, soweit hierfür – direkt oder indirekt – ‚Hochbegabung' verantwortlich gemacht werden kann. Entsprechende Hypothesen sind diagnostisch zu entscheiden, bevor Erziehungs-, Beratungs- oder Interventionsmaßnahmen geplant und realisiert werden." (a. a. O., 243)

Andauernde Unterforderung (z. B. wegen nicht erkannter Hochbegabung einer Schülerin oder eines Schülers), Zwang zur Konformität (etwa aus Angst vor negativen Etikettierungseffekten), Unsicherheiten Erwachsener im Umgang mit hochbegabten Kindern bzw. Jugendlichen oder Neidkomplexe können zu Verhaltensproblemen oder Konflikten zwischen Hochbegabten und ihrer sozialen Umgebung führen.

Ist der Aufwand für Einzelfalldiagnosen bzw. für Talentsuchen gerechtfertigt bzw. sind die möglichen Risiken bei solchen Unternehmungen zu akzeptieren? Wir meinen ja: Einerseits ist der gesellschaftliche Wert der Identifikation (und der anschließenden Förderung) begabter Kinder und Jugendlicher hervorzuheben; gesellschaftlich nütz-liche Fähigkeiten und Fertigkeiten werden ausgebildet. Andererseits – was mindestens genauso wichtig ist – geht es um den individuellen Wert für das begabte Kind/den begabten Jugendlichen selbst; jedes Kind, auch das begabte, hat das Recht auf passende Förderung, u. a. um durch diese Förderung sich persönlich selbst verwirklichen zu können.

Die Notwendigkeit der Diagnose von Begabung und entsprechender Interventionen wird insbesondere in den Fällen deutlich, wo ein begabtes Kind in der Regelklasse verhaltensauffällig wird, weil es unterfordert ist, wo ein hochbegabtes und gleich-zeitig lernbehindertes Kind in eine Sonderschule abgeschoben wird oder wo ein hoch-begabtes Kind aufgrund seiner intellektuellen Frühreife „in die Position eines sozialen Außenseiters" (*Hany,* 1987, 95) gerät.

Sowohl spezielle Identifikationsmaßnahmen als auch spezielle Begabtenförderung sind natürlich nur dann erforderlich, wenn die den Begabten gegebenen Möglichkeiten (sowohl schulisch als auch außerschulisch), ihre Fähigkeiten entfalten und sich ver-wirklichen zu können, nicht ausreichend sind sowie eine optimale Entwicklung von Begabten und die entsprechende gesellschaftliche Nutzung sich allein durch gezielte Fördermaßnahmen realisieren lassen.

Begabung, insbesondere mathematische Begabung, bereits im Grundschulalter zu diagnostizieren, ist nicht einfach. Um allgemein ein begabtes Kind als solches zu identifizieren, empfiehlt es sich, mehrere verschiedene Diagnoseinstrumente heran-zuziehen und möglichst vielfältige und umfassende Informationen einzuholen. Damit kann das Risiko, ein Kind als besonders begabt zu identifizieren, obwohl es das nicht ist (Alpha-Fehler), bzw. ein Kind nicht als begabt festzustellen, obwohl es in Wirklich-keit begabt ist (Beta-Fehler), klein gehalten werden; denn beide Fehler können für die weitere Entwicklung des Kindes schlimme Folgen haben. Deshalb ist es auch wichtig, dass Eltern sowie Lehrerinnen und Lehrer die Möglichkeiten der Hilfe und Unterstützung durch Schulpsychologen oder Beratungslehrer in Anspruch nehmen.

Wir werden nun (in den Abschn. 6.2 und 6.3) Merkmalskataloge für Eltern bzw. Lehrerinnen und Lehrer vorstellen, die eine erste Orientierung bei der Frage ermöglichen, ob ein Kind oder ein Jugendlicher (allgemein) begabt sein könnte, ohne hier bereits auf die spezifische Frage einer mathematischen Begabung einzugehen. In den Abschn. 6.4 und 6.5 werden dann neben Hinweisen zur Hochbegabungs- bzw. Intelligenzdiagnostik auch Hilfen für die Diagnose mathematischer Begabung angeboten.

6.2   Merkmalskatalog für Eltern

Die erste Frage sowohl von Eltern als auch von Lehrerinnen und Lehrern, die sich für das Phänomen „Hochbegabung" interessieren, lautet im Regelfall: „Wie erkennt man, ob ein Kind hochbegabt ist?" Ein solcher Wunsch nach einer Anleitung ist durchaus verständlich und hat dazu geführt, dass in der Ratgeberliteratur zum Thema „Hochbegabung" Checklisten vorkommen, in denen Merkmale genannt werden, die dort für hochbegabte Kinder als typisch deklariert werden. In diesem Buch möchten wir nicht auf solche Merkmalslisten verzichten und bieten im vorliegenden Abschnitt eine solche für Eltern an (und im nächsten Abschnitt eine solche für Lehrerinnen/Lehrer). Gleichzeitig sprechen wir jedoch eine deutliche Warnung aus (siehe auch *BMBF*, 2003, 23 ff. sowie *Perleth et al.*, 2006):

Es ist wissenschaftlich nicht ausreichend abgesichert, dass die in solchen Merkmalslisten genannten Kriterien tatsächlich typisch für Hochbegabte sind. Einzelne Hochbegabungsforscher kritisieren, dass diese Checklisten keine Ergebnisse empirischer Untersuchungen seien, sondern es sich um unzulässige Verallgemeinerungen von Einzelfällen handele. Die Formulierung der Kriterien ist außerdem häufig so vage, dass sie auch auf nicht hochbegabte Kinder zutreffen können.

> „Viele der Merkmale sind als bewertende oder quantifizierende Aussagen formuliert (z. B. ungewöhnlich hoch, leicht, sehr viel). Nur was heißt nun genau ‚viel' oder ‚ungewöhnlich'? Dies zu beurteilen, wird bei den Checklisten jeder/jedem selbst überlassen. Hinzu kommt, dass die meisten der aufgelisteten Verhaltensweisen abhängig von dem Bildungs- und Förderangebot sind, das einem Kind zur Verfügung steht. Hochbegabung ist davon jedoch unabhängig. Weiterhin gibt es keinen Auswertungsschlüssel, nach dem zu bestimmen ist, wie viele der aufgelisteten Merkmale vorliegen müssen, um von Hochbegabung sprechen zu können, oder ob sie in einer spezifischen Kombination vorliegen müssen." (*BMBF*, 2003, 23)

> „Trotz all dieser Bedenken gibt es […] **Gründe, Checklisten einzusetzen.** Sie sind ökonomisch, ihre Bearbeitung nimmt meist nur wenige Minuten in Anspruch. Und mangels guter standardisierter Tests, insbesondere im Vorschulbereich, können sie wenigstens als Notbehelf dienen. Zudem lassen sich mit ihrer Hilfe Informationen gewinnen, die nur schwer standardisiert mit anderen Messinstrumenten erfassbar wären." (*Ziegler*, 2008, 66)

Werden die genannten Einschränkungen berücksichtigt, kann der folgende Merkmalskatalog für Eltern zumindest darauf aufmerksam machen, dass ein Kind hochbegabt sein
könnte. Obwohl in manchen Merkmalslisten auch Hinweise zu Säuglingen vorkommen,
verzichten wir hier auf solche Merkmale, da es nach *Mönks* und *Ypenburg* (2005, 40)
„keine allgemein gültigen und untrüglichen Kennzeichen [gibt, die Autoren], die bereits
beim Säugling als Hinweis auf Hochbegabung betrachtet werden können".

Insofern beziehen sich die folgenden Merkmale auf Kinder ab einem Alter von etwa
zwei Jahren (a. a. O., 41 ff.): Sie …

- haben schon früh intellektuelle Interessen (Entwicklungsvorsprung begabter Kinder
  im Vergleich zum intellektuellen Verhalten gleichaltriger),
- sind sehr wissbegierig (Das „Warum-Alter" – Beginn etwa im Alter von drei Jahren,
  Höhepunkt zwischen drei und vier Jahren – beginnt bei hochbegabten Kindern
  wesentlich früher und scheint nicht aufzuhören.),
- lernen leicht und schnell,
- haben viel Energie und werden kaum müde,
- sind konzentriert und aufgabenbewusst,
- können sich gleichzeitig mit mehreren Sachen beschäftigen,
- haben ein ausgezeichnetes Gedächtnis,
- haben eine breite Streuung von Interessen,
- haben einen außergewöhnlichen Sinn für Humor,
- neigen zum Perfektionismus (Dieser Grundhaltung muss wahrscheinlich auch die Tatsache zugeschrieben werden, dass einige hochbegabte Kinder relativ spät anfangen zu
  sprechen, dann aber gleich fehlerlose schwierige Sätze bilden.),
- bestehen schon früh darauf, vieles selbst und auf eigene Art zu tun,
- denken sehr früh über den Sinn des Lebens nach (Sie interessieren sich z. B. für die
  Abstammung des Menschen und fragen danach, was nach dem Tod kommt.),
- lernen bereits im Vorschulalter – oft aus eigenem Antrieb – Lesen und Schreiben (Das
  gilt allerdings nicht für alle hochbegabten Kinder.),
- entwickeln früh den Zahlbegriff und eigene Rechenmethoden.

Die hier präsentierte Liste ist (natürlich) unvollständig und trifft (wie schon beim Lesen
und Schreiben explizit erwähnt) nicht vollständig auf alle hochbegabten Kinder zu.

6.3   Merkmalskatalog für Lehrerinnen und Lehrer

Lehrerinnen und Lehrer können sich an dem folgenden Merkmalskatalog orientieren
(siehe z. B. *Deutsche Gesellschaft für das hochbegabte Kind e. V.,* 1984, 41 f.). Falls sehr
viele dieser Merkmale bei einem Kind zutreffen, sollte versucht werden, noch weitere
Informationen über dieses Kind einzuholen (z. B. bei den Eltern).

Das Kind …

- ist an der Schule interessiert und hat ein breites Allgemeinwissen;
- nimmt Informationen schnell auf und kann sie leicht rekapitulieren;
- hat ein hohes Lern- und Arbeitstempo und freut sich über intellektuelle Aktivitäten;
- ist in seinem Arbeiten unabhängig, bevorzugt individuelles Arbeiten und hat Selbstvertrauen;
- ist in seiner allgemeinen Entwicklung fast allen gleichaltrigen Kindern in der Klasse weit voraus;
- hat viele Hobbys und eine Vielfalt von Interessen;
- kann abstrakt denken;
- kann Probleme erkennen, analysierend beschreiben und Lösungswege aufzeigen;
- denkt schöpferisch und liebt es, ungewöhnliche Wege einzuschlagen und neue Ideen vorzulegen;
- hat einen großen Wortschatz, kann sich leicht und in gewählter Form artikulieren und ausdrucksvoll lesen;
- liest aus eigenem Antrieb sehr viel und bevorzugt „Erwachsenen-Literatur", ohne sich durch deren Schwierigkeitsgrad von der Lektüre abhalten zu lassen;
- kann sich auf eine interessante Aufgabe in ungewöhnlicher Weise konzentrieren, die alles andere in der Umgebung vergessen lässt;
- brilliert bei mathematischen Aufgaben;
- erfasst zugrunde liegende Prinzipien eines Problems schnell und kommt bald zu gültigen Verallgemeinerungen;
- denkt und arbeitet systematisch;
- findet Gefallen an Strukturen, Ordnungen und Konsistenzen;
- geht auf Fragen wertend ein;
- ist in seinem Denken flexibel;
- ist kritisch und perfektionistisch;
- kann sich verständig über ein breites Spektrum von Wissensgegenständen äußern.

6.4   Zur Diagnostik von (Hoch-)Begabung

Die (allgemeine) Begabungs- und die Intelligenzdiagnostik sind sehr weit entwickelt (siehe z. B. *Heller*, 2000 und *Holling et al.*, 2004). Vor Fördermaßnahmen in der Grundschule empfiehlt *Heller* eine gestufte/sukzessive Identifikationsstrategie (siehe Abb. 6.1).

Im Schritt (1) werden in einem sog. „Screening" (englisch für Durchsiebung, Selektion, Durchleuchtung), einer Art „Siebtest" im Rahmen einer Grobauslese, die etwa 20 % Klassenbesten bezüglich spezieller Begabungsdimensionen, z. B. bezüglich mathematischer Begabung, nominiert (beispielsweise mithilfe von Lehrerchecklisten). Im zweiten Schritt erfolgen bei den 20 % vorausgewählten Schülerinnen und Schülern

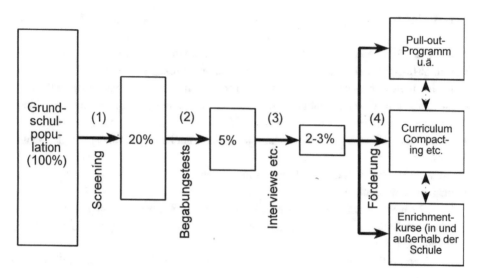

Abb. 6.1 Sukzessive Identifikationsstrategie zur Förderung begabter Grundschulkinder (nach *Heller,* 2000, 252)

(bereichsspezifische) Begabungstests, mit dem Ziel, die etwa 5 % Besten der ursprünglichen Gesamtpopulation zu ermitteln. Erforderlichenfalls erfolgen im Schritt (3) noch zusätzliche Auswahlgespräche, so dass dann schließlich 2–3 % der Ausgangspopulation an den vorgesehenen Fördermaßnahmen teilnehmen. Welche Förderkurse denkbar sind (z. B. Pull-out-Programme, Curriculum-Compacting, Enrichment-Kurse), wird ausführlich in Abschn. 7.5 thematisiert.

In Tab. 6.1 sind die wichtigsten Verfahren, die im Rahmen der sog. „Münchner Hochbegabungsstudie" entwickelt und erprobt sowie mittlerweile unter dem Kürzel „MHBT" (**M**ünchner **H**ochbega**b**ungs-**T**estsystem, siehe *Heller* und *Perleth,* 2000 bzw. Münchner Hochbegabungstestbatterie, siehe *Heller* und *Perleth,* 2007a und 2007b) zusammengefasst wurden, aufgelistet. Die einzelnen Untersuchungsdimensionen und Messinstrumente können dieser Tabelle entnommen werden.

Wie Tab. 6.1 zeigt, besteht die Münchner Hochbegabungstestbatterie aus Tests und Fragebögen zur Erfassung unterschiedlicher Begabungsdimensionen sowie von relevanten nichtkognitiven Persönlichkeits- und sozialen Umweltmerkmalen. Die MHBT (in zwei Varianten: für die Primarstufe und für die Sekundarstufe) beinhaltet Skalen verschiedener Tests und Fragebögen zu folgenden Konstrukten: kognitive (verbale, mathematische und technisch-konstruktive Denk-)Fähigkeiten (einschließlich Skalen zum räumlichen Wahrnehmen und Denken), zur Kreativität, zur sozialen Kompetenz, zu physikalischen und technischen Kompetenzen, zur Motivation (Kausalattribution, Leistungsmotivation, Erkenntnisstreben) sowie zum Arbeitsverhalten, zu Interessen, zum Schul- und Sozialklima. Weiterhin enthält die MHBT Lehrerchecklisten für eine Grobeinschätzung hochbegabter Schülerinnen und Schüler im Hinblick auf folgende Bereiche: Intelligenz, Kreativität, soziale Kompetenz, Psychomotorik und Musikalität.

Tab. 6.1 Untersuchungsdimensionen und Messinstrumente zur Identifizierung hochbegabter Schülerinnen und Schüler im MHBT (nach *Heller* und *Perleth*, 2000; siehe *Heller*, 2000, 248)

Untersuchungsdimension	Meßinstrumente	
	Informationsquelle: Schüler	Informationsquelle: Lehrer
Intellektueller Bereich	Tests: - KFT-HB 3-11+ (Kognitive Fähigkeiten) - ZVT (Zahlenverbindungstest) - TZRA (Denkprozesse)	Lehrercheckliste: LC-INT
Kreativer Bereich	Tests: - BZG/TKS (Nonverbale Kreativität) - VKS (Verbale Kreativitäts) Fragebogen: - KRG (Kreativität-Grundschulalter) - KRS (Kreativität-Sekundarschulalter)	Lehrercheckliste: LC-KRE
Soziale Kompetenz	Fragebogen: - SKG/SKS (Soziale Kompetenz)	Lehrercheckliste: LC-SK
Psychomotorik		Lehrercheckliste: LC-MOT
Kunst (Musik)		Lehrercheckliste: LC-MUS
Nichtkognitive Persönlichkeitsmerkmale (Moderatorvariable)	Fragebögen: - EKS (Erkenntnisstreben) - HS (Hoffnung auf Erfolg) - FF (Furcht vor Mißerfolg) - Angst - SKZ (Selbstkonzept) - KAG (Kausalattribution-Grundschulalter) - AV-G/AV-S (Arbeits-/Lernverhalten im Grund-/Sekundarschulalter) - MAI (Münchner Aktivitäten-Inventar)	
Umweltmerkmale (Soziale bzw. situationale Bedingungs- oder Moderatorvariablen)	Fragebögen: - FKL (Familienklima) - SKL (Schulklima) - KLE (Kritische Lebensereignisse)	

Wichtig ist, dass die statusdiagnostischen Befunde, die sich aus den aufgelisteten Messinstrumenten ergeben, noch durch prozessdiagnostische Ansätze ergänzt werden sollten (*Heller*, 2000, 241). So wird beispielsweise „von Lerntests eine zuverlässigere Indikation individueller Förderungsmaßnahmen oder eine Prognoseverbesserung im Vergleich zum Einsatz herkömmlicher (statusdiagnostischer) Untersuchungsverfahren" (a. a. O.) erwartet.

Im Kontext ihrer Kritik an „mechanistischen" Ansätzen und ihrem Plädoyer für eine „systemic theory of gifted education" beurteilen *Ziegler* und *Phillipson* (2012, 5) die MHBT wie folgt:

> „The mechanistic approach is most easily recognized in the processes for identifying giftedness [...]. For example, Heller's and Perleth's [...] Munich Giftedness Test Battery (MHBT) follows this method. The authors reduce a given case of giftedness into numerous components (e. g., thought and learning potential, knowledge, originality, social, verbal, quantitative mathematical, and nonverbal capabilities, as well as [...] cognitive flexibility, social cognition, expectations of success, fear of failure, attentiveness, quality of instructional support). Reflecting on the inadequacies of the mechanistic approach, commonly referred to as Laplace's ‚demon', we believe it is flawed to suggest that measuring each of these factors can provide the basis for predicting exceptional performance."

Auf ein Problem bei der Verwendung von gängigen Intelligenztests sei hier hingewiesen, den sogenannten „Deckeneffekt": Die genauesten Messungen erbringen die meisten Intelligenztests im mittleren Bereich, da der Anteil mittelschwerer Aufgaben im Vergleich zu sehr leichten oder sehr schweren Aufgaben vergleichsweise hoch ist. Messungen im unteren oder im überdurchschnittlichen Bereich sind oft stärker messfehlerbehaftet. „Enthält ein Test für eine Person zu wenige (oder gar keine) ausreichend schwierigen Aufgaben, löst die Person also quasi alle Aufgaben, ergibt sich ein sogenannter Deckeneffekt. [...] Deckeneffekte verhindern die Abschätzung der wahren Fähigkeit einer Person durch den Test [...]." *(Holling et al.,* 2004, 59*)*

> „[Außerdem sollte, die Autoren] statt eines Punktwertes immer ein *Bereich* angegeben werden, in dem der wahrscheinliche Wert liegt. Beispielsweise [ist] von einem Kind, das einen Wert von 130 erreichte, nur mit einer Wahrscheinlichkeit von 68 % [bekannt], dass sein IQ zwischen 125 und 135 liegt. Will man die Wahrscheinlichkeit auf 99 % erhöhen, so erhöht sich der Ungenauigkeitsbereich auf Werte zwischen 117 und 143. Zusätzlich muss der sogenannte *Zentrifugaleffekt* berücksichtigt werden, nach dem der „wahre" Wert mit einer höheren Wahrscheinlichkeit in demjenigen Intervall liegt, das dem Mittelwert näher ist. Hier läge der ‚wahre IQ' des Kindes also wahrscheinlich eher zwischen 117 und 130 als zwischen 130 und 143." *(Ziegler,* 2008, 29)

Die meisten der auf dem Markt vorzufindenden Intelligenztests wurden nicht an der Gruppe der intellektuell Hochbegabten normiert. Dadurch fehlt eine Vergleichsgruppe, in die individuelle Testergebnisse eingeordnet werden könnten. Eine Differenzierung innerhalb der Gruppe der Hochbegabten ist nur schwer möglich. Dies hat zu dem Vorschlag geführt, z. B. den Kognitiven Fähigkeitstest (KFT4–13+) zur Erfassung außergewöhnlicher sprachlicher, mathematischer oder technisch-konstruktiver Fähigkeiten in der Weise einzusetzen, dass den Probanden die Items der zwei oder drei Jahre älteren Kinder oder Jugendlichen vorgelegt wurden. *Heller* (2000, 249) berichtet, dass sich dies „vergleichsweise gut bewährt" habe.

Holling et al. (2004, 147) meinen jedoch, dass dieses Akzelerationsmodell der Testung (auch *off-level testing* genannt) „eher eine Notlösung" darstelle:

> „Um Deckeneffekte zu vermeiden, werden dem Kind Aufgaben vorgegeben, die für einige Jahre ältere Personen konstruiert und standardisiert wurden. Die Leistung der Testperson wird dann mit den Normen für ältere Probanden verglichen. Das Akzelerationsmodell der Testung kann nur als Zusatzinformation zur Testung mit einem dem chronologischen Alter entsprechenden Verfahren verwendet werden."

Niedrige Werte im Rahmen des Akzelerationsmodells der Testung lassen sich nicht interpretieren, während hohe Werte auf ein hohes Potenzial hinweisen. Damit ergeben nur sehr gute Ergebnisse erste Hinweise auf eine hohe Begabung. Es handelt sich um ein Vorgehen, das psychometrisch nicht fundiert ist. Die Gütekriterien wurden für andere Personen überprüft als für die Gruppe, der die Testperson angehört.

6.5   Zur Diagnostik von mathematischer Begabung

Die üblichen Intelligenztests sind wenig geeignet, um mathematische Begabung zu diagnostizieren. Es gab (und gibt) deshalb Bemühungen, eigenständige Mathematiktests zu entwickeln.

Uns für das Grundschulalter vorliegende Mathematiktests, die speziell für begabte Kinder entwickelt wurden (siehe z. B. *Wilmot,* 1983 oder *Ryser* und *Johnsen,* 1998), differenzieren aus unserer Sicht jedoch auch zu wenig im oberen Bereich. Selbst bei entsprechender Anpassung der Items an die Situation in Deutschland halten wir sie nicht für sehr geeignet. Auch ein in Neuseeland entwickelter spezieller Test (PAT, siehe *Reid,* 1993) wird von *Niederer et al.* (2003) nicht empfohlen, da nach deren Untersuchungen viele mathematisch begabte Kinder bei Durchführung dieses Tests als solche nicht erkannt bzw. viele Kinder fälschlicherweise als mathematisch begabt identifiziert werden.

Diese Situation hat dazu geführt, dass zurzeit an den Universitäten in Deutschland, an denen mathematisch begabte Grundschulkinder gefördert werden (siehe *Bauersfeld,* 2006), selbst entwickelte Items verwendet werden, um geeignete Kinder zu finden. Beispielhaft werden im Folgenden zwei Vorgehensweisen beschrieben:

In den von *Käpnick* durchgeführten Förderprojekten hat sich das folgende „Stufenmodell zur Diagnostik mathematisch begabter Grundschulkinder des dritten und vierten Schuljahres gut bewährt" (*Käpnick,* 2002, 6):

1. Stufe (Grobauswahl): Diese erste Art der Auswahl erfolgt anhand von Lehrernominierungen, die unter Berücksichtigung von Orientierungshilfen und Merkmalskatalogen (siehe die Abschn. 4.2 und 6.3) u. a. durch Schulnoten, Persönlichkeitseigenschaften, Interessen oder auch auffällige Leistungen begründet werden.

2. Stufe (Indikatoraufgaben): Mithilfe dieser von *Käpnick* entwickelten Aufgaben (siehe *Käpnick,* 1998; einige dieser Indikatoraufgaben finden sich auch in *Käpnick,* 2001) lässt sich eine intensive und relativ umfangreiche Diagnose des aktuellen Entwicklungsstandes mathematischer Fähigkeiten vornehmen. Insbesondere durch die Vielfalt der Indikatoraufgaben lässt sich das individuelle Ausprägungsprofil einer mathematischen Begabung erkennen.

Käpnick selbst merkt jedoch kritisch an, dass der für eine Testkonstruktion erforderliche Schritt der Normierung und Analyse der Endform von ihm nicht geleistet wurde (*Käpnick,* 1998, 130); siehe auch die kritische Stellungnahme zu einer Indikatoraufgabe bei *Peter-Koop et al.* (2002, 26).

3. Stufe (prozessbegleitende Identifikation): Während des gesamten Identifizierungs- und Förderprozesses sollten verschiedene Verfahren und Methoden zur weiteren Gewinnung von Informationen angewandt werden. Dazu zählen beispielsweise Leistungs- und Intelligenztests, Kreativitätseinschätzungen und -tests, Beobachtungen des Kindes während des Aufgabenlösens sowie Analyse und Bewertung seiner Eigenproduktionen (was häufig nur durch gezielte Befragung nach dem eingeschlagenen Lösungsweg möglich ist), Beobachtungen und Bewertungen durch unterschiedliche Lehrpersonen, Eltern und gleichaltrige Kinder.

An der Universität Hamburg werden in einem sehr aufwendigen Prozess Kinder der dritten Jahrgangsstufe ausgewählt, die an einem Mathematik-Förderangebot der Universität bzw. an Mathematikzirkeln in verschiedenen Stadtteilen Hamburgs bis zum Ende der vierten Jahrgangsstufe teilnehmen. Eine Übersicht über diesen Auswahlprozess gibt Abb. 6.2.

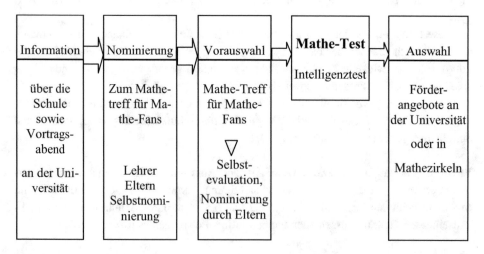

Abb. 6.2 Talentsuche im Grundschulprojekt der Universität Hamburg (nach *Nolte,* 2004, 69)

Die Kinder der dritten Jahrgangsstufe und ihre Eltern werden über den gesamten Auswahlprozess durch die Schulen sowie durch einen Vortragsabend an der Universität informiert. Zu einer Vorauswahl – einer Art Probeunterricht –, dem sogenannten „Mathe-Treff für Mathe-Fans", können Lehrerinnen/Lehrer oder Eltern Kinder vorschlagen; die Kinder können sich aber auch selbst nominieren, um dann von ihren Eltern angemeldet zu werden. Der Mathe-Treff, der an einem Freitagnachmittag und am darauf folgenden Vormittag stattfindet, dient dazu,

- die Kinder an die Komplexität der später zu bearbeitenden Problemstellungen heranzuführen;
- den Kindern zu zeigen, wie im Regelfalle im Projekt selbst gearbeitet wird;
- die Kinder auf die Testung (vor allem auf den Mathematiktest) vorzubereiten;
- die Kinder zu beobachten, um erste Eindrücke von ihrem Arbeitsverhalten, ihrem Interesse, ihrer Selbstständigkeit und der eventuellen Entwicklung eigener Ideen zu gewinnen;
- den Kindern die Möglichkeit zu geben, sich selbst im Hinblick auf die eigenen mathematischen Fähigkeiten besser als bisher einschätzen zu können (siehe das Wort „Selbstevaluation" in Abb. 6.2).

Anschließend können die Kinder durch ihre Eltern für die Tests, einen etwa drei Zeitstunden dauernden Mathematiktest (Durchführung in mehreren Großgruppen) und einen etwa zwei Zeitstunden dauernden Intelligenztest (in kleineren Gruppen), nominiert werden. Etwa 45 Kinder werden dann an der Universität gefördert (alle zwei Wochen jeweils 90 min). Den anderen Kindern (einer wesentlich größeren Zahl) wird Gelegenheit geboten, an Mathematikzirkeln teilzunehmen, die an verschiedenen Hamburger Grundschulen ebenfalls alle zwei Wochen stattfinden (Genaueres zum Auswahlverfahren siehe *Nolte,* 2004).

Ebenfalls an der Universität Hamburg findet ein interdisziplinäres Forschungs- und Förderprojekt statt, welches hauptsächlich die Identifizierung und Förderung von mathematisch besonders befähigten Schülerinnen und Schülern der Sekundarstufe I verfolgt (siehe dazu *Kießwetter,* 1985 und 1988; *Wagner* und *Zimmermann,* 1986).

Die Mathematiklehrerinnen und -lehrer der 6. Jahrgangsstufe aller Hamburger Gymnasien, Gesamtschulen usw. erhalten Informationen über das Projekt und werden gebeten, geeignete Jugendliche und deren Eltern auf dieses Projekt hinzuweisen und diese zu bitten, sich bei der Universität zu melden.

Für die Auswahl der Jugendlichen werden zwei Tests eingesetzt: der ins Deutsche übersetzte SATM (**S**cholastic **A**ptitude **T**est **M**athematics, siehe auch Abschn. 4.5) und ein eigens von *Kießwetter* entwickelter Test. Dazu schreibt *Kießwetter* (1988, 28):

„Uns stand ein leicht ins Deutsche übertragbarer Multiple-choice-Test zur Verfügung, den unsere Partner an der Johns-Hopkins-Universität in Baltimore seit mehr als 10 Jahren mit Erfolg für die Auswahl von hochbegabten 12-Jährigen eingesetzt haben. Dort stellt man sich als oberstes Ziel, daß Hochbegabte schneller die Schule durchlaufen. Auch die Verwendung dieses SATM [...] ist auf dieses Ziel hin ausgerichtet. Eigentlich ist er ein Test für durchschnittliche 16-Jährige. Ein 12-Jähriger wird als mathematisch hochbegabt eingestuft, wenn er darin etwas besser als der Durchschnitt der 16-Jährigen abschneidet, seinen Altersgenossen in dieser Beziehung also um mindestens 4 Jahre voraus ist. Unsere Förderziele sind von denen der Gruppe in Baltimore verschieden. Und zudem haben wir die Überzeugung, daß ein Multiple-choice-Test uns besonders wichtige Komponenten mathematischer Begabung wie kreatives Verhalten und das Zurechtfinden in hochkomplexen Situationen nicht abprüfen kann."

Aus den genannten Gründen hat *Kießwetter* einen Katalog von sechs komplexen mathematischen Denkleistungen zusammengestellt (siehe Abschn. 4.2) und Aufgaben konstruiert, zu deren Lösung diese Denkleistungen erforderlich sind. Sieben dieser Aufgaben wurden schließlich zum sog. HTMB („**H**amburger **T**est für **m**athematische **B**egabung") zusammengefasst.

„Zur Vorbereitung auf den SATM erhalten dann alle bei uns angemeldeten Kinder ein ausführliches Vorbereitungsheft. Da der SATM für 16-Jährige konstruiert wurde, muß insbesondere im Schnellverfahren Stoff gelernt werden (z. B. der Satz des Pythagoras). Dazu gibt es genaue Informationen. Außerdem enthält das Vorbereitungsheft einen Beispieltest und eine Anzahl von Beispiellösungen (aus früheren Testungen des Teams in Baltimore)." (a. a. O.)

Die Tests finden etwa einen Monat nach der Versendung der Vorbereitungshefte statt (an einem Samstagmorgen). Für die 60 Einzelaufgaben des SATM sind genau 60 min veranschlagt. Nach einer Pause von 15 min wird innerhalb von 120 min der HTMB bearbeitet. Bei diesem erfordern offene Aufgabenstellungen das Formulieren von Antworten, Bearbeitungshinweisen, Begründungen usw.

Das Förderkonzept ist für 13- bis 16-jährige Schülerinnen und Schüler (Jahrgangsstufen 7 bis 10) angelegt, wobei das Vorwegnehmen von Schulstoff weitgehend vermieden wird. Bei den für die Förderung ausgewählten Jugendlichen erfolgt auch eine IQ-Bestimmung (*Kießwetter*, 1985, 303).

Literatur

Bauersfeld, H. (2006). Versuch einer Zusammenfassung der Erfahrungen. In H. Bauersfeld & K. Kießwetter (Hrsg.), *Wie fördert man mathematisch besonders befähigte Kinder?*, 82–91. Offenburg: Mildenberger.

Bundesministerium für Bildung und Forschung (BMBF) (2003). *Ein Ratgeber für Elternhaus und Schule: Begabte Kinder finden und fördern*. Bonn.

Deutsche Gesellschaft für das hochbegabte Kind e. V. (Hrsg.). (³1984). *Hochbegabung und Hochbegabte: Eine Informationsbroschüre für Eltern und Lehrer*. Hamburg.

Hany, E. A. (1987). *Modelle und Strategien zur Identifikation hochbegabter Schüler*. Dissertation, LMU München.

Heller, K. A. (Hrsg.). (²2000). *Begabungsdiagnostik in der Schul- und Erziehungsberatung*. Bern, Göttingen, Toronto, Seattle: Huber.

Heller, K. A., & Perleth, C. (Hrsg.). (2000). *Münchner Hochbegabungs-Testsystem (MHBT)*. Göttingen: Hogrefe.

Heller, K. A., & Perleth, C. (2007a). *MHBT-P: Münchner Hochbegabungstestbatterie für die Primarstufe*. Göttingen: Hogrefe.

Heller, K. A., & Perleth, C. (2007b). *MHBT-S: Münchner Hochbegabungstestbatterie für die Sekundarstufe*. Göttingen: Hogrefe.

Holling, H., Preckel, F., & Vock, M. (2004). *Intelligenzdiagnostik*. Göttingen, Bern, Toronto, Seattle: Hogrefe.

Käpnick, F. (1998). *Mathematisch begabte Kinder: Modelle, empirische Studien und Förderungsprojekte für das Grundschulalter*. Frankfurt a. M. et al.: Peter Lang.

Käpnick, F. (2001). *Mathe für kleine Asse: Empfehlungen zur Förderung mathematisch interessierter und begabter Kinder im 3. und 4. Schuljahr*. Berlin: Volk und Wissen.

Käpnick, F. (^{2}2002). Mathematisch begabte Grundschulkinder: Besonderheiten, Probleme und Fördermöglichkeiten. In A. Peter-Koop (Hrsg.), *Das besondere Kind im Mathematikunterricht der Grundschule*, 25–40. Offenburg: Mildenberger.

Kießwetter, K. (1985). Die Förderung von mathematisch besonders begabten und interessierten Schülern – ein bislang vernachlässigtes sonderpädagogisches Problem. *Der Mathematisch-Naturwissenschaftliche Unterricht (MNU), 38*(5), 300–306.

Kießwetter, K. (1988). Das Hamburger Fördermodell und sein mathematikdidaktisches Umfeld – unter besonderer Berücksichtigung der Überlegungen und Modellierungselemente, welche Ausgangspunkte für die Konzeption waren. In K. Kießwetter (Hrsg.), *Das Hamburger Modell zur Identifizierung und Förderung von mathematisch besonders befähigten Schülern*, 6-34. Berichte aus der Forschung, Heft 2. Hamburg: Universität Hamburg, FB Erziehungswissenschaften.

Mönks, F. J., & Ypenburg, J. J. (^{4}2005). *Unser Kind ist hochbegabt: Ein Leitfaden für Eltern und Lehrer*. München, Basel: Ernst Reinhardt.

Niederer, K., Irwin, R. J., Irwin, K. C., & Reilly, I. L. (2003). Identification of Mathematically Gifted Children in New Zealand. *High Ability Studies, 14*(1), 71–84.

Nolte, M. (Hrsg.). (2004). *Der Mathe-Treff für Mathe-Fans: Fragen zur Talentsuche im Rahmen eines Forschungs- und Förderprojekts zu besonderen mathematischen Begabungen im Grundschulalter*. Hildesheim, Berlin: Franzbecker.

Perleth, C., Lethner, C., & Preckel, F. (2006). Husten Hochbegabte häufiger? Oder: Eignen sich Checklisten für Eltern zur Diagnostik hochbegabter Kinder und Jugendlicher? *news & science. Begabtenförderung und Begabtenforschung*. Sonderheft 2006, 27–30.

Peter-Koop, A., Fischer, C., & Begic, A. (2002). Finden und Fördern mathematisch besonders begabter Grundschulkinder. In A. Peter-Koop & P. Sorger (Hrsg.), *Mathematisch besonders begabte Kinder als schulische Herausforderung*, 7–30. Offenburg: Mildenberger.

Reid, N. A. (1993). *Progressive Achievement Test of Mathematics: Teacher's manual*. Wellington: New Zealand Council for Educational Research.

Ryser, G. R., & Johnsen, S. K. (1998). *TOMAGS Primary: Test of Mathematical Abilities for Gifted Students, Primary Level*. Austin (USA).

Wagner, H., & Zimmermann, B. (1986). Identification and Fostering of Mathematically Gifted Students. *Educational Studies in Mathematics, 17*, 243–259.

Wilmot, B. A. (1983). *The design, administration, and analysis of an instrument which identifies mathematically gifted students in grades four, five and six*. University of Illinois, USA (Thesis).

Ziegler, A. (2008). *Hochbegabung*. München: Ernst Reinhardt.

Ziegler, A., & Phillipson, S. N. (2012). Towards a systemic theory of gifted education. *High Ability Studies, 23*(1), 3–30.

Zur Förderung mathematisch begabter Kinder und Jugendlicher

7

7.1   Warum Förderung?

Hermann Hesse äußerte sich 1906 in seinem Erstlingsroman „Unterm Rad" zu „Genies" (heute würde man eher von „Hochbegabten" sprechen) in der folgenden Weise:

> „Für die Lehrer sind Genies jene Schlimmen, die keinen Respekt vor ihnen haben […] Ein Schulmeister hat lieber einige Esel als ein Genie in seiner Klasse, und genau betrachtet hat er ja recht, denn seine Aufgabe ist es nicht, extravagante Geister herauszubilden, sondern gute Lateiner, Rechner und Biedermänner. […] wir haben den Trost, daß bei den wirklich Genialen fast immer die Wunden vernarben, und daß aus ihnen Leute werden, die der Schule zum Trotz ihre guten Werke schaffen und welche später, wenn sie tot und vom angenehmen Nimbus der Ferne umflossen sind, anderen Generationen von ihren Schulmeistern als Prachtstücke und edle Geister vorgeführt werden. Und so wiederholt sich von Schule zu Schule das Schauspiel des Kampfes zwischen Gesetz und Geist, und immer wieder sehen wir Staat und Schule atemlos bemüht, die alljährlich auftauchenden paar tieferen und wertvolleren Geister an der Wurzel zu knicken. Und immer wieder sind es die von den Schulmeistern Gehaßten, die Oftbestraften, Entlaufenen, Davongejagten, die nachher den Schatz unseres Volkes bereichern. Manche aber – und wer weiß wie viele? – verzehren sich in stillem Trotz und gehen unter." (*Hesse,* 1972, 90 f.)

Noch immer – auch bei einigen Lehrerinnen und Lehrern – begegnet man der Auffassung, dass sich begabte Kinder und Jugendliche selbst helfen könnten und keine eigenständige Förderung für sie erforderlich sei. Hirnforscher (z. B. *Singer,* 1999), Begabungsforscher (z. B. *Heller et al.,* 2000; *Weinert,* 2000; *Renzulli,* 2004) und Fachdidaktiker (z. B. *Käpnick,* 1998) sind sich dagegen darin einig, dass eine Förderung möglichst frühzeitig beginnen (und auch durchgängig vom Elementarbereich bis hin zur Berufsausbildung bzw. zum Studium erfolgen) sollte.

Dies zeigt sich beispielsweise in der alten, damals aber einflussreichen Definition von Begabung im Marland-Report 1971 (siehe *Marland,* 1971, IX):

© Springer-Verlag GmbH Deutschland, ein Teil von Springer Nature 2020
T. Bardy und P. Bardy, *Mathematisch begabte Kinder und Jugendliche,* Mathematik
Primarstufe und Sekundarstufe I + II, https://doi.org/10.1007/978-3-662-60742-8_7

„Gifted and talented children are those identified by professionally qualified persons who by virtue of outstanding abilities, are capable of high performance. These are children who require differentiated educational programs and/or services beyond those normally provided by the regular school program in order to realize their contribution to self and society."

Außerdem besteht ein Grund für eine frühe Förderung darin, dass nach neueren Erkenntnissen der Hirnforschung sich die Struktur gewisser Gehirnareale (z. B. des stark durch die Umwelt geformten Scheitellappens) durch Lernen, Üben oder Training verändern lässt.

„Dem scheinbaren Widerspruch zwischen der Annahme genetisch bedingter Grenzen unserer Begabungen und den Befunden zur beliebigen Lernfähigkeit des Gehirns lässt sich auf Basis des derzeitigen Wissensstands Folgendes entgegensetzen: Tatsächlich existiert beides – es gibt sowohl Gehirnareale, deren Struktur eher genetisch festgelegt ist und in denen die Grenzen der Veränderbarkeit als moderat betrachtet werden müssen, als auch andere Gebiete, bei denen das Gegenteil der Fall zu sein scheint. Bei ihnen ist der genetische Einfluss äußerst gering, und ihre Struktur lässt sich tatsächlich durch Lernvorgänge deutlich verändern: Sie wachsen mit dem Lernen und schrumpfen mit dem Aussetzen des jeweiligen Lernvorgangs, und das schon innerhalb einiger Wochen." (*Stern* und *Neubauer,* 2013, 170)

Das Folgende ist dabei allerdings zu beachten:

„Bis vor etwa 20 Jahren waren sich Gehirnforscher einig, dass der Mensch mit einem fixen Satz an Nervenzellen in seinem Gehirn auf die Welt kommt. Man ging davon aus, dass diese sich in den ersten Lebensjahren – stimuliert durch Lernvorgänge – miteinander vernetzen, indem sie synaptische Verbindungen eingehen. Weiterhin glaubte man lange, dass zwischen dem dritten und vierten Lebensjahr die Gehirnentwicklung abgeschlossen sei. Tatsächlich ging man davon aus, dass sich schon vor Schuleintritt keine neuen Nervenzellen mehr bilden würden und auch das Zusammenwachsen der Nervenzellen über synaptische Verbindungen erschwert sei. Dies löste noch in den Neunzigern selbst unter seriösen Wissenschaftlern eine regelrechte Frühförderhysterie aus, weil man meinte, kritische Phasen der Hirnentwicklung fürs Lernen nutzen zu müssen, nach dem Motto ‚Was Hänschen nicht lernt, lernt Hans nimmermehr'.
Die Befunde der vergangenen zwei Jahrzehnte, die zum Teil in hochrangigen wissenschaftlichen Zeitschriften wie *Nature* und *Science* publiziert wurden, sprechen jedoch eine andere Sprache. Heute geht man davon aus, dass es sich bei unserem Gehirn um ein lebenslang lernfähiges und veränderbares Organ handelt […]." (a. a. O., 151)

Diese lebenslange Plastizität des Gehirns spricht allerdings nicht gegen eine frühe Förderung. Im Gegenteil: Je früher die Struktur von Gehirnarealen durch Lernen verändert wird, desto besser – vor allem im Hinblick auf die lang dauernde Entwicklung von Expertise (siehe dazu den Unterabschn. 2.3.5 und den Abschn. 4.6)!

Unsere eigenen Erfahrungen in der Förderung mathematisch begabter Kinder und Jugendlicher verweisen auf einen weiteren Grund für eine frühe Förderung: die auffällige Parallele zur Förderung von sogenannten „rechenschwachen" Kindern.

„Beide, die mathematisch besonders Leistungsfähigen (von ihren Mitschülern oft zwie-spältig ‚Rechengenies‘ genannt, aber auch ‚Streber‘ und Ärgeres), wie andererseits die schwachen Rechner, empfinden sich gleichermaßen als Außenseiter. Die einen werden isoliert wegen lästigungewöhnlicher Perfektion, die anderen wegen mangelnder. Beide machen Fehler, was zu defizitverursachenden Vermeidungsstrategien oder gar zur Ver-weigerung der entsprechenden Lernansprüche führen kann. Beide haben daher Probleme mit ihrem Selbstkonzept, d. h. in beiden Fällen besteht die Schwierigkeit, das Verhältnis zu sich selbst und zu anderen zu ordnen und zu stabilisieren. Und das heißt insbesondere, mit den eigenen Schwächen und Stärken sinnvoll zurechtkommen zu können. Für beide sind daher stützende Erfahrungen in einer kooperativen Arbeitskultur wichtig: Konstruktive Erfahrungen in einer anregenden sachlichen Auseinandersetzung mit der Welt, […], im Durchhalten gegen Widrigkeiten […], aber auch in der Erkenntnis, dass man nicht allein ist und dass andere ähnlich denken, sprechen und fühlen. Dieser Förderungsbedarf besteht bei den Rechenschwachen ebenso wie bei den Leistungsspitzen – nur, er wird insbesondere den letzteren allzu oft nicht zugestanden." (*Bauersfeld*, 2006, 82 f.)

Bei den Rechenschwachen wird grundlegendes Wissen eingeübt und häufig die Persön-lichkeitsbildung, die Entwicklung des Selbstverständnisses vernachlässigt. Wie ver-arbeiten diese Kinder die Erfahrung, immer der/die letzte zu sein? Die Hochbegabten werden vielfach noch mit der Erfahrung allein gelassen, ein Exot oder Außenseiter zu sein, vielleicht sogar sich selbst als Andersartigen zu empfinden. Dies wird gerade dadurch noch befördert, dass nach Expertenschätzungen „die Dunkelziffer nicht erkannter Hochbegabungen bei bis zu 50 % liegen soll" (*Heller*, 2000, 244).

Grundsätzlich können wir der in Bezug auf Begabtenförderung formulierten Forderung bzw. Empfehlung „Je früher, desto besser!" des Gehirnforschers und Neuro-biologen *Wolf Singer* (1999) also zustimmen. Allerdings ist zu beachten, dass die Identi-fizierung mathematisch begabter Kinder umso unsicherer ist, je früher sie versucht wird. *Rohrmann* und *Rohrmann* (2010, 72) weisen in diesem Zusammenhang auch auf die Gefahr hin, Entwicklungsvorsprünge durch eine gute Förderung im Elternhaus mit einer angeborenen außerordentlichen Begabung zu verwechseln und bei der eventuell notwendigen Auswahl für Förderangebote Kinder aus sozial privilegierten Familien zu bevorzugen. Für *Bauersfeld* stehen insbesondere sehr frühe (fach-)spezifische Angebote darüber hinaus immer auch unter dem Vorbehalt, Einseitigkeiten zu befördern und andere Dispositionen zu benachteiligen. Deshalb sollten Förderunternehmen – auch wegen der teilweise noch strittigen theoretischen Grundlagen – ihrerseits stets „als ent-wicklungsbedürftige und korrekturfähige Projekte" (*Bauersfeld*, 2006, 84) und als mög-lichst inklusive und offene Angebote geführt werden, die spätere Ein- und Ausstiege ermöglichen.

Wegen der erwähnten Relativierung des „Je früher, desto besser!" beziehen sich die im folgenden Kap. 8 behandelten Schwerpunkte der Förderung mathematisch begabter Kinder erst auf die dritte und vierte Jahrgangsstufe. In Einzelfällen kann es natürlich durchaus vorkommen, dass eine mathematische Begabung z. B. bereits im 2. Schul-jahr relativ sicher diagnostizierbar ist und entsprechende Fördermaßnahmen eingeleitet werden sollten. Für eine solche Förderung gibt es auch Materialien (siehe *Käpnick* und *Fuchs*, 2004 und *Hasemann et al.*, 2006).

Die größte Gefahr für mathematisch begabte Kinder und Jugendliche ist ihre ständige Unterforderung. „Die Erwartung vieler Lehrer [...], daß hochbegabte Kinder wegen ihrer kognitiven Ausstattung zu besonderer Einsicht zur Zurückstellung der eigenen Bedürfnisse befähigt sind, ist ein Trugschluß." (*Holling* und *Kanning,* 1999, 78)

Versäumen Lehrerinnen und Lehrer es, eine vorliegende Begabung zu erkennen und das betreffende Kind oder den betreffenden Jugendlichen angemessen zu fördern, kann das weit reichende negative Folgen haben. Eindringliche Beispiele für die „Leidenswege" hochbegabter Kinder kann man u. a. bei *Spahn* (1997) finden.

7.2   Akzeleration oder Enrichment?

Tragfähige Fördermodelle und spezifische Fördermethoden für die Schule lassen sich vor allem aus den häufig in der Literatur beschriebenen Förderansätzen *acceleration* (Beschleunigung) und *enrichment* (Anreicherung) entwickeln. Beim Enrichment-Ansatz werden bestimmte Inhalte aus dem schulischen Curriculum unter Berücksichtigung der individuellen Fähigkeiten und Interessen vertiefend behandelt, aber auch durch die Vermittlung effektiver Arbeitstechniken, von Denk- und Lernkompetenzen ergänzt (vgl. *Heller* und *Hany,* 1996).

Wir verstehen **Enrichment** insbesondere qualitativ, d. h., es geht nicht hauptsächlich darum, schwierigere und komplexere Beispiele im Vergleich zum üblichen Stoffkanon zu präsentieren (solche Beispiele können natürlich auch vorkommen), vielmehr sollten mathematische Problemstellungen im Vordergrund stehen, die von anderer (vor allem mathematisch anspruchsvollerer) Art als das Standard-Aufgabenmaterial im Mathematikunterricht der Primarstufe oder der Sekundarstufe I sind (zum qualitativ verstandenen Enrichment siehe auch *Wieczerkowski et al.,* 2000, 420). Das gesamte Kap. 8 ist Enrichment-Vorschlägen in Mathematik gewidmet.

Unter **Akzeleration** versteht man Maßnahmen, die auf die Beschleunigung der Lernprozesse ausgerichtet sind. Der reguläre Lehrplan wird dabei mit dem beschleunigten Lerntempo des begabten Kindes oder Jugendlichen koordiniert, aber auch komprimiert. Die hierbei erzielte Lernzeiteinsparung kann zu einer Reduzierung der Schulzeit insgesamt führen oder zur Beschäftigung mit speziellen Inhalten aus den Begabungs- und Interessengebieten genutzt werden. Zu diesen Maßnahmen zählen auch die frühere Einschulung oder das Überspringen von Klassen. Man könnte also durchaus sagen: Akzeleration ermöglicht Enrichment. Akzeleration und Enrichment müssen also keine Gegensätze sein.

Zum Schulbeginn treffen in der Regel zwar altershomogene, aber nicht entwicklungshomogene Kinder aufeinander. Begabte Kinder haben sich bereits häufig das Lesen und Schreiben selbst erarbeitet und sind hoch motiviert. Für diese Kinder könnte eine vorzeitige Einschulung in Betracht kommen. Hierbei ist aber nicht nur der intellektuelle Entwicklungsvorsprung ausschlaggebend. Diese Akzelerationsmaßnahme beruht auf der physischen und sozial-emotionalen Reife des Kindes sowie auf dem Einverständnis des Kindes, der Eltern und der Schule, und sie kommt also nur dann in Frage, wenn die Leistungsfähigkeit sich nicht nur auf die Mathematik bezieht, sondern auch weitere für die Schule relevante Bereiche involviert sind und wenn psychologisch-soziale Schwierigkeiten unwahrscheinlich sind.

Das Überspringen von Klassen ist in allen Bundesländern erlaubt; meist einmal in der Grundschule, im Regelfall in Klasse 2 oder 3, und einmal in einer weiterführenden Schule. Der elementarste Grund für diese Maßnahme ist die deutliche permanente Unterforderung des Kindes. Sie stellt den einfachsten und wirkungsvollsten Weg dar, die Langeweile und Unterforderung zu kompensieren.

Als „Springer" eignen sich Kinder, die in allen Unterrichtsfächern überdurchschnittliche Leistungen zeigen und bei denen keine Bedenken auf emotional-sozialem Gebiet vorliegen. Allerdings gehört diese Akzelerationsmaßnahme nach der allgemeinen Meinung von Eltern sowie Lehrerinnen und Lehrern zu den schulischen Maßnahmen, die Kindern eher schaden als nützen, obwohl empirische Untersuchungen von *Heinbokel* (1996) in Niedersachsen belegen, dass das Klassenwechseln in der Mehrzahl der Fälle ohne Schwierigkeiten vollzogen wurde und das Nacharbeiten von Unterrichtsinhalten keinerlei Probleme bereitete. Selten erfuhren die „Springer" in der neuen Klasse Ablehnung, und sie wurden in der Regel von der neuen Klassenlehrerin/dem neuen Klassenlehrer und den Mitschülerinnen und -schülern freundlich aufgenommen. Häufig trat jedoch ein gewisser Lernknick auf (zurückgehender Notendurchschnitt), der durch Leistungsrückgang aus fehlendem Vorwissen und aus mangelnden Lern- und Arbeitstechniken zu begründen ist. Diese Schülerinnen und Schüler waren es gewohnt, sehr gute Leistungen zu erzielen, ohne sich besonders anstrengen zu müssen. Alle betreffenden „Springer" waren jedoch im Nachhinein der Ansicht, dass das Springen richtig gewesen sei, da sie sich sonst gelangweilt hätten.

Kriterien dazu, wann ein Kind springen sollte, können bei *Heinbokel* (1996, 219) nachgelesen werden.

Als weitere Akzelerationsmaßnahme erwähnen wir noch den (Fach-)Unterricht in höheren Jahrgangsstufen. Diese Maßnahme kann sinnvoll sein, wenn beispielsweise ein mathematisch begabtes Kind oder ein mathematisch begabter Jugendlicher ein deutlich höheres Wissensniveau als seine gleichaltrigen Mitschüler(innen) besitzt und diese beträchtlichen Unterschiede nicht allein durch Aktivitäten der inneren Differenzierung kompensiert werden können. Dann kann dieses Kind oder dieser Jugendliche für einzelne Unterrichtsstunden der Schulwoche in eine dafür geeignete Klasse oder Arbeitsgruppe mit spezifischen Lernzielen gehen, da es/er den Stoff des Lehrplans schneller als seine Klassenkameraden durcharbeiten kann.

Wenn solche Kinder oder Jugendliche obligatorische Lerninhalte des Mathematikunterrichts vollständig erarbeitet haben, kann es jedoch zu Problemen kommen, wenn nicht weiterführende, die Kinder anregende Förderprojekte zur Verfügung stehen, die nicht eine bloße Beschäftigung darstellen (vgl. *Holling* und *Kanning,* 1999, 77, sowie die Fallstudien in *Käpnick,* 2002). Aufgrund des Tempos, mit dem häufig Stoffinhalte vorweggenommen werden, kann es zu einer sich weiter verbreiternden Kluft zwischen leistungsstarken und leistungsschwachen Kindern oder Jugendlichen kommen, die nicht mehr durch innere Differenzierung aufgefangen werden kann. Damit erweist sich diese Art des Akzelerationsansatzes als wenig brauchbar. Jedoch ist die Wahl von G8 oder das Überspringen von Klassen empfehlenswert.

Im Allgemeinen werden Förderansätze bzw. Fördermodelle zum einen aus speziellen intellektuellen Bedürfnissen begabter Kinder abgeleitet, die durch den regulären Unterricht nicht abgedeckt werden können. Zum anderen werden sie mit (fach-)spezifischen Zielperspektiven verbunden, in unserem Fall: Was versteht man eigentlich unter Mathematik und mathematischem Tätigsein? Und wie können Schülerinnen und Schüler zu diesem Verständnis angeregt werden? Sieht man von Fällen außergewöhnlicher Hochbegabung ab, dürfte der (qualitative) Enrichmentansatz im Rahmen der schulischen Förderung besonders geeignet sein. Im Gegensatz zum Akzelerationsansatz wird das schulische Curriculum nicht verlassen. Vielmehr werden bestimmte Inhalte und Aufgabenstellungen vertiefend behandelt oder es erfolgt eine Anreicherung durch lehrplanergänzende Aufgabenstellungen oder „passfähige" Sachthemen bzw. durch spezielle Lern- und Arbeitsmethoden.

In Einzelfällen kann es natürlich durchaus sinnvoll sein, Akzeleration und Enrichment zu verbinden.

7.3   Ziele der Förderung

Welche **allgemeinen Ziele** sollten bei der Förderung mathematisch begabter Kinder oder Jugendlicher verfolgt werden? (Dazu und zu den speziellen Zielen siehe auch *Bardy, 2002.*)

- Die Kinder, die im regulären Mathematikunterricht unterfordert bzw. eventuell sogar gelangweilt sind, sollen gefordert (allerdings auch nicht überfordert) werden.
- Ihr Spaß am Umgang mit Zahlen und Formen soll erhalten bleiben bzw. vergrößert werden.
- Freude am problemlösenden Denken soll geweckt bzw. verstärkt werden. (Einige Grundschulkinder haben bereits eine ausgeprägte Vorliebe für das Lösen mathematischer Probleme; die Schwierigkeit einer mathematischen Aufgabe besitzt für diese Kinder Attraktivität und wird von ihnen als Herausforderung an ihre eigene Leistungsfähigkeit erlebt. Sie wollen ihre Fähigkeiten gern an schwierigen Aufgaben erproben.)
- Ausdauer und Beharrlichkeit sollen bei Aufgaben, die nicht sofort zu einem Lösungsweg führen oder die das Ermitteln zahlreicher Lösungen verlangen, ausgebildet

werden. (Grundschulkinder sind daran gewöhnt, dass fast alle Aufgaben aus dem regulären Unterricht einfache Lösungen in relativ kurzer Zeit ermöglichen.)

- Die vorhandene intrinsische Motivation soll erhalten und gefestigt werden, für Mathematik eventuell sogar Begeisterung erzeugt werden.
- Intellektuelle Neugier soll geweckt werden.
- Kreativität und Fantasie sollen aktiviert und gefördert werden.
- Die Kinder und Jugendlichen sollen die Vorteile von Partner- bzw. Gruppenarbeit und auch die der Kommunikation unter Peers erfahren.
- Die Förderung der Kinder und Jugendlichen sollte gemäß den Charakteristiken der *deliberate practice* erfolgen (siehe Unterabschn. 2.3.5).

Um nicht missverstanden zu werden: Es geht uns bei den allgemeinen und (den folgenden) speziellen Zielen nicht darum, aus etwa 2–3 % der Kinder später Mathematikerinnen oder Mathematiker werden zu lassen. Im Vordergrund steht das Recht eines jeden Kindes oder Jugendlichen, entsprechend seinen Fähigkeiten gefördert zu werden (Chancengleichheit). Und bei diesen Kindern und Jugendlichen geht es dann um eine tiefere mathematische Bildung; dabei sollte (natürlich) die ganzheitliche Förderung der Persönlichkeit stets Priorität haben.

Welche **speziellen Ziele** sollten angestrebt werden?

- Förderung des Einsatzes von heuristischen Hilfsmitteln wie z. B. von informativen Skizzen, von Tabellen oder Variablen;
- Vermittlung von allgemeinen Strategien des Problemlösens wie z. B. systematisches Probieren, „Rückwärtsarbeiten", Festhalten von Beziehungen durch Gleichungen oder Ungleichungen, Analogiebildung und Repräsentationswechsel;
- Förderung des Strukturierens, Abstrahierens, Generalisierens;
- Förderung logischen Denkens (von *reasoning* im Sinne von *Thurstone* als einem Primärfaktor der Intelligenz);
- Förderung des (rationalen) Argumentierens und des Begründens;
- Hinführung zum (mathematischen) Beweisen;
- Förderung des Raumvorstellungsvermögens;
- Vermittlung eines adäquaten Bildes von Mathematik und mathematischem Tätigsein (siehe dazu Abschn. 7.4);
- Hinführung zur Expertenkultur (bei den geförderten Jugendlichen).

(Details zu den genannten Zielen werden in Kap. 8 erörtert. Dort werden dann gleichzeitig Vorschläge zur Realisierung dieser Ziele gemacht. Tipps zur Aufgabenbearbeitung für Tutoren findet man bei *Bauersfeld,* 2003, 90.)

7.4   Welches Bild von Mathematik kann bereits bzw. sollte bei der Förderung vermittelt werden?

Bei den meisten Grundschulkindern dürfte sich die Vorstellung einstellen bzw. eingestellt haben, Mathematik sei im Wesentlichen **„Rechnen"** (mit jeweils konkreten natürlichen Zahlen bzw. mit konkreten Größen), eventuell noch ergänzt um den Umgang mit (geometrischen) Formen. Auch mathematisch begabte Grundschulkinder haben im Regelfall diese Vorstellung, bevor sie in Fördermaßnahmen aufgenommen werden. Am Anfang einer Förderung erwarten sie, dass sie nun kompliziertere Aufgaben „rechnen" dürfen, vor allem solche, in denen „größere" Zahlen vorkommen (siehe auch *Schmidt* und *Weiser,* 2008).

Im üblichen schulischen Mathematikunterricht (auch in den Sekundarstufen) entsteht leicht das folgende (tatsächlich weit verbreitete) Bild von Mathematik: Mathematik ist ein gewisser **Bestand an Wissen und Vorgehensweisen;** „dieses Wissen wird zum Abnehmer hin transportiert, dann von guten Lehrern gut erklärt und schließlich gelernt" (*Kießwetter,* 2006, 129).

Schon vor mehr als 35 Jahren plädierte *Freudenthal* für eine andere Sichtweise der Mathematik, die auch bereits in der Grundschule zum Tragen kommen sollte:

> **„Mathematik ist keine Menge von Wissen. Mathematik ist eine Tätigkeit, eine Verhaltensweise, eine Geistesverfassung.**
> [....]
> Mathematik ist eine Geistesverfassung, die man sich handelnd erwirbt, und vor allem die Haltung, keiner Autorität zu glauben, sondern vor allem immer ‚warum' zu fragen … *Warum ist 3 · 4 dasselbe wie 4 · 3? Warum multipliziert man mit 100, indem man zwei Nullen anhängt?*
> [....]
> Eine Geisteshaltung lernt man aber nicht, indem einer einem schnell erzählt, wie er sich zu benehmen hat. Man lernt sie im Tätigsein, indem man Probleme löst, allein oder in seiner Gruppe – Probleme, in denen Mathematik steckt." (*Freudenthal,* 1982, 140 und 142)

Welches Bild von Mathematik sollte (bzw. kann bereits) bei der Förderung mathematisch begabter Kinder vermittelt werden?

Schon in der 3. Jahrgangsstufe (teilweise noch früher) kann **Mathematik als problemlösende sowie Muster und Gesetze suchende und erfassende Tätigkeit** erlebt werden (zum Problemlösen siehe Unterabschn. 3.4.1, zur Mathematik als Wissenschaft von den Mustern Unterabschn. 8.5.1).

Unverzichtbarer Teil eines am Problemlösen orientierten Konzepts von Mathematikunterricht ist der **Prozesscharakter der Mathematik.** „Die Wandlung von der Betonung des Endproduktes (z. B. dem Faktenwissen und der Beherrschung von algorithmischen Prozeduren) zu einer Vorstellung von Lernen auf konstruktivistischer Basis ist der Kernpunkt vieler der entwickelten [Konzepte, die Autoren]." (*Haas,* 2000, 25)

Nach *Wittmann* (2003, 26) eignet sich der **Begriff des mathematischen Musters** „sehr wohl als Leitmotiv von den ersten mathematischen Aktivitäten des Kleinkindes bis hin zu den aktuellen Forschungen der mathematischen Spezialisten". Dabei sollten mathematische Muster nicht als fest gegeben angesehen werden, die lediglich betrachtet und reproduziert werden können. „Ganz im Gegenteil: Es gehört zu ihrem Wesen, dass man sie erforschen, fortsetzen, ausgestalten und selbst erzeugen kann. Der Umgang mit ihnen schließt also Offenheit und spielerische Variation konstitutiv ein."

Ab der 4. Jahrgangsstufe lassen sich aus unserer Sicht bei der Förderung mathematisch begabter Kinder und Jugendlicher bereits „Forschungssituationen im elementarmathematischen Bereich" im Sinne von *Kießwetter* (2006, 130) simulieren. Hierbei können erste Erfahrungen mit der Mathematik als **Theoriebildungsprozess** erworben werden, wobei dieses Bild von Mathematik das Bild der Mathematik als problemlösende sowie Muster und Gesetze suchende und erfassende Tätigkeit mit einschließt. Das Bild der Mathematik als Theoriebildungsprozess orientiert sich an der Mathematik als Forschungsdisziplin (siehe dazu Unterabschn. 3.4.2).

7.5   Mögliche Organisationsformen der Förderung

Urban (1996, 8 f.) hat bezüglich der Differenzierung und Individualisierung des Lernens verschiedene organisatorische Varianten aufgezeigt, die nach seiner Auffassung „die häufig simplifizierte und unnötig zugespitzte Streitfrage ‚Spezialschule für Begabte oder Einheitsschule für alle?' in diskussionswürdige, modifizierbare, variable Alternativen" weiter ausdifferenzieren. Diese Organisationsformen für begabte Kinder und Jugendliche lassen sich nach dem jeweiligen Ausmaß sozialer Separation bzw. Integration in der folgenden Weise zumindest theoretisch klassifizieren (beginnend mit der höchstmöglichen Separation):

1. private individuelle Erziehung;
2. Spezial(internats)schule;
3. Spezialklassen an Regelschulen;
4. Teilzeitspezialklassen an Regelschulen (ein oder mehrere Tage pro Woche);
5. „Express"-Klassen mit akzeleriertem Curriculum (hier lässt sich auch G8 einordnen);
6. „Pullout"-Programme, ein- oder mehrmals pro Woche (solche Programme waren in den 70er- und 80er-Jahren des letzten Jahrhunderts im Primarbereich der USA sehr verbreitet; dabei verließen die begabten Kinder stundenweise ihre normalen Klassen, um selbstständig oder in einem sogenannten *resource-room* mit Beratung durch eine Lehrerin oder einen Lehrer eigenen Interessen/Projekten nachzugehen oder dort in einem speziellen Fach in kleinen Gruppen mit anderen unterrichtet zu werden);
7. Teilzeitspezialklassen (eine oder mehrere Stunden pro Woche);
8. reguläre Klassen mit zusätzlichem *resource-room*-Programm;
9. äußere Differenzierung nach Niveaugruppen in einem oder mehreren Fächern;

10. reguläre Klassen mit zusätzlichen Kursen oder Arbeitsgemeinschaften;
11. reguläre Klassen mit zusätzlichen Lehrkräften zur zeitweisen Individualisierung;
12. Teilnahme am Unterricht in höheren Klassen in einem Fach oder zeitweise vollständig;
13. reguläre Klassen mit (teilweise) binnendifferenziertem (Gruppen-)Unterricht;
14. reguläre Klassen, nur bei (Begabungs-)Problemen spezielle Maßnahmen (oder nicht);
15. reguläre Klassen ohne spezifische Binnendifferenzierung mit zusätzlicher außerschulischer individueller Mentorenbetreuung;
16. reguläre Klassen, zusätzliche außerschulische Aktivitäten, z. B. Nachmittags- und Wochenendkurse, Sommerschulen, -camps, Exkursionen, Korrespondenzzirkel, Wettbewerbe.

In der Bundesrepublik Deutschland derzeit praktisch realisierbar, im Sinne der Förderung der Entwicklung der Gesamtpersönlichkeit begabter Kinder oder Jugendlicher ratsam und für eine Förderung in Mathematik sinnvoll erscheinen uns lediglich die Organisationsformen 2), 5), 6), 8), 10), 13) oder 16).

In diesen Organisationsformen lässt sich auch das sogenannte „Schleifenmodell" von *Radatz* (1995) realisieren. Nach diesem Modell besuchen zwar alle Kinder gemeinsam verschiedene Basisveranstaltungen im Klassenverband, verlassen ihn aber, wenn sie das „Pflichtprogramm" bewältigt haben und dann in entsprechenden homogenen Lern- bzw. Fördergruppen arbeiten. Dabei bedeuten die Schleifen „Inhalte und Aufgaben, die nicht im Lehrplan stehen" (a. a. O., 378).

Wie Binnendifferenzierung mit Blick auf begabte Kinder ausgestaltet werden kann, wird ausführlich bei *Schulte zu Berge* (2005, 69 ff.) erörtert. Dort werden auch Offener Unterricht, Wochenplanarbeit, Freie Arbeit, Projekte, Lernwerkstätten und Arbeitsgemeinschaften thematisiert.

Von Bedeutung ist auch die Schaffung einer für den Förderprozess günstigen Arbeitsatmosphäre. Der Mathematikunterricht sollte deshalb in wechselnden Phasen gemeinschaftlichen und individuellen Lernens organisiert werden, die gut miteinander abgestimmt sein müssen. Priorität sollte das gemeinschaftliche Lernen haben, um einen vielschichtigen sozialen Austausch zwischen den Kindern zu sichern bzw. zu fördern. Insbesondere auch mathematisch begabte Kinder benötigen Kontakte zu Gleichaltrigen (die sie häufig von allein aus nicht suchen), um auch andere Vorstellungen, Interessen und Werte kennenzulernen bzw. zu akzeptieren.

Am Ende dieses Abschnitts wollen wir noch (kurz) auf eine umfangreich angelegte Langzeitstudie eingehen, in der u. a. der Frage nachgegangen wurde, ob Hochbegabte in Spezialklassen bessere schulische Leistungen erzielen als Hochbegabte in regulären Gymnasialklassen.

Nach der Einrichtung von Begabtenklassen ab Jahrgangsstufe 5 an Gymnasien in Bayern und Baden-Württemberg wurde in diesen beiden Bundesländern an je vier Schulen das Konzept der homogenen Begabtenklassen seit April 2008 wissenschaftlich untersucht.

Es entstand die sog. PULSS-Studie (Projekt für die Untersuchung des Lernens in der Sekundarstufe, siehe *Schneider et al.,* 2012). In dieser wissenschaftlichen Begleituntersuchung konnten „sowohl integrative Förderkonzepte als auch segregative Ansätze des Gymnasialbereichs begutachtet werden, da neben den Begabtenklassen pro Schule auch zwei reguläre Parallelklassen untersucht" (a. a. O., 16) wurden. Die schulische Leistungsentwicklung der Schülerinnen und Schüler wurde sowohl mithilfe der Zeugnisnoten als auch mithilfe standardisierter Leistungstests erhoben. „Seit dem Schuljahr 2008/2009 wurden jeweils drei fünfte Klassen der beteiligten Gymnasien (je eine Begabten- und zwei reguläre Klassen) fortlaufend bis zur siebten Jahrgangsstufe untersucht." (a. a. O., 18) Ab dem Schuljahr 2009/2010 wurde eine zweite Kohorte einbezogen. Insgesamt nahmen 1069 Schülerinnen und Schüler teil, 324 davon in 16 Begabtenklassen.

An der Folgestudie PULSS II (siehe *Schneider et al.,* 2016) beteiligten sich dann noch 509 Probanden, die bereits bei PULSS I teilgenommen hatten. Die Tests zu PULSS II erfolgten am Ende der Jahrgangsstufe 10.

Zu den Ergebnissen des Mathematikleistungstests in PULSS II äußern sich *Schneider et al.* wie folgt (a. a. O., 316):

> „Im standardisierten Mathematikleistungstest erzielten die Schülerinnen und Schüler der Begabtenklassen höhere Werte als ihre Mitschülerinnen und Mitschüler der Regelklassen. Dies galt sowohl innerhalb der Gesamtstichprobe als auch innerhalb der Substichprobe der Schülerinnen und Schüler mit einem überdurchschnittlichen Intelligenzquotienten ($IQ \geq 120$). Ähnlich wie bei PULSS I waren jedoch nach Kontrolle von Intelligenzunterschieden in der Stichprobe der Schülerinnen und Schüler mit einem überdurchschnittlichen Intelligenzquotienten keine statistisch bedeutsamen Unterschiede zwischen den beiden Klassenarten mehr nachweisbar."

Das endgültige Fazit zur Einrichtung von Begabtenklassen im Abschlussbericht von PULSS II lautet: „[…], dass Schülerinnen und Schüler mit besonders hohem intellektuellen Niveau in beiden Kontexten mehrheitlich gut zurechtkommen" (a. a. O., 320).

Literatur

Bardy, P. (2002). Mathematische Korrespondenzzirkel für Viertklässler – Ziele, Inhalte, Erfahrungen. *Sache-Wort-Zahl, 30*(49), 54–58.

Bauersfeld, H. (2003). Hochbegabungen: Bemerkungen zu Diagnose und Förderung in der Grundschule. In M. Baum & H. Wielpütz (Hrsg.), *Mathematik in der Grundschule: Ein Arbeitsbuch,* 67–90. Seelze: Kallmeyer.

Bauersfeld, H. (2006). Versuch einer Zusammenfassung der Erfahrungen. In H. Bauersfeld & K. Kießwetter (Hrsg.), *Wie fördert man mathematisch besonders befähigte Kinder?,* 82–91. Offenburg: Mildenberger.

Freudenthal, H. (1982). Mathematik – eine Geisteshaltung. *Grundschule, 14*(4), 140–142.

Haas, N. (2000). *Das Extremalprinzip als Element mathematischer Denk- und Problemlöse-prozesse: Untersuchungen zur deskriptiven, konstruktiven und systematischen Heuristik.* Hildesheim, Berlin: Franzbecker.

Hasemann, K., Leonhardt, U., & Szambien, H. (2006). *Denkaufgaben für die 1. und 2. Klasse.* Berlin: Cornelsen Scriptor.

Heinbokel, A. (1996). *Überspringen von Klassen.* Münster: LIT.

Heller, K. A. (Hrsg.). (^{2}2000). *Begabungsdiagnostik in der Schul- und Erziehungsberatung.* Bern, Göttingen, Toronto, Seattle: Huber.

Heller, K. A., & Hany, E. A. (1996). Psychologische Modelle der Hochbegabtenförderung. In F. E. Weinert (Hrsg.), *Psychologie des Lernens und der Instruktion*, 477–514. Göttingen: Hogrefe.

Heller, K. A. et al. (Eds.). (^{2}2000). *International Handbook of Giftedness and Talent.* Amsterdam et al.: Elsevier.

Hesse, H. (1972). Unterm Rad. Frankfurt: Suhrkamp.

Holling, H., & Kanning, U. P. (1999). *Hochbegabung: Forschungsergebnisse und Fördermöglich-keiten.* Göttingen, Bern, Toronto, Seattle: Hogrefe.

Käpnick, F. (1998*). Mathematisch begabte Kinder: Modelle, empirische Studien und Förderungs-projekte für das Grundschulalter.* Frankfurt a. M. et al.: Peter Lang.

Käpnick, F. (^{2}2002). Mathematisch begabte Grundschulkinder: Besonderheiten, Probleme und Fördermöglichkeiten. In A. Peter-Koop (Hrsg.), *Das besondere Kind im Mathematikunterricht der Grundschule*, 25–40. Offenburg: Mildenberger.

Käpnick, F., & Fuchs, M. (Hrsg.). (2004). *Mathe für kleine Asse: Handbuch für die Förderung mathematisch interessierter und begabter Erst- und Zweitklässler.* Berlin: Cornelsen und Volk und Wissen.

Kießwetter, K. (2006). Können Grundschüler schon im eigentlichen Sinne mathematisch agieren – und was kann man von mathematisch besonders begabten Grundschülern erwarten, und was noch nicht? In H. Bauersfeld & K. Kießwetter (Hrsg.), *Wie fördert man mathematisch besonders befähigte Kinder?*, 128–153. Offenburg: Mildenberger.

Marland, S. P. Jr. (1971). *Education of the Gifted and Talented – Volume 1: Report to the Congress of the United States by the U.S. Commissioner of Education.* Washington: U.S. Department of Health, Education & Welfare, Office of Education.

Radatz, H. (1995). Leistungsstarke Grundschüler im Mathematikunterricht fördern. *Beiträge zum Mathematikunterricht 1995*, 376–379.

Renzulli, J. S. (2004). Eine Erweiterung des Begabungsbegriffs unter Einbeziehung co-kognitiver Merkmale. In C. Fischer, F. J. Mönks & E. Grindel (Hrsg.), *Curriculum und Didaktik der Begabtenförderung: Begabungen fördern, Lernen individualisieren*, 54–82. Münster: LIT.

Rohrmann, S., & Rohrmann, T. (^{2}2010). *Hochbegabte Kinder und Jugendliche: Diagnostik – Förderung – Beratung.* München: Ernst Reinhardt.

Schmidt, S., & Weiser, W. (2008). Wissen und Intelligenz beim Fördern mathematisch talentierter Grundschulkinder. In C. Fischer, F. J. Mönks & U. Westphal (Hrsg.), *Individuelle Förderung: Begabungen entfalten – Persönlichkeit entwickeln: Fachbezogene Forder- und Förderkonzepte*, 24–45. Berlin: LIT.

Schneider, W., Stumpf, E., & Preckel, F. (2016). *Projekt zur Evaluation der Begabtenklassen in Bayern und Baden-Württemberg: Ergebnisse der Folgestudie PULSS II (Laufzeit 2014–2015), Abschlussbericht.* Würzburg: Universität Würzburg.

Schneider, W., Stumpf, E., Preckel, F., & Ziegler, A. (2012). *Projekt zur Evaluation der Begabtenklassen in Bayern und Baden-Württemberg, Laufzeit 2008–2012, Abschlussbericht (PULSS I).* Würzburg: Universität Würzburg.

Schulte zu Berge, S. (^{2}2005). *Hochbegabte Kinder in der Grundschule: Erkennen – Verstehen – Im Unterricht berücksichtigen.* Münster: LIT.

Singer, W. (1999). „In der Bildung gilt: Je früher, desto besser". *Psychologie Heute* (Dez. 1999), 60–65.

Spahn, C. (1997). *Wenn die Schule versagt: Vom Leidensweg hochbegabter Kinder.* Asendorf: MUT-Verlag.

Stern, E., & Neubauer, A. (2013). *Intelligenz: Große Unterschiede und ihre Folgen.* München: DVA.

Urban, K. K. (1996). Besondere Begabungen in der Schule. *Beispiele, 14*(1), 21–27.

Weinert, F. E. (2000). Begabung und Lernen. *Neue Sammlung, 40*(3), 353–368.

Wieczerkowski, W., Cropley, A. J., & Prado, T. M. (2000). Nurturing Talents/Gifts in Mathematics. In K. A. Heller et al. (Eds.), *International Handbook of Giftedness and Talent, 2nd Edition*, 413–425. Amsterdam et al.: Elsevier.

Wittmann, E. C. (2003). Was ist Mathematik und welche pädagogische Bedeutung hat das wohlverstandene Fach auch für den Mathematikunterricht der Grundschule? In M. Baum & H. Wielpütz (Hrsg.), *Mathematik in der Grundschule: Ein Arbeitsbuch*, 18–46. Seelze: Kallmeyer.

Schwerpunkte der Förderung mathematisch begabter Kinder und Jugendlicher

Wie bereits angekündigt, werden in diesem Kapitel Vorschläge zur Realisierung der im Abschn. 7.3 formulierten Förderziele unterbreitet. Dabei wird nicht nur der jeweilige theoretische Rahmen zu den gewählten Förderschwerpunkten erörtert, sondern es werden auch (in einzelnen Abschnitten sogar zahlreiche) Beispiele für die praktische Förderarbeit bereitgestellt und kommentiert (häufig mit Eigenproduktionen von Kindern oder Jugendlichen). Die hier gewählte Reihenfolge der Präsentation der Förderschwerpunkte sollte für die Umsetzung in die (Förder-)Praxis natürlich keine Richtschnur sein.

8.1 Konzeptionelle Überlegungen

8.1.1 Probleme und Problemfelder

„Problem solving is at the heart of mathematics" ließe sich in Anlehnung an *Wilfred Cockcroft* (1986, 73) formulieren. Nicht nur für die Förderung von Begabten scheint es uns allerdings wichtig, mathematische Probleme, mit denen sich die Kinder und Jugendlichen auseinandersetzen sollen, in größere Zusammenhänge einzubetten. Eine Möglichkeit stellen die sogenannten *Problemfelder* dar.

Den Begriff des Problemfeldes findet man beispielsweise bei *Zimmermann* (1991) oder *Pehkonen* (1992). Gemeint ist damit eine Folge aufeinander aufbauender oder eine Zusammenstellung lediglich thematisch eng zusammenhängender Probleme. Das Problemfeld „Zahl-Transformer" (*Fritzlar et al.*, 2006, 35 ff.) ist ein Beispiel für den ersten Typ (siehe Abb. 8.1).

Anhand eines derartigen Problemfeldes können sich Schülerinnen und Schüler über längere Zeit und tiefer gehend mit einer Thematik auseinandersetzen. Dafür sollte, wie beim Zahl-Transformer, mit den ersten Fragestellungen bzw. Arbeitsaufträgen ein

© Springer-Verlag GmbH Deutschland, ein Teil von Springer Nature 2020 173
T. Bardy und P. Bardy, *Mathematisch begabte Kinder und Jugendliche,* Mathematik Primarstufe und Sekundarstufe I + II, https://doi.org/10.1007/978-3-662-60742-8_8

Der Zahl-Transformer ist eine Maschine, die eine natürliche Zahl in eine andere natürliche Zahl umwandelt. Die Tabelle enthält einige Zahlenbeispiele.

Eingabe	Verarbeitung	Ausgabe
6		3
5		4
9		8
8		4
11		10
1		0
12		6

1. Schreibe Regeln auf, nach denen der Zahl-Transformer arbeiten könnte!

2. Hat der Transformer eine Zahl umgewandelt, so kann die neue Zahl wieder in den Transformer gegeben werden. Anschließend kann die nun ausgegebene Zahl wieder in den Transformer gegeben werden und so weiter. Beginnt man beispielsweise mit der Zahl 6, so ergibt sich die Folge $6 \rightarrow 3 \rightarrow 2 \rightarrow 1 \rightarrow 0$. Probiere dies auch für andere Zahlen. Was stellst du fest?

3. Aus der Zahl 6 erhält man nach vier Transformationsschritten die Zahl 0, daher nennt man die Zahl 6 auch eine Vierschritt-Zahl. Gibt es noch andere Vierschritt-Zahlen? Welche Zahl ist die größte Vierschritt-Zahl? Wie viele Vierschritt-Zahlen gibt es insgesamt?

4. Versuche, eine Sechsschritt-Zahl zu finden! Welche Zahl ist die größte und welche die kleinste Sechsschritt-Zahl? Wie viele Sechsschritt-Zahlen gibt es insgesamt?

5. Beantworte die Fragen aus Aufgabe 4 auch für andere Zahlen (Fünfschritt-Zahlen, Siebenschritt-Zahlen, Zehnschritt-Zahlen, ...)! Findest du allgemeine Regeln, nach denen sich diese Fragen beantworten lassen?

6. Denke dir selbst interessante Umwandlungsregeln für einen anderen Zahl-Transformer aus und untersuche, wie dieser verschiedene Zahlen umwandelt!

Abb. 8.1 Zahl-Transformer (*Fritzlar et al.,* 2006, 36 f.)

möglichst leichter Zugang gefunden werden. Über den Anfangserfolg hinaus ermöglicht die Zerlegung in Teilprobleme immer wieder Zwischenerfolge und unterstützt so eine dauerhafte Motivation der Lernenden. Die Bearbeitung kann darüber hinaus durch die Vorgaben zu einem gewissen Grade strukturiert und angeleitet werden, zudem wird eine

Überforderung der Schülerinnen und Schüler durch zu umfangreiche oder zu komplexe Konstellationen vermieden. Beim Zahl-Transformer erlauben die Teilprobleme eine hinsichtlich des Niveaus, der Bearbeitungswege und -modi differenzierte Auseinandersetzung, wobei die Schülerinnen und Schüler selbst bestimmen können sollten, wie lange sie sich mit welcher Fragestellung befassen. Auch ein Kind, das sich lediglich auf der Beispielebene mit dem Zahl-Transformer auseinandersetzt, kann wertvolle Beiträge zum Gruppenerfolg liefern, beispielsweise indem es große oder „besondere" Zahlen einbezieht, an denen allgemeine Hypothesen über Regeln oder Zusammenhänge überprüft werden können. Über die angebotenen Fragen und Arbeitsaufträge hinaus gibt es selbstverständlich Variationen, Ausweitungen, Vernetzungen und auch dadurch Gelegenheiten zu kreativem Tätigsein. Insgesamt scheint uns das Arbeiten in solchen Problemfeldern daher nicht nur, aber insbesondere für heterogene oder wenig erfahrene Schülergruppen geeignet (*Fritzlar*, 2008).

Ein Beispiel für den zweiten Typ von Problemfeldern zeigt Abb. 8.2 (a. a. O., 70). Hier wird zunächst geklärt, dass es verschiedene Arten von Sudoku-Rätseln gibt und die eindeutig lösbaren wohl am interessantesten sind. Im Anschluss werden drei Probleme zur Auswahl gestellt, die unterschiedliche Arbeitsrichtungen eröffnen und individuelle Ziele ermöglichen. Die größte Herausforderung und das aus mathematischer Sicht vielleicht interessanteste Problem ist Elkes Versuch, die Anzahl aller korrekt ausgefüllten 4-Sudokus zu ermitteln (dazu *Rehlich*, 2006). Selbstverständlich sollten auch bei diesem Problemfeldtyp dessen Elemente stets als erweiterbare Angebote aufgefasst werden.

Das „Finden von Anschlussproblemen" wird von *Kießwetter* (1985) als ein Denk- und Handlungsmuster gesehen, das auf mathematische Begabung hindeuten kann (vgl. Abschn. 4.2). Unserer Erfahrung nach ist es zumindest für jüngere oder diesbezüglich unerfahrene Schülerinnen und Schüler sehr anspruchsvoll. Dennoch bietet es sich an, Problemfelder aus geeigneten „Keimen" gemeinsam mit den Lernenden zu entwickeln und so das Problemlösen mit dem *Problemfinden* zu verbinden. Für dieses Verbinden werden in der Literatur (*Brown* und *Walter*, 1983 und 1993; *Lavy* und *Shriki*, 2007; *Zimmermann* 1986) zahlreiche Potenziale gesehen, u. a.:

- Das Erfinden eines neuen kann die Bearbeitung des gegebenen Problems stark unterstützen, es ist eine wichtige heuristische Strategie.
- Variationen und Ausweitungen können zu einem tieferen Verständnis des Ausgangsproblems beitragen.
- Das Bearbeiten eigener Fragen kann die Motivation, Ausdauer und (kognitive) Anstrengungsbereitschaft oder auch die Kreativität der Schülerinnen und Schüler verstärken.
- In diesem Zusammenhang: Anders als Antworten können Fragen nicht als richtig oder falsch bewertet werden. Auch dass die Lehrperson Antworten möglicherweise selbst noch nicht kennt, könnte sich förderlich auf das Engagement der Lernenden auswirken.

Sudokus selbst gemacht!

Die Schülerinnen und Schüler der Klasse 5c wollen ein Sudoku-Rätselheft für Kinder herstellen. Kerstin hat schon einige Vorschläge für 4-Sudokus. Überprüfe, ob Kerstins Rätsel lösbar sind!

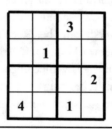

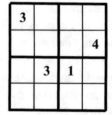

Heidi will mit ihren Freundinnen einige schwierige Sudoku-Rätsel herstellen. Findet heraus, wie viele Zahlen sie für ein Rätsel mindestens vorgeben müssen, damit es eindeutig lösbar ist! Welche Zahlen können dabei verwendet werden? Wie können die Zahlen im 4×4-Quadrat angeordnet werden?

Elke will erst einmal herausfinden, wie viele verschiedene ausgefüllte 4-Sudokus es überhaupt gibt. Wie würdet ihr dabei vorgehen? Versucht, die gesuchte Anzahl zu ermitteln!

Eddi hat sich für das Rätselheft unregelmäßige Sudokus ausgedacht. Probiert, seine Rätsel zu lösen!

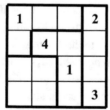

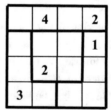

Stellt einige möglichst schwierige unregelmäßige 4-Sudokus her!

Findet unregelmäßige Sudokus, die mit möglichst wenigen vorgegebenen Zahlen eindeutig lösbar sind!

Denkt euch weitere Sudoku-Varianten aus und stellt einige Rätsel her!

Abb. 8.2 Sudokus selbst gemacht (*Fritzlar,* 2008, 70)

- Von den Schülerinnen und Schülern erfundene Fragen eröffnen einen weiteren Blick nicht nur auf deren Interessen, sondern auch auf Vorstellungen und Kenntnisse.
- Über die aktuelle Situation hinaus kann das Variieren von Problemen das flexible Denken schulen.
- Schülerinnen und Schüler können ihre Vorstellungen von Mathematik und mathematischem Tätigsein erweitern.

In den beiden folgenden Unterabschnitten stellen wir ausgewählte Erfahrungen vor, die wir mit Kindern bzw. Jugendlichen aus verschiedenen Schulstufen beim Entwickeln und Bearbeiten von Problemfeldern sammeln konnten.

8.1.2 Problemfelder für die Primarstufe

Bei den Erfahrungsberichten in diesem Unterabschnitt stützen wir uns auf Erlebnisse in mehreren Kinderakademien (für Dritt- und Viertklässler), beim Problemfeld „Primzahlen" wird außerdem eine Auswertungsveranstaltung eines Korrespondenzzirkels einbezogen. In allen Fällen war der Ausgangspunkt eine Problemstellung, die – nach Einzel- bzw. Partner-arbeit – in der gesamten Fördergruppe besprochen wurde. Daran schloss sich jeweils ein kurzer Theorieteil an, in dem z. B. ein spezielles Verfahren thematisiert oder eine Definition erarbeitet wurde (unter Einschluss von Beispielen und Gegenbeispielen). Dann sollten die Kinder zu den jeweiligen Themen selbst Fragen formulieren. Diese wurden an die Tafel geschrieben (einschließlich des Namens des Kindes, welches die jeweilige Frage gestellt hatte). Nachdem keine Fragen mehr auftauchten, wurden diejenigen Fragen aus-gesondert, die von den Kindern sehr schnell beantwortet werden konnten, bzw. solche, deren Beantwortung für die Kinder aus unserer Sicht zu schwierig oder gar nicht möglich war. Die anderen Fragen wurden besonders gekennzeichnet. Nun bildeten die Kinder von sich aus Arbeitsgruppen („Forschergruppen"), die die Bearbeitung jeweils eines speziellen Problems in Angriff nahmen. Dabei kam es durchaus vor, dass zwei Arbeitsgruppen ein und dieselbe Fragestellung wählten. Nach der Bearbeitung (die z. T. mehr als fünf Stunden dauerte) durften die Gruppen ihre Ergebnisse vorstellen.

Primzahlen:
Nachdem der Begriff „Primzahl" geklärt war (eine natürliche Zahl, die ungleich (0 und) 1 ist und sich nicht als Produkt zweier kleinerer natürlicher Zahlen darstellen lässt bzw. die genau zwei Teiler hat) und auch Beispiele und Gegenbeispiele genannt worden waren, wurde folgende **Aufgabe** als Ausgangsproblem genommen:

a) Wie viele Primzahlen liegen zwischen 10 und 20?
b) Wie viele Primzahlen liegen zwischen 20 und 30?
c) Wie viele Primzahlen können zwischen zwei aufeinander folgenden Zehner-zahlen immer nur höchstens liegen?

Die Fragen a) und b) wurden sehr schnell beantwortet, und auch Begründungen zur richtigen Lösung 4 bei c) ließen nicht lange auf sich warten.

Dann kamen schon Fragen der Kinder, z. B. von Lea: Wie viele Primzahlen gibt es bis 100?

Dies war Anlass, das Sieb des Eratosthenes vorzustellen, und zwar wegen der bereits aus dem Ausgangsproblem gewonnenen Erkenntnisse in verkürzter Form. Nicht alle Zahlen bis 100 müssen notiert werden, alle geraden Zahlen (außer 2) brauchen nicht notiert zu werden und auch solche nicht mit der Endziffer 5 (außer 5 selbst). In dem folgenden Schema erscheinen deshalb ab 11 nur Zahlen mit den Endziffern 1, 3, 7 oder 9:

	2	3	5	7	9̶
11		13		17	19
2̶1̶		23		2̶7̶	29
31		3̶3̶		37	3̶9̶
41		43		47	4̶9̶
5̶1̶		53		5̶7̶	59
61		6̶3̶		67	6̶9̶
71		73		7̶7̶	79
8̶1̶		83		8̶7̶	89
9̶1̶		9̶3̶		97	9̶9̶

Darauf wurden die in diesem Schema noch vorhandenen Vielfachen von 3 (siehe ╱, außer 3 selbst) und die auch dann noch vorkommenden Vielfachen von 7 (siehe ╲, außer 7 selbst) gestrichen. Außerdem wurde begründet, dass Vielfache weiterer Zahlen (z. B. von 11) nicht mehr gestrichen werden brauchen ($11 \cdot 11 = 121$ und $121 > 100$). Die nun verbleibenden Zahlen sind alle Primzahlen bis 100.
Die Antwort auf Leas Frage ist also 25.

Nun wurden die Fragen der Kinder gesammelt. Es folgt eine inhaltlich geordnete Auswahl der Kinderfragen. Zu den Fragen sind jeweils die Namen der Fragesteller und kurze Kommentare für Sie notiert.

- Warum heißen die Primzahlen *Prim*zahlen? (Jana; Antwort: „Prim" bedeutet dasselbe wie primitiv, im Sinne von „nicht weiter zurückführbar" oder „ursprünglich")
- Kann es sein, dass zwischen zwei aufeinander folgenden Zehnerzahlen keine Primzahl liegt? (Mandy; Antwort: Ja, zum ersten Mal zwischen 200 und 210)
- Wie viele Primzahlen können zwischen zwei Zehnerzahlen höchstens liegen, deren Differenz 30 ist? (Johanna; Übungsaufgabe für Sie)
- Kann es sein, dass zwischen zwei aufeinander folgenden Hunderterzahlen mehr als 20 Primzahlen liegen? (Fabienne; Antwort: Ja, zwischen 100 und 200 liegen 21 Primzahlen)
- Welche Zahl ist die 50. Primzahl? (Simon; Antwort später)
- Wie viele Primzahlen gibt es von 1 bis 1000? (Peter; Antwort: 168)

- Gibt es mehr als 200 Primzahlen? (Tom und Dennis; Antwort später)
- Welche Zahl ist die kleinste Primzahl größer als 1000? (Jan Niklas; Antwort später)
- Gibt es eine Primzahl, die größer als 1.000.000 ist? (Stephanie; Antwort später)
- Wie viele Primzahlen liegen zwischen 1.000.000 und 1.000.000.000? (Marvin; Antwort: 50.769.036)
- Wie viele Primzahlen gibt es? (Kevin; Antwort: Unendlich viele, das hat bereits Euklid vor mehr als 2000 Jahren bewiesen)
- Wie viele Primzahlen mit der Endziffer 7 gibt es? (Samir; Antwort: Unendlich viele)
- Wie lautet die größte (derzeit bekannte) Primzahl? (Galan; Recherche im Internet zu empfehlen, Stand am 22.12.2018 : $2^{82.589.933} - 1$, eine Zahl mit 24.862.048 Stellen, die (vermutlich) 51. sog. „Mersennesche Primzahl")
- Wie viele Primzahlzwillinge gibt es? (Karsten; Der Begriff „Primzahlzwilling" war vorher erklärt worden; Problem noch nicht gelöst)
- Gibt es Primzahldrillinge oder Primzahlvierlinge? (Thomas; Beispiel für einen Drilling: [5 | 7 | 11], Beispiel für einen Vierling: [11 | 13 | 17 | 19])
- Wie viele Primzahlzwillinge gibt es mit Primzahlen, die kleiner als 100 sind? (Anne-Sophie; Antwort: 8)
- Gibt es von einer Hunderterzahl zur nächsten immer weniger Primzahlen? (Malik; Antwort: Nein)
- In welchen Abständen treten die Primzahlen auf? (Anne-Sophie; Untersuchung von Kindern später)
- Wie groß ist der größte Zwischenraum zwischen zwei aufeinander folgenden Primzahlen? (Anna; Antwort: Beliebig groß, den „größten Zwischenraum" gibt es nicht; allerdings gilt nach derzeitigem Forschungsstand auch: Die Abstände zwischen zwei aufeinander folgenden Primzahlen können nicht über alle Maßen wachsen, es gibt immer wieder Paare aufeinander folgender Primzahlen, deren Abstand 600 beträgt)
- Gibt es ein Muster, das alle Nicht-Primzahlen bis 100 erfasst? (Anne-Sophie; Antwort: Ja, Erkenntnis durch Anwendung des Siebes des Eratosthenes auf die in sechs Spalten angeordneten Zahlen von 1 bis 102)
- Gibt es eine Regel, mit der man Primzahlen finden kann? (Galan; Antwort: Ja, mit dem Term $f(x) = x^2 - 79x + 1601$ erhält man für $x = 0$ bis $x = 79$ achtzigmal Primzahlen, allerdings jeweils zweimal dieselbe; andererseits existiert kein Polynom $P(x) = a_n x^n + \ldots + a_1 x + a_0$ vom Grad $n \geq 1$ mit $a_i \in \mathbb{Z}$, das für alle $x \in \mathbb{Z}$ Primzahlwerte annimmt, siehe *Padberg* und *Hinrichs*, 2012, 51)
- Ist die Differenz von zwei Primzahlen immer auch eine Primzahl? (Anne-Sophie; Antwort: Nein, Beispiel: $3 - 2 = 1$ oder $11 - 7 = 4$)
- Kann die Summe von zwei Nicht-Primzahlen eine Primzahl sein? (Tabea; Antwort: Ja, siehe $4 + 9 = 13$)
- Wie lautet die Primfaktorzerlegung von 1268? (Tabea; Antwort: $1268 = 2^2 \cdot 317$, der Begriff „Primfaktorzerlegung" war vorher erklärt worden, siehe auch die Verbindung zum Problemfeld „Summenzahlen")
- Wofür braucht man Primzahlen? (Jana; Antwort: Zum Beispiel für das Verschlüsseln von Daten, Stichwort: Kryptografie)

Nun folgen die Untersuchungsergebnisse einzelner Forschergruppen. Den Text haben wir inhaltlich nicht geändert (auch nicht, wenn Fehler vorkamen), allerdings sprachlich für Sie „freundlicher" gestaltet:

Welche Zahl ist die 50. Primzahl?
(gestellt von Simon; bearbeitet von Dennis, Simon und Tom)

Wir haben das Sieb des Eratosthenes benutzt, um alle Primzahlen bis 269 herauszufinden. Das heißt, wir haben folgende Tabelle gemacht:

$$2 \quad 3 \quad 5 \quad 7$$
$$11 \quad 13 \quad 17 \quad 19$$
$$21 \quad 23 \quad 27 \quad 29$$
$$31 \quad 33 \quad 37 \quad 39$$

usw. bis

$$261 \quad 263 \quad 267 \quad 269$$

Und alle Vielfachen von 3 (außer 3 selbst), von 7, von 11 und von 13 haben wir gestrichen.
(Schluss bei 13 wegen $13 \cdot 13 = 169 < 269$ und $17 \cdot 17 = 289 > 269$)
Danach haben wir bis zur 50. Primzahl gezählt.

Ergebnis: Die 50. Primzahl ist 229.

Gibt es mehr als 200 Primzahlen?
(gestellt von Tom und Dennis; bearbeitet von Christian, Christina und Thomas)

Als Hilfe haben wir die Information erhalten, dass es bis 1200 insgesamt 196 Primzahlen gibt.
Wir haben weiter untersucht: 1201 ist die 197. Primzahl. 1202, 1203 (durch 3 teilbar), 1204, 1205, 1206, 1207 (durch 17 teilbar), 1208, 1209 (durch 3 teilbar), 1210, 1211 (durch 7 teilbar), 1212 sind keine Primzahlen (Achtung: Elf Zahlen hintereinander, darunter keine Primzahl).

1213 ist die 198. Primzahl.
1214, 1215, 1216 sind natürlich keine Primzahlen.
1217 ist die 199. Primzahl.
$\vdots$

1223 ist die 200. Primzahl.

$\vdots$

1229 ist die 201. Primzahl.

Ergebnis: Es gibt mehr als 200 Primzahlen.

Welche Zahl ist die kleinste Primzahl größer als 1000?

(gestellt von Jan Niklas; bearbeitet von Florian, Jan Niklas und Marco)

Wir haben herausgefunden, dass 1001 keine Primzahl ist ($1001 : 7 = 143$). Wir brauchten 1002, 1004, 1006 und 1008 nicht zu untersuchen, weil diese Zahlen gerade sind. Außerdem ist 1005 durch 5 teilbar.

Als nächste Zahl haben wir uns 1003 vorgenommen: 1003 ist durch 17 teilbar ($1003 : 17 = 59$). Weiterhin gilt: 1007 ist durch 19 teilbar ($1007 : 19 = 53$).

Wir haben dann 1009 durch alle Primzahlen, die kleiner oder gleich 31 sind, geteilt. Bei keiner dieser Divisionen ergab sich eine natürliche Zahl.

Ergebnis: 1009 ist die kleinste Primzahl, die größer als 1000 ist.

Gibt es eine Primzahl, die größer als 1.000.000 ist?

(gestellt von Stephanie; bearbeitet von Lucas 1, Lukas 2 und Niklas)

Als Hilfe haben wir eine Tabelle der Primzahlen von 1 bis 1000 erhalten.

Als erste Zahl haben wir 1.000.001 untersucht. Schnell haben wir herausgefunden, dass 1.000.001 keine Primzahl ist. Denn 1.000.001 ist durch 101 teilbar. Es gilt: $1.000.001 : 101 = 9901$

Als nächste Zahl haben wir uns 1.000.003 vorgenommen. Mithilfe von Taschenrechnern haben wir folgende Rechnungen durchgeführt:

Lucas 1 hat 1.000.003 durch alle Primzahlen von 3 bis 400 dividiert, Lukas 2 hat diese Zahl durch alle Primzahlen von 400 bis 700 dividiert und Niklas hat 1.000.003 durch alle Primzahlen von 700 bis 1000 geteilt. Nie ergab die Division eine natürliche Zahl.

Ergebnis: Es gibt eine Primzahl, die größer als 1.000.000 ist, z. B. 1.000.003.

In welchen Abständen treten die Primzahlen auf?

(gestellt von Anne-Sophie; bearbeitet von David, Etienne und Moritz)

Unser Vorgehen: Wir haben eine Tabelle der ersten tausend Primzahlen erhalten. Wir selbst haben eine Tabelle angelegt mit den möglichen Abständen, die von einer Primzahl zur nächstgrößeren auftreten können.

Den Abstand 1 gibt es nur von der Primzahl 2 zur Primzahl 3. Alle anderen Abstände müssen mindestens 2 sein. Ungerade Abstände ab 3 können nicht auftreten, da die Differenz zweier ungerader Zahlen (Primzahlen ab 3 sind alle ungerade) immer gerade ist. Für die einzelnen Abstände haben wir jeweils Strichlisten gemacht. Wir mussten also 999 Striche machen, da wir 1000 Primzahlen hatten. Mithilfe unserer Tabelle haben wir folgende Entdeckungen gemacht:

- Die Abstände 2, 4, 6 kommen am häufigsten vor (bis 1000 Primzahlen jeweils mit einer Häufigkeit von mehr als 150).
- Bis zur 1000. Primzahl gibt es 169 Paare[1] von Primzahlen mit dem Abstand 2. Solche Paare nennt man *Primzahlzwillinge*.
- Auch die Abstände 8, 10 und 12 kommen häufig vor (jeweils mehr als 50-mal). Die Abstände 24, 26, 28, 30 und 32 kommen nur selten vor.[2]
- Der größte Abstand ist 34. Zwischen 1327 und 1361 liegen keine Primzahlen. Das heißt: Die 33 Zahlen 1328, 1329, 1330, …, 1358, 1359, 1360 sind keine Primzahlen. Es liegt hier also eine Lücke in der Primzahlenfolge mit 33 Zahlen vor.
- Die 1000. Primzahl lautet 7919.
- Der Primzahlzwilling mit den größten Zahlen in diesem Bereich ist (7877 | 7879).

Summenzahlen

Startproblem

Begründe durch Zusammenfassen von jeweils zwei Summanden, dass

$$55 + 56 + 57 + \ldots + 69 + \ldots + 81 + 82 + 83 = 2001 \text{ und}$$
$$6 + 7 + 8 + \ldots + 34 + 35 + \ldots + 61 + 62 + 63 = 2001 \text{ gilt.}$$

Es gibt weitere fünf Summen aufeinander folgender natürlicher Zahlen, die alle die Zahl 2001 darstellen.

Finde vier davon.

Definition: Eine Zahl heißt *Summenzahl* genau dann, wenn sie als Summe aufeinander folgender natürlicher Zahlen geschrieben werden kann.

---

[1]Richtig: 174 Paare.

[2]Für 24 stimmt die Aussage nicht.

$$\textbf{Beispiele}: \quad 3 = 1 + 2$$
$$5 = 2 + 3$$
$$6 = 1 + 2 + 3$$
$$7 = 3 + 4$$
$$9 = 4 + 5 = 2 + 3 + 4$$

$$\textbf{Gegenbeispiele}: \quad 4$$
$$8$$

Nach der Beschäftigung mit dem Startproblem, der Definition für den Begriff „Summenzahl" sowie mit Beispielen und Gegenbeispielen hatten die Kinder Gelegenheit, Fragen, Vermutungen und Behauptungen zu formulieren. Hier eine Auswahl:

- Ist 8326 eine Summenzahl? (Tabea; Antwort: Ja, denn

$$8326 = 2 \cdot 23 \cdot 181,$$
$$8326 = 2080 + 2081 + 2082 + 2083,$$
$$8326 = 351 + 352 + \ldots + 372 + 373,$$
$$8326 = 45 + 46 + \ldots + 135 + 136).$$

- Wie viele Summenzahlen gibt es von 1 bis 100? (Galan; Antwort: 93)
- Welche Zahl ist die größte Summenzahl, die kleiner als 10.000.000 ist? (Tabea; Antwort: 9.999.999)
- Wie viele Summenzahlen gibt es? (Roman; dazu Vermutung von Samuel: Es gibt unendlich viele Summenzahlen)
- Ist jede Primzahl ab 3 eine Summenzahl? (Anne-Sophie; Antwort: Ja)
- Behauptung: Jede ungerade Zahl ab 3 ist eine Summenzahl (Hanna; Beweis siehe später).
- Lässt sich keine gerade Zahl als Summenzahl mit zwei Summanden darstellen? (Johannes F.; Untersuchung siehe später)
- Vermutung: Bei 1 beginnend, erhält man jeweils durch Verdoppeln (1; 2; 4; 8; 16; 32; 64 usw.) immer Zahlen, die keine Summenzahlen sind (Maximilian; Vermutung ist richtig).
- Vermutung: Je höher man in den Zahlenraum geht, desto größer ist die Lücke von einem Gegenbeispiel zum nächsten (Johannes F.; Vermutung ist richtig).
- Vermutung: Unter den Zahlen mit der Endziffer 6 ist jede 17. Zahl eine Summenzahl (Niklas; „Forschungsfrage" für Sie).
- Ist 500 eine Summenzahl? Wenn ja, wie viele Möglichkeiten gibt es, sie als Summenzahl darzustellen? (Hanna; Untersuchung später)

- Ist 1.000.930 eine Summenzahl? Und wenn ja, wie viele Möglichkeiten gibt es, sie darzustellen? (Johannes F.; Untersuchung später)
- Auf wie viele Weisen lässt sich 1.483.591 als Summenzahl darstellen? (Max; Untersuchung später)
- Vermutung: Die Anzahl der Darstellungen einer Zahl als Summenzahl ist gleich der Anzahl der ungeraden Teiler ungleich 1 dieser Zahl (Alexander und Anne-Sophie; Vermutung richtig, dieser Satz wurde erst um 1850 vom britischen Mathematiker *James Joseph Sylvester* formuliert und bewiesen, er heißt deshalb „Satz von Sylvester").
- Wie viele Summenzahlen haben 15 Summanden? (Hanna; dazu Vermutung von Johannes F.: Davon gibt es unendlich viele)
- Wie viele Summenzahlen bis 2.000.000 gibt es, die sich sowohl mit zwei als auch mit drei Summanden schreiben lassen? (Johannes F.; Problem für Sie)

Die folgenden Ausarbeitungen stammen von einzelnen Gruppen aus Kinderakademien und wurden Eltern, Großeltern und Gästen jeweils am Schlusstag präsentiert.

Forschergruppe: Johannes K., Lukas, Niklas

Forschungsfrage 1
Ist die folgende Behauptung von Hanna richtig?
Ab 3 sind alle ungeraden Zahlen Summenzahlen.

Behauptung: Der Satz ist richtig.

Beweis: Von der ungeraden Zahl rechnet man die Hälfte aus. Es ist jedes Mal etwas mit ,5. Dieses ,5 muss einmal weggenommen werden und einmal dazugetan werden. Wenn das gemacht ist, hat man die zwei Zahlen, die addiert werden müssen. Also ist jede ungerade Zahl ab 3 eine Summenzahl.

Forschergruppe: Andreas, Willibald, Benedikt

Forschungsfrage 2
Ist 500 eine Summenzahl? Wenn ja, wie viele Möglichkeiten gibt es, sie als Summenzahl darzustellen? (von Hanna)

Antwort: 500 ist eine Summenzahl.

Wir haben viel ausprobiert und folgende Darstellungen gefunden:

$$500 = 98 + 99 + 100 + 101 + 102$$
$$(5 \text{ Summanden})$$
$$500 = 59 + 60 + 61 + 62 + 63 + 64 + 65 + 66$$
$$(8 \text{ Summanden})$$
$$500 = 8 + 9 + 10 + \ldots + 20 + \ldots + 30 + 31 + 32$$
$$(25 \text{ Summanden})$$

Wir vermuten, dass 500 als Summenzahl nur diese drei Darstellungen besitzt. Beweisen können wir das allerdings nicht.

Forschergruppe: Oliver, Roman, Samuel W.

Forschungsfrage 3
Lässt sich keine gerade Zahl als Summenzahl mit zwei Summanden darstellen? (von Johannes F.)

Behauptung: Es gibt keine gerade Zahl, die sich als Summenzahl mit zwei Summanden schreiben lässt.

Beweis: Kommen bei einer Summenzahl zwei Summanden vor, so ist einer davon gerade, der andere ungerade. Die Summe einer geraden und einer ungeraden Zahl ist aber immer ungerade. Deshalb kann die Summenzahl bei zwei Summanden nicht gerade sein.

Forschergruppe: Samuel S., Johannes F., Hanna

Forschungsfrage 4
Ist 1.000.930 eine Summenzahl? Und wenn ja, wie viele Möglichkeiten gibt es, sie als Summenzahl darzustellen? (von Johannes F.)

Bearbeitung:
Als Erstes haben wir die Zahl 1.000.930 durch 2 geteilt. Nimmt man das Ergebnis 500.465 und addiert 1 dazu, so hat man zwei aufeinander folgende Zahlen, deren Summe allerdings um 1 zu groß ist. Addiert man 500.464 und 500.465, so ist das Ergebnis um 1 zu klein, 1.000.930 ist also keine Summenzahl mit zwei Summanden.

Dann haben wir systematisch mit 3, 4, 5, 6 und 7 Summanden probiert und sind zu folgendem Ergebnis gekommen:

1.000.930 = 250.231 + 250.232 + 250.233 + 250.234

       (4 Summanden)

1.000.930 = 200.184 + 200.185 + 200.186 + 200.187 + 200.188

       (5 Summanden)

1.000.930 = 142.987 + 142.988 + 142.989 + 142.990 + 142.991 + 142.992 + 142.993

       (7 Summanden)

Da wir bis dahin schon viel gerechnet hatten, haben wir Herrn Bardy gefragt, ob wir jetzt alle weiteren Möglichkeiten von Summandenanzahlen (8, 9, usw.) auch noch ausprobieren müssten oder ob es eine einfachere Methode gebe.

Herr Bardy hat uns gesagt, dass die Anzahl der Summanden mit der Primfaktorzerlegung von 1.000.930 zu tun habe.

Dann hat er uns diese genannt: $1.000.930 = 2 \cdot 5 \cdot 7 \cdot 79 \cdot 181$

Die 2 hat zu tun mit den vier Summanden, die wir schon gefunden haben:

$1.000.930 : 4 = 250.232,5$. Aus der letzten Zahl ist die erste Darstellung entstanden:

$$1.000.930 = 250.231 + 250.232 + 250.233 + 250.234$$

Außer den Summandenanzahlen 5 und 7 kommen noch folgende Summandenanzahlen in Frage:

$$4 \cdot 5 = 20; \quad 4 \cdot 7 = 28; \quad 5 \cdot 7 = 35; \quad 79; \quad 181; \quad 4 \cdot 79 = 316; \quad 5 \cdot 79 = 395;$$
$$7 \cdot 79 = 553; \quad 4 \cdot 181 = 724; \quad 5 \cdot 181 = 905; \quad 7 \cdot 181 = 1267$$

Also müsste es demnach insgesamt 14 Darstellungen[3] von 1.000.930 als Summenzahl geben.

Forschergruppe: Heiko, Malik, Max

Forschungsfrage 5
Auf wie viele Weisen lässt sich 1.483.591 als Summenzahl darstellen? (von Max)

Bearbeitung: Wir sind so vorgegangen:

$1.483.591 = 193 \cdot 7687$ (193 und 7687 sind Primzahlen).

---

[3]Die Kinder haben in der Aufzählung $4 \cdot 5 \cdot 7 = 140$ vergessen. Deshalb gibt es nicht 14, sondern 15 Darstellungen.

Dann haben wir gerechnet und gefunden:

$$1.483.591 : 93 = 7687$$

$$1.483.591 = 7591 + 7592 + \ldots + 7687 + \ldots + 7782 + 7783$$

$$(193 \text{ Summanden})$$

$$1.483.591 : 7687 = 193$$

$$1.483.591 = (-3650) + (-3649) + \ldots + 193 + \ldots + 4035 + 4036$$

$$(7687 \text{ Summanden, wenn wir negative Zahlen zulassen})$$

$$= 3651 + 3652 + \ldots + 4035 + 4036$$

$$(386 \text{ Summanden})$$

$$1.483.591 : 1.483.591 = 1$$

$$1.483.591 = (-741794) + \ldots + (-1) + 0 + 1 + \ldots + 741796$$

$$(1.483.591 \text{ Summanden})$$

$$= 741.795 + 741.796 \text{ (zwei Summanden)}$$

Wir haben erkannt: Unsere Zahl hat drei Darstellungen als Summenzahl und auch drei von 1 verschiedene Teiler, nämlich 193, 7687 und sich selbst.

Formate von Schokoladentafeln

Startprobleme

1. **a)** Eine Tafel Schokolade mit 3 mal 6 Stücken (3 mal 6-Format) soll in Einzelstücke gebrochen werden. Wie viele Brechungen sind erforderlich, wenn es nicht gestattet ist, mehrere der bereits gebrochenen Streifen aufeinanderzulegen und dann zu brechen?

   b) Ändere das Format der Schokoladentafel und stelle dir die gleiche Frage wie bei a).

   (*Sztrókay*, 1998, 264)

2. Welches Format sollte ein Schokoladen-Hersteller anbieten, damit in *allen* Familien mit bis zu 7 Personen die Einzelstücke gerecht verteilt werden können?

Zu 1. Fast alle Kinder einer Kinderakademie rechneten bei der Teilaufgabe a) in der folgenden Weise: $2 + 3 \cdot 5 = 17$ (2 „horizontale" Brechungen und dann bei jedem der 3 entstandenen „Riegel" 5 Brechungen) oder $5 + 6 \cdot 2 = 17$ (5 „vertikale" Brechungen und dann bei jedem der 6 entstandenen „Riegel" 2 Brechungen).

Nur Marcel, ein Drittklässler, bot folgende Lösung an:

„Ich will von einem großen Stück zu 18 kleinen. Deshalb muss ich siebzehnmal brechen." Den zugehörigen Denkvorgang von Marcel kann man als „querdenken" oder laterales Denken bezeichnen (dazu *Bardy*, 2008).

Nachdem Marcel seine Lösung zu a) präsentiert hatte, waren die Kinder sofort in der Lage, die Situation zu verallgemeinern und die Lösung zu Teilaufgabe b) anzugeben, z. B. in der folgenden Form:

„Länge mal Breite minus 1"

Oder (abstrakt): „Hat die Tafel Schokolade das Format x mal y, so sind $x \cdot y - 1$ Brechungen erforderlich."

Zu 2. Diese Aufgabenstellung führt zum Begriff „kleinstes gemeinsames Vielfaches" (kgV). Das handlichste der möglichen Formate ist das Format 20 mal 21.

Nach der Beschäftigung mit den Startproblemen 1 und/oder 2 hatten die Kinder Gelegenheit, selbst Fragen zu Schokoladentafeln zu stellen. Dabei wurde (idealisierend) vorausgesetzt, dass die Einzelstücke quadratische Form haben. Hier eine Auswahl der **Fragen** (in Klammern der Vorname des Kindes, das sich die Frage ausgedacht und formuliert hat):

- Ich habe 13 Schokoladentafeln gekauft, ihr Format 7 mal 9 oder 2 mal 9. Insgesamt sind 536 Brechungen erforderlich. Wie viele 7 mal 9-Tafeln und wie viele 2 mal 9-Tafeln sind es? (Marie)
- Wie viele Quadrate gibt es beim 3 mal 6-Format? (Isabelle)
- Wie viele Rechtecke gibt es beim 3 mal 6-Format? (Marcel)
- Peter hat fünf Gläser mit Schokoladenstücken. Zusammen sind es 65 Stücke. Von Glas zu Glas gibt es immer gleich viele mehr. Wie viele sind es im Glas 1, 2, 3, 4, 5? (Sarah)
- Bei welchen Formaten ist die Anzahl der „äußeren" Stücke gleich der Anzahl der „inneren" Stücke? (Lennart)
- Bei welchen Schokoladentafel-Formaten ist die Anzahl der „inneren" Stücke größer als die Anzahl der „äußeren" Stücke? Der Unterschied soll dabei so klein wie möglich sein. (Paul)
- Wie viele Stücke sieht man, wenn man eine Tafel Schokolade an zwei Spiegeln spiegelt? Und zwar so:

a) (Kai)   b) (Leonie)

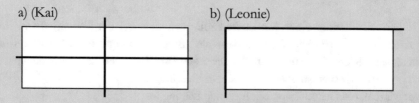

Hinweis: Die Tafel Schokolade muss „offen" sein.

> - Lässt sich eine rechteckige Tafel Schokolade mit dreieckigen Stücken Schokolade vollständig ausfüllen, wenn die Stücke gleichseitige Dreiecke sind? (Annika)

Die Fragen wurden schließlich von den Kindern bearbeitet, einzeln oder in kleinen „Forschergruppen". Gelungene Bearbeitungen durften am letzten Tag der Kinderakademiewoche Eltern, Großeltern, Geschwistern und den anderen Teilnehmern der Kinderakademie (aus Arbeitsgemeinschaften anderer Fächer) präsentiert werden. Es folgt eine Auswahl von Ausarbeitungen für diesen Zweck (die Inhalte stammen von den Kindern selbst; sprachlich wurden einige Korrekturen vorgenommen; siehe auch *Bardy,* 2008 sowie *Bardy* und *Bardy,* 2011).

A) Präsentation von **Isabelle:**
Herr Bardy hat uns eine Tafel Schokolade mit 3 mal 6 Stücken gezeigt. Wir nehmen an, dass jedes Stück eine quadratische Form hat. Dann durften wir Fragen stellen. Ich habe gefragt: Wie viele Quadrate gibt es bei einer Tafel mit 3 mal 6 Stücken?

Ich habe mir Folgendes überlegt:

Bei dieser Tafel gibt es 1 mal 1-Quadrate, 2 mal 2-Quadrate und 3 mal 3-Quadrate. Ich habe abgezählt, wie viele es von jeder Sorte gibt:

1 mal 1-Quadrate: $18 = 3 \cdot 6$
2 mal 2-Quadrate: $10 = 2 \cdot 5$
3 mal 3-Quadrate: $4 = 1 \cdot 4$
Also gibt es insgesamt $18 + 10 + 4 = 32$ Quadrate.

Dann haben wir eine Tafel mit 4 mal 5 Stücken betrachtet. Für diese gilt:

1 mal 1-Quadrate: $20 = 4 \cdot 5$
2 mal 2-Quadrate: $12 = 3 \cdot 4$
3 mal 3-Quadrate: $6 = 2 \cdot 3$
4 mal 4-Quadrate: $2 = 1 \cdot 2$
Insgesamt: $4 \cdot 5 + 3 \cdot 4 + 2 \cdot 3 + 1 \cdot 2 = 40$

Mit etwas Hilfe von Herrn Bardy haben wir verallgemeinern können:
Bei einer Tafel Schokolade mit a mal b Stücken gilt, wenn a kleiner oder gleich b ist:

1 mal 1-Quadrate: $a \cdot b$
2 mal 2-Quadrate: $(a-1) \cdot (b-1)$
3 mal 3-Quadrate: $(a-2) \cdot (b-2)$
$\vdots$
a mal a-Quadrate: $(a-(a-1)) \cdot (b-(a-1)) = 1 \cdot (b-(a-1))$

Insgesamt gibt es demnach so viele Quadrate:

$$a \cdot b + (a-1) \cdot (b-1) + (a-2) \cdot (b-2) + \ldots + 1 \cdot (b - (a-1))$$

Damit können wir für **alle** Tafeln Schokolade die Anzahl der Quadrate berechnen. Wir haben eine schöne Formel gefunden.

Kommentar: Leider fehlte die Zeit, um auf eine Spezialisierung einzugehen (Anzahl der Quadrate bei einer quadratischen Tafel Schokolade, Format a mal a) bzw. auf Verallgemeinerungen (Anzahl der Rechtecke in einem Quadrat; Anzahl der Rechtecke in einem Rechteck, siehe die Frage von Marcel; Anzahl der Würfel in einem Würfel, Format a mal a mal a; Anzahl der Quader in einem Quader). Diese Probleme wurden von *Jordan* (1991) und *Pagni* (1992) untersucht.

Die von Isabelle durchgeführten Berechnungen der Anzahlen der Quadrate beim 3 mal 6-Format und beim 4 mal 5-Format zeigen, dass diese Beispiele als generische Beispiele angesehen werden können, wenn – wie bei Isabelle geschehen – die jeweiligen Produkte (z. B. $3 \cdot 6$, $2 \cdot 5$, $1 \cdot 4$) explizit notiert werden.

B) Präsentationen von **Sarah** und **Leonie:**
Im Zusammenhang mit Schokoladentafeln habe ich (Sarah) folgende **Aufgabe** gestellt (siehe die vierte der oben aufgelisteten Aufgaben).

Mit ein klein wenig Hilfe haben wir die Bearbeitung der Aufgabe in der folgenden Weise begonnen:
Im 1. Glas sind a Stücke (a noch unbekannt).
Dann sind im 2. Glas $a+b$ Stücke (b auch noch nicht bekannt).

3. Glas: $a+2 \cdot b,$
4. Glas: $a+3 \cdot b,$
5. Glas: $a+4 \cdot b$

Und es muss gelten:

$a+(a+b)+(a+2 \cdot b)+(a+3 \cdot b)+(a+4 \cdot b)=65$, also
$5 \cdot a+10 \cdot b=65$.

Ich (Leonie) habe dann folgende Bedingung aufgestellt:
a muss ungerade sein. Meine Begründung: $10 \cdot b$ ist immer gerade. 65 ist ungerade. Deshalb muss $5 \cdot a$ ungerade sein. Das bedeutet, dass auch a ungerade ist. Denn wäre a gerade, so müsste auch $5 \cdot a$ gerade sein.

Dann habe ich vorgeschlagen, mit der kleinsten ungeraden Zahl für a zu beginnen, also mit 1. Wir haben folgende Tabelle gemacht:

a	b	Summe der Anzahlen in den Gläsern
1	6	$1+7+13+19+25=65$
3	5	$3+8+13+18+23=65$
5	4	$5+9+13+17+21=65$
7	3	$7+10+13+16+19=65$
9	2	$9+11+13+15+17=65$
11	1	$11+12+13+14+15=65$

Die Aufgabe von Sarah hat also sechs Lösungen.

Max hat dann vorgeschlagen, die Tabelle fortzuführen und die Aufgabenstellung abzuändern. Statt „gleich viele mehr" hat er nun „gleich viele weniger" verlangt. Also (wir kommen in den Bereich der negativen Zahlen):

a	b	Summe der Anzahlen in den Gläsern
15	-1	$15+14+13+12+11=65$
17	-2	$17+15+13+11+9=65$
19	-3	$19+16+13+10+7=65$
21	-4	$21+17+13+9+5=65$
23	-5	$23+18+13+8+3=65$
25	-6	$25+19+13+7+1=65$

Wie Sie leicht sehen können, haben wir damit aber keine wirklich neuen Lösungen gefunden. Die Gläser sind lediglich vertauscht worden.

Sie werden vielleicht fragen, wo wir den Fall $a=13$ und $b=0$ gelassen haben. In diesem Fall sind natürlich in jedem Glas gleich viele Schokoladenstücke, nämlich 13. Vielleicht hat jemand den Vorschlag, die letzte Tabelle weiter fortzuführen und unendlich viele Lösungen zuzulassen. Aber Vorsicht: Dann treten negative Summanden auf. Und eine negative Anzahl von Schokoladenstücken wollen wir in keinem Glas haben.

C) In einer Arbeitsgemeinschaft Mathematik, die im Rahmen einer Kinderakademie durchgeführt wurde, bearbeiteten insgesamt zwölf Kinder (in Einzel- oder Partnerarbeit) das folgende, als Startproblem zum Problemfeld „Formate von Schokoladentafeln" gewählte Problem (siehe auch die fünfte der oben aufgelisteten Fragen):

> Bei welchen Formaten von Schokoladentafeln sind die Anzahl der „äußeren" und die Anzahl der „inneren" Stücke gleich? Gib alle Formate mit dieser Eigenschaft an und begründe, dass es keine anderen Formate als die gefundenen geben kann.[4]

---

[4]Wie dieses Problem und ähnliche Probleme mit Mitteln der Sekundarstufe I gelöst werden können, dazu siehe *Bardy* und *Bardy,* 2011.

Max und Philipp, zwei Viertklässler, die gemeinsam „forschten", fanden nach etwa einer Stunde folgende Lösung:

Wir betrachten folgende Hilfsfigur (6 mal 10-Format, 28 äußere Stücke, 32 innere Stücke, *kein* gesuchtes Format):

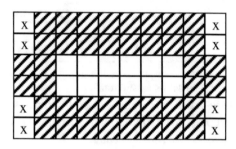

Die schraffierten inneren und äußeren Stücke heben sich von der Anzahl her gesehen auf. Die durch ein X markierten äußeren Stücke müssen im Inneren ausgeglichen werden. Ganz im Innern muss es also 8 Stücke geben. Dies ist nur auf zwei Weisen möglich:

In der Form

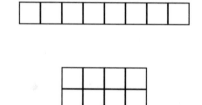

oder

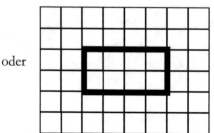

Daraus ergeben sich die folgenden Formate:

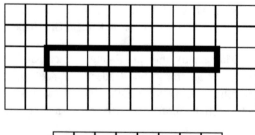

5 mal 12-Format
(außen: 30 Stücke,
innen: 30 Stücke)

oder

6 mal 8-Format
(außen: 24 Stücke,
innen: 24 Stücke)

D) Präsentation von Kai und Johannes:

> Ich (Kai) habe folgende Frage gestellt: Wie viele Stücke sieht man, wenn man eine
> Tafel Schokolade an zwei Spiegeln spiegelt?

Zunächst haben wir herumexperimentiert und festgestellt, dass die Beantwortung der
Frage davon abhängt, unter welchem Winkel die beiden Spiegel zueinander stehen. Dann
haben wir uns für einen nicht allzu komplizierten, aber dennoch sehr interessanten Fall
entschieden: Die beiden Spiegel sollen in einem Winkel von 45° zueinander stehen.

Wir haben untersucht, welche Figur entsteht, wenn wir eine Strecke (hier die Strecke
$\overline{AB}$), die senkrecht zu einem Spiegel liegt, an beiden Spiegeln spiegeln.

Was sehen Sie, wenn Sie in die beiden Spiegel schauen? (siehe Abb. 8.3)

Wir behaupten: Sie sehen ein Quadrat. (Das haben wir auch experimentell überprüft.)
Warum ist das so? (vgl. Abb. 8.4)

Abb. 8.3 Spiegeln einer
Strecke an zwei Spiegeln

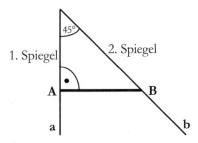

Abb. 8.4 Spiegelung
einer Strecke und einer
„Schokoladentafel" an zwei
Spiegeln a und b (Achtung:
S_aS_b ist nicht dasselbe wie
S_bS_a)

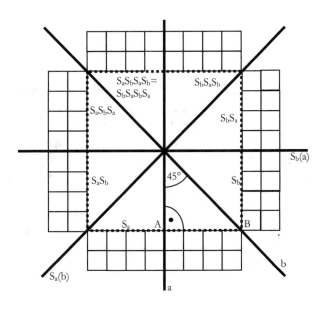

Die Tafel Schokolade sieht man also achtmal. Aus den hier gezeichneten acht Stücken (2 mal 4-Format) werden beim Spiegeln an zwei Spiegeln 64 Stücke. Wenn es doch in Wirklichkeit auch eine solche Vermehrung geben könnte!

Kommentar: Bei etwas mehr Zeit sowie weiteren praktischen und theoretischen Erkundungen hätten die Kinder folgende Verallgemeinerung/Abstraktion entdecken können:

Stellt man zwei Spiegel auf, wobei der Winkel zwischen den Spiegeln $\frac{180°}{n}$ beträgt ($n \geq 3$), so wird von den Spiegeln aus der Strecke $\overline{AB}$ ein gleichseitiges n-Eck erzeugt (*Rosebrock*, 2006, 29).

Hinweis: Weitere Problemstellungen zu Formaten von Schokoladentafeln findet man bei *Sztrókay* (1998).

8.1.3 Problemfelder für die Sekundarstufe I

Aus Platzgründen können wir die von uns ausgewählten Problemfelder für die Sekundarstufe I hier nur skizzieren. Aus unserer Sicht entscheidend sind die Entdeckungen der Schülerinnen und Schüler sowie die Ausbildung eines „Beweisbedürfnisses", nicht so sehr das selbstständige Gelingen der Beweise.

Chuquet-Addition von Brüchen (mit Anwendungen)
Für das Mischen zweier Farben kann das Verhältnis der Mischung durch einen Bruch dargestellt werden. Mischen wir z. B. rote und weiße Farbe, so kann der folgende Bruch betrachtet werden:

$$\frac{|\text{rote Farbe}|}{|\text{weiße Farbe}|},$$

wobei die Betragsstriche für die Anzahl der (immer gleichen und gleich gefüllten) Becher der jeweiligen Farbe stehen sollen. Der Bruch $\frac{2}{3}$ bedeutet bei dieser Interpretation demnach: Die Mischung besteht aus dem Inhalt von 2 Bechern roter und 3 Bechern weißer Farbe, oder das Mischungsverhältnis von roter zu weißer Farbe beträgt 2:3. Zusätzlich zu den gemeinen Brüchen wollen wir auch noch die Brüche $\frac{0}{1}$ und $\frac{1}{0}$ zulassen, wobei $\frac{0}{1}$ bedeutet: 0 Becher/Anteile der roten Farbe und 1 Becher/Anteil der weißen Farbe; und $\frac{1}{0}$ bedeutet: 1 Becher/Anteil der roten Farbe und 0 Becher/Anteile der weißen Farbe. In den letzten Fällen liegen also keine „echten" Mischungen vor (im Fall $\frac{1}{0}$ sind wir uns natürlich bewusst, dass die Division durch 0 nicht definiert ist).

Wie lässt sich nun das Zusammenfügen von zwei Farbmischungen aus roter und weißer Farbe modellieren?

Für die Schülerinnen und Schüler dürfte es ein kreativer Akt sein, wenn sie vorschlagen, die Anteile der roten und der weißen Farbe jeweils zu addieren und die entstehenden neuen Anteile in den Zähler bzw. Nenner eines neuen Bruchs zu schreiben.

Formal lässt sich das Zusammenfügen also so modellieren (wir führen eine neue „Addition" $\oplus$ von Brüchen ein):

$$\frac{z_1}{n_1} \oplus \frac{z_2}{n_2} := \frac{z_1 + z_2}{n_1 + n_2}$$

(Wir gehen davon aus, dass bei unserer Klientel das ansonsten häufigste Fehlermuster bei der üblichen Addition von Brüchen kaum auftritt und keine Verwirrung zu befürchten ist.)

Diese für die Schülerinnen und Schüler neuartige „Addition" wird nach dem französischen Arzt *Nicolas Chuquet* **„Chuquet-Addition"** genannt. *Chuquet* beschäftigte sich schon im 15. Jahrhundert mit dieser Rechenart. Das Ergebnis dieser Rechenart, also $\frac{z_1 + z_2}{n_1 + n_2}$, nennt man auch die **Mediante** der beiden Ausgangsbrüche.

Die Schülerinnen und Schüler können nun selbstständig Fragen zu Farbmischungen und zur Chuquet-Addition formulieren, Vermutungen aufstellen und diese möglicherweise auch beweisen.

Zum Beispiel können die folgenden Fragen gestellt werden:

- Unter welcher Bedingung wird eine vorgegebene Rot-Weiß-Mischung dunkler, unter welcher Bedingung heller? Wann ändert sich der Farbton der vorgegebenen Mischung durch Hinzufügung einer weiteren Mischung nicht?
- Kann man aus einer vorgegebenen Farbmischung jede beliebige Mischung der beiden beteiligten Farben herstellen? Ist die hinzuzufügende Mischung eindeutig bestimmt oder gibt es mehrere Lösungen (oder sogar unendlich viele)?
- Welche Eigenschaft(en) hat die Mediante der Chuquet-Addition?
- Gibt es Nachteile im Vergleich zur üblichen Addition von Brüchen?
- Gibt es in der Menge der gebrochenen Zahlen bezüglich der Chuquet-Addition ein neutrales Element?

Zum Beispiel können folgende Vermutungen geäußert werden:

- Werden zwei gleiche Brüche addiert, ist die Mediante dieser Brüche gleich den Brüchen.

  Beweis: $\frac{z}{n} \oplus \frac{z \cdot k}{n \cdot k} = \frac{z + z \cdot k}{n + n \cdot k} = \frac{z(1+k)}{n(1+k)} = \frac{z}{n}$ für alle $k \in \mathbb{IN}$

- Die Mediante zweier gleichnamiger Brüche ist immer deren arithmetisches Mittel.

$$\textbf{Beweis: } \frac{a}{n} \oplus \frac{b}{n} = \frac{a+b}{2n} = \frac{\frac{a}{n} + \frac{b}{n}}{2}$$

- Die Mediante liegt stets zwischen den beiden Ausgangsbrüchen (deshalb auch der Name).

$$\textbf{Beweis: } 1)\ \frac{a}{b} < \frac{c}{d} \Rightarrow \frac{a}{b}(b+d) = a + \frac{ad}{b} < a + c \Rightarrow \frac{a+c}{b+d} > \frac{a}{b}$$

$$2)\ \frac{a}{b} < \frac{c}{d} \Rightarrow \frac{c}{d}(b+d) = \frac{cb}{d} + c > a + c \Rightarrow \frac{a+c}{b+d} < \frac{c}{d}$$

Also erhalten wir insgesamt:

$$\frac{a}{b} < \frac{a+c}{b+d} < \frac{c}{d}$$

Anschließend kann den Schülerinnen und Schülern die Abb. 8.5 vorgelegt werden:

Die Abb. 8.5 zeigt einen Teil des sog. **„Stern-Brocot-Baums"**. Dieser Zahlenbaum wurde nach dem deutschen Mathematiker *Moritz Abraham Stern* und dem französischen Uhrmacher *Achille Brocot* benannt. Beide entdeckten diese Struktur unabhängig voneinander.

Jeder Bruch im „Spross" des Baums ist offensichtlich die Mediante der am nächsten links und am nächsten rechts oberhalb dieser Stelle stehenden Brüche. Daher ist der Baum durch die beiden „Wurzeln" $\frac{0}{1}$ und $\frac{1}{0}$ eindeutig bestimmt. Diese zwei Aussagen könnten von den Schülerinnen und Schülern gleich zu Beginn entdeckt werden.

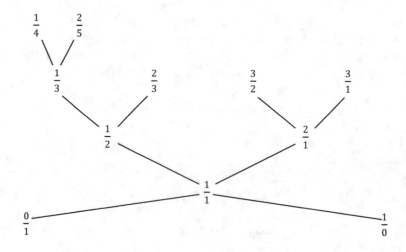

Abb. 8.5 Teil des Stern-Brocot-Baums (*Fritzlar et al.,* 2006, 95)

Weitere Entdeckungen können auf der Grundlage folgender Arbeitsaufträge gelingen (siehe dazu auch *Fritzlar et al.,* 2006, 95 ff.):

- Ergänze die 4. und die 5. Stufe des Baums.
- Wo stehen die Brüche $\frac{7}{11}$ und $\frac{19}{12}$ im Zahlenbaum?
- Nenne selbst weitere Brüche und beschreibe ihre Lage im Zahlenbaum.

Mögliche Entdeckungen, die aber vermutlich nicht alle begründet/bewiesen werden können (a. a. O., 99):

- Im Spross verdoppelt sich die Anzahl der Brüche von Stufe zu Stufe.
- In der n-ten Ebene des Sprosses steht der Bruch $\frac{1}{n}$ ganz links und $\frac{n}{1}$ ganz rechts.
- Der Bruch links oberhalb ist immer kleiner als der Bruch an der Gabelung, und dieser ist auch kleiner als der Bruch rechts oberhalb der Gabelung.
- In einer Ebene sind die Brüche der Größe nach geordnet.
- Werden alle Brüche eines Baums mit n Ebenen in die n-te Ebene projiziert, sind die Brüche der Größe nach geordnet.
- Ein Bruch kommt höchstens einmal im Zahlenbaum vor.
- In der linken Hälfte des Zahlenbaums stehen nur echte, in der rechten Hälfte nur unechte Brüche.
- Die Brüche in der rechten Hälfte sind genau die Reziproken der Brüche in der linken Hälfte in umgekehrter Reihenfolge.
- Die Chuquet-Summe aller Brüche der n-ten Ebene des Baums ist $\frac{3^{n-1}}{3^{n-1}}$.

Beweis: Die Behauptung ist offensichtlich für die ersten k Ebenen des Baumes richtig. Bei der Berechnung der Chuquet-Summe in der $(k+1)$-ten Ebene werden alle vorher im Spross des Zahlenbaums vorkommenden Brüche zweimal und die Brüche der Wurzel einmal verwendet. Deshalb ergeben sich sowohl der Zähler als auch der Nenner der Chuquet-Summe aller Brüche der $(k+1)$-ten Ebene zu

$$2 \cdot 3^{k-1} + 2 \cdot 3^{k-2} + \ldots + 2 \cdot 3^0 + 1 =$$

$$2 \cdot \left(3^{k-1} + 3^{k-2} + \ldots + 3^0\right) + 1 = 2 \cdot \frac{3^k - 1}{2} + 1 = 3^k.$$

- Ist der Bruch $\frac{z_1}{n_1}$ durch Chuquet-Addition im Baum unmittelbar mit dem Bruch $\frac{z_2}{n_2}$ verbunden, so gilt: $|z_1 n_2 - z_2 n_1| = 1$

Begründungsskizze: Wegen der unmittelbaren Verbindung im Baum ist einer der beiden Brüche Mediante des anderen und eines dritten Bruches des Baums. Wir erkennen, dass die Behauptung für die ersten Ebenen des Baums richtig ist. Deshalb reicht der Nachweis aus, dass die behauptete Aussage bei der Chuquet-Addition erhalten bleibt.

- Alle Brüche im Baum sind gekürzte Brüche (Kernbrüche).
  Beweis: Die Brüche in den ersten Ebenen des Zahlenbaums sind Kernbrüche. Wir nehmen nun an, dass es für einen beliebigen Bruch $\frac{a}{b}$ aus dem Spross des Baums natürliche Zahlen k, z_1 und n_1 mit $\frac{a}{b} = \frac{k \cdot z_1}{k \cdot n_1}$ gebe. $\frac{a}{b}$ ist mit einem weiteren Bruch $\frac{z_2}{n_2}$ mittels Chuquet-Addition verbunden. Deshalb gilt:

$$1 = |a \cdot n_2 - z_2 \cdot b| = |k \cdot z_1 \cdot n_2 - z_2 \cdot k \cdot n_1|$$
$$= k \cdot |z_1 \cdot n_2 - z_2 \cdot n_1| = k, \text{ also } k = 1.$$

- Im Stern-Brocot-Baum kommen alle Kernbrüche vor.
  Mit dem Beweis dieses Satzes ist auch nachgewiesen, dass die Menge der positiven rationalen Zahlen und damit ebenfalls die Menge aller rationalen Zahlen abzählbar ist.

Eine weitere Anwendung der Chuquet-Addition findet sich bei den sog. **Farey-Folgen,** die zur Approximation von irrationalen Zahlen durch Brüche mit nicht allzu großen Nennern benutzt werden. Diese Folgen sind nach dem englischen Geologen *John Farey* (1766–1826) benannt, der sie im Jahr 1816 erwähnte. Der französische Gelehrte *C. Haros* hatte diese Folgen allerdings bereits im Jahre 1802 untersucht und deren interessante Eigenschaften aufgezeigt (siehe *Scheid*, 1994, 62).

Die n-te Farey-Folge besteht aus allen aufsteigend geordneten Bruchzahlen von $\frac{0}{1}$ bis $\frac{1}{1}$, deren Nenner nicht größer als n ist. Die Bruchzahlen werden dabei immer als voll gekürzte Brüche notiert.

Ein Beispiel: F_3: $\frac{0}{1}, \frac{1}{3}, \frac{1}{2}, \frac{2}{3}, \frac{1}{1}$.

Mit folgenden Aufgabenstellungen können Entdeckungen der Schülerinnen und Schüler zu den Farey-Folgen angeregt werden (siehe *Fritzlar et al.*, 2006, 104):

- Notiere die Farey-Folgen F_4 und F_5.
- Gib interessante Eigenschaften und Zusammenhänge zwischen den Brüchen einer Farey-Folge an.
- Wie viele Brüche gehören zu den Folgen $F_6, F_7, F_8, \dots$?
- Gib eine allgemeine Regel für die Anzahl der Brüche in den verschiedenen Folgen an.

Tab. 8.1 Farey-Folgen F_1 bis F_6

$F_1:$	$\frac{0}{1}$												$\frac{1}{1}$
$F_2:$	$\frac{0}{1}$						$\frac{1}{2}$						$\frac{1}{1}$
$F_3:$	$\frac{0}{1}$				$\frac{1}{3}$		$\frac{1}{2}$		$\frac{2}{3}$				$\frac{1}{1}$
$F_4:$	$\frac{0}{1}$			$\frac{1}{4}$	$\frac{1}{3}$		$\frac{1}{2}$		$\frac{2}{3}$	$\frac{3}{4}$			$\frac{1}{1}$
$F_5:$	$\frac{0}{1}$		$\frac{1}{5}$	$\frac{1}{4}$	$\frac{1}{3}$	$\frac{2}{5}$	$\frac{1}{2}$	$\frac{3}{5}$	$\frac{2}{3}$	$\frac{3}{4}$	$\frac{4}{5}$		$\frac{1}{1}$
$F_6:$	$\frac{0}{1}$	$\frac{1}{6}$	$\frac{1}{5}$	$\frac{1}{4}$	$\frac{1}{3}$	$\frac{2}{5}$	$\frac{1}{2}$	$\frac{3}{5}$	$\frac{2}{3}$	$\frac{3}{4}$	$\frac{4}{5}$	$\frac{5}{6}$	$\frac{1}{1}$

In der Tab. 8.1 sind die ersten sechs Farey-Folgen notiert.

Folgende Entdeckungen zu den Farey-Folgen durch die Schülerinnen und Schüler sind denkbar (siehe a. a. O., 105):

- Aus der Farey-Folge F_n kann die Folge F_{n+1} ermittelt werden, indem zwischen zwei in F_n benachbarten Brüchen deren Mediante eingefügt wird, aber nur unter der Bedingung, dass deren Nenner nicht größer als $n+1$ ist.
- Jede Folge F_n hat für $n \geq 2$ die Form $F_n: \frac{0}{1}, \frac{1}{n}, \ldots, \frac{n-1}{n}, \frac{1}{1}$.
- Ab der Folge F_2 steht der Bruch $\frac{1}{2}$ immer in der Mitte.
- Wegen der Chuquet-Addition können mit Ausnahme von F_1 in einer Farey-Folge nie zwei Brüche mit demselben Nenner nebeneinander stehen, also Nachbarbrüche sein.
- Für zwei Nachbarbrüche $\frac{a}{b}$ und $\frac{a'}{b'}$ in einer Farey-Folge gilt:

$$|a'b - ab'| = 1.$$

Beweis (siehe auch *Scheid*, 1994, 62):

$\frac{a}{b}$ und $\frac{a'}{b'}$ seien Nachbarbrüche in der Farey-Folge F_n mit $\frac{a}{b} < \frac{a'}{b'}$. Wegen $\mathrm{ggT}(a, b) = 1$ ist die Gleichung

$$b \cdot x - a \cdot y = 1 \tag{1}$$

ganzzahlig lösbar (dieser Hilfssatz folgt aus dem euklidischen Algorithmus). Mit jeder Lösung $(x_0 \mid y_0)$ der Gl. (1) ist auch

$(x_0 + t\, a \mid y_0 + t\, b)$ für jedes $t \in \mathbb{Z}$ eine Lösung. Deshalb existiert eine Lösung $(x \mid y)$ mit $0 \leq n - b < y \leq n$.

Somit ist $\frac{x}{y}$ ein Bruch aus F_n, und es gilt:

$$\frac{x}{y} = \frac{bx}{by} = \frac{ay + 1}{by} = \frac{a}{b} + \frac{1}{by} > \frac{a}{b}$$

(für das 2. Gleichheitszeichen siehe (1)).

Wir zeigen nun in einem **Widerspruchsbeweis**, dass $\frac{x}{y} = \frac{a'}{b'}$ gilt.

Wäre $\frac{x}{y} > \frac{a'}{b'}$, so wäre

$$\frac{1}{by} = \frac{x}{y} - \frac{a}{b} = \left(\frac{x}{y} - \frac{a'}{b'}\right) + \left(\frac{a'}{b'} - \frac{a}{b}\right) =$$

$$\frac{b'x - a'y}{b'y} + \frac{ba' - ab'}{bb'} \geq \frac{1}{b'y} + \frac{1}{b'b} = \frac{b+y}{b'by} > \frac{n}{b'by} \geq \frac{1}{by}, \text{ ein Widerspruch.}$$

Demnach muss $\frac{x}{y} = \frac{a'}{b'}$ sein, also $b\,a' - a\,b' = 1$ (siehe (1)).

- Sind $\frac{a}{b}$ und $\frac{a'}{b'}$ Nachbarbrüche in einer Farey-Folge, so ist $\frac{a+a'}{b+b'}$ der eindeutig bestimmte Bruch zwischen $\frac{a}{b}$ und $\frac{a'}{b'}$ mit dem kleinsten Nenner (**Beweis** siehe a. a. O., 63 f.).
- Aus dem letzten Satz folgt, dass in jeder Farey-Folge jeder Bruch außer dem ersten und dem letzten die Mediante seiner Nachbarbrüche ist.
- Für die Anzahl $|F_n|$ der Brüche in der Farey-Folge F_n gilt:

$|F_n| = 1 + \varphi(1) + \varphi(2) + \ldots + \varphi(n)$, wobei $\varphi(n)$ die Eulersche Phi-Funktion ist. $\varphi(n)$ bezeichnet die Anzahl aller zu n teilerfremden Zahlen, die nicht größer als n sind. Zum Beispiel ist

$$|F_4| = 1 + \varphi(1) + \varphi(2) + \varphi(3) + \varphi(4)$$
$$= 1 + 1 + 1 + 2 + 2 = 7.$$

„Empfehlungen zum Ablauf", Kopiervorlagen, Ergänzungen und zusätzliche Begründungen sowie Hinweise zu den Förder-Erfahrungen mit dem Problemfeld „Chuquet-Addition mit Anwendungen" finden sich bei *Fritzlar et al.* (2006, 91–106). Zu vertiefenden Sätzen siehe *Conway* und *Guy* (1996); *Graham et al.* (1990); *Humenberger* (2006) und/oder *Scheid* (1994).

Über den Fluss mit Fibonacci

Ein Einstieg in das Problemfeld „Über den Fluss mit Fibonacci" kann durch folgende Fragestellung erfolgen (siehe *Fritzlar et al.*, 2006, 122 f. und *Fritzlar* und *Heinrich*, 2016, 85):

Auf einer Expedition in einen Urwald will Professor Fluctus einen tosenden Fluss überqueren. Eine Brücke gibt es nicht. So muss er die Steine im Wasser benutzen, die glücklicherweise in einer Reihe zum gegenüberliegenden Ufer liegen. Beim Überqueren kann Professor Fluctus von einem Stein entweder zum folgenden Stein springen oder diesen auslassen und gleich zum übernächsten Stein springen.

Tab. 8.2 Anzahl der Möglichkeiten zur Überquerung des Stroms

Anzahl der Steine	Anzahl der Möglichkeiten
0	1
1	2
2	3
3	5
4	8
5	13
6	21
7	34
8	55
9	89
10	144

a) Wie viele verschiedene Möglichkeiten zur Überquerung des Stroms hat Professor Fluctus, wenn sich im Wasser 4 Steine befinden?

b) Fertige eine Tabelle an, aus der hervorgeht, wie groß die Anzahl der Möglichkeiten in Abhängigkeit von der Zahl der Steine ist. Beginne mit 0 Steinen.

Die Aufgabenstellung b) führt zu Tab. 8.2.

Von der Spalte für die Anzahl $A(n)$ der Möglichkeiten ausgehend, kann die Gültigkeit des Zahlenmusters

$$A(0) = 1, A(1) = 2 \text{ und } A(n + 2) = A(n + 1) + A(n)$$

auch für die Anzahlen $n > 8$ vermutet werden.

Um die letzte Gleichung zu begründen, betrachten wir $n + 2$ Steine im Fluss. Benutzt Fluctus den $(n+2)$-ten Stein, so gibt es $A(n+1)$ Möglichkeiten, um zu ihm zu gelangen. Wenn er den $(n+2)$-ten Stein nicht benutzt, muss der $(n+1)$-te Stein verwendet werden, und Fluctus hat $A(n)$ Möglichkeiten, um zu diesem zu gelangen.

Also gilt allgemein: $A(n+2) = A(n+1) + A(n)$.

(Durch das Ändern der Regeln zur Überquerung des Flusses kann man zahlreiche Variationen des ursprünglichen Problems erhalten; siehe *Fritzlar* und *Heinrich,* 2016).

Die Anzahlen $A(n)$ der verschiedenen Möglichkeiten der Flussüberquerung erinnern an die berühmte sog. „Fibonacci-Folge"

$$(f_n): 1, 1, 2, 3, 5, 8, 13, 21, \ldots;$$

also $f_1 = 1, f_2 = 1, f_3 = f_2 + f_1 = 2, f_4 = 3, f_5 = 5, \ldots, f_{14} = 377, \ldots$

Sie geht auf den Mathematiker *Leonardo von Pisa* (1170–1240) zurück, der auch „Fibonacci" genannt wurde. Dieser formulierte in seinem Buch „Liber abbaci" sinngemäß folgende Aufgabe:

> Wie viele Kaninchenpaare stammen am Ende eines Jahres von einem Kaninchenpaar ab, wenn jedes Paar jeden Monat des Jahres ein neues Paar gebiert, welches selbst vom zweiten Monat an Nachkommen hat? (*Scheid*, 1994, 67)

Lösung: Mit Einschluss des ersten Paares, das im Januar ein neues Paar gebiert, gibt es nach einem Jahr 377 Kaninchenpaare.

Die folgenden interessanten Eigenschaften der Fibonacci-Folge wurden von Schülerinnen und Schülern gefunden und ähnlich formuliert (siehe *Fritzlar et al.*, 2006, 125):

- Jede dritte Zahl ist gerade.
- Von drei nebeneinander stehenden Zahlen sind zwei ungerade und eine ist gerade.
- Jede vierte Zahl ist durch 3 teilbar.
- Jede fünfte Zahl ist durch 5 teilbar.
- Stets gilt: $f_{n-1} + 2f_n + f_{n+1} = f_{n+3}$
- $f_{n+1} \leq 2f_n$
- $\frac{f_{n+1}}{f_n}$ schwankt abwechselnd und zunehmend weniger um die „goldene Zahl" $\frac{1}{2}\left(\sqrt{5}+1\right)$.

Weitere Eigenschaften der Fibonacci-Folge, die z. T. bewiesen werden können (siehe *Scheid*, 1994, 68 ff.):

- Für alle $m, n \in$ IN mit $m > 1$ gilt: $f_{m+n} = f_{m-1} \cdot f_n + f_m \cdot f_{n+1}$
- Für alle $n \in$ IN gilt:

a) $\sum_{i=1}^{n} f_i = f_{n+2} - 1$

b) $\sum_{i=1}^{n} f_i^2 = f_n \cdot f_{n+1}$

c) $f_n \cdot f_{n+2} - f_{n+1}^2 = (-1)^{n+1}$

d) $f_n^2 + f_{n+1}^2 = f_{2n+1}$

e) $f_{n+2}^2 - f_n^2 = f_{2n+2}$

Beweis zu a):

Wegen $f_{n+2} = f_{n+1} + f_n$ gilt: $f_1 + f_2 + f_3 + \ldots + f_n =$

$$f_1 + (f_3 - f_1) + (f_4 - f_2) + (f_5 - f_3) + \ldots + (f_n - f_{n-2}) + (f_{n+1} - f_{n-1}) =$$

$$-f_2 + f_n + f_{n+1} = f_{n+2} - 1 \text{ für } n > 2$$

Außerdem: $\sum_{i=1}^{1} f_i = f_1 = 1 = f_3 - 1$,

$$\sum_{i=1}^{2} f_i = f_1 + f_2 = 1 + 1 = 2 = f_4 - 1$$

Beweis zu b):

Wegen $f_n^2 = f_n \cdot (f_{n+1} - f_{n-1}) = f_n \cdot f_{n+1} - f_{n-1} \cdot f_n$

für $n > 1$ erhalten wir:

$$f_1^2 + f_2^2 + f_3^2 + \ldots + f_n^2 = 1 + (f_2 f_3 - f_1 f_2) + (f_3 f_4 - f_2 f_3) + \ldots + (f_n f_{n+1} - f_{n-1} f_n)$$

$$= 1 - f_1 f_2 + f_n f_{n+1} = f_n f_{n+1}$$

Außerdem: $\sum_{i=1}^{1} f_i^2 = f_1^2 = 1 = f_1 \cdot f_2$

- Für alle $m, n \in \mathbb{N}$ gilt:
  a. f_{mn} ist durch f_m teilbar (siehe die von den Schülerinnen und Schülern entdeckten Spezialfälle für $m = 3$, $m = 4$ und $m = 5$).
  b. $\text{ggT}(f_n, f_{n+1}) = 1$
  c. Ist $\text{ggT}(m, n) = d$, dann ist $\text{ggT}(f_m, f_n) = f_d$.
- Für die Fibonacci-Folge ist die folgende explizite Zuordnungsvorschrift bekannt:

$$f_n = \frac{1}{\sqrt{5}} \left(\left(\frac{1 + \sqrt{5}}{2} \right)^n - \left(\frac{1 - \sqrt{5}}{2} \right)^n \right)$$

Diese explizite Vorschrift zu beweisen, dürfte älteren mathematisch begabten Schülerinnen und Schülern vorbehalten sein.

Die Fibonacci-Folge tritt auch in der Natur auf (z. B. an Schalen von Muscheln und Schnecken, beim Wachstum von Pflanzen und beim Aufbau von Blüten und Früchten). Näheres dazu findet man bei *Knott* (1996).

8.2   Heuristische Hilfsmittel und heuristische Strategien/ Prinzipien

8.2.1   Was ist Heuristik? Was sind heuristische Hilfsmittel?

Das Wort **„Heuristik"** hat seinen Ursprung im (alt-)griechischen Wort „heuriskein", zu Deutsch: finden, entdecken. Laut Brockhaus ist Heuristik „die Lehre von den Wegen zur Gewinnung wissenschaftlicher Erkenntnisse". Sie ist ein Teilgebiet der allgemeinen Methodentheorie. Diese wiederum

> „unterscheidet sich grundlegend von der *Logik* dadurch, dass die Methoden durch ein Ziel, eine Aufgabe oder einen Zweck, bestimmt werden, während alle logischen Gesetze grundsätzlich zielneutral sind. […] Eine systematisch aufgebaute Heuristik bedarf als ihrer Grundlage einer allgemeinen Problemtheorie, d. h., einer Theorie der Wesensmomente der Probleme, ihrer Strukturformen, der Arten der Problemstellungen, der Problemlösungen, der Problementstehung und der Funktion der Probleme als solcher." (*Hartkopf,* 1964, 16 f.)

„Der eigentliche Raum, in dem Heuristik zu Hause ist, liegt *zwischen* zwei Polen: der Problem*stellung* und der Problem*lösung.* Er verbindet sie." (*Denk,* 1964, 36)

In der Mathematikdidaktik gilt *George Pólya* als der „Vater der Heuristik". Nach ihm beschäftigt sich die Heuristik „mit dem Lösen von Aufgaben. Zu ihren spezifischen Zielen gehört es, in allgemeiner Formulierung die Gründe herauszustellen für die Auswahl derjenigen Momente bei einem Problem, deren Untersuchung uns bei der Auffindung der Lösung helfen könnte." (*Pólya,* 1964, 5)

Winter (1991, 35) bezeichnet die (mathematische) Heuristik etwas allgemeiner als die „Kunde […] vom Gewinnen, Finden, Entdecken, Entwickeln neuen Wissens und vom methodischen Lösen von Problemen". *Pólya* macht das Lösen mathematischer Probleme (er selbst spricht von Aufgaben) zum Thema. „Die Lösung eines Problems ist in seiner [*Pólyas,* die Autoren] Sicht ein Entdeckungs- und Findungsvorgang, der mit der wissenschaftlichen Forschung durchaus vergleichbar ist." (a. a. O., 178)

In seiner „Schule des Denkens" (Original: „How to solve it", 1945) gibt *Pólya* einen Rahmenplan zur Lösung mathematischer Probleme in vier Phasen an (*Pólya,* 1967, Innendeckel; siehe auch Unterabschn. 3.4.1):

1.**„Verstehen der Aufgabe**
  - Was ist unbekannt? Was ist gegeben? Wie lautet die Bedingung?
  - Ist es möglich, die Bedingung zu befriedigen? Ist die Bedingung ausreichend, um die Unbekannte zu bestimmen? Oder ist sie unzureichend? Oder überbestimmt? Oder kontradiktorisch?
  - Zeichne eine Figur! Führe eine passende Bezeichnung ein!
  - Trenne die verschiedenen Teile der Bedingung! Kannst Du sie hinschreiben?

2.**Ausdenken eines Planes**
  – Hast Du die Aufgabe schon früher gesehen? Oder hast Du dieselbe Aufgabe in einer wenig verschiedenen Form gesehen?
  – Kennst Du eine verwandte Aufgabe? Kennst Du einen Lehrsatz, der förderlich sein könnte?
  – Betrachte die Unbekannte! Und versuche, Dich auf eine Dir bekannte Aufgabe zu besinnen, die dieselbe oder eine ähnliche Unbekannte hat.
  – Hier ist eine Aufgabe, die der Deinen verwandt und schon gelöst ist. Kannst Du sie gebrauchen? Kannst Du ihr Resultat verwenden? Kannst Du ihre Methode verwenden? Würdest Du irgendein Hilfselement einführen, damit Du sie verwenden kannst?
  – Kannst Du die Aufgabe anders ausdrücken? Kannst Du sie auf noch verschiedene Weise ausdrücken? Geh auf die Definition zurück!
  – Wenn Du die vorliegende Aufgabe nicht lösen kannst, so versuche, zuerst eine verwandte Aufgabe zu lösen. Kannst Du dir eine zugänglichere verwandte Aufgabe denken? Eine allgemeinere Aufgabe? Eine speziellere Aufgabe? Eine analoge Aufgabe? Kannst Du einen Teil der Aufgabe lösen? Behalte nur einen Teil der Bedingung bei und lasse den anderen fort; wie weit ist die Unbekannte dann bestimmt, wie kann ich sie verändern? Kannst Du Förderliches aus den Daten ableiten? Kannst Du Dir andere Daten denken, die geeignet sind, die Unbekannte zu bestimmen? Kannst Du die Unbekannte ändern oder die Daten oder, wenn nötig, beide, so daß die neue Unbekannte und die neuen Daten einander näher sind?
  – Hast Du alle Daten benutzt? Hast Du die ganze Bedingung benutzt? Hast Du alle wesentlichen Begriffe in Rechnung gezogen, die in der Aufgabe enthalten sind?
3.**Ausführen des Planes**
  – Wenn Du Deinen Plan der Lösung durchführst, so kontrolliere jeden Schritt. Kannst Du deutlich sehen, daß der Schritt richtig ist? Kannst Du beweisen, daß er richtig ist?
4.**Rückschau**
  – Kannst Du das Resultat kontrollieren? Kannst Du den Beweis kontrollieren?
  – Kannst Du das Resultat auf verschiedene Weise ableiten?
  – Kannst Du es auf den ersten Blick sehen?
  – Kannst Du das Resultat oder die Methode für irgend eine andere Aufgabe gebrauchen?"

Heuristische Vorgehensweisen, auch **Heurismen** genannt, können insbesondere bei der zweiten Phase hilfreich, partiell aber auch bereits in der ersten Phase einsetzbar sein. Charakteristisch für Heurismen ist, dass sie von den konkreten Inhalten der zu lösenden mathematischen Probleme weitgehend unabhängig sind und den Problembearbeiter beim Generieren von Ansätzen und Ideen bei beliebigen Aufgaben unterstützen (siehe dazu *König*, 2005, 48). Die Heurismen lassen sich in **heuristische Hilfsmittel, heuristische Strategien** und **heuristische Prinzipien** gliedern, wobei die Grenzen zwischen diesen Begriffen allerdings fließend sind und eine deutliche Abgrenzung kaum gelingen kann (a. a. O., 26). Mit heuristischen Strategien und Prinzipien werden wir uns im Unterabschn. 8.2.3 beschäftigen. Bevor wir hier nun näher auf in unserem Zusammenhang relevante heuristische Hilfsmittel eingehen, folgen noch ein paar allgemeine

Anmerkungen und Hinweise zur Vermittlung von Heurismen und zum Ziel heuristischer Schulung.

Ausgewählte Heurismen sollten u. E. beim Lösen problemhaltiger Aufgaben den Kindern bzw. Jugendlichen bewusst vermittelt bzw. explizit thematisiert werden. Es geht um ihr zielgerichtetes Aneignen und Anwenden. „Ein nur implizites Vermitteln etwa durch Vorbildwirkung reicht nicht aus." (a. a. O., 24) Es gibt durchaus begabte Grundschulkinder, die beim selbstständigen Lösen mathematischer Problemstellungen einzelne heuristische Vorgehensweisen intuitiv selbst entdecken. Als Lehrerin/Lehrer sollte man zwar geduldig sein und auf solche Entdeckungen warten, aber andererseits auch nicht zu lange warten und sich darauf verlassen, dass irgendwann die Idee kommt. Es wäre uneffektiv, nur solche Heurismen zu thematisieren, die von einzelnen Kindern selbst verwendet wurden.

Das Endziel heuristischer Schulung sollte darin bestehen, die Schülerinnen und Schüler zu befähigen, sich beim Lösen von Problemen oder bei der Suche nach neuen Erkenntnissen unbewusst weitgehend inhaltsunabhängige Fragen zu stellen oder Impulse zu geben und so ihre geistige Tätigkeit möglichst selbst zu steuern.

> „Durch den Einsatz solcher Fragen und Impulse läßt sich häufig verhindern, daß ein Problemlöseprozeß erfolglos abgebrochen wird, weil der Löser nicht weiß, was er noch unternehmen könnte, um ans Ziel zu gelangen. Um dieses Endziel […] zu erreichen, bedarf es einer *langfristigen und etappenweisen Vermittlung* heuristischer Vorgehensweisen." *(König,* 1992, 25)

Welche **heuristischen Hilfsmittel** sind für unsere Zwecke bedeutsam?

Bereits in der ersten Phase einer Problemlösung (Verstehen/Erfassen der Aufgabe) kann es nützlich sein, **zweckmäßige Bezeichnungen einzuführen** bzw. die **Wortsprache** (den Text oder Teile des Textes) **in eine geeignete Symbolsprache zu überführen** (siehe dazu a. a. O., 48). Die Kinder sollen erkennen, wie sinnvoll es sein kann, z. B. für Namen oder Berufe Buchstaben (etwa die Anfangsbuchstaben) als abkürzende Bezeichnungen zu benutzen oder für nicht bekannte Zahlen bzw. Größen Variable (Wort- oder Buchstabenvariable) anzusetzen und die im Text der Aufgabe vorkommenden Informationen in Gleichungen oder Ungleichungen zu übersetzen. Auf die Möglichkeiten und die bestehenden Grenzen bezüglich der Verwendung von Variablen durch begabte Grundschulkinder wird im Abschn. 8.10 eingegangen. Beispiele für die Einführung zweckmäßiger Bezeichnungen folgen im Unterabschn. 8.2.2.

Vielfältig einsetzbar und von besonderer Bedeutung ist das heuristische Hilfsmittel „**Tabelle**". Tabellen können folgende Funktionen erfüllen (*König,* 1992, 35):

a) Entdecken oder Überprüfen von funktionalen Zusammenhängen oder anderen Beziehungen zwischen Zahlen oder Größen;

b) Hilfe beim systematischen Erfassen aller möglichen Fälle oder dem Ausschließen aller nicht möglichen Fälle;

c) Abspeichern der Aufgabenstellung durch übersichtliches Festhalten der gegebenen und der gesuchten Größen bzw. von gegebenen Beziehungen oder Zusammenhängen;

d) Hilfe beim Finden und Festhalten eines Lösungsplans.

Zu den Funktionen a) und b) werden in Unterabschn. 8.2.2 Beispiele präsentiert.

Welche Fragen bzw. Impulse können bei der Verwendung des Hilfsmittels „Tabelle" (begabten) Grundschulkindern gestellt bzw. gegeben werden (vgl. auch *König,* 1992, 35 f.)?

- Wofür sollen die Zeilen der Tabelle, wofür die Spalten verwendet werden? (Es sollen Felder entstehen, in die das Gegebene und das Gesuchte eingetragen werden können. In die Zeileneingänge werden die Namen der Objekte/Situationen eingetragen, über die etwas ausgesagt ist. In die Spalteneingänge werden die Größen/ die Merkmale eingetragen, über die hinsichtlich der Objekte bzw. der Situationen Aussagen gemacht werden. Oder andersherum hinsichtlich der Zeilen und Spalten.)
- Die gegebenen Größen werden in die betreffenden Felder eingetragen. Die Felder, in denen das Gesuchte steht bzw. stehen soll, werden besonders gekennzeichnet.
- Weitere Felder der Tabelle werden ausgefüllt, indem die in der Problemstellung genannten bzw. die aus ihr sich ergebenden Beziehungen genutzt werden. (Welches Feld kann als Erstes ausgefüllt werden, welches als Nächstes? Gib jeweils Begründungen an.)
- Wenn es nicht gelingt, alle leeren Felder auszufüllen, empfiehlt es sich, eine Variable zu wählen und in ein passendes Feld einzutragen.
- Nach dem Ausfüllen aller Felder (teilweise oder vollständig mit Variablen) wird die Gleichung eines Ansatzes ermittelt, indem eine noch nicht ausgenutzte Beziehung verwendet wird.
- Die Ansatzgleichung wird gelöst (es dürfen sich natürlich nur solche Gleichungen ergeben, die von den Kindern bereits gelöst werden können; siehe dazu Abschn. 8.10).

Weitere wichtige heuristische Hilfsmittel sind **Skizzen** bzw. **informative Figuren.** Sie dienen der Veranschaulichung der Problemstellung. Im Verlauf der ersten Phase (Verstehen/Erfassen der Aufgabe) werden in einer Skizze die gewählten Bezeichnungen und die Informationen über das Gegebene und das Gesuchte festgehalten. In der zweiten Phase (Ausdenken eines Planes) dienen Skizzen oder informative Figuren dem Finden der Lösung sowie dem Notieren des Lösungsplans. Auch Graphen oder Mengendiagramme können der Veranschaulichung spezieller Situationen dienlich sein.

Werden Skizzen zur Veranschaulichung von Situationen oder Prozessen benutzt, so können folgende Impulse bzw. Fragen bei der Lösungsfindung hilfreich sein (vgl. a. a. O., 35):

- Was kann in der Skizze alles festgehalten werden?
- Gegebenenfalls für jeden wichtigen Zeitpunkt eine Teilskizze zeichnen und die jeweiligen Zeitpunkte notieren!
- Günstige Bezeichnungen einführen!
- Sind alle vorgegebenen und gesuchten Zahlen/Größen in der Skizze notiert? (Bedingungen oder Beziehungen, die sich in der Skizze nicht notieren lassen, gesondert herausschreiben!)
- Teilresultate, die im Verlauf des Lösungsweges gewonnen wurden, in der Skizze festhalten!

8.2.2   Beispiele zur Anwendung heuristischer Hilfsmittel

1. Beispiel: Wer sitzt neben wem?
Katrin, ihre Mutter, ihre Oma und ihre Puppe sitzen alle nebeneinander auf einer Bank. Die Oma sitzt direkt neben Katrin, aber nicht neben der Puppe. Die Puppe sitzt nicht direkt neben der Mutter.
Wer sitzt direkt neben der Mutter?

Ein möglicher **Lösungsweg:**
Die meisten Kinder dürften bei dieser Aufgabe selbst auf die Idee kommen, abkürzende Bezeichnungen für die beteiligten Personen bzw. für die Puppe einzuführen, am einfachsten K, M, O und P. Eine Skizze ist nicht erforderlich; es reicht aus, die Buchstaben entsprechend den geforderten Bedingungen nebeneinander zu schreiben. Wenn O direkt neben K, aber nicht neben P sitzt, gibt es für das Nebeneinandersitzen auf der Bank (unabhängig davon, ob O rechts oder links von K sitzt) die folgenden Möglichkeiten:

1. OKPM,
2. OKMP,
3. MOKP,
4. PMOK.

Da nun P nicht direkt neben M sitzt, erfüllt nur die 3. Möglichkeit die in der Aufgabe gestellten Bedingungen. Also sitzt die Oma direkt neben der Mutter. (Unabhängig davon, ob die Oma rechts oder links – wie oben – von Katrin sitzt, ergibt sich für das Nebeneinandersitzen ein und dieselbe Lösung.)

2. Beispiel: In einer Eisdiele

In einer Eisdiele gibt es Eiskugeln in den Sorten Schokolade, Vanille, Erdbeere, Banane und Himbeere. Franziska möchte jeden Tag eine Portion mit drei Kugeln verschiedener Sorten probieren.

Wie viele Tage braucht sie, bis sie alle möglichen Zusammenstellungen von drei verschiedenen Eissorten probiert hat?

Ein möglicher **Lösungsweg:**

Wir kürzen die verschiedenen Sorten mit den Anfangsbuchstaben ab und schreiben alle Möglichkeiten systematisch auf:

SVE, SVB, SVH, SEB, SEH, SBH;

VEB, VEH, VBH;

EBH.

(Für ein systematisches Notieren brauchen einige Kinder möglicherweise noch eine Anleitung.)

Da es auf die Reihenfolge der Kugeln nicht ankommt, haben wir alle möglichen Zusammenstellungen notiert.

Franziska braucht 10 Tage.

3. Beispiel: Fuchsjagd

(*Landesverband Mathematikwettbewerbe Nordrhein-Westfalen e. V.,* Grundschulwettbewerb 2001/2002, 3. Runde, Aufgabe 4)

Ein Hund jagt einen Fuchs. Jeweils in der Zeit, in der der Fuchs 9 Sprünge macht, macht der Hund 6 Sprünge, aber mit 3 Sprüngen legt der Hund einen ebenso langen Weg zurück wie der Fuchs mit 7 Sprüngen. Mit wie vielen seiner Sprünge holt der Hund den Fuchs ein, wenn der Fuchs zu Beginn 60 Fuchssprünge Vorsprung hat?

(Es wird vorausgesetzt, dass der Hund der Spur des Fuchses folgt und dass beide ihren ersten Sprung gleichzeitig beginnen.)

Schreibe deinen Lösungsweg ausführlich auf.

Vier Jungen haben im Rahmen einer Kinderakademie die **Lösung** (siehe Abb. 8.6) gemeinsam erarbeitet.

Kommentar: Die Kinder haben ihre Tabelle im Sinne von a) (siehe Unterabschn. 8.2.1) benutzt: Überprüfen von Beziehungen zwischen Zahlen oder Größen. In die erste Spalte wurde jeweils die Anzahl der Hundesprünge (der offensichtliche Schreibfehler „15" sei den Kindern verziehen), in die zweite Spalte die Anzahl der Fuchssprünge (einschließlich des Vorsprungs) eingetragen.

Abb. 8.6 Gemeinsame
Lösung von Manfred,
Christoph, Thomas und Kurt

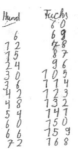

Der Hund hat den Fuchs in 72 Hundesprüngen eingeholt.
Wir haben die Hundesprünge durch drei geteilt und das Ergebnis mit
sieben mal genommen.

Zeile für Zeile vergrößert sich (entsprechend der ersten Bedingung: Hund 6 Sprünge, Fuchs 9 Sprünge) die Zahl der Hundesprünge um 6, die Zahl der Fuchssprünge um 9. Jeder Zeile entspricht also ein bestimmter Zeitpunkt; und es wird notiert, wie viele Sprünge die beiden Tiere bis zum jeweiligen Zeitpunkt zurückgelegt haben. Ab der zweiten Zeile kontrollierten die Kinder, ob der Hund den Fuchs bereits eingeholt hat; und zwar durch die Rechenschritte „dividiert durch drei und mal sieben" (siehe letzten Satz in Abb. 8.6). Falls man durch diese Rechnungen von der Zahl in der ersten Spalte zur zugeordneten Zahl in der zweiten Spalte kommt, hat der Hund den Fuchs eingeholt. Dies gilt für 72 (72:3 = 24; 24 · 7 = 168) und vorher nicht. Die Kinder führten die Überprüfung übrigens im Kopf durch.

---

4. Beispiel: Buntstifte

In einer Schachtel liegen 20 Buntstifte, die entweder blau, grün, rot oder gelb sind. Jede Farbe kommt mindestens einmal vor. Die Anzahl der blauen Stifte ist größer und die Anzahl der grünen Stifte ist kleiner als die der jeweils anderen beiden Farben. Es gibt genauso viele rote Stifte wie gelbe.

Wie viele Stifte von jeder Farbe können in der Schachtel liegen?

Nenne alle Möglichkeiten.

Kommentar: Diese Aufgabe macht deutlich, wie wichtig das Anlegen einer geeigneten Tabelle und das systematische Vorgehen innerhalb der Tabelle sind, um alle möglichen Fälle zu erfassen (siehe Funktion b) im Unterabschn. 8.2.1).

Wenn die Kinder nicht systematisch vorgehen, ist die Gefahr groß, dass Auslassungen oder Wiederholungen auftreten. Zu diesem Beispiel dürfte auch eine Kontrollspalte („Summe der Anzahlen") hilfreich sein (siehe Tab. 8.3).

Tab. 8.3 Lösungsvorschlag zu Beispiel 4

Anzahl grüner Stifte	Anzahl roter Stifte	Anzahl gelber Stifte	Anzahl blauer Stifte	Summe der Anzahlen
1	2	2	15	20
1	3	3	13	20
1	4	4	11	20
1	5	5	9	20
1	6	6	7	20
2	3	3	12	20
2	4	4	10	20
2	5	5	8	20
3	4	4	9	20
3	5	5	7	20
4	5	5	6	20

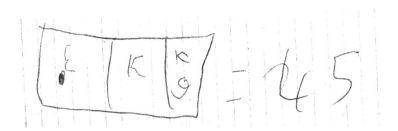

Abb. 8.7 Lösung von Mario zur Busaufgabe

5. Beispiel: Ein geheimnisvoller Bus
(*mathematik lehren*, Heft 115, Dezember 2002, Mathe-Welt S. 5)
In einem Bus ist ein Drittel der Plätze mit Erwachsenen besetzt. 6 Plätze mehr werden von Kindern eingenommen. 9 Plätze bleiben frei.
Wie viele Plätze hat der Bus?

Zur **Lösung** von Mario (im Rahmen einer Kinderakademie) siehe Abb. 8.7.

Kommentar: Eine geometrische Figur (hier ein „Rechteck"; siehe Abb. 8.7) dient Mario als Modell für einen Sachverhalt. Er teilt die Fläche des Rechtecks in drei „gleich große" Teile („Teilrechtecke") und notiert in den einzelnen Teilen lediglich: E für die

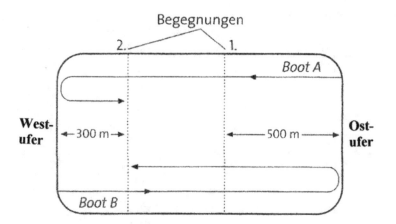

Abb. 8.8 Skizze zum Problem „Motorboote"

Anzahl der Erwachsenen im ersten Drittel, K für die Anzahl der Kinder im zweiten
Drittel sowie im dritten Drittel ein „etwas kleineres" K für die 6 Kinder (dort) und
zusätzlich die 9 (freien Plätze). Ein Drittel der Plätze im Bus sind also $6+9 = 15$ Plätze.
Der Bus hat demnach insgesamt 45 Plätze.

> **6. Beispiel: Motorboote**
> (*Haase* und *Mauksch*, 1983, 72)
> Zwei Motorboote starten zur gleichen Zeit und fahren auf einem See mit jeweils
> gleich bleibenden, aber unterschiedlichen Geschwindigkeiten zwischen dem Ost-
> ufer (O) und dem Westufer (W) hin und her. Das Boot A legt vom Ufer O ab, das
> Boot B vom Ufer W.
> Das erste Mal begegnen sich die Boote in 500 m Entfernung vom Ufer O.
> Nachdem sie am jeweils gegenüberliegenden Ufer gewendet haben, begegnen sie
> sich erneut, und zwar in 300 m Entfernung vom Ufer W.
> a) Wie lang ist der See zwischen dem Ostufer und dem Westufer?
> b) Welches Motorboot fährt mit der größeren Geschwindigkeit?

Lösung:
a) Aus der Skizze (siehe Abb. 8.8) ergibt sich, dass beide Motorboote bei der 1. Begegnung
   zusammen die Länge des Sees zwischen Ost- und Westufer zurückgelegt haben. Bei der
   2. Begegnung haben sie **zusammen** die dreifache Länge des Sees zurückgelegt.
   Da beide Boote mit jeweils gleich bleibenden Geschwindigkeiten fahren, ist vom
   Beginn der Fahrt bis zu ihrer 2. Begegnung dreimal so viel Zeit vergangen wie vom
   Beginn der Fahrt bis zu ihrer ersten Begegnung. Daraus folgt: Da Boot A bis zur

ersten Begegnung 500 m zurückgelegt hat, müssen es bis zur 2. Begegnung insgesamt $3 \cdot 500\,\text{m} = 1500\,\text{m}$ sein (bei gleich bleibender Geschwindigkeit ist der zurückgelegte Weg proportional zur Zeit). Boot A hat bis zur 2. Begegnung eine Strecke zurückgelegt, deren Länge um 300 m größer ist als die Länge des Sees. Folglich ergibt sich die Länge des Sees mit $1500\,\text{m} - 300\,\text{m} = 1200\,\text{m}$.

b) Boot B hat bis zur 2. Begegnung eine Strecke der Länge $1200\,\text{m} + (1200\,\text{m} - 300\,\text{m}) = 2100\,\text{m}$ zurückgelegt. Da vom Beginn der Fahrt bis zur 2. Begegnung für beide Boote die gleiche Zeit abgelaufen ist, muss folglich das Boot B die größere Geschwindigkeit haben.

Kommentar: Unabhängig vom Lösungsweg (über Argumentieren wie oben, über Probieren oder durch Einführen einer Variablen) ist eine geeignete Skizze unabdingbar. Skizzen dienen der Veranschaulichung von Prozessen, hier bei einer Bewegungsaufgabe.

8.2.3 Heuristische Strategien und Prinzipien zur Lösung mathematischer Probleme

In der betreffenden Literatur besteht ein Konsens darin, allgemein Strategien als zielgerichtete Verfahren zu verstehen (vgl. *Siegler,* 2001; *Stern,* 1992). „Eine Strategie ist eine Sequenz von Handlungen, mit der ein bestimmtes Ziel erreicht werden soll." (*Friedrich* und *Mandl,* 1992, 6) *Stern* (1992, 103) grenzt den Begriff „Strategie" vom Begriff „Prozedur" in der folgenden Weise ab:

> „Gemeinsam sind der Prozedur und der Strategie, daß beide mit dem Motiv verknüpft sind, ein Ziel auf optimale Weise zu erreichen. Während bei der Prozedur die einzelnen Schritte festgelegt sind und der Lernprozeß darin besteht, die Abfolge dieser zu optimieren, gibt es bei der Strategie keinen vorher bekannten und festgelegten Handlungsablauf."

Im Gegensatz zu Prozeduren (oder Algorithmen) sind heuristische Strategien allgemeinere Verfahren zur Lösungsfindung, deren Anwendung die Problemlösung jedoch nicht garantieren kann.

In Anlehnung an *Klix* (1976, 724) verstehen wir unter heuristischen Strategien Regeln für die Transformation von Problemzuständen, die aus einer Menge von Problemsituationen abstrahiert sind und folglich auf Klassen von Problemen angewandt werden können.

Folgende **heuristische Strategien** können aus unserer Sicht (und aufgrund unserer Erfahrung) bereits von (mathematisch begabten) Grundschulkindern intuitiv eingesetzt oder nach entsprechender Anleitung erfolgreich verwendet werden, um mathematische Probleme zu lösen:

- systematisches Probieren,
- Vorwärtsarbeiten,

- Rückwärtsarbeiten,
- Umstrukturieren,
- Benutzen von Variablen,
- Suchen nach Beziehungen/Aufstellen von Gleichungen oder Ungleichungen.

Das **systematische Probieren** ist ein bedeutender Fortschritt gegenüber dem bei Grundschulkindern häufig anzutreffenden unsystematischen und planlosen Ausprobieren. Die Kinder sollten angehalten werden, sich für eine bestimmte Reihenfolge zu entscheiden, die alle möglichen Elemente/Fälle umfasst. Die Elemente/Fälle können dabei Zahlen, Zahlenpaare, Zahlentripel usw. oder auch Buchstaben oder andere Zeichen sein. Möglicherweise muss von den Kindern erst noch ein Ordnungsprinzip gefunden werden, wenn nicht eine bestimmte Ordnung (z. B. der Größe nach sortieren oder lexikografisch vorgehen) bereits durch die vorgegebene Problemstellung nahegelegt ist. Anschließend muss für jedes Element/für jeden Fall überprüft werden, ob die im Problem genannten Bedingungen erfüllt sind. Ist dies bei einem Element oder einem Fall nachgewiesen, kann die Überprüfung im Regelfall noch nicht beendet werden. Entweder muss dann die Eindeutigkeit der Lösung argumentativ belegt oder durch das Abchecken aller weiteren Elemente/Fälle nachgewiesen werden bzw. alle weiteren Lösungen müssen gefunden werden.

Zum systematischen Probieren und auch zu den anderen heuristischen Strategien finden Sie jeweils ein Beispiel im Unterabschn. 8.2.4.

Beim **Vorwärtsarbeiten** ist eine Anfangssituation gegeben und ein Ziel wird angesteuert: Anfangssituation → ? → … Ziel

Typische Fragen beim Vorwärtsarbeiten sind: Was lässt sich aus den gegebenen Größen unmittelbar berechnen? Was lässt sich aus den gegebenen Bedingungen unmittelbar ableiten? Was lässt sich aus den Voraussetzungen unmittelbar folgern? Welche Teilziele kann ich erreichen? Welche Hilfsmittel führen mich weiter?

Beim **Rückwärtsarbeiten** ist eine Endsituation gegeben und die Frage lautet, wo bzw. wie gestartet werden muss, um diese Endsituation erreichen zu können: Start … ← ? ← Endsituation.

Typische Fragen beim Rückwärtsarbeiten sind: Woraus lässt sich die Endgröße unmittelbar berechnen? Woraus lässt sich die Behauptung unmittelbar ableiten? Unter welchen Voraussetzungen stellt sich die Endsituation ein? Welche vorgängigen Situationen führen zur Endsituation? Welche Hilfsmittel können dienlich sein? (Für allgemeine Betrachtungen zum Umkehren von Gedankengängen siehe *Aßmus*, 2017, 96–119.)

Eine besondere Form des Rückwärtsarbeitens, die in der Grundschulmathematik häufig vorkommt, ist das sog. „Rückwärtsrechnen". Hierbei ist die „Endsituation" eine Zahl oder eine Größe. Wie man zu der Zahl oder der Größe kommt, ist in der Aufgabenstellung beschrieben. Gesucht ist die Startzahl oder die Größe, mit der begonnen werden muss.

Umstrukturieren einer vorgegebenen Situation oder einer mathematischen Problemstellung bietet sich dann an, wenn die vordergründige oder naheliegende Struktur keinen unmittelbaren oder nur einen sehr aufwendigen Lösungsweg erkennen lässt. Andere Anordnungen von Zahlen oder Größen als die vorgegebene Anordnung können Strukturen sichtbar machen, die sonst nicht ersichtlich sind (siehe z. B. die geeignete paarweise Zusammenfassung der natürlichen Zahlen von 1 bis 100 bei der *Gauß* gestellten Aufgabe im Abschn. 5.1). Oder die Übersetzung eines arithmetischen Problems in eine geometrische Konfiguration und deren Umgestaltung oder Ergänzung können Lösungswege für das Ausgangsproblem ermöglichen.

Einzelne begabte Grundschulkinder verwenden bereits von sich aus **Variable** für unbekannte Zahlen oder Größen. Dabei kommen nicht nur Buchstabenvariable, sondern auch Wortvariable vor. Diese Kinder haben bereits erkannt (bzw. sind z. B. durch ihre Eltern oder ältere Geschwister darauf hingewiesen worden), wie nützlich es sein kann, in natürlicher Sprache formulierte Informationen in eine geeignete Symbolsprache zu übersetzen.

Die so gefundenen **Beziehungen** (etwa in Form von **Gleichungen** oder **Ungleichungen**) lassen sich dann weiter vereinfachen (dazu mehr im Abschn. 8.10) und ermöglichen auf diese Weise das effektive Lösen vorgegebener mathematischer Problemstellungen.

Folgende **heuristische Prinzipien**[5] können aus unserer Sicht bereits von (mathematisch begabten) Grundschulkindern benutzt werden, um mathematische Probleme zu lösen:

- das Analogieprinzip,
- das Symmetrieprinzip,
- das Invarianzprinzip,
- das Extremalprinzip,
- das Zerlegungsprinzip (Fallunterscheidungsprinzip).

Bei Verwendung des **Analogieprinzips** werden bewusst oder unbewusst folgende Fragen gestellt: Ist mir ein ähnliches Problem/eine ähnliche Aufgabe bereits einmal begegnet? Wie habe ich es/sie gelöst? Kindern könnte auch der folgende Rat gegeben werden: Suche nach einer ähnlichen Aufgabe, die sich eventuell einfacher lösen lässt. Übertrage den bei der neuen Aufgabe gefundenen Lösungsgedanken auf die ursprüngliche Aufgabe.

Allgemeiner lässt sich Analogiebildung als Heurismus in der folgenden Weise beschreiben (*Winter*, 1991, 47):

---

[5]Die Kategorisierung von Heurismen in heuristische Hilfsmittel, Strategien und Prinzipien geht vermutlich auf *Sewerin* (1979) zurück. Diese und andere Kategorisierungen werden von *Rott* (2018, 5 f.) beschrieben.

In einem neuen Bereich B soll z. B. ein Problem gelöst werden. Die Analogiebildung besteht dann darin, einen bekannten Bereich A aufzuspüren, der in irgendeiner Weise mit dem Bereich B verwandt ist. Durch einen vermittelnden Gedanken muss diese Verwandtschaft belegt werden. Gelingt dies, wird das Problem im bekannten Bereich A (neu) definiert und dort gelöst. Die Lösung wird in den Bereich B zurückübertragen.

> „Der brisante Punkt ist die Doppelaufgabe: (1) das Aufsuchen eines verwandten bekannten Bereiches A und (2) der Aufweis der Verwandtschaft. Da ist Vorwissen zu durchmustern, was aber nur Erfolg verspricht, wenn (Passendes überhaupt da ist und) eine steuernde Ahnung, ein Gefühl, das Suchfeld eingrenzt. Immerhin muß ja der Rahmen B überschritten werden; es ist so etwas wie divergentes Denken […] notwendig. Eine unterrichtsmethodisch handhabbare Hilfe besteht darin, die Schüler aufzufordern, den Grad der Elaborierung zu senken, das Problem untechnisch – umgangssprachlich – grob zu fassen.
> ‚Wie würdest du das einem Nichtfachmann erklären?‘
> ‚Wie kannst du die Sache schlagwortartig ausdrücken?‘
> ‚Was ist der Witz der Sache?‘ o. ä." (a. a. O.)

(Zur **Analogiebildung** bzw. zum **analogen Denken** allgemein siehe *Ruppert* (2017) und *Aßmus* (2017, 119–128).)

Bei Anwendung des **Symmetrieprinzips** wird in der durch die Aufgabenstellung vorgegebenen Situation nach Symmetrien gesucht und die Frage gestellt: Kann ich die Aufgabe unter Ausnutzung der entdeckten Symmetrie(n) lösen bzw. einen eleganteren Lösungsweg als bei Vernachlässigung der Symmetrieeigenschaft(en) finden? Werden keine Symmetrien gefunden, könnte gefragt werden, ob eine Symmetrisierung der Problemstellung (evtl. durch Modifizierung) hergestellt oder erzwungen werden kann.

Beim Einsatz des **Invarianzprinzips** geht es einerseits

> „darum, solche Größen, Eigenschaften oder funktionalen Beziehungen zu erkennen, die konstant bzw. allen Größen oder Beziehungen gemeinsam sind. Andererseits kann man aber auch versuchen, Invarianten künstlich zu erzeugen durch Festhalten einer Größe oder Eigenschaft und Variation der anderen Größen, Eigenschaften oder Beziehungen." (*Bruder* und *Müller*, 1990, 881)

Bei der Verwendung des **Extremalprinzips** als heuristisches Prinzip werden zur Lösung von Problemen extreme Fälle betrachtet: minimale oder maximale Elemente einer Menge, Sonder- oder Spezialfälle, besondere Lagen am Rand, extremale Beziehungen oder Konstellationen usw. Bei der Betrachtung von Randfällen kann die Befolgung des Extremalprinzips eine Art Regula-falsi-Strategie bewirken, also einen Ansatz, der bewusst falsch gewählt wird: Was wäre, wenn …? Was ergibt sich daraus?

Das Extremalprinzip wird ausführlich von *Haas* (2000) erörtert.

Das **Zerlegungsprinzip** kann insbesondere beim Lösen komplexer Probleme nützlich sein und auch als „Modularisierung" des vorgegebenen Problems interpretiert werden. Beim Zerlegungsprinzip lautet die zentrale Frage: „Wie kann man die Aufgabenstellung, den Sachverhalt oder das mathematische Objekt geschickt zerlegen oder aufteilen?"

(*Bruder*, 2002, 7) Das **Prinzip der Fallunterscheidung** ist eine Variante/ein Spezialfall des (allgemeinen) Zerlegungsprinzips.

Beispiele zur Anwendung der genannten heuristischen Prinzipien finden Sie im Unterabschn. 8.2.4.

Welche Wirkungen können Heurismen entfalten? Nach *Bruder* (a. a. O., 6) kann man unter lerntheoretischen Aspekten das Wirkungsprinzip heuristischer Strategien stark verkürzt so beschreiben:

> „Wenn es gelingt, die meist unterbewusst verfügbaren Problemlösemethoden geistig besonders beweglicher Personen herauszuarbeiten und diese bewusst in Form von Heurismen zu erlernen und anzuwenden, können ähnliche Leistungen erbracht werden wie von den intuitiven Problemlösern.
>
> Damit jedoch keine unerfüllbaren Erwartungen geschürt werden, muss klargestellt werden: Heuristische Strategien liefern Impulse zum Weiterdenken, sie bieten aber keine Lösungsgarantie wie ein Algorithmus."

Bruder (a. a. O., 8) sowie *Bruder* und *Collet* (2009, 24 f.) schlagen vor, Heurismen in vier Etappen lernen zu lassen:

1. **Etappe: Gewöhnung an Heurismen**
   Zunächst werden die Schülerinnen und Schüler schrittweise an bestimmte heuristische Vorgehensweisen und typische Fragestellungen *gewöhnt*. Die Lehrerin/ der Lehrer verwendet bei Hilfeimpulsen konsequent die Fragestrategien der einzelnen Heurismen, ohne sie unmittelbar zum Unterrichtsthema zu machen.

2. **Etappe: Bewusstmachen der heuristischen Elemente**
   Anhand von überzeugenden *Musterbeispielen* wird die explizit zu erlernende Strategie vorgestellt. Der Strategie wird ein Name zugeordnet, und sie wird mit typischen Fragestellungen beschrieben. Die Musteraufgaben fungieren als Eselsbrücke. Lehrperson und Lernende stellen gemeinsam Beispiele zusammen, bei denen bereits früher die jetzt bewusst gewordene Strategie intuitiv verwendet wurde.

3. **Etappe: Zeitweilige bewusste Anwendung von Heurismen**
   Kurze *Übungsphasen* mit Aufgaben unterschiedlicher Schwierigkeit schließen sich an. Die neue Strategie soll nun selbstständig bewusst angewendet werden. Die Kontexte in den Aufgaben variieren schrittweise. Die individuellen Vorlieben der Lernenden für einzelne Strategien und die Anwendungsvielfalt der neuen Strategie werden thematisiert und damit bewusst gemacht.

4. **Etappe: Kontexterweiterung und unterbewusste Nutzung von Heurismen**
   In den nun folgenden Übungsphasen wird eine unterbewusste *flexible Strategieverwendung* angestrebt. Die neue Strategie erhält ihren Ort im *allgemeinen Problemlösemodell*.

Das Lehren von Heuristik muss auch kritisch betrachtet werden. So merkt z. B. *Haas* (2000, 189 f.) dazu an:

„Grundvoraussetzungen für erfolgreiches Problemlösen sind nicht nur solide Kenntnisse, Ausdauer und kritische Analyse, sondern auch Kreativität und Beweglichkeit des Denkens. Die Verfügbarkeit heuristischer Strategien hilft dabei, Einfälle zu provozieren und zu produzieren. Bislang ist aber immer noch umstritten, in welcher Form Heuristik gelehrt werden kann und soll:

a) implizit (Problemlösen lernen durch das Lösen von geeigneten Problemen),
b) explizit (Thematisierung und Training einzelner (welcher?) Strategien) oder noch weitergehend
c) durch metakognitive Reflexionen.

[….]
Die Beschäftigung mit heuristischen Strategien ist in gewisser Weise paradox, denn sie versucht, das heuristische Wissen zu systematisieren und zu algorithmisieren und damit in einen anderen bekannten Wissensbereich zu verschieben. Bei allen Überlegungen zur Vermittlung heuristischer Strategien muss man sich dieses Antagonismus bewusst sein.“

8.2.4 Beispiele zur Anwendung heuristischer Strategien und Prinzipien

1. Beispiel (Beispiel zum systematischen Probieren)
In das Puppentheater kamen viele Zuschauer. Die Hälfte und einer waren Kinder, ein Viertel und zwei der Anwesenden waren Mütter, ein Sechstel und drei waren Väter dieser Kinder. Wie viele Kinder, Frauen und Männer waren es?

Lösung:
Bevor man eine Tabelle zum systematischen Probieren anlegt, ist es ratsam, sich zu überlegen, welche Zahlen für die Gesamtzahl der Zuschauer überhaupt in Frage kommen können. Wegen der Angaben „die Hälfte“, „ein Viertel“ und „ein Sechstel“ muss die Gesamtzahl durch 2, 4 und 6 teilbar sein. Demnach macht es nur Sinn, mit Zahlen zu probieren, die durch 12 teilbar sind. Wir legen eine Tabelle an, die die vermutete Gesamtzahl der Zuschauer, die Anzahl der Kinder, der Mütter und der Väter und zur Kontrolle die sich aus der entsprechenden Aufteilung ergebende Summe enthält. Wir beginnen mit einer Gesamtzahl, die für ein Puppentheater realistisch erscheint und ein leicht zu berechnendes Vielfaches von 12 ist: 120 (siehe Tab. 8.4).

Tab. 8.4 Vorschlag zum systematischen Probieren für Beispiel 1

Gesamtanzahl der Zuschauer	Anzahl der Kinder	Anzahl der Mütter	Anzahl der Väter	Summe nach Aufteilung
120	60 + 1 = 61	30 + 2 = 32	20 + 3 = 23	116
108	54 + 1 = 55	27 + 2 = 29	18 + 3 = 21	105
96	48 + 1 = 49	24 + 2 = 26	16 + 3 = 19	94
84	42 + 1 = 43	21 + 2 = 23	14 + 3 = 17	83
72	36 + 1 = 37	18 + 2 = 20	12 + 3 = 15	72

Die bisher ausgefüllte Tabelle sollte Anlass sein, die Zahlenstrukturen in den einzelnen Spalten von den Kindern beschreiben zu lassen. Auf diese Weise können sie auch zu der Erkenntnis kommen, dass die gefundene Lösung 72 die einzige sein muss.

Antwort: Im Puppentheater waren 37 Kinder, 20 Frauen und 15 Männer als Zuschauer.

Dass bereits Grundschulkinder diese Aufgabe anders (und eleganter) als durch systematisches Probieren lösen können, zeigt die Bearbeitung von Malte (9 Jahre 11 Monate) im Rahmen einer Kinderakademie (siehe Abb. 8.9).

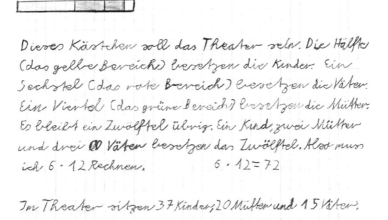

Dieses Kästchen soll das Theater sein. Die Hälfte (das gelbe Bereich) besetzen die Kinder. Ein Sechstel (das rote Bereich) besetzen die Väter. Ein Viertel (das grüne Bereich) besetzen die Mütter. Es bleibt ein Zwölftel übrig. Ein Kind, zwei Mütter und drei ~~Mütter~~ Vätern besetzen das Zwölftel. Also muss ich 6 · 12 Rechnen. 6 · 12 = 72

Im Theater sitzen 37 Kinder; 20 Mütter und 15 Väter.

Ich habe oben die Skizze 12 Kästchen land gemacht weil, ich dann gut ein Sechstel eintragen kann.

Abb. 8.9 Lösung von Malte zur Puppentheater-Aufgabe

Tab. 8.5 Die ersten
fünfstelligen Zahlen mit der
Quersumme 36

Zahl mit Quersumme 36	Durch 7 teilbar?
18.999	Nein
19.899	Nein
19.989	Nein
19.998	Nein
27.999	Nein
28.899	Nein
28.989	Nein
28.998	Nein
29.799	Ja!

2. Beispiel (Beispiel zum Vorwärtsarbeiten)

(*Vitanov*, 2001, 634)

Gib die kleinste natürliche Zahl an, die alle folgenden Eigenschaften hat:

a) Die aus den letzten zwei Ziffern der Zahl gebildete Zahl ist 42.
b) Sie ist durch 42 (ohne Rest) teilbar.
c) Die Summe ihrer Ziffern (die Quersumme) ist 42.

Schreibe ausführlich auf, wie du die Zahl gefunden hast.

Lösung:

Zunächst nutzen wir Bedingung a). Die gesuchte natürliche Zahl nennen wir N. Da N mit 42 endet, gilt: $N = 100 \cdot x + 42$, wobei x eine natürliche Zahl ist, die zwei Stellen weniger als N hat. Was wissen wir weiterhin über x?

Da N durch 42 teilbar ist (Bedingung b)), muss x durch 21 teilbar sein (der Faktor 2 von 42 steckt bereits in 100). Außerdem muss die Quersumme von x gleich $42 - 4 - 2 = 36$ sein. Wegen der Forderung c) muss demnach x durch 7 teilbar sein (die Teilbarkeit durch 3 ist bereits wegen der Quersumme 36 gewährleistet).

Wegen der Quersumme 36 muss x mindestens vierstellig sein. Ist $x = 9999$? Nein, da 9999 nicht durch 7 teilbar ist.

Wir betrachten nun – der Größe nach geordnet – die ersten fünfstelligen Zahlen mit der Quersumme 36, beginnend mit der kleinsten, und prüfen (natürlich mit einem Taschenrechner), ob sie durch 7 teilbar sind (siehe Tab. 8.5).

Die gesuchte kleinste natürliche Zahl mit allen drei verlangten Eigenschaften ist also 2.979.942.

Hinweis: Einer der Autoren hat Kinder erlebt, die sich bereits mehr als eine Stunde lang mit dieser – sicher nicht einfachen – Aufgabe beschäftigt hatten und schließlich – während einer Mittagspause im Rahmen einer Kinderakademie – die Lösung fanden (ihr

Weg: Erkenntnis, dass die Summe der unbekannten Ziffern der gesuchten Zahl 36 sein muss; Überprüfung der Teilbarkeit von 999.942 durch 42; systematische Vergrößerung dieser Zahl auf Zahlen mit der Quersumme 42; Überprüfung auf Teilbarkeit durch 42 mithilfe eines Taschenrechners). Nach der gefundenen Lösung war der Wissensdurst dieser Kinder noch immer nicht gestillt. Sie fragten u. a.: „Welche ist die nächstgrößere Zahl, die die geforderten Bedingungen erfüllt?" (Antwort: 2.998.842)

> **3. Beispiel (Beispiel zum Rückwärtsarbeiten)**
> Ein Müller hinterließ nach seinem Tod seinen drei Söhnen 24 Goldmünzen und hatte verfügt, dass jeder seiner Söhne so viele Münzen erhalten sollte, wie er vor fünf Jahren an Lebensjahren gezählt hatte.
> Der jüngste der Brüder, ein helles Köpfchen, schlug folgenden Tausch vor: „Ich behalte nur die Hälfte der Münzen, die ich vom Vater bekommen habe, und verteile die übrigen an euch zu gleichen Teilen. Mit der nun neuen Verteilung der Münzen soll auch der mittlere Bruder und am Ende (nach wieder neuer Verteilung) der älteste Bruder in gleicher Weise verfahren."
> Die Brüder stimmten dem Tausch ohne Argwohn zu und hatten alle danach die gleiche Anzahl von Münzen.
> Bestimme das Alter der Brüder.

Bernd hat seine **Lösung** (siehe Abb. 8.10) im Rahmen eines Mathematischen Korrespondenzzirkels zugeschickt.

Offensichtlich bedient sich Bernd hier der Methode des Rückwärtsarbeitens; er benutzt sogar selbst das Wort „rückwärts". Er geht von dem vorgegebenen Zustand nach der Verteilung der 24 Goldmünzen aus ($24:3 = 8$). Dann betrachtet er den Zustand vor der Verteilung durch den ältesten Bruder, der doppelt so viele Goldmünzen im Vergleich zum Endzustand (also 16) hat.

Die 8 zusätzlichen Münzen kommen je zur Hälfte vom jüngsten und vom mittleren Bruder, also hatten diese beiden vorher jeweils 4 Münzen. Vor der Verteilung durch den mittleren Bruder war die Verteilung so: 2; 8 (das Doppelte von 4); 14. Vor der Verteilung durch den jüngsten Bruder: 4 (das Doppelte von 2); 7; 13.

Aus dieser letzten Verteilung kann nun auf das gegenwärtige Alter geschlossen werden: jeweils plus 5, d. h., der jüngste Sohn ist 9 Jahre, der mittlere Sohn 12 Jahre und der älteste Sohn 18 Jahre alt.

> **4. Beispiel (Beispiel zum Umstrukturieren)**
> Wir zählen an den Fingern einer Hand: Daumen 1, Zeigefinger 2, Mittelfinger 3, Ringfinger 4, kleiner Finger 5 und nun rückwärts weiter: Ringfinger 6, Mittelfinger 7, Zeigefinger 8, Daumen 9 und dann wieder vorwärts weiter: Zeigefinger 10, usw.
> Für welchen Finger ergibt sich die Zahl 2002?
> Erläutere ausführlich, wie du deine Lösung gefunden hast.

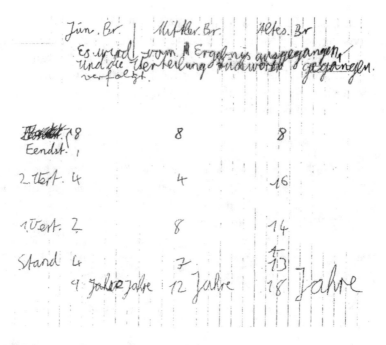

Abb. 8.10 Lösung von Bernd zur Münzen-Aufgabe

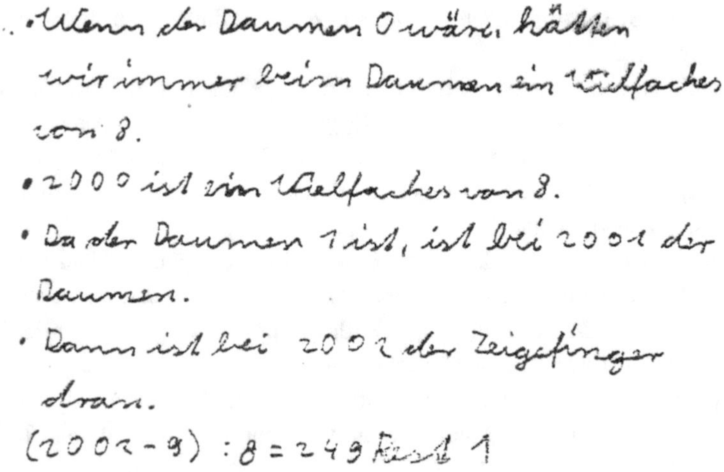

Abb. 8.11 Lösung von Marc zur Zählaufgabe

Die **Lösung** von Marc (Mathematischer Korrespondenzzirkel) steht in Abb. 8.11.
 Marc hat offensichtlich durchschaut, dass man bei einem Durchgang vom Daumen
über den kleinen Finger und wieder zurück zum Daumen immer um 8 weiterzählen
muss. Um leichter rechnen zu können (2000 ist durch 8 teilbar), strukturiert er die

vorgegebene Zählweise um und beginnt nicht mit 1, sondern mit 0 zu zählen. Eine elegante Vorgehensweise!

Die letzte Zeile der Lösung von Marc kann als Probe interpretiert werden: 2002 Zeigefinger, $2002 - 9$ Daumen.

(Wie zahlreich die Lösungsideen von Kindern bei einer solchen Aufgabe sein können, ist bei *Bardy* und *Bardy* (2004) dokumentiert; siehe auch Unterabschn. 8.5.2.)

5. Beispiel (Beispiel zum Benutzen von Variablen)
(*Bezirkskomitee Chemnitz*, o. J., Klasse 4, 13)
Auf drei Bäumen sitzen insgesamt 56 Vögel. Nachdem vom ersten Baum 7 Vögel auf den zweiten Baum und dann vom zweiten Baum 5 Vögel auf den dritten Baum geflogen waren, saßen nun auf dem zweiten Baum doppelt so viele Vögel wie auf dem ersten Baum und auf dem dritten Baum doppelt so viele Vögel wie auf dem zweiten Baum.
Ermittle, wie viele Vögel ursprünglich auf jedem der Bäume saßen.

Die **Lösung** von Sarah (Mathematischer Korrespondenzzirkel) steht in Abb. 8.12.

Sarah benutzt die Wortvariable „Menge", um mit ihrer Hilfe auszudrücken, wie viele „Mengen" sich nach den „Vogelflügen" auf den jeweiligen Bäumen befinden. Sie betrachtet die momentane Anzahl der Vögel auf dem ersten Baum als Einheit und ist in der Lage, eine Gleichung mit der Variable „Menge" aufzustellen, aus der sie leicht die zugehörige Lösung ermitteln kann („1 Menge … = 8 Vögel"). Die gesuchten Anzahlen ermittelt Sarah dann mittels Rückwärtsarbeiten.

6. Beispiel (Beispiel zum Suchen nach Beziehungen/zum Aufstellen von Gleichungen oder Ungleichungen)
In fünf Säcken befindet sich jeweils genau die gleiche Menge Kartoffeln. Entnimmt man jedem Sack 12 kg, so bleiben in allen Säcken zusammen so viele Kartoffeln übrig, wie zuvor in zwei Säcken waren.
Wie viel kg Kartoffeln befanden sich anfangs in jedem Sack?

Hier die **Lösung** von Isolde (10 Jahre 1 Monat) im Rahmen einer Kreisarbeitsgemeinschaft, ohne dass vorher die Verwendung von Variablen thematisiert worden wäre:

$$x5 - (12 \cdot 5) = x5 - 60 = x2$$
$$60 = x3$$
$$60 : 3 = 20$$
$$x = 20$$

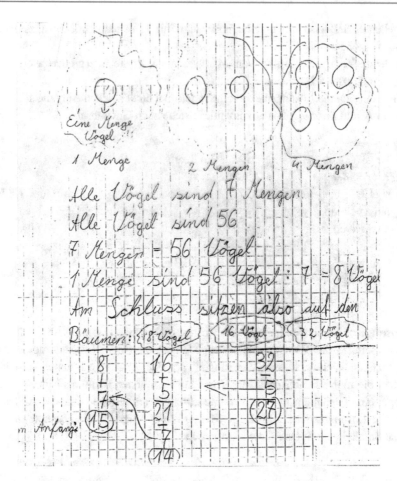

Abb. 8.12 Lösung von Sarah zur Aufgabe mit den Vögeln

Kommentar: Auch wenn Isolde nicht deklariert, was x sein soll, keinen Antwortsatz hinschreibt sowie die Reihenfolge von Koeffizient und Variable (statt z. B. $5 \cdot x$ oder $5x$ schreibt sie $x5$) ungewöhnlich ist, dokumentiert dieses Beispiel, dass Situationen bereits von 10-jährigen Kindern durch Gleichungen mit Buchstabenvariablen modelliert und die entstehenden Gleichungen richtig gelöst werden können, falls diese nicht zu komplex sind.

7. Beispiel (Beispiel zum Analogieprinzip)
Zur Illustration sind hier **zwei** Aufgabenbeispiele erforderlich:

a) Anke und ihr Bruder Bernd halfen der Mutter vor Ostern beim Färben von Eiern.

Anke hat zweimal so viele, die Mutter dreimal so viele Eier gefärbt wie Bernd. Insgesamt wurden mehr als 25, aber weniger als 35 Eier gefärbt. Wie viele Eier haben die Mutter, Anke bzw. Bernd gefärbt? Notiere deine Lösungsschritte. (*alpha 12* (1978), Heft 1, 8)

b) Ein Bauer hat Pferde, Kühe und Schafe. Zusammen sind es mehr als 90, aber weniger als 100 Tiere. Es sind doppelt so viele Kühe wie Pferde und viermal so viele Schafe wie Kühe. Wie viele Pferde, Kühe und Schafe hat der Bauer? (*alpha 11* (1977), Heft 6, 125)

Lösung:

Bei der Aufgabe a) bietet sich folgende Überlegung an: Alle Personen zusammen (Bernd einmal, Anke zweimal, Mutter dreimal) haben sechsmal so viele Eier gefärbt wie Bernd. 30 ist die einzige Zahl zwischen 25 und 35, die durch 6 teilbar ist: $30 : 6 = 5$

Bernd hat demnach 5 Eier, Anke 10 Eier und Mutter 15 Eier gefärbt.

Völlig analog lässt sich Aufgabe b) lösen:

Im Vergleich zu der Anzahl der Pferde gibt es doppelt so viele Kühe und achtmal so viele Schafe (im Aufgabentext steht „viermal so viele Schafe wie Kühe"). Die Gesamtzahl der Tiere ist demnach das Elffache der Anzahl der Pferde $(1 + 2 + 8 = 11)$.

99 ist die einzige Zahl zwischen 90 und 100, die durch 11 teilbar ist:

$$99 : 11 = 9$$

Auf der Weide befinden sich also 9 Pferde, 18 Kühe und 72 Schafe.

Es bietet sich an, analoge Aufgaben bewusst in den Förderprozess einzubeziehen. Zu viele Aufgaben des gleichen Typs sollten allerdings aus Motivationsgründen vermieden werden.

8. Beispiel (Beispiel zum Symmetrieprinzip)

(*alpha 8* (1974), Heft 1, 32)

Die Summe von drei natürlichen Zahlen beträgt 63. Die erste dieser Zahlen ist um 3 kleiner als die zweite, die dritte um 3 größer als die zweite. Wie lauten diese drei Zahlen? Notiere deine Lösungsschritte.

Ein möglicher **Lösungsweg:** Da die erste der gesuchten Zahlen um 3 kleiner und die dritte um 3 größer als die zweite ist, muss die angegebene Summe der drei Zahlen das Dreifache der zweiten Zahl sein („um 3 kleiner" und „um 3 größer" gleichen sich aus).

Die zweite Zahl ist demnach $63 : 3 = 21$. Die erste Zahl lautet $21 - 3 = 18$, die dritte $21 + 3 = 24$.

---

9. Beispiel (Beispiel zum Invarianzprinzip)
Mutti ist zurzeit 44 Jahre alt und Tina 18 Jahre alt. Nach wie vielen Jahren wird Mutti (nur noch) doppelt so alt wie Tina sein?

Ein möglicher **Lösungsweg:** Die Altersdifferenz von Mutti und Tina ändert sich nicht, sie ist invariant. Sie beträgt 44 Jahre – 18 Jahre = 26 Jahre. Dies bedeutet: Wenn Tina 26 Jahre alt ist, ist Mutti doppelt so alt. Von 18 bis 26 Jahre sind es 8 Jahre.

Also: Nach 8 Jahren wird Mutti doppelt so alt wie Tina sein.

---

10. Beispiel (Beispiel zum Extremalprinzip)
Zu acht Fahrzeugen gehören insgesamt 22 Räder. Ein Teil der Fahrzeuge hat vier, der Rest nur zwei Räder. Wie viele Fahrzeuge haben zwei und wie viele vier Räder?

Ein möglicher **Lösungsweg:** Obwohl wir wissen, dass diese Lösung falsch ist, tun wir zunächst so, als ob jedes der acht Fahrzeuge zwei Räder habe (Extremalprinzip; hier bewusster falscher Ansatz: Regula-falsi-Prozedur). Dann gäbe es insgesamt nur 16 Räder. $22 - 16 = 6$. Sechs Räder mehr erhält man dadurch, dass von den Fahrzeugen drei mit jeweils vier Rädern angenommen werden.

Also haben fünf Fahrzeuge jeweils zwei Räder und drei Fahrzeuge jeweils vier Räder.

---

11. Beispiel (Beispiel zum Fallunterscheidungsprinzip)
Zeige, dass die Summe von fünf natürlichen Zahlen, die alle bei Division durch 5 denselben Rest lassen, immer durch 5 teilbar ist.

Lösung:
Um den geforderten Nachweis zu führen, zerlegen wir die Problemstellung in fünf mögliche Fälle. Wir machen die folgenden Fallunterscheidungen:

1. Fall: Alle fünf Zahlen lassen bei Division durch 5 den Rest 0.

In diesem Falle sind alle fünf Zahlen und damit auch ihre Summe durch 5 teilbar.

2. Fall: Alle fünf Zahlen lassen bei Division durch 5 den Rest 1.

Für die Summe ergibt sich:

$$(a + 1) + (b + 1) + (c + 1) + (d + 1) + (e + 1) =$$
$$a + b + c + d + e + 5 \cdot 1 = a + b + c + d + e + 5$$

Dabei sind *a, b, c, d, e* durch 5 teilbare Zahlen. Die Summe ist deshalb auch durch 5 teilbar.

3. Fall: Alle fünf Zahlen lassen bei Division durch 5 den Rest 2.

Es gilt: $(a+2)+(b+2)+(c+2)+(d+2)+(e+2) =$
$a+b+c+d+e+5\cdot 2$

Weitere Argumentation wie beim 2. Fall.

4. Fall: Alle fünf Zahlen lassen bei Division durch 5 den Rest 3.

Es gilt: $(a+3)+(b+3)+(c+3)+(d+3)+(e+3) =$
$a+b+c+d+e+5\cdot 3$

Weitere Argumentation wie beim 2. Fall.

5. Fall: Alle fünf Zahlen lassen bei Division durch 5 den Rest 4.

Es gilt: $(a+4)+(b+4)+(c+4)+(d+4)+(e+4) =$
$a+b+c+d+e+5\cdot 4$

Weitere Argumentation wie beim 2. Fall.

(Zum Abschluss dieses Abschnitts empfehlen wir denjenigen Lehrer(inne)n, die Schüler(innen) der Sekundarstufe I auf Mathematikwettbewerbe vorbereiten, die Lektüre von *Engel* (1998).)

8.3   Logisches/schlussfolgerndes Denken

8.3.1   Worum geht es?

Um nicht missverstanden zu werden:

> „Logik mit den Methoden oder gar den Gesetzen des richtigen Denkens zu identifizieren gilt unter den Logikern als ein unzweckmäßiger Ansatz. Bereits FREGE kämpfte gegen diesen Ansatz und brachte den Unterschied auf die eingängige Formel, die Logik behandle die Gesetze des Wahrseins, nicht die des Fürwahrhaltens." (*Bock* und *Borneleit,* 2000, 60)

Vertreter der Kognitionspsychologie sind der Auffassung, dass „sich ein Großteil des menschlichen Denkens nicht sinnvoll unter dem Gesichtspunkt des logischen Schließens betrachten" (a. a. O.) lasse. *Anderson* (2001, 303 f.) z. B. behauptet, dass keine enge Beziehung zwischen logischen Zusammenhängen und kognitiven Prozessen vorliege.

Dennoch sind beim Lösen mathematischer Probleme und beim Kommunizieren mathematischer Inhalte (von begabten Kindern und Jugendlichen) auch logische Fähigkeiten gefordert (vgl. *Bock* und *Borneleit,* 2000, 62):

- das Verstehen und Verwenden logischer Sprachbestandteile (z. B. „und", „oder", „nicht" – Verneinung einer Aussage, „wenn … dann", „es gibt ein", „für alle", „mindestens", „höchstens");
- das Verstehen und Anwenden spezieller Ausdrucksweisen der **Meta**sprache (beim Sprechen **über** mathematische Inhalte; z. B. „Definition", „Beweis", „Aussage", „Umkehrung einer Aussage", „aus … folgt", „Gleichung", „Ungleichung");

- das Umformulieren einer vorgegebenen Aussage in eine logisch äquivalente und das Erkennen eines solchen Zusammenhangs;
- das richtige logische Schließen, das Erkennen von logischen Fehlern in Schlussweisen;
- das Führen von Beweisen;
- das logisch richtige Definieren, die Verwendung von Definitionen beim Begründen und Beweisen.

Unter „logischem Denken" wollen wir hier das Verwenden der genannten logischen Fähigkeiten verstehen, wobei zu beachten ist, dass sich diese Fähigkeiten auch nicht bei mathematisch begabten Kindern und Jugendlichen zwangsläufig ergeben, also gleichsam von selbst herausbilden, eine Förderung dieser Fähigkeiten allerdings bei ihnen wesentlich früher einsetzen kann als bei anderen.

Als Teil des logischen Denkens kann das sogenannte „schlussfolgernde Denken" angesehen werden. „Allgemein bedeutet schlussfolgerndes Denken, dass man von etwas Gegebenem zu etwas Neuem kommt." (*Oerter* und *Dreher*, 2002, 487) Es gibt drei Arten schlussfolgernden Denkens (a. a. O., 487 f.):

- analoges Schließen (dabei wird von der Übereinstimmung in einigen Punkten auf Entsprechungen in anderen Punkten geschlossen);
- induktives Schließen (von Einzelbeobachtungen bzw. einigen Sachverhalten wird auf allgemeine Regeln oder Gesetzmäßigkeiten geschlossen);
- deduktives Schließen/logisches Schließen (bei diesem Schließen ist die logische Gültigkeit entscheidend, unabhängig von der inhaltlichen Richtigkeit ergibt sich aus etwas Vorgegebenem zwingend die entsprechende Schlussfolgerung).

Auch wenn in der Mathematik selbst bzw. beim Mathematiklernen analoges und induktives Schließen durchaus vorkommen (z. B. beim Generieren von Behauptungen in der Forschung oder beim entdeckenden Lernen in der Schule), steht das deduktive Schließen dort im Vordergrund.

Auch in neuerer Literatur wird die Frage, ab welchem Alter schlussfolgerndes Denken möglich sei, durchaus kontrovers diskutiert.

> „Autoren, die dieses Denken schon für den Vorschulbereich postulieren – z. B. *Donaldson* (1982) für das deduktive Schließen oder *Goswami* (1992) für das analoge –, grenzen sich explizit ab von *Piaget* (vor allem *Piaget* und *Inhelder* 1980), nach dessen Auffassung sich schlussfolgerndes Denken generell erst spät, ab dem 11./12. Lebensjahr, auf der Stufe des formalen Denkens entwickelt. [….]
>
> Logisches Schließen im Sinne von Deduktionsschlüssen oder Implikationsschlüssen (wenn …, dann …), das auf die Regeln der Logik zurückgreift und Inhaltsunabhängigkeit erfordert (dekontextualisiertes Denken), wird frühestens mit der Stufe der formalen Operation möglich." (*Oerter* und *Dreher,* 2002, 488 f.)

Da das Stadium der formalen Operationen von begabten Kindern wesentlich früher als von anderen Kindern erreicht wird (teilweise mit einem Vorsprung von mehr als drei Jahren), macht es Sinn bzw. ist es ratsam, mit Fördermaßnahmen zum logischen/schlussfolgernden Denken bereits frühzeitig zu beginnen. Jedoch Vorsicht: Ein expliziter Logikkurs ist keineswegs erforderlich bzw. sinnvoll; logische Schlussregeln brauchen nicht explizit behandelt zu werden. Was *Bock* und *Borneleit* (2000, 64) für den Mathematikunterricht der Sekundarstufe gefordert haben, gilt u. E. auch für die Förderung mathematisch begabter Grundschulkinder:

„Die Förderung logischer Fähigkeiten sollte […] zielgerichtet und eng verbunden mit der Behandlung mathematischer Sachverhalte erfolgen. Dies sollte vorsichtig und behutsam geschehen, ohne einen Sprachdruck auszuüben, der sprachliche Uniformität und Sterilität in der Ausdrucksweise begünstigen könnte."

8.3.2 Aufgabenbeispiele

Im Vergleich zu ihren Altersgenossen haben mathematisch begabte Kinder und Jugendliche nicht nur besondere Fähigkeiten im Erkennen von Strukturen, im Verallgemeinern und Abstrahieren (siehe Abschn. 8.5), sondern auch im logischen/schlussfolgernden Denken. Deshalb sind die im Folgenden vorgestellten Aufgaben für unsere Zielgruppe nicht zu anspruchsvoll. Sie sind speziell zur Förderung logischen/schlussfolgernden Denkens ausgewählt bzw. konstruiert. Zahlreiche weitere solcher Aufgaben findet man bei *Bardy* und *Hrzán* (2010).

---

1. Beispiel: Socken im Wäschekorb
(*Bezirkskomitee Chemnitz*, o. J., Klasse 5, S. 6, Nr. 1, modifiziert)
David hilft seiner Mutter beim Wäschesortieren. Aber alle Socken liegen noch durcheinander im Wäschekorb. Es sind insgesamt 10 rote, 8 blaue und 6 weiße Socken.
Wie viele Socken müsste David im Finstern (also ohne die Farbe erkennen zu können) mindestens aus dem Korb nehmen, damit er mit Sicherheit

a) eine rote,
b) eine rote und eine blaue,
c) eine rote und eine blaue und eine weiße,
d) eine rote und eine weiße,
e) zwei gleichfarbige,
f) sechs gleichfarbige

Socke(n) hat?

Lösungen:

a) 15. Denn im ungünstigsten Fall entnimmt David zuerst die 8 blauen und die 6 weißen Socken. Die 15. Socke muss dann rot sein.

b) 17. Falls zunächst 6 weiße und 10 rote Socken entnommen werden, ist dann die 17. Socke von blauer Farbe.

c) 19. Nachdem David zuerst 10 rote und 8 blaue Socken entnommen hat, ist die 19. Socke von weißer Farbe.

d) 19 (Begründung wie bei Aufgabe c)

e) 4. Denn im ungünstigsten Fall entnimmt David zunächst von jeder Farbe eine Socke. Die 4. Socke muss dann eine Farbe haben, die schon vorhanden ist.

f) 16. David könnte zuerst von jeder Farbe 5 Socken nehmen, also zunächst 15 Socken. Die 16. Socke sichert, dass dann sechs gleichfarbige Socken vorliegen.

Kommentar: Die Aufgabenstellung kann nur verstanden werden, wenn die Bedeutung der Worte „mindestens", „mit Sicherheit" sowie „und" klar sind.

Die Lösungen der Teilaufgaben sind nur über den Gedanken des jeweils „ungünstigsten Falls" ermittelbar.

---

2. Beispiel: Wie heißen die Schüler?

(*alpha 14,* 1980, Heft 2, 34)

Alfons, Bruno, Christoff und Dieter gehen in dieselbe Schule. Ihre Nachnamen sind in anderer Reihenfolge Althoff, Blume, Cramer und Decker. Von ihnen ist Folgendes bekannt:

a) Alfons ist mit dem Schüler Cramer befreundet.

b) Bruno und der Schüler Decker sind gleichaltrig.

c) Dieter ist jünger als Bruno, und Bruno ist jünger als der Schüler Blume.

d) Dieter ist jünger als der Schüler Cramer.

e) Alfons kennt den Schüler Blume nicht.

f) Dieter und der Schüler Decker spielen oft zusammen.

Welche Familiennamen haben Alfons, Bruno, Christoff und Dieter? Ordne diese vier Schüler nach ihrem Lebensalter.

Im Rahmen einer Kinderakademie haben sich Karl und Marc diese Aufgabe aus einer größeren Anzahl von vorgegebenen Aufgaben ausgesucht und in Partnerarbeit gelöst. Sie legten folgende Tabelle an und trugen dort (in einer bestimmten Reihenfolge) Kreuze oder Kreise ein. Ein Kreuz wurde in das jeweilige Feld gesetzt, wenn diese Kombination (von Vor- und Nachname) aufgrund der vorgegebenen Bedingungen nicht möglich ist, und ein Kreis, wenn diese Kombination zutrifft.

Tab. 8.6 Lösungsvorschlag von Karl und Marc zu Beispiel 2

	Alfons	Bruno	Christoff	Dieter
Decker	O (11)	x (2)	x (12)	x (6)
Blume	x (5)	x (3a)	O (15)	x (3b)
Althoff	x (10)	x (9)	x (8)	O (7)
Cramer	x (1)	O (13)	x (14)	x (4)

Die Nummern wurden von uns ergänzt und geben die Reihenfolge der Eintragungen der Kinder an. Das erste eingetragene Kreuz besagt also, dass Alfons nicht Cramer heißen kann, und folgt unmittelbar aus der Information a) usw. (Tab. 8.6)

Alfons heißt also Decker, Bruno Cramer, Christoff Blume und Dieter Althoff.

Außerdem notierten Karl und Marc noch:

„Christoff (ältester)
Bruno – Alfons
Dieter (jüngster)"

Kommentar: Nach dem Anlegen der Tabelle waren Karl und Marc sehr schnell in der Lage, aus den vorgegebenen Bedingungen die Schlussfolgerungen (1) bis (6) zu ziehen und daraus weitere Folgerungen abzuleiten (deduktives Schließen).

3. Beispiel: Kommissar Pfiffig
(*Bardy* und *Hrzán*, 2010, 28)
Anton, Bernd und Chris wurden über den Diebstahl von Herrn Lehmanns Fahrrad durch Kommissar Pfiffig verhört.
Anton sagte: „Bernd hat es gestohlen."
Bernd sagte: „Ich war es nicht."
Chris sagte: „Ich bin nicht der Dieb."
Der kluge Kommissar wusste jedoch, dass nur einer von den dreien die Wahrheit gesagt hatte und die beiden anderen gelogen hatten.
Wer war der Fahrraddieb?
Schreibe deine Begründung ausführlich auf.

Lösung:
Katarina (10 Jahre 2 Monate) löste in einer Kreisarbeitsgemeinschaft die Aufgabe in der folgenden Weise:
„Chris ist der Dieb, weil, wenn Anton der Dieb wäre, würden zwei die Wahrheit sagen und einer lügen. Wenn Bernd das Fahrrad gestohlen hätte, würden auch zwei die Wahrheit sagen und einer lügen. Wenn Chris aber der Dieb ist, dann sagt Bernd die Wahrheit und Anton und Chris lügen."

Kommentar: Katarina hat offensichtlich keine Probleme mit dem korrekten Gebrauch von Wenn-dann-Aussagen.

---

4. Beispiel: Wer war heimlich am Kühlschrank?

(*Bardy* und *Hrzán*, 2010, 39)

Aus dem Kühlschrank ist eine Tafel Schokolade verschwunden. Die Mutter stellt ihre vier Kinder zur Rede. Die Kinder, von denen genau eines die Tafel Schokolade gegessen hat, äußern sich so:

Eine der Behauptungen stimmt, alle anderen Behauptungen sind falsch.
Wer hat die Tafel Schokolade gegessen? Wessen Behauptung ist wahr?
Begründe deine Antworten.

Kommentar: Wir haben Kinder erlebt, die dieses Problem in wenigen Minuten richtig gelöst hatten; aber auch solche, die für das Finden der richtigen Lösung mehr als 40 min benötigten.

Die Methode der Fallunterscheidung führt hier schnell zum Ziel. Im Rahmen einer solchen (systematischen) Fallunterscheidung können die Kinder mit Blick auf die vorgegebenen Bedingungen testen, wer die Tafel Schokolade gegessen hat oder wer die Wahrheit sagt.

---

5. Beispiel: Die Insel der Waolü

(*Fritzlar et al.*, 2006, 47 f.)

Irgendwo in den Weiten der Ozeane gibt es ein seltsames Eiland, das als die Insel der Waolü bekannt ist. Ihr Name rührt von dem Umstand her, dass ihre Bewohner sich auf eine seltsame Art und Weise miteinander unterhalten: Waolü ist die Abkürzung für „**Wa**hrheit **o**der **lü**gen".

Insulaner vom Typ A sagen immer die Wahrheit. Insulaner vom Typ B lügen stets.

a) Anke, eine Schülerin aus Berlin, besuchte einst die Insel Waolü. Als sie dort einem Insulaner-Ehepaar begegnete, meinte der Ehemann: „Meine Frau und ich sind vom Typ B." Was kannst du daraus schließen?

b) Stell dir vor, du rufst auf der Insel Waolü an, fragst deinen Gesprächspartner nach seinem Typ und er antwortet dir: „Ich gehöre zu Typ B." Was kannst du daraus schließen?

c) Was kannst du schlussfolgern, wenn dein Gesprächspartner am Telefon zu dir sagt: „Ich gehöre zum Typ A."?

d) Anke begegnete noch einem einheimischen Ehepaar. Sie hörte, wie der Mann zu seiner Frau sagte: „Liebling, wir gehören zu verschiedenen Gruppen." Welchen Gruppen gehören die Eheleute an?

e) Anke belauschte zwei eingeborene Geschwister. Sie hörte, wie der Bruder zur Schwester meinte: „Wenigstens einer von uns beiden ist vom Typ B." Welchen Gruppen gehören die Geschwister an?

f) Eine Insulanerin sagte zu Anke: „Ich gehöre zu denjenigen, die sagen können, dass ich zum Typ B gehöre." Was kannst du über ihren Typ schlussfolgern?

Kommentar: Als zweckmäßig erweist sich bei dieser Aufgabe eine Fallunterscheidung nach dem Typ des Eingeborenen. Es ergibt sich ein Widerspruch oder kein Widerspruch. Die jeweiligen Ergebnisse müssen dann noch richtig interpretiert werden.

6. Beispiel: Cheryls Geburtstag

Im Frühjahr 2015 sorgte die folgende Aufgabe aus Singapur für viele verzweifelte Facebook-Nutzer:

Albert und Bernard haben sich gerade mit Cheryl angefreundet und wollen nun wissen, wann sie Geburtstag hat. Cheryl gibt den Freunden die folgenden zehn möglichen Datumsangaben:

15. Mai, 16. Mai, 19. Mai,

17. Juni, 18. Juni,

14. Juli, 16. Juli,

14. August, 15. August, 17. August,

Schließlich verrät sie Albert den Monat und Bernard den Tag. Zwischen den beiden entsteht daraufhin das folgende Gespräch:

Albert: *„Ich weiß nicht, wann Cheryl Geburtstag hat, aber ich weiß, dass Bernard es auch nicht weiß."*

> Bernard: *„Zuerst wusste ich nicht, wann Cheryl Geburtstag hat, aber jetzt weiß ich es."*
>
> Albert: *„Jetzt weiß ich es auch."*
>
> Wann hat Cheryl Geburtstag?

Lösung: In seiner ersten Aussage ist sich Albert sicher, dass Bernard das vollständige Datum nicht kennt. Cheryl muss deshalb im Juli oder August Geburtstag haben. Damit weiß Bernard nun, wann Cheryl Geburtstag hat; es kann deshalb nicht am 14. sein. Da Albert, obwohl ihm nur der Monat verraten wurde, schließlich doch das vollständige Datum kennt, muss Cheryl am 16. Juli Geburtstag haben, denn andernfalls könnte sich Albert nicht sicher zwischen dem 15. und 17. August entscheiden.

Die Beispiele zeigen, welch wichtige Voraussetzung logisches/schlussfolgerndes Denken für das Problemlösen sowie für Argumentations- und Begründungsprozesse ist. Dies ist auch der Grund, warum in verschiedenen Intelligenz-Theorien der Fähigkeit zum logischen/schlussfolgernden Denken eine bedeutende Rolle zugewiesen wird.

8.3.3   Weitere Aufgabentypen

Für die Förderung schlussfolgernden Denkens gibt es eine Vielzahl weiterer Aufgaben und Aufgabentypen. Verbreitet sind u. a. sogenannte Transport-, Umfüll- oder Wiegeprobleme.

> **1. Beispiel: Wolf, Ziege, Kohlkopf**
> Dies ist sicher das hierzulande bekannteste Transportproblem: Ein Mann möchte zusammen mit einem Wolf, einer Ziege und einem Kohlkopf einen Fluss überqueren. Allerdings gibt es keine Brücke, und das kleine Boot kann außer ihm nur einen weiteren (lebenden) Passagier tragen. Der Mann kann weder den Wolf mit der Ziege noch die Ziege mit dem Kohl allein am Ufer zurücklassen. Wie kommen alle unbeschadet über den Fluss?

Kommentar: Das Wolf-Ziege-Kohlkopf-Problem ist bereits in der ältesten Sammlung mathematischer Aufgaben in lateinischer Sprache enthalten (*Folkerts,* 1978), die dem Gelehrten *Alkuin* zugeschrieben wird, der im 8. Jahrhundert lebte und der wichtigste Berater von *Karl dem Großen* war. In dieser oder ähnlicher Form taucht es seitdem immer wieder in verschiedenen Sammlungen und Erzählungen auf. Unter anderem gibt es auch unterschiedliche afrikanische Versionen. Von einer gemeinsamen Quelle all dieser Variationen kann allerdings nicht ausgegangen werden. Dies macht deutlich, dass logische Fragestellungen nicht nur in der westlichen Hemisphäre von Interesse sind (*Ascher*, 1990).

Angelehnt an eine Aufgabe aus den „Propositiones ad Acuendos Iuvenes" ist auch das folgende Beispiel:

2. Beispiel: Drei Ehepaare

Drei Ehepaare müssen einen Fluss in einem Boot überqueren, das nur zwei Personen tragen kann. Die Männer lassen allerdings aus Eifersucht nicht zu, dass ihre Frau mit einem anderen Mann Boot fährt oder gemeinsam am Ufer wartet, ohne dass sie dabei sind. Wie kommen die drei Paare über den Fluss?

Bei **Umfüllaufgaben** stehen in der Regel mehrere Gefäße bekannten Volumens zur Verfügung, von denen eines vollständig gefüllt ist und die anderen leer sind. Ziel ist es, eine bestimmte Flüssigkeitsmenge abzumessen, wobei die verfügbaren Gefäße stets vollständig gefüllt werden müssen, da sie keine Skalen besitzen. Ein altes und bekanntes Beispiel ist das folgende:

3. Beispiel: Wasserkrug

Ein 8-Liter-Krug ist vollständig mit Wasser gefüllt, daneben stehen ein 3-Liter- und ein 5-Liter-Krug, die beide leer sind. Wie kann die Wassermenge durch Umfüllen in zwei gleiche Teile geteilt werden?

Kommentar: Ein eleganter und zugleich verallgemeinerbarer Lösungsweg von *Tweedie* (1939) ist die Einführung von trilinearen Koordinaten zur Darstellung der Füllstände der drei Krüge. Wegen des maximalen Füllstandes von 8 l muss dabei lediglich ein gleichseitiges Dreieck der Seitenlänge 8 betrachtet werden. Da die kleineren Krüge 0 l, 3 l oder 5 l fassen, können mögliche Füllzustände lediglich durch Punkte des entsprechenden Parallelogramms dargestellt werden. Außerdem bleibt bei einem Umfüllvorgang stets ein Krug unverändert, er kann deshalb durch eine zu einer Dreieckseite parallele Strecke veranschaulicht werden. Das Umfüllen des Wassers kann also als Streckenzug „von Rand zu Rand" im Parallelogramm beschrieben werden. Erste mögliche Züge, beginnend bei (0; 0; 8), zeigt die Abb. 8.13.

Wie lässt sich der Füllzustand (0; 4; 4) erreichen?

Auch **Wiegeprobleme** gehören zu den bekannten Denksportaufgaben. Hier möchten wir lediglich zwei Beispiele präsentieren.

Abb. 8.13 Darstellung von
Umfüllvorgängen mittels
trilinearer Koordinaten nach
Tweedie (1939, 278)

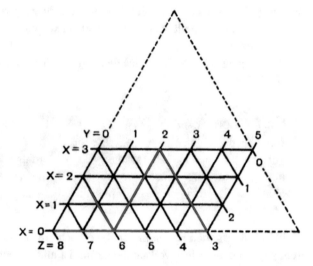

4. Beispiel: Zwölf Münzen

Von zwölf Münzen gleichen Aussehens kann die einzige Fälschung lediglich durch
ihre geringfügig abweichende Masse gefunden werden.

Wie lässt sich die falsche Münze durch nur drei Wägungen mit einer Balkenwaage
identifizieren, wenn man nicht weiß, ob sie leichter oder schwerer als die echten
Münzen ist?

5. Beispiel: Zehn Münzsäckchen

Es gibt zehn Säckchen mit jeweils zehn Münzen. Jede Münze wiegt 10 g. Nur
eines der Säckchen enthält ausschließlich Fälschungen, die jeweils ein Gramm
leichter sind. Wie lässt sich das Säckchen mit den Fälschungen finden, wenn man
die zur Verfügung stehende Digitalwaage nur einmal benutzen darf? (Hinweis:
Einzelne Münzen dürfen den Säckchen entnommen werden.)

8.4   Argumentieren, Begründen, Beweisen

8.4.1   Begriffsklärungen[6]

Da in der mathematikdidaktischen Literatur die Begriffe „Argumentieren", „Begründen"
und „Beweisen" nicht einheitlich gegeneinander abgegrenzt werden, erfolgen zunächst
die Festlegungen dieser Begriffe für die vorliegende Monografie.

---

[6]Zu diesem Unterabschnitt siehe auch *Bardy* (2015, 51–54).

Tab. 8.7 Kategorien und Unterkategorien zu Argumenten (*Reid* und *Knipping,* 2010, 143)

Category	Subcategories
Empirical arguments: Non-representational examples	Simple enumeration Extending a pattern Crucial experiment Kinds or types Perceptual proof scheme
Between non-representational and representational examples	Proof by exhaustion Counterexample
Generic arguments: Examples as representations	Numeric Concrete Pictorial Situational
Between the Generic and the Symbolic	Geometric arguments
Symbolic arguments: Words and symbols as representations	Narrative Intermediate Symbolic
Between representational and non-representational symbols	Manipulative
Formal arguments: Non-representational symbols	

Der Begriff „Argumentation" wird in der wissenschaftlichen Literatur (siehe z. B. *Rigotti* und *Greco Morasso,* 2009 und *Schwarz et al.,* 2010) heutzutage verbreitet im Sinne der folgenden (aus der Argumentations*theorie* stammenden) Definition von *Van Eemeren et al.* (1996, 5) benutzt:

> „Argumentation is a verbal and social activity of reason aimed at increasing (or decreasing) the acceptability of a contro-versial standpoint for the listener or reader, by putting forward a constellation of propositions intended to justify (or refute) the standpoint before a ‚rational judge'." (zit. nach *Brunner,* 2014, 27)

Bezogen auf das Lehren und Lernen von Mathematik unterscheiden *Reid* und *Knipping* (2010, 144) empirische, generische, symbolische und formale Argumente sowie die Zwischenformen „between empirical and generic", „between generic and symbolic" und „between symbolic and formal".

Die unterschiedlichen „Argument-Kategorien" werden durch die in der Tab. 8.7 aufgeführten Unterkategorien erläutert und präzisiert.

> „Gegenüber dem Ansatz von Wittmann und Müller (1988) nehmen sie [*Reid* und *Knipping,* die Autoren] damit eine Präzisierung mit verschiedenen Zwischenformen vor und unterteilen den formal-deduktiven Beweis in einen symbolischen Beweis und einen formalen Beweis, jeweils mit entsprechenden Zwischenformen. Insofern unterscheiden sich diese Ansätze nicht grundsätzlich, sondern insbesondere im Präzisierungsgrad." (*Brunner,* 2014, 20)

Mathematisches „**Argumentieren**" kann nach *Balacheff* (1999) zwei unterschiedliche Bedeutungen haben:

- Zum einen kann es „als diskursive Tätigkeit verstanden werden, die primär auf die Überzeugung eines Gegenübers ausgerichtet ist" (*Reiss* und *Ufer,* 2009, 157),
- zum anderen „bezieht sich [die Bedeutung des Begriffs, die Autoren] auf die Generierung, Untersuchung und Absicherung von Vermutungen und Hypothesen in Bezug auf deren (objektiven oder individuell eingeschätzten) Wahrheitsgehalt" (a. a. O., 157). Darunter fallen auch nicht-deduktive Formen der Argumentation, z. B. Schlüsse durch Analogien/Metaphern/Abduktion/Induktion. „In dieser Form kann mathematisches Argumentieren ergebnisoffen sein in dem Sinne, dass in einer bestimmten mathematischen Situation eine als (plausible) Vermutung zu formulierende Regelmäßigkeit gesucht oder eine vorgegebene Vermutung auf ihre Plausibilität hin geprüft und gegebenenfalls angepasst bzw. korrigiert wird." (a. a. O., 157)

Lernende können Argumente für oder gegen einen Sachverhalt angeben, ohne dies mathematisch exakt beweisen zu müssen. Argumentieren bedeutet in diesem Sinne, einen Standpunkt einzunehmen und diesen zu vertreten. Durch Argumente können zweifelhafte oder strittige Annahmen untermauert werden.

   G. Wittmann (2009) steckt „Argumentieren" noch deutlicher ab:

> „Im Unterschied zum an fachwissenschaftlichen Standards orientierten Beweisen wird beim Argumentieren
>
> - *die Bedeutung weiter gefasst* – das Begründen ist nur ein Teilaspekt des Argumentierens, das darüber hinaus u. a. auch das Beschreiben, Erläutern und Bewerten von Lösungswegen, das Stellen geeigneter und zielführender Fragen oder das Einordnen von Beispielen und Gegenbeispielen umfasst […],
> - *nicht nur formales Schließen zugelassen* – Argumentieren kann auch umgangssprachlich erfolgen und sich wesentlich auf Modelle und Zeichnungen oder die Anschauung stützen." (a. a. O., 35)

Für den Mathematikunterricht gilt „mathematisch argumentieren" (siehe z. B. *NCTM,* 2000 und *KMK,* 2012) als eine (Kern-)Kompetenz. Folgende Aspekte sind charakteristisch für das Fach Mathematik (zu im Mathematikunterricht möglichen komplexen Argumentationen und deren Strukturen siehe *Knipping* (2010, 71 ff.); zum Konzept der „kollektiven Argumentation" siehe *Miller,* 1986 und *Krummheuer,* 1991):

- mathematische Lösungswege beschreiben und begründen,
- Fragen stellen („Gibt es …?", „Wie verändert sich …?", „Ist das immer so …?"),
- Plausibilitäten für Vermutungen äußern,
- mathematische Argumentationen entwickeln (z. B. Erläuterungen, Begründungen, Beweise).

Reiss und *Ufer* (2009) verstehen **„Begründen"** als den Teilbereich des Argumentierens, „der sich auf die primär deduktive Absicherung einer als plausibel angenommenen Behauptung bezieht" (a. a. O., 158).

> „Begründungen werden in der Regel weniger mit einer argumentativen Auseinandersetzung als mit der fundierten Darlegung einer Position verbunden. Dennoch kann Begründen als ein Teilaspekt des Argumentierens gesehen werden. Begründungen haben nicht selten einen lokalen Charakter und/oder sind durch einen eher begrenzten Grad der Allgemeinheit gekennzeichnet." (a. a. O., 156)

Bruder und *Müller* (1983, 886) unterscheiden die folgenden „Grundtypen" des mathematischen Begründens:

1. Begründung durch Bezug auf eine Definition,
2. Begründung durch Bezug auf einen Satz,
3. Begründung durch Anwendung eines Verfahrens,
4. Begründung durch Kontraposition eines Satzes,
5. Widerlegung einer Aussage durch Angabe eines Gegenbeispiels.

(Die Reihenfolge der Grundtypen wurde hier geringfügig geändert.)

Insbesondere im Hinblick auf Grundschulkinder könnte aus unserer Sicht als 6. Grundtyp hinzugefügt werden: Begründung anhand eines (paradigmatischen) Beispiels.

„Beweisen" stellt einen Spezialfall von Begründen dar. In der (Fach-)Mathematik ist es charakterisiert durch eine formale Durchführung und steht in Bezug zu einer Rahmentheorie. Falls nur unzureichend entwickelte Rahmentheorien als Grundlage für einen Beweis vorliegen, tritt das Begründen an die Stelle des Beweisens. „Dabei kann die Rechtfertigung eigener Lösungswege und -strategien genauso zum Begründen gehören wie die Begründung von induktiv gewonnenen Zusammenhängen." (*Reiss* und *Ufer*, 2009, 158)

> „Mathematische Vermutungen und Behauptungen bekommen erst dann den Status eines Satzes, wenn ihre Gültigkeit durch einen in der mathematischen Community akzeptierten Beweis belegt ist. Beweise nutzen die Regeln der Logik, bauen auf Axiomen, Definitionen und (bewiesenen) Sätzen auf und zeichnen sich durch eine gewisse Strenge und Vollständigkeit der Argumentation aus. Beweise und Argumentationen hängen entsprechend eng zusammen, denn jeder Beweis basiert auf nachvollziehbaren, sinnvollen und stringenten Ketten von Argumenten." (a. a. O., 156)

G. Wittmann (2009) formuliert folgende Bedingungen, die an einen Beweis zu stellen sind:

- *„Lückenlosigkeit und Vollständigkeit:* Ein Beweis sollte mit Hilfe der logischen Schlussregeln lückenlos und vollständig darlegen, dass die Behauptung aus den Voraussetzungen sowie den Axiomen und Definitionen und anderen, schon bewiesenen Aussagen folgt.
- *Minimalität:* Ein Beweis sollte sich nur auf diejenigen Voraussetzungen stützen, die für die Gültigkeit der Behauptung unbedingt nötig sind. Ferner sollten die einzelnen Argumentationsschritte keine Redundanzen enthalten.
- *Formalisierung von Struktur, Sprache und Symbolik:* Beweise werden häufig in einer formalisierten Struktur präsentiert; Gleiches gilt für die gepflegte Fachsprache, die sich darüber hinaus durch ein hohes Maß an Präzision auszeichnet (z. B. ‚es existiert ein' versus ‚es existiert genau ein'); ferner werden häufig Symbole (etwa für Quantoren) verwendet." (a. a. O., 36)

(Weitgehende Formalisierungen bergen jedoch die Gefahr in sich, dass sogar mathematisch begabte Kinder und Jugendliche überfordert sind. Auch rein verbal gefasste Texte können die beiden ersten Bedingungen erfüllen und mathematische Behauptungen beweisen.)

Pedemonte (2007) betrachtet mathematisches Beweisen als Spezialfall im Rahmen einer allgemeinen Theorie wissenschaftlichen und außerwissenschaftlichen Argumentierens (zu *Toulmins* Argumentationstheorie siehe den folgenden Unterabschn. 8.4.2).

8.4.2 Aufgabenbeispiele

---

1. Beispiel: Unbekannte Ziffern

* und ☐ ersetzen unbekannte Ziffern ungleich 0. Wie viele Ziffern hat das Ergebnis?

$$
\begin{array}{r}
9\,8\,6\,4 \\
+ \quad *\,4\,4 \\
+ \quad\ \square\,1 \\
\end{array}
$$

Eine **Lösungsmöglichkeit:**

Wir ersetzen * und ☐ jeweils durch die kleinstmögliche Ziffer (1) bzw. durch die größtmögliche Ziffer (9) und erhalten:

$$
\begin{array}{r}
9\,8\,6\,4 \\
+ \quad 1\,4\,4 \\
+ \qquad 1\,1 \\
\hline
1\,0\,0\,1\,9
\end{array}
\qquad\qquad
\begin{array}{r}
9\,8\,6\,4 \\
+ \quad 9\,4\,4 \\
+ \qquad 9\,1 \\
\hline
1\,0\,8\,9\,9
\end{array}
$$

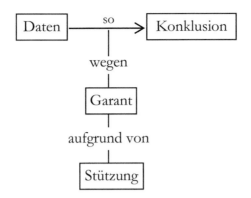

Abb. 8.14 Argumentationsmodell (nach *Toulmin*, 1996, 96; *Krummheuer*, 2003, 124)

Daraus lässt sich schließen, dass das Ergebnis in jedem Fall fünfstellig sein muss, denn das kleinste mögliche Ergebnis ist 10.019 und das größtmögliche 10.899. Alle anderen (möglichen) Ergebnisse liegen zwischen diesen beiden Zahlen.

Diese Argumentation lässt sich im Sinne des Argumentationsmodells von *Toulmin* (siehe Abb. 8.14) in der folgenden Weise deuten:

Die **Daten** sind die vierstellige Zahl 9864, die dreistellige Zahl *44 (mit unbekannter erster Ziffer) und die zweistellige Zahl □1 (mit unbekannter Zehnerziffer) sowie die Information, dass alle drei Zahlen addiert werden sollen. Die **Konklusion** sagt aus, dass die Summe der drei Zahlen in jedem Falle (natürlich im Dezimalsystem) fünf Ziffern hat.

Der **Garant** ist die Tatsache, dass sowohl die Summe der jeweils kleinstmöglichen Zahlen als auch die Summe der jeweils größtmöglichen Zahlen fünfstellig sind.

Die **Stützung** des Garanten erfolgt durch die Überlegung, dass die Summe von drei zugelassenen Zahlen (Daten) zwischen 10.019 und 10.899 liegen muss.

(Eine etwas andere Lösungsmöglichkeit, eine andere Argumentation zu dieser Aufgabe finden Sie bei *Bardy* und *Hrzán*, 2010, 55.)

---

2. Beispiel: Kleinste/größte Zahl

Für die Zahlen a, b, c, d und e gilt das Folgende:

$$a - 1 = b + 2 = c - 3 = d + 4 = e - 5.$$

Welche ist die größte Zahl, welche die kleinste?
Begründe deine Behauptungen.

Lösung: Wegen der Gleichheitszeichen ist diejenige Zahl am größten, von der die größte Zahl subtrahiert wird, also e. Diejenige Zahl ist am kleinsten, zu der die größte Zahl addiert wird, also d.

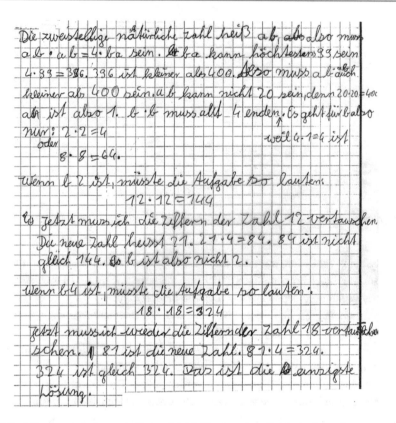

Abb. 8.15 Lösung von Lara zur Aufgabe „Multiplikation einer Zahl mit sich selbst"

---

3. Beispiel: Multiplikation einer Zahl mit sich selbst
Multipliziert man eine zweistellige natürliche Zahl mit sich selbst, so erhält man das Vierfache der Zahl, die aus der ursprünglichen durch Vertauschen der Ziffern entsteht.
Gibt es mehr als eine Lösung?

Lösung: Diese Aufgabe hat Lara im Rahmen eines Mathematischen Korrespondenzzirkels gelöst (siehe Abb. 8.15).

Kommentar: Nach unseren Erfahrungen ist die Einführung von Variablen (hier speziell ab für eine zweistellige Zahl, wobei a und b Ziffern ersetzen und ab für $10a+b$ steht) durch mathematisch begabte Viertklässler(innen) nichts Ungewöhnliches (siehe dazu auch Abschn. 8.10). Sieht man von einem offensichtlichen Schreibfehler (in der 6. Zeile von unten muss es statt „Wenn b 4 ist" richtig „Wenn b 8 ist" heißen) und der Steigerung von „einzig" ab, so sind die Argumentationskette und die Begründungen von Lara sehr beeindruckend.

8.4.3   Zur Mathematik als beweisender Disziplin

Im Unterabschn. 8.4.1 wurden die Begriffe „Argumentieren", „Begründen" und „Beweisen" gegeneinander abgegrenzt bzw. aufeinander bezogen. Charakteristisch für die Mathematik – im Vergleich zu anderen Wissenschaften – ist die Tatsache, dass sie eine beweisende Disziplin ist. Konzeption und Ablauf mathematischer Beweise sind vor allem durch das sukzessive lückenlose Verknüpfen von Argumenten und den streng logischen Aufbau von Argumentationsketten gekennzeichnet.

Zum Stand der Mathematik als beweisender Disziplin merkt *Drösser* (2006) allerdings kritisch an:

> „Mathematik, so lautet die gängige Meinung, beruht im Gegensatz zu den Naturwissenschaften nicht auf Erfahrung, sondern auf reiner Logik. Aus einer überschaubaren Menge von Grundannahmen, sogenannten Axiomen, finden die Mathematiker durch die Anwendung logischer Schlussregeln zu immer neuen Erkenntnissen, dringen immer tiefer ins Reich der mathematischen Wahrheit vor. Die menschliche Subjektivität (der Geisteswissenschaft) und die schmutzige Realität (der Naturwissenschaft) bleiben außen vor. Es gibt nichts Wahreres als die Mathematik, und vermittelt wird uns diese Wahrheit durch den Beweis. So ein Beweis ist zwar von Menschen gemacht, und es erfordert Inspiration und Kreativität, ihn zu finden, aber wenn er einmal dasteht, ist er unumstößlich. Allenfalls kann er durch einen einfacheren oder eleganteren ersetzt werden.
>
> Dass diese Sicht naiv ist, kann jeder Laie feststellen, der einmal in ein mathematisches Lehrbuch schaut. Erstaunlicherweise sind nämlich die meisten Beweise keine Abfolge von Formeln, sondern sie sind in ganzen Sätzen abgefasst, einige davon lauten ,Wie man leicht sieht, gilt …', ,Ohne Beschränkung der Allgemeinheit kann man annehmen, dass …'. Es wimmelt nur so von Andeutungen, stillschweigenden Voraussetzungen und Appellen an den gesunden Menschenverstand. Was als Beweis akzeptiert wird und was nicht, ist eine soziale Konvention der mathematischen Community.
>
> Und es mehren sich die Zeichen, dass dieser wissenschaftlichen Gemeinschaft der Begriff des Beweises überhaupt entgleiten könnte. Es gibt immer mehr Fälle, in denen der einzelne Mathematiker nicht mehr guten Gewissens behaupten kann, er habe den Beweis Schritt für Schritt nachvollzogen. Muss die Mathematik sich bald von der Idee des rigorosen Beweises verabschieden? Sind manche Dinge einfach zu komplex, als dass sie ein Mensch noch wirklich verstehen könnte? [….]
>
> Es gibt zunehmend Beispiele von einfach zu formulierenden Sätzen, deren Beweise sich so schwierig gestalten, dass weder einzelne Mathematiker noch die Gemeinschaft mit Sicherheit sagen können, ob der Nachweis nun erbracht ist oder nicht. [….]
>
> Auf allen ihren Gebieten [denen der Mathematik, die Autoren] werden täglich neue interessante Dinge erforscht und auch auf eine Art bewiesen, die über jeden Zweifel erhaben ist. Aber in Zukunft werden der Mensch und sogar die Menschheit immer öfter feststellen: Es gibt Probleme in der höheren Mathematik, die für unser Säugergehirn einfach zu hoch sind."

Im Hinblick auf die Frage, was als Beweis akzeptiert werden kann und was nicht, gibt *Dreyfus* (2002, 18) zu bedenken:

> „Wie soll bestimmt werden, ob eine Behauptung ‚in gültiger Weise hergeleitet' wurde, wenn jeder Beweis nur mit einer gewissen Wahrscheinlichkeit fehlerfrei ist? Und wer soll dies bestimmen? In der Tat kann sich der ‚Ideale Mathematiker' (Davis und Hersh [...]) in einer Diskussion mit einem provokativen Philosophiestudenten über die Natur des Beweises nur schlecht herausreden: In die Ecke getrieben, definiert er einen Beweis als ‚ein Argument, das den überzeugt, der sich auf dem Gebiet auskennt', und gibt zu, dass es dafür keine objektiven Kriterien gibt, sondern dass die Mathematiker als Experten entscheiden, ob ein bestimmtes Argument ein Beweis ist oder nicht. Andererseits betont er, dass die Experten sich im Allgemeinen einig sind, und dass diese Einigkeit bestimmend ist. Die Entscheidung, was als Beweis gilt, hat also eine bedeutende soziologische Komponente."

Es stellt sich natürlich die Frage, was im Zusammenhang mit der Förderung „unserer" Kinder und Jugendlicher als Beweis gelten soll und welche mathematischen Aussagen bzw. Sätze von diesen überhaupt bereits bewiesen werden können. In den nächsten Unterabschnitten wird versucht, darauf Antworten zu geben.

Den genannten soziologischen Aspekt des Beweisens haben *Wittmann* und *Müller* bereits vor vielen Jahren erkannt und deutlich herausgearbeitet (siehe *Wittmann* und *Müller,* 1988). Sie kritisieren die Rolle des Formalismus als „offizieller" Philosophie der Mathematik und plädieren sowohl bezogen auf den Mathematikunterricht in der Schule als auch bezogen auf die Lehrerbildung für das Konzept eines inhaltlich-anschaulichen Beweisens. „Inhaltlich-anschauliche, operative Beweise stützen sich [...] auf Konstruktionen und Operationen, von denen intuitiv erkennbar ist, daß sie sich auf eine ganze Klasse von Beispielen anwenden lassen und bestimmte Folgerungen nach sich ziehen." (a. a. O., 249)

Mehr dazu im Unterabschn. 8.4.4.

Leserinnen oder Leser, die aufgrund ihrer eigenen (leidvollen?) Erfahrungen mit (in der Regel formalen/symbolischen) Beweisen während ihrer Schulzeit oder ihres Studiums möglicherweise Antipathien oder sogar Furcht vor Beweisen oder vor der Aufforderung „Beweise oder beweisen Sie, dass ..." entwickelt haben, sollten sich auf die Lektüre der Unterabschn. 8.4.4 und 8.4.5 freuen (die anderen natürlich auch) und außerdem bedenken, dass es sich bei den Beweisen, die „unsere" Kinder und Jugendliche bereits führen können/sollen, doch in der Regel um kurze und einfache Überlegungen handelt.

8.4.4   Beweisformen und Funktionen von Beweisen

Welch unterschiedliche Beweisformen möglich sind und wie breit diese Palette sein kann, möchten wir an einem **Beispiel** demonstrieren:

Untersuche, ob die Summe von drei aufeinander folgenden natürlichen Zahlen eine Primzahl sein kann.

Dass die Summe dreier aufeinander folgender natürlicher Zahlen immer durch 3 teilbar ist, mindestens gleich 6 sein muss und damit keine Primzahl sein kann, lässt sich auf unterschiedliche Art und Weise beweisen (siehe dazu auch *Büchter* und *Leuders*, 2005, 49; sowie *Dreyfus*, 2002, 19):

a) **formal/symbolisch:**
   Mathematiker dürften in der Regel so argumentieren: n sei eine beliebige natürliche Zahl. Dann gilt: $n + (n+1) + (n+2) = 3 \cdot n + 3 = 3 \cdot (n+1)$. Wegen $n \geq 1$ ist die Summe mindestens 6, und wegen des Faktors 3 im Term $3 \cdot (n+1)$ ist sie durch 3 teilbar und damit keine Primzahl.
   Bei dieser Überlegung könnte Sie außer der formalen Vorgehensweise auch die Tatsache stören, dass zusätzlich noch das Distributivgesetz der Multiplikation bezüglich der Addition verwendet wird (Ausklammern von 3 im Term $3 \cdot n + 3$). Dies dürfte auch der Grund dafür sein, dass eine solche Lösung von „unseren" Kindern nicht erwartet werden kann.
   Eine andere Möglichkeit (und diese könnte durchaus vorkommen) wäre die folgende: n sei eine natürliche Zahl größer oder gleich 2.
   Dann gilt: $(n-1) + n + (n+1) = 3 \cdot n$. Wegen $n \geq 2$ ist die Summe mindestens 6, und wegen des Faktors 3 im Term $3 \cdot n$ ist sie durch 3 teilbar und damit keine Primzahl.

b) **zeichnerisch/diagrammatisch:**
   Hier und bei den folgenden Beweisformen wird lediglich aufgezeigt, dass die Summe der drei aufeinander folgenden Zahlen durch 3 teilbar ist. Dass die Summe nicht gleich 3 sein kann, wird nicht eigenständig begründet, ist aber in jedem Fall schnell erkennbar.
   Abb. 8.16 spricht für sich:
   In der ersten Spalte ist die erste Zahl dargestellt (jeder kleine Kreis repräsentiert 1, im Extremfall kommt nur ein Kreis vor), in der zweiten Spalte die zweite Zahl (ein Kreis mehr) und in der dritten Spalte die dritte Zahl (ein zusätzlicher Kreis im Vergleich zur zweiten Spalte).
   Durch die Zusammenfassungen von je drei Kreisen wird verdeutlicht, dass die Summe der drei Zahlen ein Vielfaches von 3 und damit durch 3 teilbar ist.

c) **operativ:**
   Wenn man von der größten Zahl eins „wegnimmt" und der kleinsten Zahl „dazugibt", entstehen insgesamt drei gleich große Zahlen. Die Summe dieser drei Zahlen ist also durch 3 teilbar.
   Dies lässt sich auch gut am Punktebild (Abb. 8.16) veranschaulichen. (Zum Begriff „operativer Beweis", seine curriculare Einbettung und zu Beispielen für operative Beweise siehe *Wittmann*, 2014.)

Abb. 8.16 Teilbarkeit durch drei

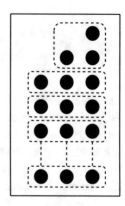

d) **verbal:**

Wenn man die erste Zahl durch 3 dividiert, möge sich z. B. der Rest 2 ergeben. Für die nächsten Zahlen ergeben sich dann die Reste 0 und 1. Aber egal welche aufeinander folgenden Zahlen man nimmt, immer kommen die Reste 0, 1 und 2 vor. Deren Summe ist 3. Deshalb ist die Gesamtsumme durch 3 teilbar.

e) **generisch/paradigmatisch** (Ein generischer oder paradigmatischer Beweis ist eine allgemeine Begründung, die an einem Beispiel ausgeführt wird.):

Als Beispiel nehmen wir die Zahlen 14, 15 und 16.

$$\text{Es gilt:} \quad \left.\begin{array}{l} 14 = 12 + 2 \\ 15 = 15 + 0 \\ 16 = 15 + 1 \end{array}\right\} \text{Summe} = (\text{Vielfaches von 3}) + 3$$

Das heißt: Jede der drei Zahlen wird als Summe einer Dreierzahl und des jeweiligen Rests bei Division durch 3 dargestellt. Wie man sieht, ist die Summe durch 3 teilbar. Dies gilt immer.

f) **induktiv:**

Für die ersten drei natürlichen Zahlen gilt: $1+2+3=6$, und 6 ist durch 3 teilbar. Erhöhe ich jede der drei Zahlen, von denen ich beliebig ausgehen kann, um 1, so wird die Summe um 3 größer. Beginnend bei 6 durchlaufe ich also bei dieser Erhöhung die Dreierreihe ab 6.

g) **kontextuell:**

Anna hat einen bestimmten Geldbetrag gespart, Berta einen Euro mehr als Anna und Carola einen Euro mehr als Berta. Gibt Carola einen Euro an Anna, so haben alle drei Kinder den gleichen Geldbetrag, und der Gesamtbetrag ist damit durch 3 teilbar. (Beispiel auch operativ und verbal)

Bei der Förderung mathematisch begabter Kinder oder Jugendlicher sollten inhaltlich-anschauliche Beweise im Sinne von *Wittmann* und *Müller* (1988) nicht nur geduldet, sondern sogar gepflegt werden. Falls einzelne Kinder bereits in der Lage sind, formale Beweise zu führen, sollte man sie nicht davon abhalten, sie aber auf andere mögliche Beweisformen hinweisen.

De Villiers (1990) hat fünf zentrale Funktionen von Beweisen formuliert. Ein Beweis soll eine Aussage oder Aussagen

- verifizieren (also die Gültigkeit der Aussage(n) feststellen),
- erklären (warum eine Aussage wahr ist),
- systematisieren (eine Aussage mit anderen Aussagen in einen logischen Zusammenhang bringen),
- entdecken,
- kommunizieren.

(siehe auch *Hefendehl-Hebeker* und *Hußmann,* 2003; *Knipping,* 2003; *G. Wittmann,* 2009; *Jahnke* und *Ufer,* 2015).

Die Funktion des Entdeckens wird wirksam, wenn im Verlauf des Beweisprozesses eine neue Aussage gefunden wird. Dazu ein **Beispiel:**

> Die kleinste von irgendwelchen fünf aufeinander folgenden natürlichen Zahlen sei gerade. Beweise, dass dann die Summe dieser fünf Zahlen gerade ist.

Versucht man, mit einem Punktmuster wie in Abb. 8.17 den geforderten Nachweis zu führen, so entdeckt man sogar eine weiter gehende Eigenschaft der Summe: Die Summe der fünf Zahlen ist nicht nur gerade, sondern sogar eine Zehnerzahl.

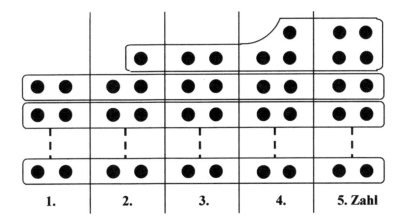

Abb. 8.17 Punktmuster

8.4.5   Weitere Beispiele

Zu den bereits in Unterabschn. 8.4.2 behandelten Beispielen fügen wir noch zwei weitere hinzu (viele weitere findet man bei *Bardy* und *Hrzán*, 2010).

---

1. Beispiel: Gerades Produkt
(*Walsch*, 1975, 166)
Wenn die Summe aus vier natürlichen Zahlen eine ungerade Zahl ist, so ist ihr Produkt eine gerade Zahl. Beweise diesen Satz.

Beweis:
Wenn alle vier Zahlen ungerade wären, so wäre die Summe gerade. Also muss unter den vier Zahlen mindestens eine gerade vorkommen. Dann ist aber das Produkt gerade.

---

2. Beispiel: Differenz zweier ungerader Zahlen
Die Differenz zweier ungerader Zahlen sei gleich 8. Beweise, dass solche Zahlen unter dieser Bedingung keinen gemeinsamen Teiler größer als 1 haben.

Beweis:
Die Zahlen a und b sind ungerade und es gilt: $a - b = 8$. Hätten a und b einen gemeinsamen Teiler größer als 1, so müsste dieser auch Teiler von $a - b$, also auch von 8 sein. Teiler von 8 sind außer 1 nur 2, 4 und 8. Die 2, 4 und 8 sind aber alle gerade und können deshalb nicht Teiler von a und b sein, da a und b ungerade sind.

8.4.6   Zur Weckung eines Beweisbedürfnisses

Alle, die mathematisch begabte Kinder oder Jugendliche bereits gefördert haben, dürften schon folgende oder ähnliche Sätze gehört haben:

- „Das ist doch klar."
- „Das sieht man doch."
- „Wozu muss ich das denn noch begründen?"
- „Das noch aufzuschreiben, dazu habe ich keine Lust."

Beim mathematischen Tätigsein mit diesen Kindern oder Jugendlichen ist es anfangs nicht leicht, sie davon zu überzeugen, dass Aussagen der Mathematik (auf „fachmathematische Art") begründet bzw. bewiesen werden müssen (objektives **Beweisbedürfnis**). Andererseits dauert es bei diesen Kindern oder Jugendlichen nicht so lange wie bei anderen, bis sie eine solche Forderung erkennen bzw. anerkennen. Und es dauert dann auch nicht allzu lange, bis sie in der Lage sind, bereits erste (kleine) Beweise zu führen.

Um bei Schülerinnen und Schülern ein Beweisbedürfnis zu wecken, ist es nach *Winter* (1983, 78) wichtig,

„i. das Verhältnis zwischen Anschauung und Denken positiv als sich wechselseitig befruchtend auszugestalten und speziell deduktive Argumentationen als sprachlich-symbolische Verallgemeinerungen von anschaulich-empirischen Aktivitäten zu entwickeln,

ii. Beweise nicht nur als Mittel der Wissenssicherung, sondern auch als Mittel der Wissenspräzisierung, der Wissensordnung (logische Hierarchisierung) und vor allem der Wissensvermehrung erfahren zu lassen."

Winter (a. a. O.) beschreibt auch, wie ein Schüler, „dessen subjektives Beweisbedürfnis hoch entwickelt ist", dies zeigen kann:

„• durch spontane Fragen an sich oder andere: Ist es wirklich so? Ist es immer so? Wann ist das so? Wie hängt das mit dem zusammen? Wie ist das zu erklären? Worauf beruht das? Was würde denn folgen, wenn es nicht so wäre? …

• durch kritische Beharrlichkeit: stellt Nachfragen, insistiert, besteht auf umfassender Information, mißtraut raschen Lösungen, gibt sich nicht mit halbverstandenen Argumenten zufrieden, arbeitet an sprachlichen Verbesserungen, …

• durch persönlichen Einsatz: ist emotional beteiligt, opfert Zeit und Kraft, scheut nicht Widerstände, übernimmt nicht Resultate aus fremden Quellen, sucht spontan nach Erklärungen und Argumenten, scheut nicht Konfliktsituationen, sucht den Dialog über die anstehende Sache, …

• durch Objektivität: kann anderen zuhören, gibt eigene Irrtümer zu, kann auch Fremden und Vorgesetzten widersprechen, erscheint von der Sache gefesselt, …"

Treffen die meisten der genannten Merkmale auf ein mathematisch begabtes Kind oder eine(n) mathematisch begabte(n) Jugendliche(n) zu, so sind wichtige Förderziele bereits erreicht.

Aus verschiedenen Untersuchungen (z. B. *Bezold*, 2008; *Steinweg*, 2001) ist bekannt, dass ein persönlicher Drang, einen Beweis zu erfahren bzw. selbstständig zu finden (subjektives Beweisbedürfnis), bei jungen Mathematiklernenden im Regelfall nur sehr gering ausgeprägt ist. In einer Fallstudie (*Fritzlar*, 2011, 282) deutete sich an, dass „das Beweisbedürfnis von Lernenden stärker erfahrungs- (statt begabungs-)abhängig sein könnte".

8.5 Muster/Strukturen erkennen, Verallgemeinern/Abstrahieren

8.5.1 Mathematik – die Wissenschaft von den Mustern

Zum Begriff „Struktur" ist in der „Enzyklopädie Philosophie und Wissenschaftstheorie" (siehe *Kambartel*, 2004, 107) zu lesen: „in unterschiedlichen Zusammenhängen der

Bildungs- und Wissenschaftssprache terminologisch wenig normiertes Synonym der Metaphern ‚Aufbau' und ‚Gefüge' zur Bezeichnung der Ordnung eines geordnet aufgebauten Ganzen". Und außerdem im Zusammenhang mit der Mathematik: „Die moderne Mathematik versteht sich weithin als eine Analyse formaler Strukturen." (a. a. O.)

Mason et al. (1992, 113) schreiben:

> „Die Mathematiker haben sehr viel Zeit und Mühe darauf verwendet, zu erklären, was man unter einer Struktur versteht. Tatsächlich kann man sagen, daß große Teile der heutigen Mathematik durch die in ihnen behandelten Strukturen charakterisiert werden können. Es wäre vermessen, eine allgemeine Definition für den Strukturbegriff geben zu wollen […]."

Die Begriffe „Muster" und „Struktur" werden in diesem Buch synonym benutzt (wie auch von *Resnik* (1997) und *Shapiro* (2000), Hauptvertretern des sog. „Strukturalismus", einer Strömung der Philosophie der Mathematik). (Es gibt durchaus Versuche, die beiden Begriffe „Muster" und „Struktur" getrennt zu definieren, siehe z. B. *Lüken* (2012) oder *Ehrlich* (2013). Dabei sind die Festlegungen allerdings stark von den jeweiligen Kontexten der Studien geprägt.) Im Weiteren werden wir hauptsächlich den Begriff „Muster" verwenden. Die folgenden drei Zitate sollen verdeutlichen, wie wichtig Muster in der Mathematik sind. Das erste Zitat (Übersetzung von *Wittmann*, 2003, 25 f.) stammt aus dem Vortrag „What is science?", den *Richard Feynman* 1965 hielt (als ihm der Nobelpreis für Physik überreicht wurde):

> „Als ich noch sehr klein war und in einem Hochstuhl am Tisch saß, pflegte mein Vater mit mir nach dem Essen ein Spiel zu spielen. Er hatte aus einem Laden in Long Island eine Menge alter rechteckiger Fliesen mitgebracht. Wir stellten sie vertikal auf, eine neben die andere, und ich durfte die erste anstoßen und beobachten, wie die ganze Reihe umfiel. So weit, so gut. Als Nächstes wurde das Spiel verbessert. Die Fliesen hatten verschiedene Farben. Ich mußte eine weiße aufstellen, dann zwei blaue, dann eine weiße, zwei blaue, usw. Wenn ich neben zwei blaue eine weitere blaue setzen wollte, insistierte mein Vater auf einer weißen. Meine Mutter, die eine mitfühlende Frau ist, durchschaute die Hinterhältigkeit meines Vaters und sagte: ‚Mel, bitte lass den Jungen eine blaue Fliese aufstellen, wenn er es möchte.' Mein Vater erwiderte: ‚Nein, ich möchte, daß er auf Muster achtet. Das ist das Einzige, was ich in seinem jungen Alter für seine mathematische Erziehung tun kann.'
>
> Wenn ich einen Vortrag über die Frage ‚Was ist Mathematik?' halten müsste, hätte ich damit die Antwort schon gegeben: Mathematik ist die Wissenschaft von den Mustern."

Die beiden nächsten Zitate stammen von *Keith Devlin*.

> „Erst in den letzten zwanzig Jahren ist eine Definition [von Mathematik, die Autoren] aufgekommen, der wohl die meisten heutigen Mathematiker zustimmen würden: Mathematik *ist die Wissenschaft von den Mustern*. Der Mathematiker untersucht abstrakte ‚Muster' – Zahlenmuster, Formenmuster, Bewegungsmuster, Verhaltensmuster und so weiter. Solche Muster sind entweder wirkliche oder vorgestellte, sichtbare oder gedachte, statische oder dynamische, qualitative oder quantitative, auf Nutzen ausgerichtete oder bloß spielerischem

Interesse entspringende. Sie können aus unserer Umgebung an uns herantreten oder aus den Tiefen des Raumes und der Zeit oder aus unserem eigenen Innern." (*Devlin*, 1997, 3 f.)

   „Die Muster und Beziehungen, mit denen sich die Mathematik beschäftigt, kommen überall in der Natur vor: die Symmetrien von Blüten, die oft komplizierten Muster von Knoten, die Umlaufbahnen der Himmelskörper, die Anordnung der Flecke auf einem Leopardenfell, das Stimmverhalten der Bevölkerung bei einer Wahl, das Muster bei der statistischen Auswertung von Zufallsergebnissen beim Roulettespiel oder beim Würfeln, die Beziehungen der Wörter, die einen Satz ergeben, die Klangmuster, die zu Musik in unseren Ohren führen. Manchmal lassen sich die Muster durch Zahlen beschreiben, sie sind ‚numerischer Natur‘, etwa das Wahlverhalten einer Bevölkerung. Oft sind sie jedoch nicht numerischer Natur; so haben Strukturen von Knoten oder Blütenmuster nur wenig mit Zahlen zu tun.

   Weil sie sich mit solchen abstrakten Mustern beschäftigt, erlaubt uns die Mathematik oft, Ähnlichkeiten zwischen zwei Phänomenen zu erkennen (und oft überhaupt erst zu nutzen), die auf den ersten Blick nichts miteinander zu tun haben. Wir könnten die Mathematik also als eine Art Brille auffassen, mit deren Hilfe wir sonst Unsichtbares sehen können – als ein geistiges Äquivalent zu dem Röntgengerät der Ärzte oder dem Nachtsichtgerät eines Soldaten." (*Devlin*, 2003, 97)

8.5.2   Förderung des Erkennens von Mustern – ein Beispiel

Wie man das Erkennen von Mustern fördern kann, sei an der Aufgabe demonstriert, die bereits als Beispiel für die Strategie des Umstrukturierens (siehe Abschn. 8.2.4) benutzt wurde. Sie wird hier noch einmal formuliert, jetzt mit einer anderen „Jahreszahl":

> Wir zählen an den Fingern einer Hand: Daumen 1, Zeigefinger 2, Mittelfinger 3, Ringfinger 4, kleiner Finger 5 und nun rückwärts weiter: Ringfinger 6, Mittelfinger 7, Zeigefinger 8, Daumen 9 und dann wieder vorwärts weiter: Zeigefinger 10 usw. Für welchen Finger ergibt sich die Zahl 2003?
> Erläutere ausführlich, wie du deine Lösung gefunden hast.

Kinder haben zu dieser Aufgabe unterschiedliche Muster entdeckt und für die Lösungsfindung fruchtbar gemacht (siehe dazu auch *Bardy* und *Bardy*, 2004), z. B.:

a) **Erkennen der „Periode" 8:**
   Marco notiert in seiner Tabelle die ersten 37 Zahlen (das sind vier vollständige „Durchgänge" hin zum kleinen Finger und wieder zurück zum Daumen sowie ein halber „Durchgang") und erkennt, dass jeder „Durchgang" acht Zahlen weiterführt. Die Beachtung des Starts beim Daumen (1) und die Ermittlung des Rests bei der Division 2002 : 8 führen dann zum richtigen Ergebnis (siehe Abb. 8.18).

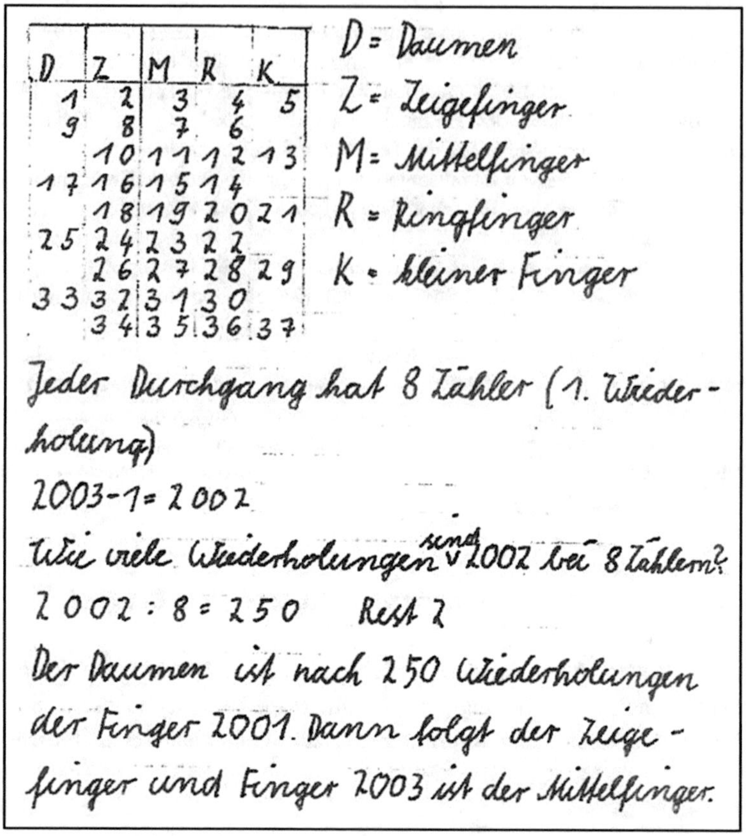

D	Z	M	R	K
1	2	3	4	5
9	8	7	6	
	10	11	12	13
17	16	15	14	
	18	19	20	21
25	24	23	22	
	26	27	28	29
33	32	31	30	
	34	35	36	37

D = Daumen
Z = Zeigefinger
M = Mittelfinger
R = Ringfinger
K = kleiner Finger

Jeder Durchgang hat 8 Zahlen (1. Wiederholung)
2003 − 1 = 2002
Wie viele Wiederholungen sind 2002 bei 8 Zahlen?
2002 : 8 = 250 Rest 2
Der Daumen ist nach 250 Wiederholungen der Finger 2001. Dann folgt der Zeigefinger und Finger 2003 ist der Mittelfinger.

Abb. 8.18 Marcos Lösung

b) **Erkennen der „Periode" 40:**
Christian hat in seine Tabelle die ersten 41 Zahlen eingetragen, erkennt die „Periode" 40 und ermittelt den Rest bei der Division 2003 : 40. Dieser Rest gibt den Hinweis auf die richtige Lösung (siehe Abb. 8.19).

c) **Erkennen der Struktur für die Endziffer 3:**
In seiner Tabelle, die von 1 bis 53 reicht, betrachtet Michael die Zahlen mit der Endziffer 3. Diese treten nur beim Daumen, beim Mittelfinger und beim kleinen Finger auf. Die Zehnerziffern dieser Zahlen sind beim Daumen und beim kleinen Finger ungerade, beim Mittelfinger gerade. 2003 hat die Endziffer 3 und die gerade Zehnerziffer 0. Demnach tritt 2003 beim Mittelfinger auf (siehe Abb. 8.20).

d) **Erkennen der Differenzen pro Finger:**
Felicitas macht eine Skizze einer Hand, notiert die Zahlen „in" den Fingern und die jeweils auftretenden Differenzen an den Rändern der Finger. Sie betrachtet die Zahlen des kleinen Fingers und rechnet (ihr war nicht die „Jahreszahl" 2003, sondern 1997 vorgegeben): $1997 - 5 = 1992$. Da 1992 ohne Rest durch 8 teilbar ist, muss 1997 beim kleinen Finger auftreten (siehe Abb. 8.21).

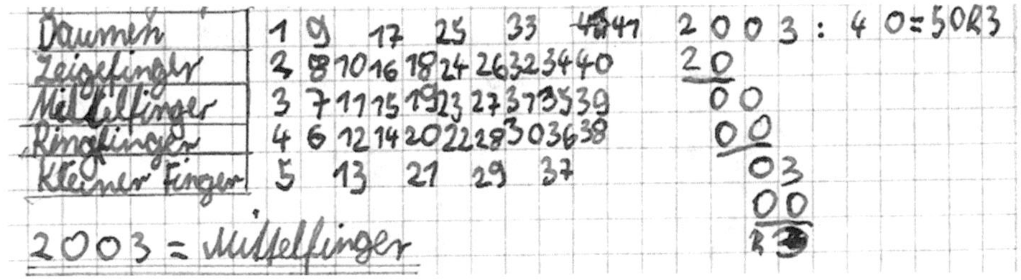

Abb. 8.19 Christians Lösung

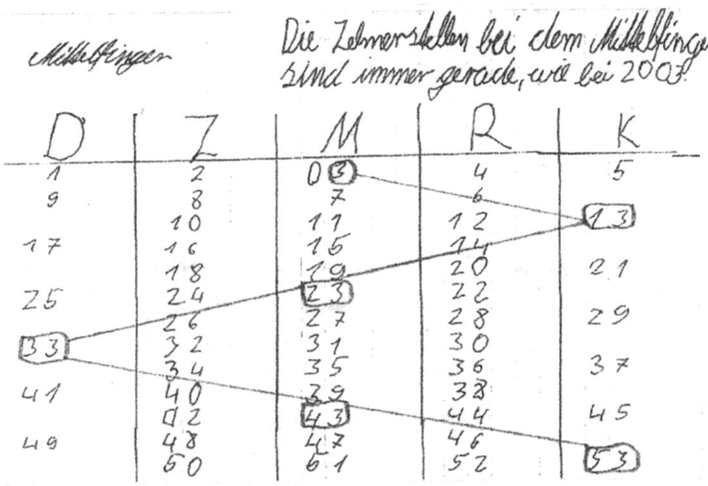

Abb. 8.20 Michaels Lösung

(Ein weiteres schönes Beispiel zur Förderung des Erkennens von Mustern findet man bei *Nolte*, 2012, 176 ff.)

8.5.3 Verallgemeinern/Abstrahieren – Begriffsklärungen[7]

Die Begriffe „Verallgemeinerung" und „Abstraktion" bzw. „verallgemeinern" und „abstrahieren" werden in unterschiedlichen Bedeutungen bzw. Nuancen in verschiedenen Disziplinen benutzt, z. B. in der Philosophie, der Psychologie, der Mathematikdidaktik oder der Mathematik. Auf die Verwendung in der Philosophie können wir hier nicht eingehen, dazu verweisen wir auf den Beitrag von *Damerow* (1982).

---

[7]Siehe dazu auch *Bardy* (2008).

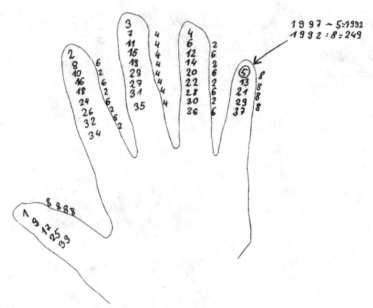

Die Zahl 1997 ergibt sich für den kleinen Finger. Beim ersten Zählen
an den Fingern einer Hand erhält der kleine Finger die Zahl 5. Zähle
ich wie vorgegeben weiter, stelle ich fest, daß der kleine stets eine
höhere Zahl erhält (5, 13, 21, 29, 37 …). Wenn ich jetzt von der Zahl
1997 fünf abziehe und diese Zahl durch acht teile erhalt ich eine ganze
Zahl nämlich 249. Versuche ich nach diesem Muster auch für die
anderen Finger vorzugehen, bekomme ich kein ganzzahliges Ergebnis.
Also kann die Lösung nur der kleine Finger sein.

Abb. 8.21 Lösung von Felicitas

Die Begriffe „Verallgemeinerung" und „Abstraktion" repräsentieren beide in
der Regel sowohl einen Prozess als auch das Ergebnis dieses Prozesses. Da wir den
Prozesscharakter betonen möchten, verwenden wir lieber die Tätigkeitswörter „verallgemeinern" und „abstrahieren".

Dörfler (1984) und *Peschek* (1989) beziehen sich insbesondere auf die Abstraktions-
und Verallgemeinerungstheorien der Psychologen *Rubinstein* (1972) und *Dawydow*
(1977). Diese beiden Theorien zeigen die grundlegende Bedeutung von Abstraktions-
und Verallgemeinerungsprozessen für das begriffliche Denken auf und arbeiten deutliche
Unterschiede zwischen einem „empirischen" und einem „theoretischen" Denken heraus.

Nach *Peschek* lässt sich mathematisches Denken, insbesondere mathematische
Begriffsentwicklung, vor allem durch zwei miteinander verbundene kognitive Prozesse
beschreiben. Dabei wird das Wort „Begriff" sehr umfassend verstanden, durchaus

auch im Sinne von Regeln, Sätzen, Beweisen, Rechenverfahren, mathematischen Ideen oder Konzepten. Diese kognitiven Prozesse nennt *Peschek* Abstraktion und Verallgemeinerung; sie sind als zentrale Komponenten mathematischen Denkens anzusehen.

Unter **Abstraktion** versteht er „den kognitiven Aufbau von Begriffen aus (Teil-) Inhalten der Wahrnehmung oder des Denkens" (*Peschek,* 1989, 236). Er meint damit den kognitiven Prozess, bei dem einzelne Bestimmungen (Merkmale, Elemente, Eigenschaften, Zustände, Abhängigkeiten) von objektiv existierenden oder auch nur gedachten Objekten, Situationen oder Handlungen zum Aufbau eines kognitiven Konstrukts, eines Begriffs, herangezogen werden. Hier sind auch Bezüge zu *Piagets* „abstraction réfléchissante" zu sehen, zur „reflektiven" oder zur „reflektierenden Abstraktion" (siehe z. B. *Piaget,* 1973). In dieser reflektiven Abstraktion sieht *Piaget* das zentrale Konzept zur Erklärung des Übergangs von einer kognitiven Struktur in eine andere verbesserte, stabilere.

Verallgemeinerung bedeutet nach *Peschek,* „daß im Prozeß der Begriffsbildung die zu einer Einheit, zu einem System zusammengefaßten Bestimmungen (Eigenschaften, Zustände etc.) mit individuellen Erfahrungsinhalten in Zusammenhang gebracht werden sowie Möglichkeiten und Bedingungen für derartige Zusammenhänge ausgelotet, hergestellt oder auch erweitert werden" (*Peschek,* 1989, 236).

Verallgemeinerung ist auf den **Umfang** eines Begriffs, einer Aussage, einer Situation ausgerichtet und erweitert diese. Abstraktion dagegen ist eher auf den **Inhalt,** den sie konstruiert, bezogen.

Peschek verdeutlicht den Unterschied zwischen empirischer und theoretischer Begriffsbildung am Beispiel des Begriffs „Kreis": **Empirisch** lernen Kinder den Begriff „Kreis" am besten wohl dadurch, dass sie viele kreisförmige Gegenstände betrachten und vergleichen. Der „empirische Kreis" ist dann das Gemeinsame an allen kreisförmigen Gegenständen. Schließlich festigen Gegenbeispiele die Begriffsbildung. Der **theoretische Kreisbegriff** dagegen erfasst die Beziehung zwischen einem festen Punkt, dem Mittelpunkt, und den Punkten der Kreislinie. Der theoretische Begriff steht hier für eine Beziehung, die sich als Konstanz des Abstandes zu einem festen Punkt beschreiben lässt. Diese Beziehung wird insbesondere an **Herstellungshandlungen** deutlich, etwa bei der Konstruktion mit dem Zirkel oder (besser noch) bei der Konstruktion mittels Bindfaden.

Allgemein unterscheiden sich empirische und theoretische Abstraktion in ihrem Ansatzpunkt und in ihrem Erkenntnisinteresse. Empirische Abstraktion setzt an den Objekten an und ist auf sinnlich wahrnehmbare Objekteigenschaften gerichtet. Dagegen setzt die theoretische Abstraktion bei den Handlungen an und will deren Struktur und somit die durch sie hergestellten Beziehungen herausarbeiten.

Im Mathematikunterricht der Grundschule (und noch weit darüber hinaus) erfolgen Begriffsbildungen weitgehend empirisch. Die Beschränkung auf empirische Verallgemeinerung erzeugt jedoch Defizite, weil viele mathematische Begriffe in ihrer wesentlichen Bedeutung dadurch nicht erfassbar sind. Im Blick auf unsere Klientel, die mathematisch begabten Kinder und Jugendlichen, sollten wir den Mut haben, ihnen

auch frühzeitig theoretische Begriffsbildungen zuzutrauen. Die Ergebnisse der Untersuchungen bei *Krutetskii* (1976) kann man u. E. so deuten, dass die fähigen Schülerinnen
und Schüler theoretische Verallgemeinerungen bilden, die schwächeren dagegen
empirische Verallgemeinerungen.

Harel und *Tall* (1989) unterscheiden in Abhängigkeit von der mentalen Konstruktion
des Individuums drei verschiedene Arten der Verallgemeinerung:

a) *expansive generalization* liegt vor, wenn das erkennende bzw. lernende Subjekt den
   Anwendungsbereich eines existierenden Schemas ausweitet, ohne dieses Schema
   umorganisieren zu müssen.

b) *reconstructive generalization* liegt vor, wenn das Subjekt ein existierendes Schema
   umorganisiert, um seinen Anwendungsbereich auszuweiten.

c) *disjunctive generalization* liegt vor, wenn das Subjekt beim Übergang von einem
   vertrauten Kontext zu einem neuen ein neues Schema konstruiert, um sich mit dem
   neuen Kontext zu befassen, und dieses neue Schema zur Menge der verfügbaren
   Schemata hinzufügt.

Um (später) zur formalen/theoretischen Abstraktion gelangen zu können, schlagen
Harel und *Tall* vor, den Lernenden zunächst ein Beispiel vorzustellen, in welchem die
Lehrperson ein repräsentatives Beispiel für die betreffende abstrakte Idee sieht. Ein
solches Beispiel wird generisch genannt und die zugehörige Abstraktion **generische
Abstraktion.** Zur generischen Abstraktion wurde in Unterabschn. 8.1.2 ein Beispiel vor-
gestellt (siehe die Präsentation von Isabelle).

Speziell auf mathematische Muster bezogen unterscheidet *Radford* (2008, 84)
zwischen **algebraischer** und **arithmetischer Verallgemeinerung** und umschreibt
algebraische Verallgemeinerung in der folgenden Weise:

> „Generalizing a pattern algebraically rests on the capability of grasping a commonality
> noticed on some particulars (say p_1, p_2, p_3, …, p_k); extending or generalizing this
> commonality to all subsequent terms (p_{k+1}, p_{k+2}, p_{k+3}, …), and being able to use the
> commonality to provide a direct expression of any term of the sequence.“

Eine Verallgemeinerung im algebraischen Sinne veranschaulicht *Radford* durch die
folgende Abbildung (siehe Abb. 8.22).

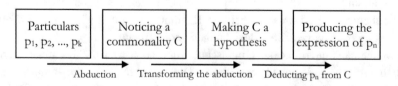

Abb. 8.22   „The architecture of algebraic pattern generalization" (nach *Radford,* 2008, 85)

Arithmetische Verallgemeinerungen berufen sich auf das Prinzip des Weiterzählens. Allgemeine Regeln oder Formeln werden dabei nicht entwickelt (Ausführlicheres siehe *Radford* (2008) oder auch *Karpinski-Siebold,* 2016, 38 ff.).

Wir werden hier die Begriffe „verallgemeinern" und „abstrahieren" so verwenden, wie es in der Mathematik üblich ist: Zum Beispiel verallgemeinert der Begriff „Parallelogramm" den Begriff „Rechteck", der Kosinussatz verallgemeinert den Satz des Pythagoras.

Und unter „abstrahieren" werden wir eine Form, ein Mittel des Verallgemeinerns verstehen, nämlich z. B. die Verwendung von Variablen bei der Beschreibung des jeweiligen Begriffs, der jeweiligen Situation (neben der Verwendung von Variablen gibt es natürlich noch andere Artikulationsformen des Abstrahierens). Indem Variablen genutzt werden, um das Gemeinsame der bislang betrachteten Fälle zu formulieren oder die den bislang betrachteten Fällen zugrunde liegende bzw. gelegte Struktur herauszustellen, wird abstrahiert. Stehen die Variablen anschließend (oder auch schon gleichzeitig) nicht nur für die betrachteten, sondern für alle Fälle einer Grundgesamtheit, wird verallgemeinert.

Auf die Möglichkeit, den Begriff „Abstraktion" mathematisch (unter Rückgriff auf den Mengen-, Abbildungs- und Relationsbegriff und im Zusammenhang mit dem Begriff „Identifikation") zu definieren, gehen wir hier nicht weiter ein. Wir verweisen auf *Rinkens* (1973, 22).

8.5.4   Förderung des Verallgemeinerns und Abstrahierens – vier Beispiele

Wir zeigen an vier Beispielen, wie Verallgemeinern bzw. Abstrahieren gefordert und gefördert werden kann.

Beispiel 1

(*Bardy* und *Hrzán,* 2010, 46)

a) Dies sind die ersten vier Aufgaben einer Serie. Vervollständige die 3. und 4. Aufgabe dieser Serie

   1. Aufgabe: $1 \cdot 5 + 4 = 3 \cdot 3$

   2. Aufgabe: $2 \cdot 6 + 4 = 4 \cdot 4$

   3. Aufgabe: $3 \cdot 7 + 4 = $ _____

   4. Aufgabe: $4 \cdot 8 + 4 = $ _____

b) Schreibe die 5. Aufgabe dieser Serie vollständig auf.

   5. Aufgabe: _____ $\cdot$ _____ $+$ _____ $=$ _____

c) Schreibe die 50. Aufgabe dieser Serie vollständig auf.

d) Schreibe die n-te Aufgabe dieser Serie vollständig auf.

   n-te Aufgabe: _____ $\cdot$ (_____) $+$ _____ $=$ (_____) $\cdot$ (_____)

Hier die **Lösungen:**

3. Aufgabe: $3 \cdot 7 + 4 = 5 \cdot 5$
4. Aufgabe: $4 \cdot 8 + 4 = 6 \cdot 6$
5. Aufgabe: $5 \cdot 9 + 4 = 7 \cdot 7$
50. Aufgabe: $50 \cdot 54 + 4 = 52 \cdot 52$
n-te Aufgabe: $n \cdot (n+4) + 4 = (n+2) \cdot (n+2)$

Kommentar: Bei den Teilaufgaben a) bis c) geht es um das schrittweise Verallgemeinern der Gleichungen in der 1. und 2. Aufgabe der Serie. Bei d) ist Abstrahieren erforderlich, und zwar durch die Verwendung der Buchstabenvariable n, die hier für eine beliebige natürliche Zahl steht. Damit gilt die letzte Gleichung in unendlich vielen Fällen, und wir befinden uns auf der höchsten Abstraktionsebene, der Abstraktionsebene 4 nach *Devlin* (siehe Abschn. 3.3). Es gibt bereits Grundschulkinder, die in der Lage sind, die letzte Gleichung (und die anderen natürlich auch) richtig hinzuschreiben, selbstverständlich bei Vorgabe der Klammern.

Beispiel 2
(*Bardy* und *Hrzán*, 2010, 53, erweitert)
a) Wie lauten die beiden letzten Ziffern von 3^{11}?
b) Wie lauten die beiden letzten Ziffern von 3^{21}?
c) Wie lauten die beiden letzten Ziffern von 3^{337}?
d) Beschreibe, wie man für jede beliebige Potenz 3^n mit $n \in$ IN die beiden letzten Ziffern ermitteln kann.

Lösungen:
a) Es gilt: $3^{11} = 177.147$ (Berechnung durch fortlaufende Multiplikation mit 3 oder mithilfe eines Taschenrechners). Die beiden letzten Ziffern sind also 4 und 7.

Für die weiteren Berechnungen ist es nützlich, die beiden letzten Ziffern der ersten (21) Dreierpotenzen verfügbar zu haben. Irgendwann müssen sich die beiden letzten Ziffern wiederholen. Wir notieren im Folgenden jeweils nur die beiden letzten Ziffern:

$$3^1 = 03, \, 3^2 = 09, \, 3^3 = 27, \, 3^4 = 81, \, 3^5 = .43, \, 3^6 = .29, \, 3^7 = \ldots 87,$$
$$3^8 = \ldots 61, \, 3^9 = \ldots 83, \, 3^{10} = \ldots 49, \, 3^{11} = \ldots 47, \, 3^{12} = \ldots 41, \, 3^{13} = \ldots 23,$$
$$3^{14} = \ldots 69, \, 3^{15} = \ldots 07, \, 3^{16} = \ldots 21, \, 3^{17} = \ldots 63, \, 3^{18} = \ldots 89,$$
$$3^{19} = \ldots 67, \, 3^{20} = \ldots 01, \, 3^{21} = \ldots 03.$$

Wir haben erkannt:

$$3^{20} = \ldots 01, \, 3^{40} = \ldots 01 \text{ usw.,}$$

allgemein: $3^{20 \cdot n} = \ldots 01$ für alle $n \in \text{IN}$.

$$3^{21} = \ldots 03, \, 3^{41} = \ldots 03 \text{ usw.},$$

allgemein: $3^{20 \cdot n+1} = \ldots 03$ für alle $n \in \text{IN}$.

b) Die beiden letzten Ziffern von 3^{21} sind 0 und 3.

c) $3^{337} = 3^{320} \cdot 3^{17} = \ldots 01 \cdot \ldots 63 = \ldots 63$

Die beiden letzten Ziffern von 3^{337} sind 6 und 3.

d) Wir schreiben n in der folgenden Form:

$n = 20 \cdot m + r$ mit $m \in \text{IN}_0$ und $0 \leq r < 20$.

Dann gilt: 3^n hat dieselben beiden Endziffern wie 3^r.

Beispiel 3

Die Folge der Zahlen $a_1, a_2, a_3, \ldots, a_n, \ldots$ ist durch

$a_1 = 2$ und $a_{n+1} = 3 \cdot a_n + 1$ für alle $n \in \text{IN}$ festgelegt.

Ermittle eine Formel für die Summe $S_n = a_1 + a_2 + \ldots + a_n$.

Lösung:

Bestimmung der ersten Glieder der Folge:

$$a_1 = 2,$$

$$a_2 = 3 \cdot a_1 + 1 = 3^1 \cdot 2 + 3^0,$$

$$a_3 = 3 \cdot a_2 + 1 = 3 \cdot \left(3^1 \cdot 2 + 3^0\right) + 1 = 3^2 \cdot 2 + 3^1 + 3^0,$$

$$a_4 = 3 \cdot a_3 + 1 = 3 \cdot \left(3^2 \cdot 2 + 3^1 + 3^0\right) + 1 = 3^3 \cdot 2 + 3^2 + 3^1 + 3^0,$$

$$\vdots$$

$$a_n = 3^{n-1} \cdot 2 + 3^{n-2} + \ldots + 3^1 + 3^0 = 3^{n-1} \cdot 2 + \sum_{k=0}^{n-2} 3^k = 3^{n-1} \cdot 2 + \frac{3^{n-1} - 1}{3 - 1}$$

$$= \frac{5}{2} \cdot 3^{n-1} - \frac{1}{2} = \frac{1}{2}\left(5 \cdot 3^{n-1} - 1\right)$$

(dabei Verwendung der Formel für die endliche geometrische Reihe)

$$S_n = a_1 + a_2 + \ldots + a_n$$

$$= \left(\frac{5}{2} \cdot 3^0 - \frac{1}{2}\right) + \left(\frac{5}{2} \cdot 3^1 - \frac{1}{2}\right) + \left(\frac{5}{2} \cdot 3^2 - \frac{1}{2}\right) + \cdots + \left(\frac{5}{2} \cdot 3^{n-1} - \frac{1}{2}\right)$$

$$= \frac{5}{2} \cdot \sum_{k=0}^{n-1} 3^k - \frac{n}{2} = \frac{5}{2} \cdot \frac{3^n - 1}{3 - 1} - \frac{n}{2} = \frac{5}{4} \cdot (3^n - 1) - \frac{n}{2}$$

Also gilt:

$$S_n = \tfrac{5}{4}(3^n - 1) - \tfrac{n}{2} \text{ für alle } n \in \text{IN}$$

(Falls die Jugendlichen bereits das Beweisverfahren der vollständigen Induktion kennen, können sie damit die Gültigkeit der Formel beweisen.)

Weitere Beispiele zur Förderung des Verallgemeinerns und Abstrahierens finden Sie im Abschn. 8.10, wo es um die Thematisierung und Förderung algebraischen Denkens geht.

Beispiel 4

(A22.1 in *Mathematischer Korrespondenzzirkel Göttingen,* 2005, modifiziert)

Leonie zeichnet mehrere gerade Linien auf ein Blatt Papier, jeweils von einer Kante des Blattes zu einer anderen. Als sie genau hinschaut, bemerkt sie, dass sie die Linien so gezeichnet hat, dass jede Linie jede andere schneidet und keine drei Linien sich in einem Punkt schneiden. Durch Nachzählen ermittelt sie, dass auf diese Weise das Blatt in 22 Teile aufgeteilt wurde.

a) Wie viele Linien hat Leonie gezeichnet?

b) Gib eine Formel an, mit der du die Anzahl der Teile bei n Linien

($n \in$ IN) berechnen kannst (Bedingungen wie oben beschrieben).

8.6   Beweglichkeit im Denken

Neben dem von uns in der Überschrift zu diesem Abschnitt gewählten Begriff „Beweglichkeit im Denken" werden in der Denkpsychologie (z. B. bei *Oerter,* 1980), in der Pädagogischen Psychologie (z. B. bei *Lompscher,* 1972), in der Hochbegabungsforschung (z. B. bei *Krutetskii,* 1976) und in der Mathematikdidaktik (z. B. bei *Rott,* 2018) folgende Begriffe benutzt: „Beweglichkeit des Denkens", „bewegliches Denken", „geistige Beweglichkeit", „Flexibilität im Denken", „Flexibilität des Denkens", „gedankliche Flexibilität", „mentale Flexibilität" oder Ähnliches. In der Regel werden sie alle synonym verwendet; eine Ausnahme findet sich z. B. bei *Roth,* 2008, der mit „beweglichem Denken" die „Veränderung einer gegebenen Situation in Gedanken" versteht (vgl. a. a. O., 20).

Nach *Lompscher* (1972) wird die Qualität geistiger Tätigkeit durch von ihm sogenannte „Verlaufsqualitäten" bestimmt: „Verlaufsqualitäten sind […] das Ergebnis der Verfestigung und Verallgemeinerung von Komponenten des Verlaufs der geistigen Tätigkeit." (a. a. O., 34) Er nennt (ohne Vollständigkeit anzustreben) die folgenden Verlaufsformen: Beweglichkeit, Planmäßigkeit, Exaktheit, Selbstständigkeit und Aktivität. Die geistige Beweglichkeit bezeichnet er als „eine der wichtigsten Verlaufsqualitäten" (a. a. O., 36) und beschreibt ihre Aspekte wie folgt (zu beachten ist natürlich dabei, dass diese je nach Individuum unterschiedlich ausgeprägt sein können; dazu auch *Hasdorf,* 1976):

> „[Die Beweglichkeit im Denken, die Autoren] äußert sich in dem Vermögen, mehr oder weniger leicht von einem Aspekt der Betrachtung zu einem anderen überzuwechseln beziehungsweise einen Sachverhalt oder eine Komponente in verschiedene Zusammenhänge einzubetten, die Relativität von Sachverhalten und Aussagen zu erfassen. Sie ermöglicht es, Beziehungen umzukehren, sich mehr oder weniger leicht und schnell auf neue Bedingungen der geistigen Tätigkeit einzustellen oder gleichzeitig mehrere Objekte oder Aspekte in der Tätigkeit zu beachten." (*Lompscher,* 1972, 36)

Vergleichbar zu den von *Lompscher* genannten Aspekten – aber konkret auf die Mathematik bezogen – sind die neun mathematischen Fähigkeiten, die *Krutetskii* (1976, 87 f.) herausgearbeitet hat. In dieser Aufzählung der Fähigkeiten befindet sich an siebter Stelle die Flexibilität des Denkens (a. a. O., 88): „7. Flexibility of thought – an ability to switch from one mental operation to another; freedom from the binding influence of the commonplace and the hackneyed. This characteristic of thinking is important for the creative work of a mathematician."

Bruder (siehe z. B. *Bruder* und *Collet,* 2009, 23) hat die Überlegungen von *Lompscher* und *Hasdorf* auf die Mathematik übertragen und vier Erscheinungsformen der Beweglichkeit im Denken benannt:

- *Reduktion* – „Fokussierung auf das Wesentliche, Vereinfachen";
- *Reversibilität* – „Umkehrung von Gedankengängen";
- *Aspektbeachtung* – „gleichzeitiges Beachten mehrerer Aspekte, die Abhängigkeit von Dingen erkennen und gezielt variieren";
- *Aspektwechsel* – „Wechsel von Annahmen oder Kriterien, Umstrukturieren eines Sachverhalts".

Rott (2018, 1) konnte im Rahmen seiner Studie u. a. „*zeigen, dass einige Schülerinnen und Schüler (insbesondere erfolgreiche Teilnehmer mathematischer Wettbewerbe) weniger Heurismen als die übrigen Teilnehmer der Studie nutzen, um Probleme zu lösen. Eine mögliche Erklärung für diesen Befund ist eine höhere geistige Beweglichkeit dieser Schüler*".

Diese Erklärung sollte u. E. jedoch nicht dazu führen, auf Fördermöglichkeiten der Beweglichkeit im Denken bei mathematisch begabten Kindern und Jugendlichen zu verzichten. Aus Platzgründen können wir hier allerdings nur ein paar Beispiele für Problemfelder bzw. Problemaufgaben vorstellen, die zu den in den Stichworten der Unterabschnitte dieses Abschnitts genannten „Förder-Themen" (Repräsentationswechsel, Veranschaulichung, Doppelrepräsentation; Komplexitätsreduktion, Superzeichen) passend ausgewählt wurden.

8.6.1 Repräsentationswechsel, Veranschaulichung, Doppelrepräsentation

Im Abschn. 4.3 (siehe Abb. 4.12 mit zugehörigem Text) haben wir bereits ein mathematisches Problem vorgestellt, dessen Formulierung einen algebraischen Lösungs-ansatz nahelegt, bei Verwendung eines geeigneten bildhaft-anschaulichen Ansatzes man jedoch die Lösung sofort „sieht". Eine andere Repräsentation (ein Repräsentations-wechsel) kann also eine einfachere Lösung ermöglichen. Im Abschn. 4.3 wurde auch darauf verwiesen, dass bei mathematisch begabten Schülerinnen und Schülern schon kurz nach dem Instruktionsverstehen jene Hirnregionen aktiviert werden, die für die begriffliche und für die bildhaft-anschauliche Modalität verantwortlich sind. Außerdem konnten bei einzelnen Hochbegabten mehrfache Wechsel der Aktivierung zwischen Arealen der beiden Modalitäten festgestellt werden. Diese nutzen mental demnach sowohl eine symbolische als auch eine ikonische Repräsentation des vorgelegten Problems, also eine Doppelrepräsentation.

Ein aus unserer Sicht schönes Beispiel zur Veranschaulichung wurde im Unterabschn. 8.2.2 behandelt (siehe das Problem „Motorboote" und die zugehörige Ver-anschaulichung in Abb. 8.8). Ohne eine Skizze der Art, wie sie dort angeboten wird, lässt sich das vorgegebene Problem kaum lösen.

Wir werden nun noch drei weitere Beispiele vorstellen, die mit Veranschaulichung, Doppelrepräsentation oder Repräsentationswechsel zu tun haben.

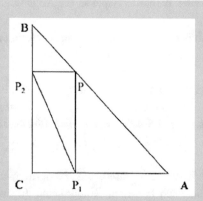

Auf der Hypotenuse des rechtwinkligen Dreiecks ABC bewegt sich ein Punkt P. Den Punkt P projizieren wir senkrecht auf die Katheten. So erhalten wir die Punkte P_1 und P_2. Wann ist die Strecke $\overline{P_1 P_2}$ am kürzesten?

Abb. 8.23 Minimale Länge der Strecke $\overline{P_1\, P_2}$ (*Ambrus*, 2000, 78)

Beispiel 1

Ambrus (2000) kritisiert, dass im Mathematikunterricht ab der Jahrgangsstufe 6 die symbolische Repräsentation vorherrscht. Er berichtet über seine Erfahrungen mit der folgenden Aufgabe, die er Mathematiklehramtsstudierenden gestellt hat (siehe die Abb. 8.23).

Kommentar: Unter 30 Studierenden haben lediglich zwei erkannt, dass $\overline{P_1 P_2}$ als Diagonale im Rechteck CP_1PP_2 genauso lang wie die andere Diagonale $\overline{PC}$ ist. $\overline{PC}$ wird am kürzesten, wenn sie die zur Hypotenuse $\overline{AB}$ gehörende Höhe ist. Die anderen Studierenden konzentrierten sich auf die Strecke $\overline{P_1 P_2}$. Sie versuchten, ein direktes Verfahren zur Berechnung der Länge dieser Strecke zu finden. „Einige fanden einen komplizierten Lösungsweg, viele lösten die Aufgabe nicht." (a. a. O., 79)

Ambrus plädiert in seinem Beitrag für eine stärkere Berücksichtigung ikonischer Repräsentationen im Mathematikunterricht. Diesem Plädoyer schließen wir uns auch im Blick auf unsere Klientel an.

Beispiel 2: Flächeninhalt

(*Fritzlar* und *Heinrich*, 2010, 27)

Wie groß ist der Flächeninhalt der Oberfläche des Restkörpers, wenn die Seitenlänge des herausgeschnittenen Würfels ein Drittel der Seitenlänge des Ausgangswürfels beträgt (siehe die Abb. 8.24)?

Kommentar: Die Aufgabenstellung suggeriert einen algebraischen Lösungsweg, der jedoch umständlich ist. Wechselt man zu einer geometrischen Betrachtungsweise, bietet sich die folgende Lösung an: Die drei kleinen Quadrate werden betrachtet. Wenn man diese passend parallel verschiebt, ergänzen sie die drei Sechseckflächen des Restkörpers

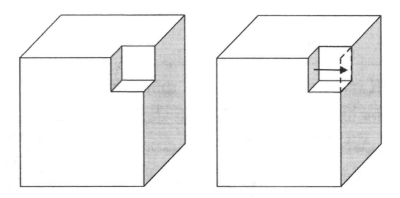

Abb. 8.24   Restkörper (*Fritzlar* und *Heinrich*, 2010, 27)

Sternfiguren

In der linken Abbildung sind 14 Punkte kreisförmig angeordnet. Wenn jeder Punkt nacheinander jeweils mit dem drittnächsten verbunden wird, so entsteht eine regelmäßige Sternfigur mit 14 Zacken. Sie ist im mittleren Bild zu sehen.

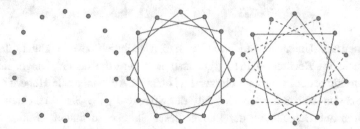

Verbindet man jeden Punkt des 14-Punkte-Kreises mit dem viertnächsten, so zerfällt der 14-Punkte-Kreis in zwei regelmäßige Sternfiguren. Im rechten Bild ist die zweite Sternfigur gestrichelt gezeichnet.

1. Zeichne weitere regelmäßige Sternfiguren am 14-Punkte-Kreis. Wann entstehen Sternfiguren mit 14 Zacken, wann zerfällt der Kreis in mehrere Sternfiguren?
2. Wie viele verschiedene regelmäßige Sternfiguren mit 14 Zacken können so gezeichnet werden?
3. Statt 14 kann auch eine andere Anzahl von Punkten im Kreis gezeichnet werden. Wie viele verschiedene regelmäßige, nicht zerfallende Sternfiguren gibt es dann jeweils?
4. Für welche Anzahlen gibt es besonders viele, für welche besonders wenige regelmäßige, nicht zerfallende Sternfiguren?

Abb. 8.25 Sternfiguren (*Fritzlar* und *Heinrich*, 2008, 400)

zu Seitenflächen des ursprünglichen Würfels. Die Verschiebung einer solchen Fläche ist in Abb. 8.24 veranschaulicht. Damit sind die Flächeninhalte der Oberflächen von Restkörper und Ausgangswürfel identisch.

Beispiel 3
siehe Abb. 8.25.

Kommentar: Beim Problemfeld „Sternfiguren" kann der Wechsel der Modalität einen Beitrag zum Bearbeitungserfolg leisten.

> „Betrachtet wird dabei eine genuin geometrische Situation, bei der allerdings zur Beschreibung der Beispiele und bei der Formulierung von Fragestellungen Zahlen verwendet werden. Damit wird der Bearbeiter zwar einerseits zum Einbezug von Zahlen angeregt, andererseits dienen diese jedoch lediglich zur Benennung der entstehenden Sternfiguren. Außerdem wird auf diese Weise eine *geeignete* Kennzeichnung nahe gelegt, die es dem Bearbeiter erleichtert, Zusammenhänge zwischen geometrischen Eigenschaften der Sternfiguren und arithmetischen Eigenschaften der charakterisierenden Zahlen […] zu finden." (*Fritzlar* und *Heinrich*, 2010, 34 f.)

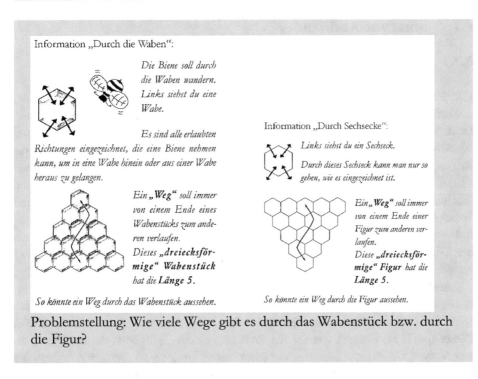

Problemstellung: Wie viele Wege gibt es durch das Wabenstück bzw. durch die Figur?

Abb. 8.26   Anzahlen von Wegen in Wegenetzen (*Nolte*, 2006, 95 f.)

8.6.2   Komplexitätsreduktion und Superzeichen

Den Begriff „Superzeichen" haben wir bereits am Ende des Abschn. 4.2 erläutert. Ein Beispiel zur Komplexitätsreduktion mithilfe eines Superzeichens ist das Problemfeld „Wegezahlen in Wegenetzen". Das dabei benutzte Superzeichen ist das Pascal-Dreieck. Erste Erfahrungen zu diesem Problemfeld können bereits Grundschulkinder der 3. und 4. Jahrgangsstufe sammeln. Als Einstieg schlägt *Nolte* (2006, 95 f.) folgende Informationen vor (siehe Abb. 8.26):

Problemstellung: Wie viele Wege gibt es durch das Wabenstück bzw. durch die Figur?
   Erweiterungen dieses Problemfeldes für Grundschulkinder und einen Erfahrungsbericht zu den erzielten Ergebnissen mathematisch begabter Kinder findet man bei *Nolte* (2006). Über eine „typisch mathematische Fortsetzung der Arbeit im Theoriefeld" für Sekundarschülerinnen und -schüler berichtet *Kießwetter* (2006).

8.7   Kreativ sein dürfen

8.7.1   Zum Begriff „Kreativität"[8]

Der Begriff „**Kreativität**" stammt vom lateinischen Wort „creare" (für schaffen, erschaffen, hervorbringen). Andere Begriffe wie „Schöpfertum", „schöpferisches" Denken, Schaffen und Handeln, Fantasie, Originalität usw. wurden schon lange in der deutschen Sprache – auch in der Pädagogik und der Psychologie – als Synonyme für Kreativität benutzt. Der neuere Begriff „Kreativität" ist eine Übertragung des englischen Wortes „creativity", das *Guilford* (1950) einführte. *Guilford* kennzeichnete damit einen inhaltlich übergreifenden Bereich einiger zu dieser Zeit neueren Denkströmungen und Forschungsarbeiten aus verschiedenen Arbeitsrichtungen. Diese Arbeiten resultierten insbesondere aus der Unzufriedenheit mit Bemühungen der Intelligenzforschung und aus der Kritik an der Brauchbarkeit von Intelligenztests (z. B. bezüglich neuer Bedürfnisse bei der Auswahl von Personal).

Ausubel (1974, 616) bezeichnete „Kreativität" als einen der „vagesten, doppeldeutigsten und verwirrendsten Begriffe der heutigen Psychologie und Pädagogik". Diese Einschätzung dürfte noch immer zutreffen, wir verweisen auf *von Hentig* (2000). Dieser spricht im Übrigen von der Kreativität als einem „Heilswort" der heutigen Zeit. Für *Howard Gardner* ist „the creating mind" einer der „five minds for the future", die kultiviert werden müssen (*Gardner,* 2007). *Rost* (2009, 28) bemerkt: „Kreativität, und darüber ist sich die Psychologie einig, ist ein im Vergleich zur Intelligenz vielfach unschärferes, im Verlauf der nicht nur kindlichen Entwicklung instabiles Konstrukt […], das bislang weder klar umschrieben noch zufriedenstellend operationalisiert worden ist […]." Und weiter (a. a. O., 31): „Die gern behauptete Unabhängigkeit von Intelligenz und ‚Kreativität' ist […] fraglich […], und der konstruierte Gegensatz zwischen kreativem Denken einerseits und konvergentem Problemlösen andererseits ist unfruchtbar und wahrscheinlich auch falsch […]."

Wie der Intelligenzbegriff ist auch der Kreativitätsbegriff ein Konstruktbegriff. Die Klasse der Konstruktbegriffe grenzt sich von der Klasse der Beobachtungsbegriffe ab.

> „Beobachtungsbegriffe beziehen sich (direkt) auf etwas Beobachtbares, Konstruktbegriffe tun dies nicht. Das ist sicher ein wichtiger Aspekt, aber noch ein anderer verdient Beachtung: Konstruktbegriffe sind solche, die konstruiert werden, also das Resultat von Konstruktionen sind. Sie werden in der Regel konstruiert, um als Bestandteile von Hypothesen oder Theorien beobachtete Ereignisse zu klären oder vorherzusagen." (*Westmeyer,* 2008, 21)

In der Kreativitätsforschung ist bis heute die Eigenschaftskonzeption von Kreativität leitend (das kreative Produkt, die kreative Persönlichkeit, der kreative Prozess,

---

[8]Zu den Unterabschn. 8.7.1 und 8.7.2 siehe auch *Bardy* und *Bardy,* 2012, 76 ff.

das kreative Umfeld); siehe auch die Definition von *Sternberg* und *Lubart* (1999, 3): „Creativity is the ability to produce work that is both novel (i. e., original, unexpected) and appropriate (i. e., useful, adaptive concerning task constraints) [...].“ *Sternberg* und *Lubart* konstruieren Kreativität also als die Fähigkeit, Werke zu schaffen, die neu und nützlich sind.

Es ist jedoch nicht erforderlich, Kreativität als Eigenschaft zu konstruieren.

Westmeyer (vgl. 2008, 25) bietet einen relationalen Kreativitätsbegriff an. Für Produkte lässt er sich in der folgenden Weise präzisieren:

Das Produkt y der Person p gilt als kreativ zur Zeit t genau dann, wenn es eine Domäne D (z. B. die Mathematik), ein zu D gehörendes Feld F (die Menge der forschenden Mathematikerinnen und Mathematiker) und eine (substanzielle) Teilmenge R von F gibt, so dass für alle r aus R gilt: r schätzt das Produkt y der Person p zur Zeit t als neu und nützlich im Hinblick auf D ein.

Damit ist Kreativität etwas, was Produkte nicht besitzen, sondern was Produkten zugeschrieben wird.

8.7.2   Kreativität aus mathematikdidaktischer Perspektive

Nach dem französischen Mathematiker *Hadamard* (1949) lassen sich bei Entdeckungs- und Findungsprozessen in der Mathematik vier Phasen unterscheiden:

- Präparation (Vorbereitung),
- Inkubation (Ausbrütung),
- Illumination (Erleuchtung, Inspiration, Intuition),
- Verifikation (Überprüfung, Einordnung).

Hadamard beruft sich überwiegend auf Introspektion sowie auf Selbstbeobachtungen anderer Forscherinnen und Forscher oder Künstlerinnen und Künstler und schließt sich den Gedanken von *Poincaré* (1913) an. Überraschend und interessant ist, welche Bedeutung *Poincaré* und *Hadamard* dem Unbewussten im kreativen Prozess zumessen.

Am Anfang der ersten Phase, der **Präparation,** steht die bewusste Auseinandersetzung mit einem Problem. Am Ende dieser Phase gesteht der Problembearbeiter seine Unwissenheit ein und sieht keine Möglichkeit, die bestehende Barriere des Problems zu überwinden.

In der Phase der **Inkubation** wird die Suche nach neuen Ideen durch einen unbewussten Prozess vorangetrieben, der nicht logischen oder transrationalen Prinzipien folgt. Plötzlich wird eine Lösung für ein Problem gefunden, für das vorher kein nennenswerter Fortschritt möglich war.

Die Phase der Inkubation wird durch die dritte Phase, die **Illumination,** abgelöst bzw. beendet. Bei der Illumination ist der Begriff „Phase" eigentlich unpassend. Denn unter Illumination wird das plötzliche und unerwartete Auftreten der Lösung verstanden und nicht deren langsames „Heranwachsen". Typisch für die Illumination ist ein Aha-Erlebnis, das archimedische „Heureka!". Es ist wichtig zu wissen, dass Illumination nur in Kombination mit solidem Faktenwissen gelingen kann.

Nach *Heller* (1992) ist die Kombination von divergenten und konvergenten Denkakten unter Verwendung einer reichen Wissensgrundlage und in Verbindung mit einer positiven Arbeitshaltung und ausgeprägten Interessen eine günstige Voraussetzung für kreative Leistungen.

Die abschließende vierte Phase kreativen Arbeitens, die **Verifikation,** verläuft wieder bewusst. In ihr muss die intuitive Lösungsidee der Illumination systematisch und kritisch überprüft werden. Denn es kann vorkommen, dass das Unterbewusstsein getrogen hat und falsche Lösungen entwickelt wurden. Außerdem ist zu beachten, dass in der Illumination „nur" der „zündende" Gedanke aufgekommen ist. Dieser kann noch sehr vage sein und muss dann präzisiert werden. Eine solche Präzisierung ist der Phase der Verifikation zuzurechnen.

In seiner Kritik weist *Weth* (1999, 18) zu Recht darauf hin, dass „das Hadamardsche Modell eine zu einseitige Sicht von Kreativität oder mathematischen Erfindungen beschreibt. Hadamard geht es ausschließlich um Problem*lösungen*. Der schöpferische Akt des *Bildens* von Problemen, des *Schaffens von mathematischen Begriffen* und die anschließende intellektuelle Auseinandersetzung damit bleiben unberücksichtigt."

Van der Waerden (1973, 4) äußert folgende (u. E. ebenfalls berechtigte) Kritik am *Hadamardschen* Modell: „Beide [*Poincaré* und *Hadamard,* die Autoren] betonen besonders die Rolle des Schönheitsempfindens bei der Auswahl der fruchtbaren Kombinationen [im unbewussten Denken, die Autoren]. Aber über die Rolle der bewussten Überlegungen sagt Hadamard fast nichts."

Van der Waerden diskutiert am Beispiel des Satzes von *Archimedes* über Kugel und Kreiszylinder, wie mit gezielten Überlegungen ein Einfall zumindest vorbereitet werden könne, und schreibt (a. a. O., 6):

> „Man könnte schließlich einwenden: ‚Ja, aber ohne Einfall nützt das alles nichts!'
> Der Einwand ist berechtigt, aber mir scheint doch, daß die bewußte Überlegung den Einfall vorbereitet. Das bewußte Denken setzt die Vorstellungen in der richtigen Weise in Bewegung: es steckt ein Ziel und gibt die Richtung an. Wenn das Problem richtig angesetzt ist und man die richtigen Analogien zu bereits gelösten Problemen heranzieht, so genügt oft ein ganz kleiner Einfall."

Im Übrigen hat *Cropley* (1997a, b) das beschriebene Phasenmodell der Kreativität weiter ausdifferenziert bzw. ergänzt. Zwischen die Phasen der Präparation und der Inkubation hat er noch die *Informationsphase* „geschoben". In dieser werden Informationen über das Problem gezielt beschafft. Hinter der Verifikationsphase platziert *Cropley* die *Kommunikations-* und die *Validationsphase*. In der Kommunikationsphase geht es darum, andere zu überzeugen. Die Idee/das Produkt wird anderen vorgestellt und mit ihnen diskutiert. In der Validationsphase werden die Relevanz und die Effektivität der Idee oder des Produkts beurteilt.

Weisberg (1986) übt in seinem Buch Kritik an den Modellen zum kreativen Prozess, insbesondere an den Phasen der Inkubation und der Illumination. Nach *Weisberg* sind diese Phasen nichts anderes als nur unzureichend erforschte und beschriebene Stufen eines zwar hoch komplizierten, auf höchstem Denkniveau sich abspielenden, aber ganz normal schrittweise ablaufenden Problemlöseprozesses. *Weisberg* zweifelt vor allem die wissenschaftliche Brauchbarkeit von retrospektiven Selbstberichten von Künstlern, Dichtern oder Erfindern über plötzliche Einsichten an.

Bezogen auf kreative Prozesse im Mathematikunterricht unterscheidet *Leuders* (2003) **drei Modi der Kreativität:** expressive, explorative und heuristische Kreativität. *Leuders* plädiert dafür, im Mathematikunterricht nicht nur heuristische Kreativität zu ermöglichen und zu fördern (siehe dazu im vorliegenden Buch den Abschn. 8.2), sondern auch Gelegenheiten zur expressiven und explorativen Kreativität anzubieten.

Bezogen auf die expressive Kreativität äußert er sich so (a. a. O., 139):

> „Das Fach Mathematik wird meist nicht zu den schöpferischen Fächern gezählt. Während es im Deutsch- oder Kunstunterricht selbstverständlich ist, dass Kinder und Jugendliche ihre Kreativität an den individuellen Hervorbringungen erproben, scheint der Mathematikunterricht solche expressiven und synthetischen Tätigkeiten gänzlich zu vernachlässigen. [....] Dabei bietet sich gerade bei solchen kreativen Tätigkeiten die Chance,
>
> - die individuellen Ausdrucksfähigkeiten zu erweitern,
> - erlernte Fähigkeiten oder mathematische Kenntnisse in sinnstiftenden Kontexten als nützlich zu erleben,
> - Mathematik mit subjektiver Bedeutung zu erfüllen und mit der eigenen Persönlichkeit zu verknüpfen und
> - zu erleben, dass Persönlichkeit und Individualität gefragt ist und nicht nur das logische Funktionieren der ‚Maschinerie Mathematik‘.“

Im Hinblick auf unsere Klientel empfehlen wir für die Ausgestaltung **expressiver Kreativität** insbesondere Themen aus der Geometrie, wie z. B. „Parkettierungen der Ebene" oder „Herstellen/Basteln von platonischen und archimedischen Körpern" (hierbei mit der Möglichkeit, den Eulerschen Polyedersatz zu entdecken; spezielle Frage: Welcher platonische oder archimedische Körper eignet sich am besten als Fußball?).

Explorative Kreativität kann sich entfalten z. B. beim Finden sinnvoller mathematischer Probleme (siehe dazu Abschn. 8.1), bei offenen Aufgaben, beim Erkunden mathematischer Situationen, beim Modellieren oder bei der Variation mathematischer Probleme (dazu Abschn. 8.8).

Wir appellieren an diejenigen, die sich bei der Förderung mathematisch begabter Kinder oder Jugendlicher engagieren: Beachten Sie neben der heuristischen auch die expressive und die explorative Kreativität!

Wie äußert sich **Kreativität bei Kindern und Jugendlichen,** und zwar im Zusammenhang mit mathematischen Inhalten?

Im Regelfall ist nicht zu erwarten, dass Schülerinnen oder Schüler (erst recht nicht in der Grundschule oder in der Sekundarstufe I) objektiv neue mathematische

Entdeckungen machen. „Der überwiegende Teil der Schulmathematik ist seit langem, z. T. seit über 2000 Jahren, wohlbekannt und ist schon millionenfach von Profis und Amateuren hin- und hergewendet und gelehrt und gelernt worden." (*Winter*, 1999, 213) Dennoch gibt es Ausnahmen, wie das von W*inter* (a. a. O.) genannte Beispiel einer Darmstädter Schülerin zeigt, die eine „wohl wirklich neue" Eigenschaft der gemeinsamen Tangenten an zwei Kreise entdeckte: Vier Schnittpunkte der gemeinsamen Tangenten liegen auf dem Thaleskreis über der Verbindungsstrecke der Mittelpunkte der Kreise.

Bei „unseren" Kindern und Jugendlichen (wie überhaupt in der Schulmathematik) kann es „nur" um subjektiv neue Entdeckungen gehen, um das Nacherfinden oder Wiederentdecken bereits bekannter mathematischer Erkenntnisse. Dabei sind nicht nur (subjektiv) neue mathematische Inhalte gemeint, sondern auch neue Fragen, Vermutungen, alternative Lösungswege und selbst gefundene Formulierungen. Es handelt sich auch hierbei um kreatives Denken und Tätigsein.

Im Umgang/Unterricht mit begabten Kindern und Jugendlichen kann sich mathematische Kreativität in vielfacher Art und Weise äußern (siehe dazu auch *Bruder*, 2001, 46):

- im Stellen von Fragen und im Zweifeln an Sachverhalten oder Darstellungen zu mathematischen Inhalten;
- im Entdecken (subjektiv neuer) mathematischer Zusammenhänge, von Methoden des Problemlösens oder von Möglichkeiten, Mathematik in Alltagssituationen oder (allgemeiner) in außermathematischen Kontexten anzuwenden;
- im Finden und Ausprobieren eines (subjektiv) neuen Lösungsweges zu einer vorgegebenen Aufgabe;
- im selbstständigen Erweitern/Variieren und im eigenen Erfinden von Aufgaben;
- in einer (originellen) Präsentation, Begründung oder Bewertung von eigenen Arbeitsergebnissen oder solchen eines Teams.

Lässt sich **Kreativität tatsächlich fördern,** und wenn ja, wie?

Beer und *Erl* (1972, 45; siehe auch *Weth*, 1999, 19 ff.) sehen die folgenden fünf Aspekte „fördernder Bedingungen kreativer Entfaltung" als wesentlich an:

1. offen sein oder „die aufgeschobene Bewertung",
2. Problematisieren oder „die produktive Unzufriedenheit",
3. Assoziieren oder „die Vielzahl der Einfälle",
4. Experimentieren oder „das Sprengen des Systems",
5. Bisoziieren oder „die Vereinigung des Unvereinbaren".

Das *Offensein* ist in zweifacher Weise zu verstehen: Einerseits richtet es sich an die Schülerinnen und Schüler, die im Unterricht aufgefordert sein sollen, den Lehrstoff mit „offenen Augen" zu betrachten und alternative Ideen zu entwickeln; andererseits richtet es sich an die Lehrpersonen, die die Schülerinnen und Schüler zu einer kritischen, auch querdenkenden Haltung herausfordern sollen. „Wesentlich bei der Entwicklung kreativer Gedanken ist dabei, daß der Lehrer auf frühzeitige Korrekturen und Bewertungen (richtig/falsch, brauchbar/unbrauchbar, …) verzichten muß […]. Kreative Leistungen können sich nur in einer angstfreien, auch ‚schräge' Ideen akzeptierenden Atmosphäre entwickeln." (*Weth,* 1999, 19)

Die *produktive Unzufriedenheit* beschreibt eine Haltung, die durch die folgende Frage beschrieben werden kann: „Kann man das nicht anders oder besser machen?" Es geht darum, bestehende Angebote und Strukturen im mathematischen Lehrstoff kritisch und konstruktiv zu hinterfragen. Dazu müssen die Schülerinnen und Schüler ihre Fragen und Probleme ohne Angst formulieren und vorbringen können.

Das *Assoziieren* ist förderlich für neuartige Ideen, es geht um das Wecken der Fantasie. Nach *Beer* und *Erl* (1972, 51) sollte die Übung der Fantasie „Pflichtfach" neben der Ausbildung und der nüchternen Wissensvermittlung sein.

> „Auch hier meinen wir allerdings meistens, Phantasie habe man entweder oder man habe sie nicht. Das ist jedoch ebenso falsch wie die meisten Vorurteile auf diesem Gebiet. Jeder hat Phantasie, und man kann sie üben und damit immer reicher und vielfältiger werden lassen. Eigene Einfälle kann man provozieren, und zwar schon durch Ruhe, ein leeres Blatt Papier und einige geringfügige Stimulationen." (a. a. O.)

Beim *Experimentieren* (zum experimentellen Denken beim Lehren und Lernen von Mathematik siehe *Philipp,* 2013) sollen die Grenzen konventioneller Denksysteme bewusst gesprengt werden: Verschiedene Zugänge zu Problemen und Manipulationen mit Objekten werden gefordert. Selbstständiges und nicht gruppenkonformes Denken, Toleranz gegenüber neuen Ideen, die Suche nach Problemen, das Recht zu konstruktiver Kritik und verbessernder Unzufriedenheit sollen nicht nur toleriert, sondern sogar gefördert und trainiert werden.

„Dafür ist es wichtig, daß der Lehrer selbst kreativ und abenteuerlustig, zumindest aber experimentierfreudig ist." (*Beer* und *Erl,* 1972, 54)

Unter *Bisoziieren oder der Vereinigung des Unvereinbaren* verstehen *Beer* und *Erl*

> „die merkwürdige Paradoxie im schöpferischen Akt […], in der allem Anschein nach seine wichtigste Wesensbestimmung liegt: in dem Gegensatz von Planung und Zufall, von Arbeit und Spiel, von Bewußtem und Unbewußtem. Darum gilt es, diesen Gegensatz bewußt zu bejahen und in seiner Person zu integrieren." (a. a. O., 55)

Von Kreativitätsförderung kann auch bereits dann gesprochen werden, wenn bekannte Hemmnisse und Hindernisse kreativen Verhaltens vermieden werden. Zu solchen zählen *Beer* und *Erl* (a. a. O., 40 ff., dort Näheres) vor allem:

„1. Konformitätsdruck
2. Autoritätsfurcht
3. Erfolgsprämien

4. Informations- und Innovationssperren
5. Geschlechtsrollen." (a. a. O., 41)

In unserem Fall reicht es auch nicht aus, den Kindern und Jugendlichen kreativitäts-
fördernde Probleme zu präsentieren (siehe dazu die Unterabschn. 8.7.3 und 8.7.4).
Die Kinder und Jugendlichen müssen nicht nur kreativ sein dürfen, sondern dieses
auch wollen. *Bruder* (vgl. 2001, 48) nennt für dieses „Wollen" einige förderliche
„atmosphärische Komponenten", die für jeglichen Mathematikunterricht bedeutsam sind:

- Irren ist erlaubt, auch ein Schmierzettel. Es gibt bewertungsfreie Phasen im Unterricht und genügend Zeit zum Nachdenken. Auf diese Weise wird angstfreies Lernen
  möglich.
- Jede geäußerte Idee wird ernst genommen (gegenseitige Wertschätzung von
  Lehrenden und Lernenden; vorurteilsfreier Umgang miteinander).
- Unterschiedliche Vorgehensweisen werden akzeptiert.
- Dem Orientierungsbedarf der Lernenden wird Rechnung getragen: durch klare Ziel-
  setzungen im Sinne eines Orientierungsrahmens für das eigene Lernen und durch Ver-
  meidung kleinschrittiger, selbstständiges Denken und Handeln eher verhindernder
  Vorgehensweisen.

8.7.3 Eine Aufgabe mit vielen Lösungswegen

Für Fördermaßnahmen besonders geeignet halten wir Probleme/Aufgaben, die sowohl
mit herkömmlichen Methoden gelöst werden können als auch sehr kreative Lösungsideen provozieren.

Dazu ein **Beispiel:**

Ein Seeschiff ging auf große Fahrt. Als es 180 Seemeilen von der Küste entfernt
war, flog ihm ein Wasserflugzeug mit Post nach. Die Geschwindigkeit des Flugzeuges war zehnmal so groß wie die des Schiffes. In welcher Entfernung von der
Küste holte das Flugzeug das Schiff ein?
Schreibe deinen Lösungsweg ausführlich auf.

Den Lösungsweg von **Stefanie** (siehe Abb. 8.27) würden wir mit „herkömmlich"
bezeichnen wollen. Stefanie legt eine Art Tabelle an, wobei Seemeile für Seemeile
die zurückgelegten Entfernungen des Schiffs und des Flugzeugs einander zugeordnet
werden. Störend sind lediglich die Gleichheitszeichen.

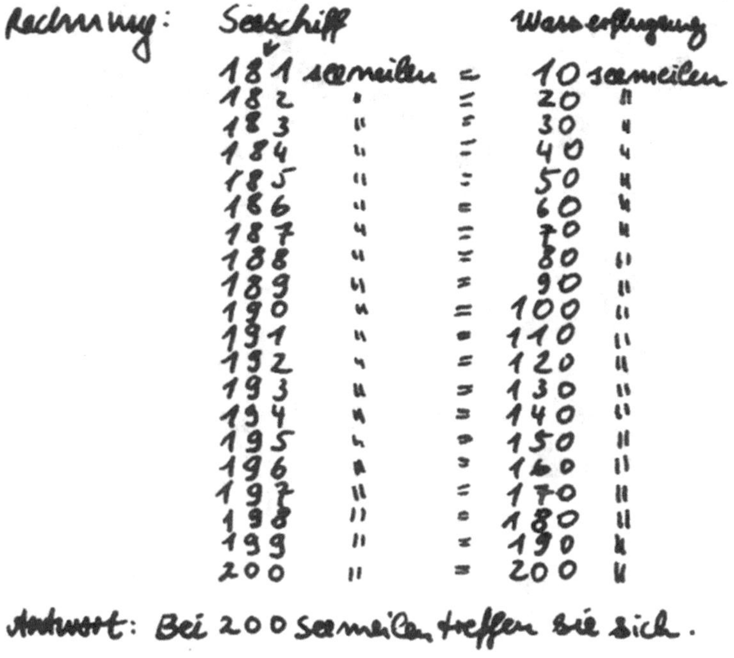

Abb. 8.27 Stefanies Lösung

Die folgenden Lösungswege enthalten nach unserer Einschätzung kreative Elemente.

Bea hat eine interessante (kreative) Idee (siehe Abb. 8.28). Sie geht von dem Vorsprung des Schiffs aus (180 Seemeilen), subtrahiert 10 (Seemeilen) und addiert anschließend 1 (Seemeile). Diese Rechnung führt sie so oft aus (insgesamt zwanzigmal), bis das Flugzeug das Schiff eingeholt hat, bis das Rechenergebnis also 0 (Seemeilen) ist. Bea kennzeichnet dabei mit unterschiedlichen Farben die verschiedenen Zustände bzw. Aktionen. Auch wenn die eigentliche Rechnung hätte verkürzt werden können (180 : 9), ist die Idee von Bea hoch einzuschätzen, zumal nur ein weiteres Kind (von insgesamt 264) ähnlich vorgegangen ist.

Susann benutzt die Wortvariable „Strecke", stellt eine Gleichung auf und löst diese, wobei sie auf eine passende Skizze zurückgreift (siehe Abb. 8.29).

Sören bildet für das Schiff und das Flugzeug eine endliche geometrische Reihe (siehe Abb. 8.30). Er lässt beide Reihen (zeitversetzt) bei 180 beginnen und nimmt eine große Anzahl von Summanden (8 bzw. 7). Außerdem weist er darauf hin, dass sich die Rechnung beliebig weiterführen lässt (das Paradoxon von Achilles und der Schildkröte lässt grüßen, dazu siehe z. B. *Devlin*, 1997, 85 ff.).

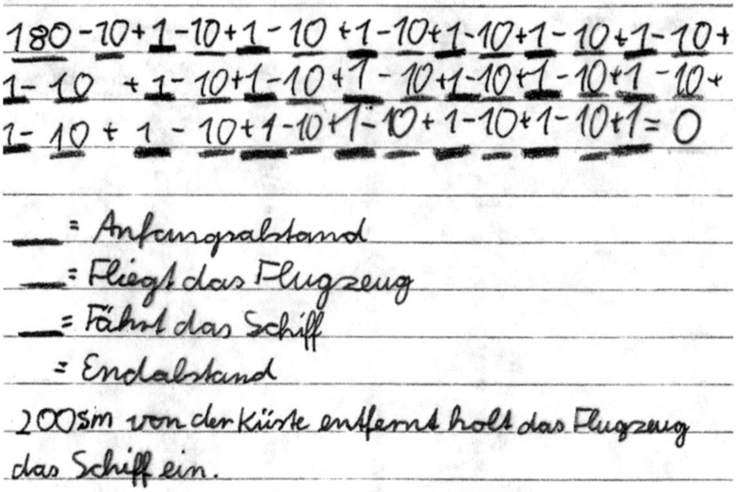

$$180 - 10 + 1 - 10 + 1 - 10 + 1 - 10 + 1 - 10 + 1 - 10 + 1 - 10 +$$
$$1 - 10 + 1 - 10 + 1 - 10 + 1 - 10 + 1 - 10 + 1 - 10 + 1 - 10 +$$
$$1 - 10 + 1 - 10 + 1 - 10 + 1 - 10 + 1 - 10 + 1 - 10 + 1 = 0$$

_____ = Anfangsabstand
_____ = Fliegt das Flugzeug
_____ = Fährt das Schiff
_____ = Endabstand

200 sm von der Küste entfernt holt das Flugzeug
das Schiff ein.

Abb. 8.28   Beas Lösung

geschwindigkeit ist wenn ein Körper eine bestimmte Strecke
in einer bestimmten Zeit zurücklegt.

Schiff: einfache geschwindigkeit
Flugzeug: zehnfache geschwindigkeit

• Während das Flugzeug das Schiff verfolgt, legt es eine
  10 x so große Strecke zurück wie das Schiff.

• Das Schiff hat einen Vorsprung von 180 Seemeilen.

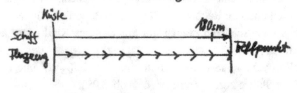

180 Sm + 1 Strecke = 10 Strecken
180 Sm = 9 Strecken
20 Sm = 1 Strecke

Der Treffpunkt ist 200 Seemeilen von der Küste entfernt.

Abb. 8.29   Susanns Lösung

Das Flugzeug holt das Schiff in einer Entfernung von 200 Seemeilen von der Küste ein.

Das Schiff hat 180 Seemeilen (sm) zurückgelegt, als das Flugzeug startet. Die Geschwindigkeit des Flugzeuges ist zehnmal so groß wie die des Schiffes. Wenn das Flugzeug die 180 sm Vorsprung des Schiffes zurückgelegt hat, ist das Schiff in dieser Zeit 18 sm weiter gefahren. Diesen Vorsprung muss das Flugzeug nun ebenfalls aufholen. Während das Flugzeug diese 18 sm zurücklegt, fährt das Schiff 1,8 sm weiter. So verfolgt das Flugzeug das Schiff in immer kleinerem Abstand.

Schiff (sm)	180	18	1,8	0,18	0,018	0,0018	0,00018	0,000018	Summe 199,999998
Flug-zeug (sm)	0	180	18	1,8	0,18	0,018	0,0018	0,00018	Summe 199,99998

Diese Rechnung könnte man beliebig weiterführen. Man sieht, dass sich die Entfernung für das Zusammentreffen von Schiff und Flugzeug immer mehr den 200 sm nähert.

Abb. 8.30   Sörens Lösung

Zahlreiche weitere Lösungsideen zu dieser Aufgabe sind bei *Bardy* (2002) dokumentiert.

8.7.4   Weitere Beispiele

Beispiel 1: Eine eigenartige sechsstellige Zahl
(nach: *alpha 5* (1971), Heft 5, Nr. 794, modifiziert)
Gesucht wird eine sechsstellige natürliche Zahl, die die beiden folgenden Eigenschaften hat:

1. Addiert man die aus den ersten drei Ziffern dieser Zahl gebildete Zahl zu der aus den letzten drei Ziffern gebildeten Zahl, so erhält man 999.
2. Multipliziert man die sechsstellige Zahl mit 6, so erhält man wieder eine sechsstellige Zahl. Die aus den ersten drei Ziffern dieser neuen sechsstelligen Zahl gebildete Zahl ist gleich der Zahl, die aus den letzten drei Ziffern der ursprünglichen Zahl gebildet wird. Und die aus den letzten drei Ziffern der neuen Zahl gebildete Zahl ist gleich der aus den ersten drei Ziffern der ursprünglichen Zahl gebildete Zahl.

Bestimme die gesuchte sechsstellige Zahl. Beschreibe ausführlich, wie du auf diese Zahl gekommen bist.
Hinweis: Alle Ziffern der gesuchten Zahl sind verschieden voneinander.

Um zur **Lösung** dieses Problems zu kommen, kann man verschiedenartig vorgehen. Ein aus unserer Sicht sehr kreatives Vorgehen ist das folgende:
Die gesuchte sechsstellige natürliche Zahl sei
$abcdef$ ($a, b, …, f$ Ziffern).
Wegen Bedingung (1) gilt:

$$
\begin{array}{r}
a \quad b \quad c \\
+ \quad d \quad e \quad f \\
\hline
9 \quad 9 \quad 9
\end{array}
$$

Daraus folgt (und in dieser Folgerung steckt ein besonders kreatives Moment):

$$
\begin{array}{r}
a \quad b \quad c \quad d \quad e \quad f \\
+ \quad d \quad e \quad f \quad a \quad b \quad c \\
\hline
9 \quad 9 \quad 9 \quad 9 \quad 9 \quad 9
\end{array}
$$

Wegen Bedingung (2) gilt:
$6 \cdot (abcdef) = defabc$
Damit ergibt sich insgesamt:
$1 \cdot (abcdef) + 6 \cdot (abcdef) = 7 \cdot (abcdef) = 999999$
Und deshalb: $abcdef = 999999 : 7 = 142857$
Also ist die gesuchte sechsstellige Zahl 142857.

Beispiel 2: Der Trick eines Zauberers
(*Kašuba*, 2001, 342)
Ein Zauberer hat hundert Karten, nummeriert von 1 bis 100. Er legt sie in drei Schachteln, eine rote, eine gelbe und eine blaue, so dass jede Schachtel mindestens eine Karte enthält.
Ein Zuschauer wählt (ohne dass der Zauberer dies sehen kann) zwei dieser drei Schachteln aus, nimmt aus jeder der beiden eine Karte heraus und gibt die Summe der Nummern dieser Karten bekannt. Mithilfe dieser Summe kann der Zauberer die Schachtel bestimmen, aus der keine Karte gezogen wurde.
Gib zwei unterschiedliche Verteilungen der Karten in den Schachteln so an, dass dieser Trick immer funktioniert.

Lösung:

1. Verteilung: 1 in die rote Schachtel,

   2 bis 99 in die gelbe Schachtel,

   100 in die blaue Schachtel.

   Ist die Summe 3 bis 100, hat der Zuschauer keine Karte aus der blauen Schachtel gezogen.

   Ist die Summe 101, hat er keine Karte aus der gelben Schachtel gezogen.

   Ist die Summe 102 bis 199, hat er keine Karte aus der roten Schachtel gezogen.

2. Verteilung:

   Rote Schachtel: alle Karten mit Nummern, die bei Division durch 3 den Rest 0 lassen.

   Gelbe Schachtel: alle Karten mit Nummern, die bei Division durch 3 den Rest 1 lassen.

   Blaue Schachtel: alle Karten mit Nummern, die bei Division durch 3 den Rest 2 lassen.

   Ist die Summe eine Zahl mit dem Rest 1 (bei Division durch 3), hat der Zuschauer keine Karte aus der blauen Schachtel gezogen.

   Ist die Summe eine Zahl mit dem Rest 2, hat er keine Karte aus der gelben Schachtel gezogen.

   Ist die Summe eine Zahl mit dem Rest 0, hat er keine Karte aus der roten Schachtel gezogen.

Beispiel 3: Suche nach einer natürlichen Zahl

(*Mathematischer Korrespondenzzirkel Göttingen*, 2005, 15)

Finde die kleinste natürliche Zahl n mit der folgenden Eigenschaft: Streicht man die letzte Ziffer von n und setzt sie vor die erste Ziffer, so entsteht eine Zahl, die viermal so groß ist wie n.

Eine mögliche (kreative) **Lösung:**

Im Dezimalsystem lässt sich n in der folgenden Weise darstellen:

$$n = a_k \cdot 10^k + a_{k-1} \cdot 10^{k-1} + \cdots + a_1 \cdot 10^1 + a_0$$

$$\text{mit } a_k \neq 0.$$

Für die Zahl m, die aus n durch Streichen der letzten Ziffer a_0 und Voranstellen dieser Ziffer entsteht, gilt dann:

$$m = a_0 \cdot 10^k + a_k \cdot 10^{k-1} + \cdots + a_2 \cdot 10^1 + a_1$$

Die Bedingung der Aufgabe lautet:

$$m = 4 \cdot n$$

Wir denken uns die Zahl x als diejenige rationale Zahl, die die Ziffern der gesuchten Zahl n als Periode hat. Also:

$$x = 0, \overline{a_k a_{k-1} \cdots a_1 a_0}$$

Wir berechnen $x + a_0$:

$$x + a_0 = a_0, \overline{a_k a_{k-1} \ldots a_1 a_0}$$

Dividiert man diese Zahl durch 10, so verschiebt sich das Komma um eine Stelle nach links:

$$y = \frac{1}{10}(x + a_0) = 0, a_0 a_k a_{k-1} \ldots a_1 a_0 a_k a_{k-1} \ldots a_1 a_0 \ldots$$

$$= 0, \overline{a_0 a_k a_{k-1} \ldots a_1}$$

Diese Zahl y hat demnach die Ziffern der Zahl $m = 4 \cdot n$ als Periode, so dass nach Bedingung der gestellten Aufgabe $y = 4 \cdot x$ folgt. Also ergibt sich:

$$\frac{1}{10}(x + a_0) = 4 \cdot x$$

$$\Leftrightarrow x = \frac{a_0}{39}$$

Da n nicht mit einer Ziffer 0 beginnen darf, muss die Periode von x auch mit einer von 0 verschiedenen Ziffer beginnen. Die kleinste Möglichkeit hierfür ergibt sich im Fall $a_0 = 4$:

$$x = \frac{4}{39} = 0, \overline{102564}$$

Daraus erhalten wir die Lösung $n = 102564$ (a. a. O., 84 f.).

(Es erfordert einiges an Kreativität, Invarianten zu finden, die bei der Lösung eines Problems helfen; siehe das Invarianz-/Invariantenprinzip bei *Löh et al.*, 2016, 30 ff.)

8.8   Selbstständiges Erweitern und Variieren von Aufgaben

8.8.1   Ein Beispiel sowie Strategien des Erweiterns und Variierens von Aufgaben

Um zu beschreiben, worum es geht, greifen wir eine Aufgabe auf, die Sie bereits in diesem Buch kennen gelernt haben, und zwar beim Thema „Beweisen" (siehe 8.4.4). Die Formulierung dieser Aufgabe wird lediglich ein klein wenig abgeändert (siehe *Schupp*, 2002, 1).

> Addiere drei aufeinander folgende natürliche Zahlen.
> Was fällt dir auf?

(Wir wissen bereits, dass die entstehende Summe keine Primzahl sein kann, da sie stets durch 3 (und den mittleren Summanden) teilbar ist.)
Welche Möglichkeiten der Variation des Aufgabentextes gibt es (a. a. O., 1 ff. und 23)?

Zunächst ist es möglich, die Addition durch eine andere Verknüpfung zu ersetzen, z. B. durch die Multiplikation. Das nächste Wort („drei") lässt sich ändern durch: zwei, vier, fünf, …, n (andere Anzahl, bei n würden wir nicht von einer Variation, sondern von einer Erweiterung oder Verallgemeinerung sprechen). Die Bedingung „aufeinander folgende" lässt sich z. B. ersetzen durch: im Abstand 2, 3, …; gleichabständig; identisch; zufällig gewählte (andere Bedingung). Und schließlich lassen sich statt der natürlichen Zahlen z. B. wählen: gerade Zahlen, ungerade Zahlen, Quadratzahlen.

Wenden wir uns möglichen Variationen zu:

a) Addiere *zwei* aufeinander folgende natürliche Zahlen. Was …?
   (Die Summe ist immer ungerade, also nicht durch 2 teilbar.)
   Addiere *vier* aufeinander folgende natürliche Zahlen. …
   (Die Summe ist immer durch 2, aber niemals durch 4 teilbar.)
   Addiere *fünf* aufeinander folgende natürliche Zahlen.
   (Die Summe ist immer durch 5 und den mittleren Summanden teilbar.)
   Die gewählte Strategie kann man **geringfügiges Ändern** oder **„Wackeln"** (hier der Summandenzahl) nennen. „Diese nahe liegende […] Strategie ist bestens geeignet, aufgabeninterne Qualitäten und Abhängigkeiten explizit zu machen." (*Schupp,* 2002, 32)
b) Addiere *ungerade viele* aufeinander folgende natürliche Zahlen.
   (Die Summe ist immer durch die Anzahl der Summanden und durch den mittleren Summanden teilbar.)
   Addiere *gerade viele* aufeinander folgende natürliche Zahlen.
   (Die Summe ist gerade, wenn die Anzahl der Summanden durch 4 teilbar ist, sonst ungerade.)
   Addiere n aufeinander folgende natürliche Zahlen. (Hierzu ist keine allumfassende Teilbarkeitsaussage möglich, sondern nur eine Fallunterscheidung gemäß den beiden eben gemachten Aussagen.)
   Bezüglich der Anzahl der Summanden liegt eine **Verallgemeinerung** vor.
   Es handelt sich hierbei um eine der wichtigsten mathematischen Forschungsmethoden („Be wise, generalize!").

c) *Stelle* eine durch 3 teilbare natürliche Zahl als Summe dreier aufeinander folgender natürlicher Zahlen *dar.*

$(3n = (n-1) + n + (n+1))$

Strategie: **Umkehren** (hier der Denkrichtung)

d) Addiere drei aufeinander folgende *gerade* Zahlen.

$((2n-2) + 2n + (2n+2) = 6n.$ Die Summe ist durch 6 teilbar.)

Strategie: **Spezialisieren** (hier des Zahlentyps)

e) Addiere drei *gleichabständige* natürliche Zahlen.

$((n-d) + n + (n+d) = 3n.$ Die Summe ist (immer noch) durch 3 teilbar.)

Zusätzlich: Änderung der Anzahl der Summanden wie bei a).

Strategie: **Verallgemeinerung** (hier der Bedingung)

f) Addiere drei aufeinander folgende *Quadratzahlen.*

(Die Summe lässt bei Division durch 3 stets den Rest 2.)

Strategie: **Bedingung abändern** (hier des Zahlentyps)

g) *Multipliziere* drei aufeinander folgende natürliche Zahlen.

(Das Produkt ist immer durch 6 teilbar, da einer der Faktoren durch 3 teilbar ist und (mindestens) einer durch 2.)

Zusätzlich: Änderung der Anzahl der Faktoren

Strategie: **Analogisieren** (hier der Verknüpfung)

Weitere Vorschläge für Änderungen dieser Aufgabe, die mit Schülerinnen und Schülern der Sekundarstufe I realisiert werden können, findet man bei *Schupp* (2002). Dort sind auch weitere Strategien des Erweiterns und Variierens von Aufgaben beschrieben, z. B.:

- **Lücken beheben** („dicht machen");
- **in Beziehung setzen** („vergleichen"), Beispiel: Vergleich der Eigenschaften von Summe und Produkt bei der obigen Aufgabe;
- **umorientieren** („Ziel ändern"), Beispiel: in einer Sachaufgabe (z. B. bei einem Kauf) den Standpunkt eines anderen Beteiligten einnehmen (Käufer ⟷ Verkäufer);
- **Kontext ändern** („Rahmen wechseln"), Beispiel: Gleichung ⟷ Textaufgabe;
- **iterieren** („weitermachen"), Beispiel: konkrete Rechnung → mit Resultat entsprechend weiterrechnen;
- **anders bewerten** („interessant machen"), Beispiel: Wie viele Teiler hat 100? → Welches ist die kleinste natürliche Zahl, die so viele Teiler hat?
- **Frage anschließen** („nachfragen");
- **kritisieren** („verbessern"); Beispiel: Verändern einer Schulbuchaufgabe mit sächlichen oder sprachlichen Mängeln;
- **Variation variieren** („ausweiten");
- **Schwierigkeitsgrad abändern** („schwerer oder leichter machen");
- **einen Umweltbezug herstellen** („anwenden").

Außerdem bietet es sich an, die **Repräsentationsebene** zu **wechseln**.

Warum sollten das Erweitern und das Variieren von Aufgaben in den Förderprozess einbezogen werden?

Aus unserer Sicht gibt es dafür eine Reihe von Gründen (siehe auch a. a. O., 12 ff.):

- Die Kinder und Jugendlichen werden zum Fragen (oder zumindest zum Nachfragen) angeregt.
- Durch einfache Variationen einer gelösten Aufgabe können die Kinder und Jugendlichen zu schwierigen, sie herausfordernden Problemen gelangen.
- Mathematik wird als lebendiger Prozess erlebt.
- Das Erweitern und das Variieren von Aufgaben fördern vernetztes Denken, es schafft Verbindungen zu früherem, anderem und späterem Wissen.
- Sie können neue Denkanstöße beim Suchen nach Lösungen des Ausgangsproblems liefern.
- Sie machen den neuen Sachverhalt und seine Bedeutung erst wirklich bzw. in seiner vollen Tiefe einsichtig.
- Sie steigern Motivation und Interesse (zur Lösung eigener Fragen ist man mehr motiviert als zur Lösung von Fragen anderer, die die Antworten schon kennen).
- Sie stärken die Selbstkompetenz des Kindes bzw. Jugendlichen.

8.8.2 Weitere Beispiele

Beispiel 1: Zerlegung von 100
(*Bardy* und *Hrzán*, 2010, 24)
Zerlege die Zahl 100 so in zwei Summanden, dass Folgendes gilt: Dividiert man den ersten Summanden durch 5, so bleibt der Rest 2. Dividiert man den zweiten Summanden durch 7, so bleibt der Rest 4. Gib alle Lösungen an.

Lösung:
Die Lösungen sind:

$$12 + 88 = 100$$
$$47 + 53 = 100$$
$$82 + 18 = 100$$

Kommentar: Man findet alle Lösungen, indem man z. B. alle als erster Summand (von 2 bis 92) in Frage kommenden Zahlen (2, 7, 12, 17 usw.) durchgeht, von 96 subtrahiert (siehe den Rest 4 beim zweiten Summanden) und überprüft, ob das Ergebnis durch 7 teilbar ist.

Variationsmöglichkeiten

1. Die Zahl 100 wird geändert.
2. Die Anzahl der Summanden wird verändert, z. B. werden statt zwei drei Summanden genommen; dann muss natürlich noch eine weitere Bedingung ergänzt werden.
3. Statt „Summanden" werden „Faktoren" genommen. Das Problem ist dann nicht lösbar. Ersetze 100 so, dass dieses Problem eine Lösung/mehrere Lösungen besitzt.
4. Eine der beiden Bedingungen oder beide werden variiert. Beispiel:
   Zerlege 100 so in zwei Summanden, dass der Rest 3 bleibt, wenn man den ersten Summanden durch 7 dividiert, und der Rest 5, wenn man den zweiten Summanden durch 11 dividiert.
   Die einzige Lösung ist: $73 + 27 = 100$
5. Kombinationen von (1) bis (4).

Beispiel 2: Einerziffer 7

(*Schupp*, 1999)

a) Eine sechsstellige Zahl hat die Einerziffer 7. Wenn man diese Einerziffer streicht und den anderen Ziffern voranstellt, entsteht eine neue natürliche Zahl, die das Vierfache der alten ist. Um welche Zahlen handelt es sich?

b) Ändere die Problemstellung in a) in geeigneter Weise ab und löse deine selbst gestellte Aufgabe.

Bei der arithmetisch-iterativen **Lösung** zu a) wird fortlaufend multipliziert:

$4 \cdot 7 = 28$; notiere 8, merke 2; $4 \cdot 8 = 32$, $32 + 2 = 34$, notiere 4, merke 3 usw.

$$7 \;\boxed{1}\,\boxed{7}\;\boxed{9}\;\boxed{4}\;\boxed{8}\;\diagup\!\!\!7 \cdot 4$$
$$\leftarrow$$

So erkennt man, dass es sich um die Zahlen 179487 und 717948 handelt.

Folgende **Variationen** zur Lösung von Teilaufgabe b) sind denkbar:

1. andere letzte Ziffern, z. B. (0 sei als erste Ziffer zugelassen)

$$\frac{07692\boxed{3}\;\cdot 4}{307692}$$

2. andere Multiplikatoren und andere Stellenzahl, z. B.

$$\frac{0886075949367 \cdot \;\boxed{8}}{7088607594936}$$

3. andere Stellenzahl des Schlusses, z. B.

$$2080200501253132\boxed{83} \cdot 4 =$$

$$\boxed{83}\,2080200501253132$$

4. andere Umstellungsrichtung, z. B.

$$\boxed{1}42857 \cdot 3 = 42857\boxed{1}$$

8.9 Förderung des Raumvorstellungsvermögens

8.9.1 Raumvorstellung, ihre Entwicklung und Beispiele zur Förderung ihrer Komponenten

Da wir in einer dreidimensionalen Welt leben, müssen wir uns ständig mit dieser unserer räumlichen Umgebung auseinandersetzen. Um uns in dieser Umwelt sicher bewegen zu können, brauchen wir Kenntnisse über und Erfahrungen mit räumliche(n) Verhältnisse(n) und Anordnungen. „Ein Zurechtfinden gelingt aber nur, wenn wir eine entsprechende Vorstellung von den räumlichen Gegebenheiten haben und Bewegungsvorgänge vor der Ausführung in Gedanken vollziehen können." (*Wölpert,* 1983, 7) Diese Kenntnisse, Erfahrungen und Fähigkeiten werden üblicherweise unter einem der Begriffe „Raumvorstellung", „Raumanschauung" oder (sprachlich unschön) „räumliches Vorstellungsvermögen" zusammengefasst.

> „*Raumvorstellung* kann umschrieben werden als die *Fähigkeit, in der Vorstellung räumlich zu sehen und räumlich zu denken.* Sie geht über die *räumliche Wahrnehmung* durch die Sinne hinaus, indem sie nicht nur ein Registrieren der Sinneseindrücke, sondern ihre gedankliche Verarbeitung voraussetzt. So entstehen Bilder der wirklichen Gegenstände in unserer Vorstellung, die auch ohne das Vorhandensein der realen Objekte verfügbar werden. Raumvorstellung beschränkt sich dabei nicht darauf, solche Bilder im Gedächtnis zu speichern und bei Bedarf abzurufen. Dazu kommen muß die Fähigkeit, mit diesen Bildern aktiv umzugehen, sie gedanklich umzuordnen und neue Bilder aus vorhandenen vorstellungsmäßig zu entwickeln. Neben Gedächtnisfunktionen spielen also auch Einbildungskraft und Kreativität bei der Raumvorstellung eine Rolle." (a. a. O., 9)

Nicht nur in der Mathematik (hier vor allem in der Geometrie) benötigt man eine gut ausgeprägte Raumvorstellung. In vielen Berufen ist sie eine wichtige Voraussetzung: bei Piloten, bei Architekten und Bauingenieuren, bei künstlerischen Berufen (Malern, Bildhauern, Designern), bei Medizinern (Chirurgen, Neurologen, …), bei technischen Berufen (Ingenieuren, Konstrukteuren, Modellbauern, Automechanikern, Elektrikern, …), bei naturwissenschaftlichen Berufen (Physikern, Chemikern, Biologen, …) usw.

„Mit zunehmendem Alter wird die Raumvorstellung von der Raumwahrnehmung weniger abhängig, und der vorstellungsmäßige Umgang mit räumlichen Objekten und Beziehungen zwischen ihnen gelingt immer besser. Dieser Abstraktionsprozeß gelangt beim Erwachsenen schließlich zu einer Art ‚Sättigung‘." (a. a. O., 11) Nach *Bloom* (1971) „sind bis zum 9./10. Lebensjahr rund 50 % und bis zum 12.–14. Lebensjahr rund 80 % der Raumvorstellungsfähigkeit (gemessen an den Leistungen von Erwachsenen) entwickelt" (zit. nach *Rost,* 1977, 47). Die Kurve der Raumvorstellung weist im Vergleich zu den Entwicklungskurven anderer Primärfaktoren der Intelligenz zwischen 7 und 13 Jahren einen relativ steilen Anstieg auf (siehe Abb. 8.31).

Berlinger (2015, 369) konnte in ihrer quantitativen Hauptuntersuchung (62 mathematisch begabte Dritt- und Viertklässler, 111 „Vergleichskinder") mithilfe von zehn sog. „Raumvorstellungsindikatoraufgaben" zeigen, „dass die mathematisch begabten Kinder signifikant besseres räumliches Vorstellungsvermögen haben als die Vergleichskinder, wobei der Teilkomponente ‚räumliche Wahrnehmung‘ keine und der Teilkomponente ‚räumliche Beziehungen‘ eine besondere Bedeutung zukommt". In unseren eigenen Förderprojekten haben wir 8- bis 10-jährige Kinder erlebt, die vielen Erwachsenen im Bereich der Raumvorstellung weit überlegen waren, insbesondere was die Schnelligkeit des Erfassens räumlicher Strukturen und Beziehungen betrifft. Diese Kinder haben keinen allzu großen Förderbedarf mehr im Bereich Raumvorstellung. Wenn ein Kind alle in diesem Abschn. 8.9 vorgestellten Aufgaben vollständig richtig löst, dürfte es zu dieser Gruppe gehören und sollte eher in anderen Bereichen der Mathematik gefördert werden. Andererseits sind wir auch Kindern mit beachtlichen mathematischen Fähigkeiten begegnet, deren Raumvorstellung vergleichsweise gering entwickelt war. Mit diesen sollten natürlich entsprechende Fördermaßnahmen durchgeführt werden. Denn viele Untersuchungen zeigen, dass die Fähigkeit der Raumvorstellung gefördert werden kann (vgl. z. B. *Rost,* 1977, 101 ff.). „Allerdings ist es fraglich, ob durch ein zeitlich begrenztes Training mehr erreicht werden kann als ein

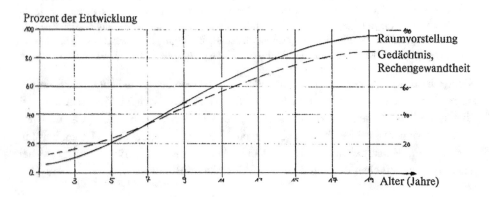

Abb. 8.31 Entwicklung der Raumvorstellung (nach *Wölpert,* 1983, 11)

kurzfristiger Erfolg. Nachhaltige Effekte sind nur zu erwarten, wenn die Förderung über einen längeren Zeitraum […] erfolgt." (*Wölpert,* 1983, 12)

Berlinger (2015, 239) bemerkt: „Die breite Streuung der Ergebnisse [bei den mathematisch begabten Kindern, die Autoren] und das vereinzelte Vorkommen von mathematisch begabten Kindern mit einem sehr schlechten räumlichen Vorstellungsvermögen zeigen, dass es sich beim räumlichen Vorstellungsvermögen um ein mathematikspezifisches Begabungsmerkmal [im Sinne von *Käpnick,* 1998; die Autoren], welches stark typ-differenzierend ist, handeln könnte."

Das Komponenten-Modell der Raumvorstellung von *Besuden* haben Sie bereits in Abschn. 3.3 kennen gelernt. Hier werden wir nun noch ein anderes Modell vorstellen (zu weiteren siehe *Franke* (2000) und *Merschmeyer-Brüwer,* 2003), welches auf *Thurstones* Drei-Faktoren-Hypothese und dem Modell von *Linn* und *Petersen* (1985) beruht: das Modell von *Maier.*

Maier (1999, 51) bezieht die folgenden fünf Komponenten in sein Modell der Raumvorstellung ein (siehe auch Abb. 8.32):

• räumliche Wahrnehmung,
• Veranschaulichung oder räumliche Visualisierung,
• Vorstellungsfähigkeit von Rotationen,
• räumliche Beziehungen,
• räumliche Orientierung.

Dieses Modell von *Maier* ist differenzierter als das Modell von *Besuden* und ermöglicht deshalb, die Wirkungsweise der folgenden Beispiele im Hinblick auf die Förderung der jeweiligen Komponente der Raumvorstellung plausibler werden zu lassen.

In Abb. 8.32 steht das Kürzel K beim „Faktor K" für „kinesthetic imagery". Bei *Thurstone* (1950) ist „kinesthetic imagery" kein eigenständiger Faktor, sondern dort im Faktor „räumliche Beziehungen" enthalten. Warum *Maier* (1999, 52) darauf hinweist, dass in seinem Modell „kinesthetic imagery" in Übereinstimmung mit *Guilford* (1965) unter der Teilkomponente „räumliche Orientierung" subsumiert wird, K aber dennoch explizit in die grafische Präsentation aufgenommen wird, ist nicht verständlich. Da der „Faktor K" lediglich die Unterscheidung von links und rechts sowie die Identifikation von Saggitalebenen[9] beinhaltet (siehe *Maier,* 1999, 52), gehen wir im Folgenden darauf nicht näher ein.

---

[9]In der Anatomie ist eine Sagittalebene eine sich von oben nach unten und von hinten nach vorne erstreckende Ebene, in der geometrischen Optik eine Hilfsebene zur Berechnung und Beurteilung der Eigenschaften eines abbildenden Systems.

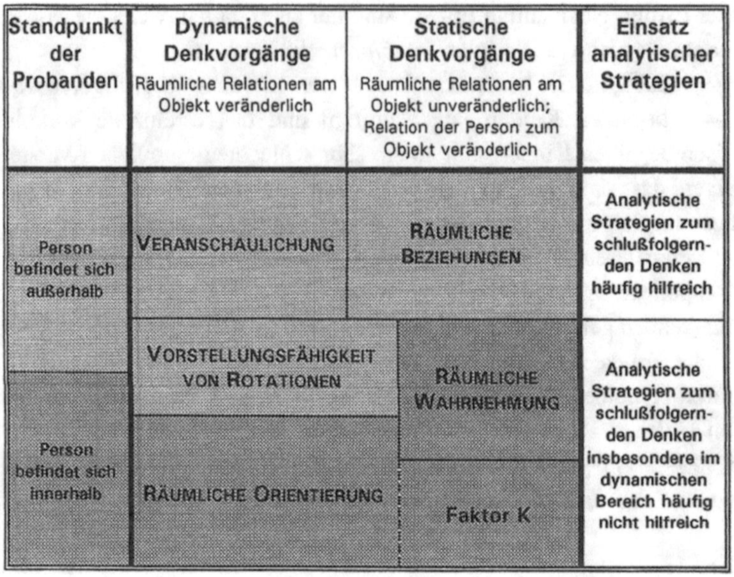

Standpunkt der Probanden	Dynamische Denkvorgänge Räumliche Relationen am Objekt veränderlich	Statische Denkvorgänge Räumliche Relationen am Objekt unveränderlich; Relation der Person zum Objekt veränderlich	Einsatz analytischer Strategien
Person befindet sich außerhalb	VERANSCHAULICHUNG	RÄUMLICHE BEZIEHUNGEN	Analytische Strategien zum schlußfolgern-den Denken häufig hilfreich
Person befindet sich innerhalb	VORSTELLUNGSFÄHIGKEIT VON ROTATIONEN	RÄUMLICHE WAHRNEHMUNG	Analytische Strategien zum schlußfolgern-den Denken insbesondere im dynamischen Bereich häufig nicht hilfreich
	RÄUMLICHE ORIENTIERUNG	Faktor K	

Abb. 8.32 Komponenten der Raumvorstellung nach *Maier* (1999, 71)

Im Modell von *Maier* sind die Komponenten „Veranschaulichung", „räumliche Beziehungen" und „räumliche Orientierung" flächenmäßig größer dargestellt als die Komponenten „Vorstellungsfähigkeit von Rotationen" und „räumliche Wahrnehmung". Damit soll die Wichtigkeit der zuerst genannten drei Komponenten sowohl für den Mathematikunterricht als auch für den privaten und den beruflichen Bereich heraus-gestellt werden. Außerdem wurden diejenigen Komponenten hellgrau unterlegt, bei denen die vorgesehene Aufgabenbearbeitung „sich durch den Standpunkt der Person außerhalb der Aufgabe auszeichnet, während Aufgaben zu den dunkelgrau unterlegten Faktoren eher dadurch gelöst werden, dass sich die Person in die Aufgabe hineinver-setzt" (*Berlinger*, 2015, 110).

Maier (1999, 55 f.) betont, dass zwischen den fünf Komponenten seines Modells der Raumvorstellung wechselseitige Beziehungen und Abhängigkeiten bestehen, diese Komponenten faktorenanalytisch also nicht strikt getrennt sind.

Im Folgenden werden die einzelnen Komponenten kurz erläutert und zu jeder Komponente zwei typische Beispielaufgaben präsentiert. Die idealtypische Zuordnung dieser Aufgaben zu den jeweiligen Komponenten bedeutet natürlich nicht, dass die Vor-gehensweise des Bearbeiters in jedem Fall dieser Zuordnung entsprechen muss bzw. die Bearbeitungsstrategie gemäß dieser Zuordnung bereits festgelegt ist. Vor allem bei anspruchsvollen Aufgaben „kommen ,Ergänzungs-' und ,Ausweichstrategien' zum Ein-satz, die weniger hohe Ansprüche an räumlich-visuelle Qualifikationen stellen und somit oftmals eine erfolgreichere Bearbeitung ermöglichen" (a. a. O., 69). Zu diesen Strategien zählt *Maier* (a. a. O.):

- die Anwendung analytischer Strategien durch den Einsatz schlussfolgernden Denkens;
- Aufgaben zu besonders anspruchsvollen Komponenten der Raumvorstellung (Vorstellungsfähigkeit von Rotationen, räumliche Orientierung) mit einfacheren Methoden (z. B. zu räumlichen Beziehungen) zu bearbeiten;
- dreidimensionale Problemstellungen auf den zweidimensionalen Bereich zurückzuführen;
- „Teilmethoden" (nur mit einem Teil der Figuren wird operiert) gegenüber „Ganzmethoden" (die Figuren werden als Einheit angesehen) vorzuziehen.

Räumliche Wahrnehmung

Die richtige Lösung von Aufgaben zur räumlichen Wahrnehmung erfordert nach *Linn* und *Petersen* (1985, 1482) die Bestimmung räumlicher Beziehungen bei Beachtung der Orientierung des eigenen Körpers. *Maier* (1999, 45) erläutert, dass die Komponente „räumliche Wahrnehmung" der Raumvorstellung die Fähigkeit zur Identifikation der Horizontalen und der Vertikalen „charakterisiert" (siehe die Abb. 8.33 und 8.34).

Beispiel 1: Gekippte Wasserbehälter (siehe Abb. 8.33)

Beispiel 2: Abgeschnittene Würfelecke (siehe Abb. 8.34)

Veranschaulichung oder räumliche Visualisierung

Bei Veranschaulichungsprozessen oder Prozessen der räumlichen Visualisierung handelt es sich um die gedankliche Vorstellung von Verschiebungen, Drehungen und Faltungen. Solche Prozesse unterscheiden sich von denen des Erkennens räumlicher Beziehungen und Strukturen durch dynamisches Bewegen von Teilen innerhalb einer Konfiguration.

Beispiel 3: Würfelnetz
Nur einer der fünf dargestellten Würfel passt zum Netz (siehe Abb. 8.35). Welcher Würfel ist es?

Beispiel 4: „Wanderung" eines Würfels
Bei einem Spielwürfel ist die Summe der Augenzahlen auf einander gegenüberliegenden Flächen stets 7, d. h., der 6 gegenüber liegt die 1, der 5 die 2 und der 4 die 3.

a) Du siehst hier Bilder von verschiedenen, gekippten Wasserbehältern.
   Kreuze jeweils an, ob die Bilder den Wasserstand korrekt zeigen oder nicht.

korrekt ◯

nicht korrekt ◯

korrekt ◯

nicht korrekt ◯

korrekt ◯

nicht korrekt ◯

korrekt ◯

nicht korrekt ◯

b) Lena gießt Wasser aus einem Glas in eine (durchsichtige) Schüssel.
   Ergänze in beiden Gefäßen einen möglichen Wasserstand mit einer Linie.

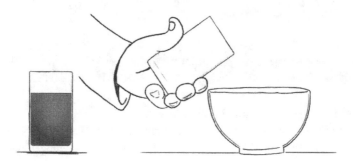

Abb. 8.33 Gekippte Wasserbehälter (Raumvorstellungsindikatoraufgabe Nr. 1 von *Berlinger*, 2015, 431)

Bei dem abgebildeten Würfel ist eine Ecke abgeschnitten worden.
Welches der Netze passt zu diesem Würfel mit der fehlenden Ecke?

A   B   C   D   E

Abb. 8.34 Netze erkennen (*Reichel* und *Humenberger*, 2008, 258)

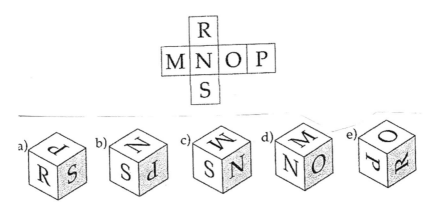

Abb. 8.35 Würfelnetz (*Känguru-Wettbewerb*, 1999, Lösung: e))

Ein Spielwürfel ist auf einem Spielfeld abgelegt, wie in Abb. 8.36 dargestellt. Er wird in Pfeilrichtung – jeweils über eine Kante – über das Spielfeld abgerollt. Wie viele Punkte sind auf der oberen Würfelfläche zu sehen, wenn der Würfel in dem Feld mit dem * liegt?
a) 5, b) 1, c) 4, d) 3, e) eine der beiden anderen Möglichkeiten.
(*Känguru-Wettbewerb*, 2001, Lösung: a))

(Dieses Beispiel kann auch der nächsten Komponente zugeordnet werden.)

Vorstellungsfähigkeit von Rotationen
Die Komponente „Vorstellungsfähigkeit von Rotationen" ist die Fähigkeit, „sich schnell und exakt **Rotationen von 2- oder 3-dimensionalen Objekten** vorzustellen" (*Maier*, 1999, 47).

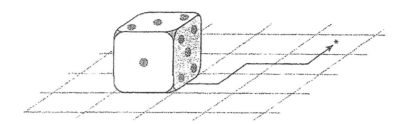

Abb. 8.36 „Wanderung" eines Würfels

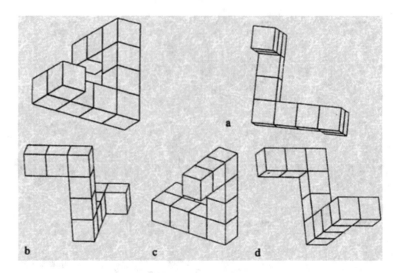

Abb. 8.37 Rotation von Würfelfiguren (*Roth,* 2004, 4.18)

Beispiel 5: Rotation von Würfelfiguren
Welche der vier Figuren (a bis d) stimmen mit der oben links überein (siehe Abb. 8.37)?

Beispiel 6: Figuren rotieren lassen (siehe Abb. 8.38)

Zu dieser Aufgabe in Abb. 8.38 (bezogen auf jede Teilaufgabe) bemerkt *Berlinger* (2015, 207):

> „Einerseits können die Kinder zur Lösung kommen, indem sie eines der beiden Würfel-gebäude rotieren, bis es mit dem zweiten zur Deckung kommt. Dabei kann das gesamte Würfelgebäude (holistisches Vorgehen), aber auch einzelne Teile iterativ (analytisches Vorgehen) rotiert werden. Andererseits kann die Rotation in der Vorstellung aber auch vermieden werden, indem sich an anderen Lösungshinweisen orientiert wird, wie z. B. der Entfernung zu anderen Ecken. Auch wenn die zweite beschriebene Strategie wesent-lich geringere Anforderungen an das räumliche Vorstellungsvermögen stellt, wird dieses dennoch beansprucht."

Räumliche Beziehungen
Bei den Vorstellungsprozessen zum Erkennen räumlicher Beziehungen und Strukturen sollen räumliche Konfigurationen von Objekten oder Teilen davon und ihre Beziehungen untereinander richtig erfasst werden (siehe die Abb. 8.39 und 8.40).

Du siehst hier zunächst eine Figur, deren Ecken mit Buchstaben beschriftet sind. Auf dem Bild daneben siehst du die gleiche Figur in einer anderen Position. Welche Buchstaben gehören an die beiden Ecken? Schreibe den jeweiligen Buchstaben in den Kreis.

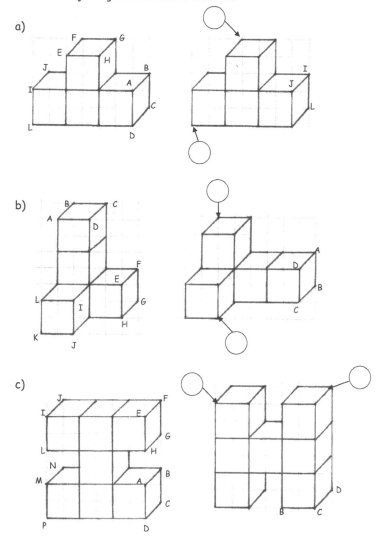

Abb. 8.38 Figuren rotieren lassen (Raumvorstellungsindikatoraufgabe Nr. 4 von *Berlinger*, 2015, 437)

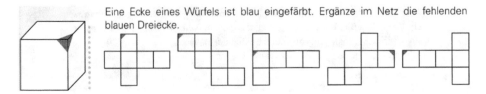

Abb. 8.39   Schrägriss und Netzdarstellung (*Kraker et al.,* 2013, 143)

Denkvorgänge zu räumlichen Beziehungen sind eher statischer Natur, da dabei räumliche Beziehungen zwischen selbst unbewegten Gegenständen erkannt werden sollen. „Dennoch werden zur Lösung der Aufgabe die Konfigurationen häufig mental bewegt, was wiederum ein dynamischer Vorgang ist. Die Objekte selbst jedoch bleiben starr und formfest; d. h. sie werden als Ganzes bewegt." (*Maier,* 1999, 38)

Beispiel 7: Netzdarstellungen von Würfeln (siehe Abb. 8.39)

Beispiel 8: Würfel mit verschieden gemusterten Flächen (siehe Abb. 8.40)

Räumliche Orientierung

Typische Beispiele zur Förderung von Prozessen räumlicher Orientierung sind Aufgaben, in denen Zuordnungen von Ansichten gegebener Objekte zu Standorten bezüglich der Objektanordnung gefordert werden (siehe die Abb. 8.41 und 8.42).

„Räumliche Orientierungsprozesse sind […] – im Vergleich zum Erkennen räumlicher Beziehungen – durch die Einbeziehung eines angenommenen Betrachters in eine vorgegebene Gesamtkonfiguration gekennzeichnet. Sie verlangen vom Betrachter die richtige Einordnung der eigenen Person in einen vorgegebenen räumlichen Bezugsrahmen." (*Merschmeyer-Brüwer,* 2003, 9)

Beispiel 9: Wechsel der Perspektive (siehe Abb. 8.41)

Beispiel 10: Verschiedene Perspektiven (siehe Abb. 8.42)
Zeichne die Ansichten von vorn, von rechts und von oben. Unterscheide dabei auch weiße und graue Quadrate.

In dieser Aufgabe geht es um Würfel, die jeweils <u>sechs verschieden gemusterte</u>
<u>Flächen</u> haben. Du siehst bei jeder Aufgabe einen Würfel, der vorgegeben ist.
Entscheide jeweils, ob die Würfel daneben den links abgebildeten Würfel in ver-
änderter Lage darstellen könnten oder nicht.

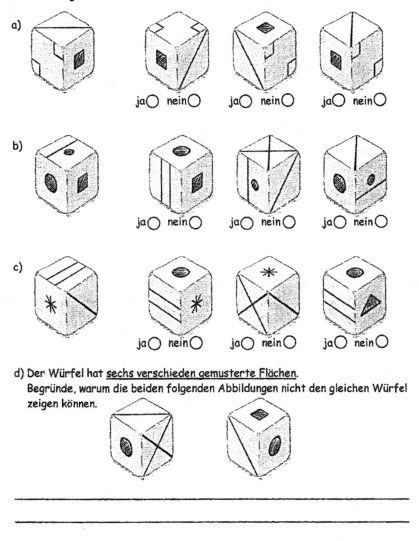

Abb. 8.40 Würfel mit verschieden gemusterten Flächen (Raumvorstellungsindikatoraufgabe Nr.
8 von *Berlinger*, 2015, 443)

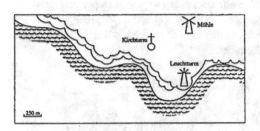

Beispiel:
Ein Urlauber ist mit dem Boot von Westen kommend die Küste entlanggefahren. In welcher Reihenfolge hat er die sechs Fotos aufgenommen?

Abb. 8.41 Perspektivenwechsel auf einem Boot (*Roth*, 2004, 4.20)

8.9.2 Weitere Beispiele

Beispiel 11: Vervollständigung zu einem Würfel

Welcher der Körper b), c) oder d) lässt sich so in Körper a) einbauen, dass ein (von außen betrachtet) vollständiger Würfel entsteht (siehe Abb. 8.43)? Im Innern darf ein Loch bleiben.

Gib an, wie viele kleine Würfel in das Loch passen. Begründe bei den beiden Körpern, für die der Einbau im geforderten Sinne nicht möglich ist, woran dies liegt.

Lösung: Der Körper c) lässt sich so in den Körper a) einbauen, dass dieser (von außen betrachtet) einen vollständigen Würfel ergibt. Im Innern bleibt dann ein Loch, in das zwei kleine Würfel passen.

Beim Körper b) stört der kleine Würfel rechts unten. Körper d) eignet sich nicht dazu, Körper a) oben zu schließen.

Beispiel 12: Körpernetz

Zeichne ein Netz des in Abb. 8.44 dargestellten Körpers (Maße in cm).

Kommentar: Die Kinder müssen sich bei dieser Aufgabe überlegen, an welchen Kanten der Körper aufgeschnitten werden kann, so dass ein Netz entstehen kann.

Bei einer Fläche des Körpers (Rechteck, Abschrägung) ist eine Seitenlänge nicht explizit gegeben. Deshalb ist bei einer maßgerechten Darstellung des Netzes darauf

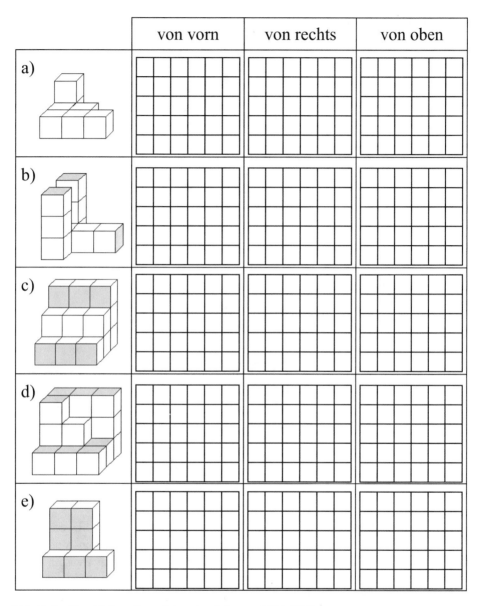

Abb. 8.42   Verschiedene Perspektiven (nach *Lorenz,* 2006, 77.1)

zu achten, dass entweder das Aufschneiden des Körpers so erfolgt, dass bei der
Abwicklung sich das Maß der betreffenden Seite ergibt, oder das fehlende Maß ist von
den betreffenden Seitenflächen des Körpers zu übertragen (Zirkel oder Messen mit dem
Lineal).

Abb. 8.43 Vervollständigung
zu einem Würfel (*Bardy* und
Hrzán, 2010, 50)

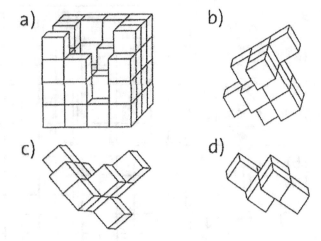

Abb. 8.44 Körpernetz (*Bardy*
und *Hrzán*, 2010, 43)

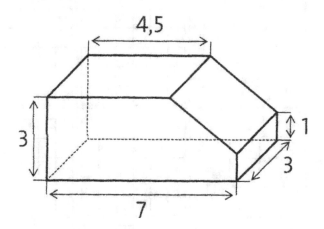

Weitere 26 Aufgaben zur Förderung der Raumvorstellung finden Sie bei *Bardy*
und *Hrzán* (2010). Dort werden zunächst ebene Probleme gestellt, dann welche, die
die Ebene und den Raum verbinden, und schließlich solche, die sich ganz im Raum
abspielen.

Kopiervorlagen zu anspruchsvollen „kopfgeometrischen"[10] Aufgaben" insbesondere
für Schülerinnen und Schüler der Jahrgangsstufen 5 und 6 finden Sie bei *Fritzlar et al.*
(2006, 126 ff.). Anregungen zu weiteren anspruchsvollen Problemstellungen im Rahmen
der Förderung der Raumvorstellung können Sie dem Aufsatz von *Wölpert* (1983) entnehmen (siehe dort insbesondere S. 36 f.: „Spiegelungen und Drehungen des Würfels").

---

[10]Zum Begriff und zur Bedeutung der „Kopfgeometrie" siehe z. B. *Weber* (2010).

8.10   Zur Förderung algebraischen Denkens

The most important operation of the mind is that of generalization.
C. S. Peirce, „Collected Papers" 1.82

8.10.1 Was ist algebraisches Denken?

Wir wollen hier Algebra so auffassen, wie sie bereits von *Leonard Euler* 1770 in seiner „Vollständigen Anleitung zur Algebra" beschrieben wurde:

> „Die Haupt-Absicht der Algebra [...] ist dahin gerichtet, daß man den Wert solcher Größen, die bisher unbekannt gewesen, bestimmen möge, welches aus genauer Erwägung der Bedingungen, welche dabei vorgeschrieben und durch bekannte Größen ausgedrückt werden, geschehen muss. Daher die Algebra auch also beschrieben wird, daß darinnen gezeigt werde, wie man aus bekannten Größen unbekannte ausfindig machen könne." (zit. nach *Tropfke*, 1980, 359)

Für den Algebraunterricht in der Sekundarstufe I dürfte diese Sichtweise auch heute noch maßgebend sein.

Im Kapitel „Die Entwicklung der Algebra" des Buches „Elemente der Mathematikgeschichte" von *Bourbaki* ist zu lesen (*Bourbaki,* 1971, 71):

> „Früher hatten Methoden und Ergebnisse ihren Schwerpunkt um das zentrale Problem der Auflösung algebraischer Gleichungen (oder diophantischer Gleichungen in der Zahlentheorie) herum: *,Die Algebra‘*, sagt Serret in der Einleitung zu seinem *Cours d' Algèbre supérieure* [...], *,ist genau genommen die Analysis der Gleichungen‘*. Wenn auch die algebraischen Abhandlungen noch lange Zeit der Gleichungstheorie den Vorrang einräumen, so sind doch seit 1850 die neuen Forschungen nicht mehr von der Sorge nach unmittelbaren Anwendungen auf die Lösung numerischer Gleichungen beherrscht, und sie wenden sich mehr und mehr dem zu, was wir heute als wesentliches Problem der Algebra ansehen, nämlich dem Studium der algebraischen Strukturen um ihrer selbst willen."

Um diese „Algebra" – die sog. „Struktur-Algebra" oder „abstrakte Algebra" (z. B. Gruppen-, Ring- oder Körpertheorie) – geht es hier nicht, sondern um die heute sog. „Schul-Algebra" bzw. „elementare Algebra".

In diesem Sinne ist Algebra „verallgemeinerte Arithmetik", „Umgang mit Symbolen" und auch „eine Weise, Beziehungen zwischen Zahlen bzw. Größen darzustellen und zu manipulieren" (*Hefendehl-Hebeker,* 2007, 150).

Was verstehen wir nun bei der hier vorgenommenen Umschreibung des Teilgebiets „Algebra" der Mathematik unter „algebraischem Denken"?

Zunächst ist die folgende Aussage von *Charbonneau* (1996) anzuerkennen: „It is difficult to characterize algebraic thinking." (zit. nach *Hefendehl-Hebeker,* 2007, 149) Die Grundsatzfrage besteht darin, ob der Begriff „algebraisches Denken" auf die Verwendung der Symbolsprache der Algebra eingeschränkt oder dieser Begriff weiter gefasst werden sollte. Die Schwierigkeit einer präzisen Definition algebraischen Denkens begründet *Radford* (2006, 3) so:

> „And if we still do not have a sharp and concise definition of algebraic thinking, it may very well be because of the broad scope of algebraic objects (e. g. equations, functions, patterns,…) and processes (inverting, simplifying,…) as well the various possible ways of conceiving thinking in general."

Radford (a. a. O.) betrachtet algebraisches Denken unter semiotischer Perspektive, der wir uns hier anschließen:

> „It is clear that algebraic thinking is a particular form of reflecting mathematically. But what is it that makes algebraic thinking distinctive?
>
> Trying to come up with a working characterization […], we adopted the following non-exhaustive list of three interrelated elements. The first one deals with a sense of *indeterminacy* that is proper to basic algebraic objects such as unknowns, variables and parameters. It is indeterminacy (as opposed to numerical determinacy) that makes possible e. g. the substitution of one variable or unknown object for another; it does not make sense to substitute ‚3' by ‚3', but it may make sense to substitute one unknown for another under certain conditions. Second, indeterminate objects are handled *analytically*. This is why Vieta and other mathematicians in the 16th century referred to algebra as an *Analytic Art*. Third, that which makes thinking algebraic is also the peculiar *symbolic* mode that it has to *designate* its objects. Indeed, as the German philosopher Immanuel Kant suggested in the 18th century, while the objects of geometry can be represented ostensively, unknowns, variables and other algebraic objects can only be represented *indirectly*, through means of constructions based on signs [siehe *Kant*, 1787/2017, 736 und 750 f.; die Autoren]. These signs may be letters, but not necessarily. *Using letters does not amount to doing algebra.* The history of mathematics clearly shows that algebra can also be practiced resorting to other semiotic systems (e. g. coloured tokens moved on a wood tablet, as used by Chinese mathematicians around the 1st century BC and geometric drawings as used by Babylonian scribes in the 17th century BC)."

Betrachtet man Algebra als eine „innermathematische Kultur" (*Hefendehl-Hebeker*, 2007, 149) oder als „eine Minikultur innerhalb der umfassenderen Kultur der Mathematik" (*Lee*, 1996), so kann die Einführung in die Algebra auch für unsere Klientel ein jahrelanger Enkulturationsprozess im folgenden Sinne von *Bishop* (1988, 88 f.) sein:

> „Enculturation […] is a creative, interactive process engaging those living the culture with those born into it, which results in ideas, norms and values which are similar from one generation to the next but which inevitably must be different in some way due to the re-creation role of the next generation."

8.10.2   Fallbeispiele zum Beginn algebraischen Denkens bei Grundschulkindern

An mehreren Stellen in diesem Buch wurde bereits über 8- bis 10-jährige Grundschulkinder berichtet, die vorgelegte Problemstellungen mithilfe der Einführung von Variablen und eventueller anschließender (algebraischer) Umformungen von Gleichungen gelöst haben, ohne vorher in ihren Förderprojekten darauf vorbereitet worden zu sein:

- **Sarah** benutzt die Wortvariable „Menge" und stellt die Gleichung „7 Mengen $= 56$ Vögel" auf (siehe Abb. 8.12); **Susann** verwendet bei ihrem Problem die Unbekannte „1 Strecke" und kommt zu der Gleichung 180 sm $= 9$ Strecken (siehe Abb. 8.29).
- **Isolde** bezeichnet mit der Buchstabenvariablen x die Masse eines Sacks Kartoffeln und startet mit der Gleichung $x5 - (12 \cdot 5) = x5 - 60 = x2$ (siehe das 6. Beispiel im Unterabschn. 8.2.3).
- **Lara** beschreibt eine zweistellige Zahl durch ab, wobei a und b für Ziffern stehen, und entnimmt dem Aufgabentext die Beziehung

$$ab \cdot ab = 4 \cdot ba,$$

  mit deren Hilfe sie weiterargumentiert (siehe Unterabschn. 8.4.2).
- **Erik** geht bei der Lösung eines Problems souverän mit fünf Variablen um (siehe das 4. Beispiel in der „Einstimmung").

Es ist nicht zu vermuten, dass alle genannten Kinder selbstständig auf die Verwendung von Variablen gekommen sind. Sie werden irgendwann davon gehört haben, vielleicht von den Eltern oder Großeltern, Geschwistern oder Lehrern. Bemerkenswert ist allerdings, dass die weitere Bearbeitung der aufgestellten Gleichungen intuitiv richtig erfolgt. Wie das teilweise unkonventionelle Vorgehen belegt (siehe z. B. den Lösungsweg von Isolde), haben die Kinder offensichtlich noch keine elementare Algebra „gelernt", wie sie in der Sekundarstufe I üblich ist, sondern gehen ihre eigenen Wege.

Bevor wir Empfehlungen im Hinblick auf Fördermaßnahmen aussprechen sowie Möglichkeiten und Grenzen ausloten, möchten wir noch auf zwei weitere Kinder eingehen:

Beispiel Anton (10 Jahre)
In einer Kreisarbeitsgemeinschaft hat Anton folgende Aufgabe bearbeitet[11]:

---

[11]Mündliche Mitteilung von *E. Sefien.*

> **Aufgabe**
> Ein reicher Athener ließ zu einem Gastmahl 13 Ochsen und 31 Schafe im Gesamt-
> wert von 166 Drachmen schlachten. Ein Ochse kostete ihn 6 Drachmen mehr als
> ein Schaf.
> Wie viele Drachmen zahlte er für ein Schaf?

Anton machte folgenden algebraischen Ansatz:

$$13\,O + 31\,S = 166, \quad O = 6 + S$$

(Dabei bezeichnete er offensichtlich mit O den Preis in Drachmen für einen Ochsen und
mit S den Preis in Drachmen für ein Schaf.)
   Er rechnete in der folgenden Weise weiter:

$$13 \cdot (S + 6) + 31\,S = 166$$
$$13 \cdot S + 13 \cdot 6 + 31 \cdot S = 166$$
$$44 \cdot S + 78 = 166$$
$$44 \cdot S = 88$$
$$S = 2$$

Bemerkenswert an Antons Vorgehensweise sind das Einsetzen eines Terms ($6+S$ bzw.
$S+6$) in eine Variable (O) und (vor allem) die richtige Anwendung des Distributiv-
gesetzes der Multiplikation bezüglich der Addition, wobei eine Variable auftritt. Diese
Fähigkeiten gehen über das hinaus, was man bei Kindern in den uns bekannten Fördergruppen im Allgemeinen erwarten kann.

Beispiel Max (3. oder 4. Jahrgangsstufe)
Schmidt und *Weiser* (2008) berichten in ihrem Beitrag über die Förderarbeit mit Grund-
schulkindern der 3. und 4. Jahrgangsstufe im Projekt „Kinder und Mathematik in der
Universität (Köln)" u. a. von Max und seinen kreativen Erfindungen im Rahmen seines
Variablengebrauchs.
   Im Zusammenhang mit der Thematisierung von Dreieckszahlen wurden mithilfe von
Würfeln „Treppen" gebaut und bildlich dargestellt (siehe z. B. Abb. 8.45).
   Am Ende eines Arbeitsblattes, das Max und die anderen Kinder erhalten hatten, stand
folgende Aufforderung (a. a. O., 37):
   „Du hast eine Treppe mit einer Anzahl von Stufen, die du nicht kennst – wir nennen die
Stufenzahl n. Kannst du trotzdem eine Regel angeben, die für die Anzahl der Würfel gilt?"
   Die Reaktion von Max auf diese Aufforderung sehen Sie in der Abb. 8.46.
   Offensichtlich nimmt Max Fallunterscheidungen vor:
   Fall 1 (n gerade): Die von Max gefundene Formel lautet in heute üblicher (kon-
ventioneller) Notation: $n \cdot \frac{n}{2} + \frac{n}{2} = \mathrm{D}(n)$, wobei mit $\mathrm{D}(n)$ die n-te Dreieckszahl
bezeichnet sei.

Abb. 8.45 Eine „Treppe" aus
Würfeln

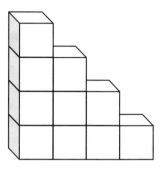

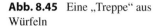

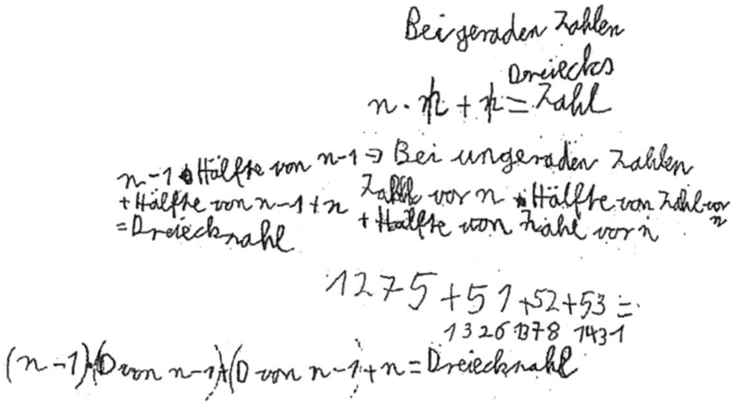

Abb. 8.46 Eine Eigenproduktion von Max (*Schmidt* und *Weiser,* 2008, 37)

„Das *durchgestrichene n* ist, wie Max erklärte, kein ausgestrichenes *n,* sondern
markiert das Halbieren von *n.* Eine hübsche Erfindung eines Kindes, das die Kon-
ventionen der Erwachsenen bzw. der historischen Entwicklung noch nicht kennt."
(a. a. O.)

Fall 2 (*n* ungerade): Überträgt man die letzte Zeile von Max in die konventionelle
Notation, so ergibt sich: $(n-1) \cdot \frac{n-1}{2} + \frac{n-1}{2} + n = \mathrm{D}(n)$. Max verwendet hier in
kreativer Weise ein (ungewöhnliches) Symbol: Wenn man einen (kleinen) Kreis als
Symbolisierung von „1" (einem Ganzen) betrachtet, so bedeutet ein Halbkreis die
Symbolisierung der Hälfte, also von „$\frac{1}{2}$".

(Dass Max nicht erkannt hat, dass die von ihm benutzten Terme einsetzungsgleich
sind (oder für $n \geq 2$ die Rekursionsformel $\mathrm{D}(n) = \mathrm{D}(n-1) + n$ gilt), demnach seine
Fallunterscheidung nicht erforderlich gewesen wäre, sollte man ihm nicht vorwerfen.
Zu den für diese Erkenntnis erforderlichen Termumformungen kann er noch nicht in der
Lage sein.)

8.10.3 Möglichkeiten und Grenzen der Förderung algebraischen Denkens bei Grundschulkindern

Bei den Überlegungen zu Möglichkeiten und Grenzen in der Förderung algebraischen Denkens bei 8- bis 10-jährigen begabten Kindern sollten wir uns nicht von den überragenden Fähigkeiten von Anton und Max leiten lassen, sondern eher von den gezeigten Leistungen der anderen hier erwähnten Kinder.

Die meisten Kinder in Fördermaßnahmen verwenden mit Freude (und teilweise auch mit Stolz) Variable – gelegentlich auch Terme und Formeln – als Mittel zur allgemeinen Darstellung von Sachverhalten. Sie setzen dabei Variable ein, um Probleme zu lösen (siehe Sarah, Susann und Isolde), um sich mitzuteilen, zu kommunizieren (siehe Max), zum allgemeinen Argumentieren/Begründen/Beweisen (siehe Lara) und zum Explorieren, d. h. um allgemeine Einsichten für spezielle Situationen zu gewinnen (siehe Max). Diese Gelegenheiten sollten wir den Kindern nicht vorenthalten, allerdings darauf achten, dass sie im Regelfall nicht überfordert werden. Die Grenzen liegen vor allem darin, dass spezielle algebraische Gesetze (z. B. das Distributivgesetz der Multiplikation bezüglich der Addition) den meisten „unserer" Kinder nicht präsent sind. Wir halten auch nichts davon, diese Gesetze zu thematisieren und bereits elementare algebraische Inhalte einzuüben. Dies geschieht im normalen Mathematikunterricht der Sekundarstufe I.

Um Möglichkeiten und Grenzen algebraischen Denkens bei 8- bis 10-jährigen begabten Kindern aufzuzeigen, folgen nun noch drei weitere Beispiele. Für besonders günstig halten wir Probleme, die ohne algebraische Ansätze gelöst werden können, aber andererseits die Einführung einer (oder mehrerer) Variablen geradezu provozieren.

Beispiel: Warenlager

In jedem von fünf Regalen eines Warenlagers befindet sich die gleiche Anzahl Konservendosen. Entnimmt man jedem Regal 48 Dosen, so bleiben insgesamt so viele Dosen übrig, wie vorher zusammen in drei Regalen waren.
Wie viele Konservendosen befanden sich anfangs in jedem Regal?

Lösung:
Diese Aufgabe dürften einige Kinder mithilfe der Einführung einer Variablen lösen können, etwa in der folgenden Weise:

x sei die Anzahl der Konservendosen, die sich anfangs in jedem Regal befanden. Dann gilt:

$$(x-48) + (x-48) + (x-48) + (x-48) + (x-48) = 3x$$

$$5x - 5 \cdot 48 = 3x$$
$$5x - 240 = 3x$$
$$2x = 240$$
$$x = 120$$

Also waren anfangs in jedem Regal 120 Konservendosen.

Beispiel: Zahlenbeziehungen

Gesucht sind vier Zahlen, für die gilt: Die erste Zahl ist doppelt so groß wie die zweite; die zweite Zahl ist um 5 größer als die dritte; die vierte Zahl ist um 7 größer als die erste; die Summe der vier Zahlen beträgt 62.

Lösung: Auch diese Aufgabe dürften einige Kinder durch Verwendung einer Variablen bewältigen können, etwa in der folgenden Weise:

z sei die zweite Zahl. Dann lassen sich die anderen Zahlen so darstellen:

1. Zahl: $2 \cdot z$
3. Zahl: $z - 5$
4. Zahl: $2 \cdot z + 7$

Und es gilt: $2 \cdot z + z + (z - 5) + (2 \cdot z + 7) = 62$, also:

$$6 \cdot z + 2 = 62$$
$$6 \cdot z = 60$$
$$z = 10$$

Die vier gesuchten Zahlen sind demnach:
   20; 10; 5 und 27.

Beispiel: Schafherde

Vermehrt ein Schäfer seine Herde um 23 Schafe, dann hat er doppelt so viele Tiere zu betreuen, als wenn er 27 Schafe zum Schlachten gibt.
Wie viele Schafe umfasst seine Herde?

Kommentar: Versucht ein Kind hier – statt eine Tabelle anzulegen und systematisch zu probieren – einen Gleichungsansatz, so dürfte es so vorgehen:

x sei die Anzahl der Schafe in der Herde. Dann gilt:

$$x + 23 = 2 \cdot (x - 27)$$

An dieser Stelle dürften dann einige Kinder nicht weiterkommen, da ihnen das Distributivgesetz der Multiplikation bezüglich der Subtraktion nicht vertraut ist.

Deshalb sollte vor der Präsentation von Problemen, die die Einführung von Variablen provozieren sollen, genau überlegt werden, auf welche Hindernisse die Kinder stoßen könnten.

8.10.4 Förderung algebraischen Denkens in der (frühen) Sekundarstufe I

Da Algebra ein Werkzeug zum allgemeinen Darstellen (mit Variablen, Termen und Formeln), zum allgemeinen Explorieren, zum allgemeinen Problemlösen und zum allgemeinen Argumentieren (Begründen/Beweisen) ist, erklärt dies unsere Erfahrung, dass mathematisch begabte Kinder und Jugendliche algebraische Inhalte früher verwenden (siehe die Beispiele im Unterabschn. 8.10.2) bzw. verwenden wollen, als es ihrem Alter im Hinblick auf das schulische Curriculum entspricht (dort im Regelfall erst ab der 7. Jahrgangsstufe vorgesehen). In Förderprojekten drängen die meisten von ihnen (spätestens ab der 5. Jahrgangsstufe) darauf, mit „Algebra" im Sinne von Unterabschn. 8.10.1 (wesentlich) früher als in der Schule üblich bekannt zu werden. Mathematisch Begabte neigen dazu, manche mathematische Probleme mithilfe von algebraischen Ansätzen lösen zu wollen, auch wenn diese Probleme von den fördernden Lehrpersonen im Hinblick auf das Alter der Problembearbeiter nicht für diese Zwecke gestellt bzw. ausgewählt wurden.

In ihrer Studie haben *Amit* und *Neria* (2008) untersucht, wie mathematisch sehr interessierte Schülerinnen und Schüler im Alter von 11 bis 13 Jahren sog. „pattern problems" verallgemeinern, welche Arten von Verallgemeinerungsstrategien sie benutzen, wie sie ihre Verallgemeinerungen kommunizieren und rechtfertigen sowie welche Notationen sie beim algebraischen Denken verwenden (siehe a. a. O., 111). Die beteiligten Probanden waren (neue) Mitglieder des „after-school math club Kidumatica" in Israel.

> „The students accepted to Kidumatica are highly motivated and certainly amongst the top students in their class, but not formally classified as ‚gifted'. These students, who were beginning grades 6–7, had no prior extra-curricular studies, just their school curriculum, which did not include any formal algebra at this stage." (a. a. O., 114)

Amit und *Neria* (a. a. O., 113) begründen die Auswahl ihrer drei (Test-)Probleme im Hinblick auf ihre Untersuchungsziele wie folgt:

> „Experiments with pattern problems have been shown to be very efficient in revealing the ability to generalize and symbolize and in promoting the development of algebraic thinking in particular.
> [….]
> [*Radford*, 2006, die Autoren] stresses that for a patterning activity to be an algebraic one, students cannot rely on guess and test strategies; resourceful algebraic activities must be based on looking for commonalities and forming general concepts followed by the formation of generalizing expressions."

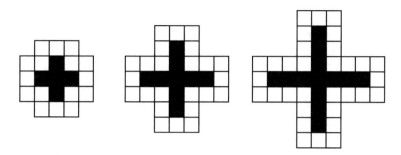

Abb. 8.47 Die ersten Muster einer Folge (*Rivera* und *Becker,* 2005, 202; siehe auch *Amit* und *Neria,* 2008, 114)

Zwei der drei von *Amit* und *Neria* benutzten Probleme und die dabei erzielten Ergebnisse/Erkenntnisse wollen wir hier vorstellen:

Problem 1:
Die Abb. 8.47 zeigt die drei ersten Muster einer Folge.

A) Wie viele weiße Kästchen werden benötigt, um das nächste Muster herzustellen?
B) Wie viele weiße Kästchen werden benötigt, um das 10. Muster herzustellen?
C) Schlage eine Methode vor, mit der die Anzahl der benötigten weißen Kästchen für jedes Muster dieser Folge berechnet werden kann.
D) Schlage eine Methode vor, mit der die Anzahl der benötigten weißen Kästchen für das *n*-te Muster der Folge berechnet werden kann.

Hinweise zu den Items A) bis D), die sich auch auf das folgende Problem 2 beziehen (a. a. O., 115):

Item A: Dieses Item sollte den Problembearbeitern als „Aufwärm"-Item dienen, das ihnen ermöglichte, die ersten Muster zu prüfen und zu erforschen. Hierbei war diese Aufgabe als „near generalisation" im Sinne von *Stacey* (1989, 150) gedacht. *Stacey* bezeichnet damit „a question which can be solved by step-by-step drawing or counting".

Item B: Dieses Item erfordert „far generalisation" im Sinne von *Stacey* (a. a. O.), wobei diese Verallgemeinerung „denotes a question which goes beyond reasonable practical limits of such a step-by-step approach". *Pólya* (1957, 117) spricht in diesem Zusammenhang von „tentative generalization".

Item C: Diese hier geforderte „intuitive" oder „semiformale" Verallgemeinerung ermöglichte es den Probanden, „ihre" Verallgemeinerung in der Form zu präsentieren, die sie von sich aus bevorzugten. Dabei ließen sich *Amit* und *Neria* (2008) von früheren Forschungsergebnissen (z. B. von *English* und *Warren,* 1998) leiten, die zeigten, dass Schülerinnen und Schüler es leichter fanden, verbal zu verallgemeinern, als die Verallgemeinerungen symbolisch hinzuschreiben; und außerdem von der Tatsache, dass die Studienteilnehmer noch keine Algebra kennen gelernt hatten.

Item D: Die Aufforderung zur „formalen Verallgemeinerung" in Item D enthält die explizite Anforderung, eine Verallgemeinerung in einem formalen Modus darzustellen. Das Ziel dieses Items bestand darin, herauszufinden, wie die Schülerinnen und Schüler symbolisieren, bevor sie formale Kenntnisse in Algebra erwerben.

Die Items C und D ermöglichten die Unterscheidung zwischen denjenigen Probanden, die „algebraisch denken", und solchen, die „algebraisch schreiben" (*Steele,* 2005) können.

Zunächst beschränken wir uns darauf, die Vorgehensweisen von drei der insgesamt 50 Probanden beim 1. Problem kurz zu beschreiben (siehe *Amit* und *Neria,* 2008, 116 ff.):

Ein Schüler begann seine Bearbeitung des Problems damit, die Invariante (die konstante Differenz) zu identifizieren. In der Antwort auf Item A schrieb er: „Jedes Mal erhöht sich die Anzahl der weißen Kästchen um 8" (deutsche Übersetzung aus dem Hebräischen/Englischen). Damit zeigte er eine additive Strategie. Die Antwort auf Item B („Die Anzahl der weißen Kästchen ist eine Folge von Vielfachen von 8.") zeigt den Übergang von einer additiven Strategie zu einer globalen multiplikativen Strategie, wobei er eine Gemeinsamkeit bei der Anzahl der weißen Kästchen findet: Alle Anzahlen sind Vielfache von 8.

Die Flexibilität beim Übergang von einer additiven zu einer globalen multiplikativen Strategie ermöglichte es dem Schüler, (in Item C) zwischen Konstanten und Variablen zu unterscheiden. Nun war er in der Lage, verbal eine Methode zu beschreiben, um die Anzahl der weißen Kästchen in jedem Muster der Folge zu berechnen: „Die Methode, um die Anzahl der Quadrate zu berechnen, ist (8-mal die Musterzahl)+8". Anschließend (in Item D) gab er eine korrekte Methode an, um die Anzahl der Quadrate für das n-te Muster zu berechnen: „$(8 \times n)+8 =$ Anzahl der Quadrate".

Dieser Schüler benutzte die additive Strategie nur in Item A, um die Anzahl für das 4. Muster zu finden. Seine Lösung und seine Erläuterungen zeigen, dass er direkt von Item A zu Item C „sprang", die Verallgemeinerungsregel fand und dann zu Item B zurückkehrte, um dieses zu beantworten. Sein Verallgemeinerungsprozess verlief demnach in der folgenden Reihenfolge: *near generalization, global generalization, far generalization.*

„There is no doubt that this student has revealed a solid foundation of algebraic thinking." (a. a. O., 117)

Eine Schülerin begann ihre Antwort auf Problem 1 damit, die figürlichen Formen in numerische zu überführen. In einer Art „Tabelle" ordnete sie jedem Index die Anzahl der weißen Kästchen zu. Sie rechnete und überprüfte, ob die Differenz 8 konstant ist, addierte 8 zu der Anzahl der weißen Kästchen des 3. Musters und erhielt 40. Dann führte sie den Prozess der fortlaufenden Addition von 8 so weit durch, bis sie das 10. Muster erreichte und die korrekte Antwort (88) fand.

Nun beendete sie ihre additive Strategie, ersetzte sie durch eine funktionale (multiplikative) und formulierte eine verbale Verallgemeinerung zu Item C: „Man kann 8 mit der Musterzahl multiplizieren und 8 addieren." Sie setzte 11 als Musterzahl ein, berechnete die Anzahl der weißen Kästchen im 11. Muster und erhielt 96. Sodann überprüfte sie, ob 96 zur Regel der konstanten Differenz passte.

Sie beantwortete Item D, indem sie ihre verbale Regel in mathematische Symbole übertrug. Dabei ignorierte sie die Anweisung, n zu benutzen, und legte drei Variable fest: A für die Musternummer, B für die Anzahl der weißen Kästchen und C für die Anzahl solcher Kästchen in dem vorherigen Muster. Sie schrieb die Formel „$(8 \times A) + 8 = C$" auf, wobei sie C anstelle von B benutzte. Am Ende ergänzte sie noch eine Methode zur Verifizierung der Lösung: „Wenn $B - C = 8$, dann ist die Lösung korrekt."

Wie im ersten Beispiel zeigte die Schülerin algebraisches Denken, indem sie Variable definierte und zwischen ihnen funktionale Beziehungen fand.

Eine weitere Schülerin löste Item A durch einen additiven Ansatz. Sie zählte zunächst die vier weißen Kästchen, die an den „Ecken" des schwarzen Musters liegen, und fand die Anzahl der übrigen weißen Kästchen ebenfalls durch Zählen. Als sie diese Struktur numerisch darstellte, fand sie heraus, dass die Anzahlen „mit 8 springen".

Da das 1. Muster 16 weiße Kästchen hat, nutzte sie diese Tatsache als Startpunkt, von dem man durch Addition weitergehen muss. Dann verließ sie die bildhaften Vorgaben und konzentrierte sich auf die numerischen Darstellungen, wobei sie nach einer Gemeinsamkeit suchte. Sie fand einen (arithmetischen) Term, um die Anzahl der weißen Kästchen im 3. (vorgegebenen) Muster darzustellen: $16 + (2 \times 8)$. In ihrem Verallgemeinerungsprozess übersprang sie die Berechnungen vom 4. bis zum 9. Muster und berechnete direkt die Anzahl der weißen Kästchen für das 10. Muster, indem sie die arithmetische Struktur nutzte, die sie herausgefunden hatte: $16 + (9 \times 8)$. Offensichtlich fand die Schülerin eine Verallgemeinerung, bevor sie die Anzahl für das 10. Muster berechnete. Als globale Verallgemeinerung schrieb sie das Folgende auf: „Um die Anzahl der weißen Kästchen bei einem Muster, das an einer bestimmten Stelle in der Folge steht, zu berechnen, muss ich die folgende Formel benutzen: $16 + [(x - 1) \cdot 8]$."

In ihrer Antwort auf Item C benutzte die Schülerin x, und bei ihrer Antwort auf Item D, als die Verwendung von n als Musternummer festgelegt war, ersetzte sie x durch n und schrieb den Term „$16 + [(n - 1) \cdot 8]$" auf. Die Vorliebe der Schülerinnen und Schüler, statt n den Buchstaben x in der Studie von *Amit* und *Neria* zu verwenden, wird von den Autorinnen darauf zurückgeführt, dass Novizen in „Algebra" diese Disziplin als etwas betrachten, „das mit x zu tun hat".

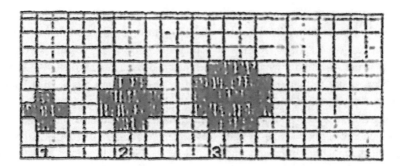

Abb. 8.48 Eine Folge von nichtlinearen Mustern (*Amit* und *Neria,* 2008, 119; Original von *Zareba,* 2003)

Insgesamt berichten die Autorinnen im Hinblick auf die Ergebnisse zum ersten Problem u. a. wie folgt (a. a. O., 118 f.):

„Although the researchers provided verbal explanations regarding the meaning of *n,* many students found it difficult to write a symbolic representation. More than half of them did not answer item D at all; some wrote comments such as ,*What is n?*‘ or ,*I don't know what number n is.*‘ Those who found the functional rule, but did not know how to represent it in an algebraic formal mode, wrote verbal generalizations such as: ,*You do the pattern number and subtract one, and then multiply the result by 8 and add 16.*‘
    [….]
The answers [of the three students above, die Autoren] demonstrate several characteristics of mathematically capable students, such as generalization and abstraction abilities, flexibility in applying solution strategies, creativity and reflection, which are in accord with former research […]. The solutions demonstrate a high level of generalization and abstraction abilities as well as good foundations of algebraic thinking. All of the students who found the generalizations had in fact constructed the function $f(x) = ax + b$.“

Problem 2:
Die Abb. 8.48 zeigt die drei ersten Muster einer Folge.
(Der weitere Text ist der gleiche wie bei Problem 1; dort müssen nur bei den einzelnen Items die Wörter „weiße“ bzw. „weißen“ gestrichen werden.)

Kommentar: Eine große Mehrheit der 50 Probanden, die diese Aufgabe bearbeiteten, begann damit, die nächsten Muster zu zeichnen. So startete ein Schüler damit, das 4. und das 5. Muster zu zeichnen und jeweils die Anzahlen der Kästchen für die ersten fünf Muster zu zählen (siehe Abb. 8.49). Dann berechnete er die Differenzen der Anzahlen bei den jeweils aufeinander folgenden Mustern. Einige Schülerinnen und Schüler kamen über diesen Punkt nicht hinaus, da sie nicht in der Lage waren, eine unmittelbare Konstanz in der Folge zu finden.

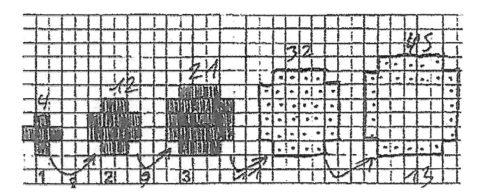

Abb. 8.49 Die Bearbeitung von Problem 2 durch einen Schüler (*Amit* und *Neria*, 2008, 119)

Abb. 8.50 zeigt einen numerischen Ansatz. Nachdem der betreffende Schüler die Kästchen bei den drei vorgegebenen Mustern gezählt hatte, kümmerte er sich nicht mehr um die Figuren, sondern konzentrierte sich auf die numerische Darstellung.

Er schrieb „1 − 5 Quadrate" mit der offensichtlichen Bedeutung: Dem Muster 1 sind 5 Quadrate zugeordnet; und darunter „1 × 5 = 5". Er wiederholte den Prozess für das 2. und 3. Muster. Indem er offensichtlich die Gesetzmäßigkeit erfasste, verknüpfte er die Musterzahl (linke Spalte) mit der Anzahl der Kästchen bei diesem Muster (rechte Spalte). Die beiden Folgen, die (nur) einen Rechenfehler bei 9 × 13 aufweisen, haben keine figürliche Bedeutung. Die Ausdehnung der Liste ermöglichte dem Schüler die lokalen Verallgemeinerungen, brachte ihn aber nicht näher zu einer globalen Verallgemeinerung. Er machte keinen Versuch, global zu verallgemeinern, indem er sich bemühte, die Anzahl der Quadrate für jedes Muster zu berechnen.

„Discarding the figural patterns and focusing on the numerical representations might be productive when dealing with linear patterns, where the constant difference can be recognized straight away, but in non-linear patterns this approach might be misleading." (a. a. O., 121)

Lösung:
Ein Lösungsweg eines anderen Schülers, der ebenfalls zu einer lokalen Verallgemeinerung führte, basierte auf einer numerischen Repräsentation und einer rekursiven Strategie. Der Schüler ging von einer figürlichen zu einer numerischen Darstellung über und fand Regelmäßigkeiten, die er zu verallgemeinern versuchte:

„the difference between patterns 1 and 2 is 7, and between patterns 2 and 3 is 9; between patterns 3 and 4 it's 11 and so on. The difference increases by 2 […], and then you add the number of squares to the difference between the next and the previous." (a. a. O.)

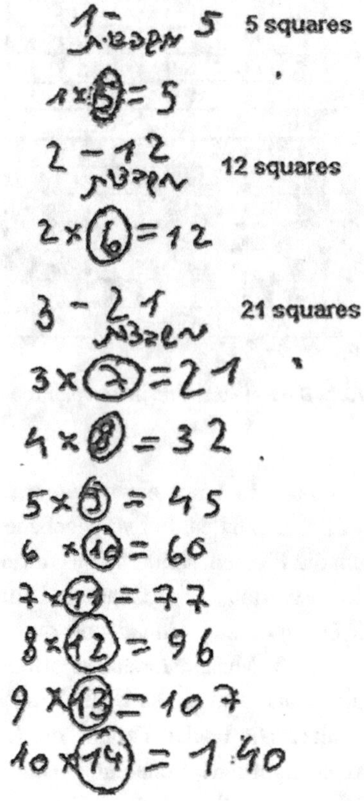

Abb. 8.50 Lösungsversuch
eines Schülers zu Problem 2
(*Amit* und *Neria,* 2008, 119)

Tab. 8.8 Die Methode eines Schülers, eine Tabelle zu benutzen, um die Musterfolge zu verstehen
(*Amit* und *Neria,* 2008, 119)

Pattern number	1	2	3	4	5	6	7	8	9	10
Number of squares	5	12	21	32	45	60	77	96	117	140
Difference		7	9	11	13	15	17	19	21	23

Indem er diese Strategie verwirklichte (er legte eine Liste an, siehe Tab. 8.8), erhielt
er die Antworten auf die Items A und B. Eine globale Verallgemeinerung konnte er aber
auf diese Weise nicht erreichen. Er verallgemeinerte die Methode, aber nicht das Muster.

Ansätze, die zu globalen Verallgemeinerungen führten, basieren stark auf
Visualisierungen. Ein Schüler z. B. (siehe Abb. 8.51) begann die Bearbeitung mit Zählen,
wobei er beim 2. Muster einen Fehler machte. Er zeichnete das 4. Muster und suchte
offensichtlich eine globale Struktur, die ihn dabei unterstützen könnte, die Anzahl der

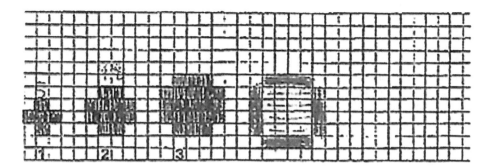

Abb. 8.51 Der Lösungsansatz eines Schülers zu Problem 2 (*Amit* und *Neria*, 2008, 120)

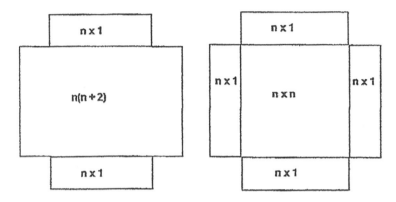

Abb. 8.52 Beispiele der Zerlegung der Figuren in Rechtecke (*Amit* und *Neria*, 2008, 121)

Kästchen im 10. Muster zu finden. Er zerlegte die gezeichnete 4. Figur in ein zentrales Quadrat, das von vier Rechtecken umgeben war. In seinem Verallgemeinerungsprozess benutzte er eine leicht veränderte Struktur: Er zerlegte die Figur in ein zentrales Rechteck mit den Seitenlängen n und $n+2$ und damit mit dem Flächeninhalt $n \cdot (n+2)$. Dann addierte er die Flächeninhalte der beiden zusätzlichen Rechtecke mit jeweils den Seitenlängen n und 1 (siehe Abb. 8.52). In seinen Worten: „(place number x place number + 2) + place number + place number". Diesen Ansatz hat er dann benutzt, um die Anzahl der Kästchen im 10. Muster zu ermitteln.

Dieser Schüler zeigte ein hohes Niveau algebraischen Denkens. Er war in der Lage, die Regelmäßigkeit in den geometrischen Figuren zu finden und sie in eine algebraische zu überführen. Außerdem gelang es ihm, eine (globale) funktionale Beziehung zwischen dem jeweiligen Muster der Folge und der Anzahl der zugehörigen Kästchen anzugeben. Für die formale Verallgemeinerung (Item D) benutzte er die folgende algebraische Notation: $n \times (n+2) + n + n$.

„Lacking algebraic symbolic tools, some students verbalized the generalization and described the method for finding the number of squares in any place as follows: *the number of squares in each of the four exterior rows is the pattern number, so you have to square the pattern number and add four times the pattern number*. In fact, they described a global functional generalization." (*Amit* und *Neria*, 2008, 121)

„Because of the higher ordered thinking involved in generalization, such as abstraction, holistic thinking, visualization, flexibility and reasoning, the ability to generalize is a feature that characterizes capable students and differentiates them from others […]." (a. a. O., 111)

Die berichteten Bearbeitungen der Probleme 1 und 2 dürften aufgezeigt haben, dass 11- bis 13-jährige mathematisch begabte Schülerinnen und Schüler im Sinne der drei Charakteristika algebraischen Denkens nach *Radford* (2006; siehe Unterabschn. 8.10.1) zumindest in Ansätzen bereits algebraisch denken können.

Im Hinblick auf deren weitere Förderung in Algebra empfehlen wir, alle Aspekte des Variablenbegriffs (siehe *Malle,* 1993, 46) dabei zu berücksichtigen:

- den Gegenstandsaspekt (Variable als unbekannte oder nicht näher bestimmte Zahlen),
- den Einsetzungsaspekt (Variable als Platzhalter für Zahlennamen oder als Leerstellen, für die man Zahlennamen einsetzen kann),
- den Kalkül- oder Rechenaspekt (Variable als bedeutungslose Zeichen, mit denen nach bestimmten Regeln operiert werden kann).

Zu Beginn der Förderung sollte aus unserer Sicht allerdings der Gegenstandsaspekt betont werden (siehe auch *Schmidt* und *Weiser,* 2008, 30).

Literatur

Ambrus, A. (2000). Standpunktwechsel beim Problemlösen. *Beiträge zum Mathematikunterricht 2000,* 77–80.

Amit, M., & Neria, D. (2008). „Rising to the challenge": using generalization in pattern problems to unearth the algebraic skills of talented pre-algebra students. *ZDM Mathematics Education, 40*(1), 111–129.

Anderson, J. R. (^{3}2001). *Kognitive Psychologie.* Heidelberg: Spektrum.

Ascher, M. (1990). A River-Crossing Problem in Cross-Cultural Perspective. *Mathematics Magazine, 63*(1), 26–29.

Aßmus, D. (2017). *Mathematische Begabung im frühen Grundschulalter unter besonderer Berücksichtigung kognitiver Merkmale.* Münster: WTM.

Ausubel, D. P. (1974). *Psychologie des Unterrichts. Band 1, Band 2.* Weinheim, Basel: Beltz.

Balacheff, N. (1999). Is argumentation an obstacle? Invitation to a debate… *International Newsletter on the Teaching and Learning of Mathematical Proof,* 05/06. Verfügbar unter: http://www.lettredelapreuve.org/OldPreuve/Newsletter/990506Theme/990506ThemeUK.html (14.04.2020)

Bardy, P. (2002). Eine Aufgabe – viele Lösungswege. *Grundschule, 34*(3), 28–30.

Bardy, P. (2008). Verallgemeinern, abstrahieren und quer denken – Entdeckungen und Möglichkeiten der Förderung mathematisch leistungsstarker Grundschulkinder. In M. Fuchs & F. Käpnick (Hrsg.), *Mathematisch begabte Kinder: Eine Herausforderung für Schule und Wissenschaft*, 70–83. Berlin: LIT.

Bardy, P., & Bardy, T. (2004). Eine Zählaufgabe für Viertklässler – viele Lösungsideen. *Grundschulunterricht, 51*(2), 35–39.

Bardy, P., & Bardy, T. (2011). Mathematisch begabte Dritt- und Viertklässler fordern und fördern. In A. Brinkmann, R. Burrichter & C. Decker (Hrsg.), *Lernprozesse professionell begleiten: Beiträge des Paderborner Grundschultages 2009 zu Diagnose und Förderung*, 27–38. Berlin: LIT.

Bardy, P., & Bardy, T. (2012). Kreativitätsfordernde und -fördernde Problemstellungen für mathematisch leistungsstarke Dritt- und Viertklässler. In C. Fischer, C. Fischer-Ontrup, F. Käpnick, F.-J. Mönks, H. Scheerer & C. Solzbacher (Hrsg.), *Individuelle Förderung multipler Begabungen: Fachbezogene Forder- und Förderkonzepte*, 75–85. Münster: LIT.

Bardy, P., & Hrzán, J. (^{3}2010). *Aufgaben für kleine Mathematiker, mit ausführlichen Lösungen und didaktischen Hinweisen*. Köln: Aulis.

Bardy, T. (2015). *Zur Herstellung von Geltung mathematischen Wissens im Mathematikunterricht*. Wiesbaden: Springer Spektrum.

Beer, U., & Erl, W. (1972). *Entfaltung der Kreativität*. Tübingen: Katzmann.

Berlinger, N. (2015). *Die Bedeutung des räumlichen Vorstellungsvermögens für mathematische Begabungen bei Grundschulkindern: Theoretische Grundlegung und empirische Untersuchungen*. Münster: WTM.

Bezirkskomitee Chemnitz zur Förderung mathematisch-naturwissenschaftlich begabter und interessierter Schüler (o. J.). *Aufgabensammlung für Arbeitsgemeinschaften – Klasse 5*. Chemnitz.

Bezold, A. (2008). Beweisen – argumentieren – begründen: Entwicklung von Argumentationskompetenz im Mathematikunterricht. *Grundschulmagazin, 76*(6), 35–40.

Bishop, A. J. (1988). *Mathematical Enculturation: A Cultural Perspective on Mathematics Education*. Dordrecht: Kluwer Academic Publishers.

Bloom, B. S. (1971). *Stabilität und Veränderung menschlicher Merkmale*. Weinheim et al.: Beltz.

Bock, H., & Borneleit, P. (2000). Logisches Denken – Einige Gedanken über ein altes Ziel und seine Verfolgung im Mathematikunterricht. In L. Flade & W. Herget (Hrsg.), *Mathematik: Lehren und Lernen nach TIMSS*, 59–68. Berlin: Volk und Wissen.

Bourbaki, N. (1971). *Elemente der Mathematikgeschichte*. Göttingen: Vandenhoeck & Ruprecht.

Brown, S. I., & Walter, M. I. (1983). *The art of problem posing*. Philadelphia: The Franklin Institute Press.

Brown, S. I., & Walter, M. I. (Eds.). (1993). *Problem posing: Reflections and applications*. Hillsdale, N. J.: Lawrence Erlbaum Associates.

Bruder, R. (2001). Kreativ sein wollen, dürfen und können. *mathematik lehren, Nr. 106*, 46–50.

Bruder, R. (2002). Lernen, geeignete Fragen zu stellen: Heuristik im Mathematikunterricht. *mathematik lehren, 115*, 4–8.

Bruder, R., & Collet, C. (2009). Problemlösen kann man lernen! In T. Leuders, L. Hefendehl-Hebeker & H.-G. Weigand (Hrsg.), *Mathemagische Momente*, 18–29. Berlin: Cornelsen.

Bruder, R., & Müller, H. (1983). Zur Entwicklung des Könnens im Lösen von Begründungs- und Beweisaufgaben im Mathematikunterricht. *Mathematik in der Schule, 21*(12), 886–894.

Bruder, R., & Müller, H. (1990). Heuristisches Arbeiten im Mathematikunterricht beim komplexen Anwenden mathematischen Wissens und Könnens. *Mathematik in der Schule, 28*(12), 876–886.

Brunner, E. (2014). *Mathematisches Argumentieren, Begründen und Beweisen: Grundlagen, Befunde und Konzepte*. Berlin, Heidelberg: Springer Spektrum.

Büchter, A., & Leuders, T. (2005). *Mathematikaufgaben selbst entwickeln. Lernen fördern – Leistung überprüfen*. Berlin: Cornelsen Scriptor.

Charbonneau, L. (1996). From Euclid to Descartes: Algebra and its relation to geometry. In N. Bednarz, C. Kieran & L. Lee (Eds.), *Approaches to algebra: Perspectives for research and teaching*, 15–37. Dordrecht: Kluwer Academic Publishers.

Cockcroft, W. H. (1986). *Mathematics counts: Report of the Committee of Inquiry into the Teaching of Mathematics in Schools* (7nd impr.). London: Her Majesty´s Stationary Office.

Conway, J. H., & Guy, R. K. (1996). *The Book of Numbers*. New York: Springer Science & Business Media.

Cropley, A. J. (1997a). Fostering creativity in the classroom: general principles. In M. Runco (Ed.), *Handbook of creativity*, 81–112. Cresskill, NJ: Hampton Press.

Cropley, A. J. (1997b). Creativity: A bundle of paradoxes. *Gifted and Talented International, 12*, 8–14.

Damerow, P. (1982). Anmerkungen zum Begriff „abstrakt" – philosophie-geschichtliche und mathematikdidaktische Aspekte. In H.-G. Steiner (Hrsg.), *Mathematik-Philosophie-Bildung*, 210–229. Köln: Aulis.

Dawydow, W. (1977). *Arten der Verallgemeinerung im Unterricht*. Berlin: Volk und Wissen.

Denk, F. (1964). Bedeutung des Mathematikunterrichtes für die heuristische Erziehung. *Der Mathematikunterricht (MU), 10*(1), 36–57.

Devlin, K. (1997). *Muster der Mathematik: Ordnungsgesetze des Geistes und der Natur* (Übers. aus dem Amerikanischen). Heidelberg: Spektrum Akademischer Verlag.

Devlin, K. (2003). *Das Mathe-Gen* (Übers. aus dem Amerikanischen). München: DTV.

Dörfler, W. (1984). Verallgemeinern als zentrale mathematische Fähigkeit. *Journal für Mathematik-Didaktik, 5*(4), 239–264.

Donaldson, M. (1982). *Wie Kinder denken*. Bern: Huber.

Dreyfus, T. (2002). Was gilt im Mathematikunterricht als Beweis? *Beiträge zum Mathematikunterricht 2002*, 15–22.

Drösser, C. (2006). Das bittere Ende der Logik. *Die Zeit Nr. 18* (27.04.06).

Ehrlich, N. (2013). *Strukturierungskompetenzen mathematisch begabter Sechst- und Siebtklässler: Theoretische Grundlegung und empirische Untersuchungen zu Niveaus und Herangehensweisen*. Münster: WTM.

Engel, A. (1998). *Problem-Solving Strategies*. New York: Springer.

English, L. D., & Warren, E. A. (1998). Introducing the variable through pattern exploration. *The Mathematics Teacher, 91*, 166–170.

Feynman, R. (1969). What is Science? *The Physics Teacher, 7*(6), 313–320.

Folkerts, M. (1978). *Die älteste mathematische Aufgabensammlung in lateinischer Sprache: Die Alkuin zugeschriebenen Propositiones ad Acuendos Iuvenes*. Wien: Springer.

Franke, M. (2000). *Didaktik der Geometrie*. Heidelberg, Berlin: Spektrum Akademischer Verlag.

Friedrich, H. F., & Mandl, H. (1992). Lern- und Denkstrategien – ein Problemaufriss. In H. Mandl & H. F. Friedrich (Hrsg.), *Lern- und Denkstrategien: Analyse und Interventionen*, 3–54. Göttingen: Hogrefe.

Fritzlar, T. (2008). Förderung mathematisch begabter Kinder im mittleren Schulalter. In C. Fischer, F. J. Mönks & U. Westphal (Hrsg.), *Individuelle Förderung: Begabungen entfalten – Persönlichkeit entwickeln: Fachbezogene Forder- und Förderkonzepte*, 61–77. Berlin: LIT.

Fritzlar, T. (2011). Zum Beweisbedürfnis im jungen Schulalter. *Beiträge zum Mathematikunterricht 2011*, 279–282.

Fritzlar, T., & Heinrich, F. (2008). Doppelrepräsentation und mathematische Begabung – Theoretische Aspekte und praktische Erfahrungen. *Beiträge zum Mathematikunterricht 2008*, 397–400.

Fritzlar, T., & Heinrich, F. (2010). Doppelrepräsentation und mathematische Begabung im Grundschulalter – Theoretische Aspekte und praktische Erfahrungen. In T. Fritzlar & F. Heinrich (Hrsg.), *Kompetenzen mathematisch begabter Grundschulkinder erkunden und fördern*, 25–44. Offenburg: Mildenberger.

Fritzlar, T., & Heinrich, F. (2016). Across the river with fibonacci. In T. Fritzlar, D. Aßmus, K. Bräuning, A. Kuzle & B. Rott (Eds.), *Problem Solving in Mathematics Education*, 85–97. Münster: WTM.

Fritzlar, T., Rodeck, K., & Käpnick, F. (Hrsg.). (2006). *Mathe für kleine Asse: 5./6. Schuljahr.* Berlin: Cornelsen.

Gardner, H. (2007). *Five Minds for the Future.* Boston, Massachusetts: Harvard Business School Press.

Goswami, U. (1992). *Analogical Reasoning in Children.* Hove (UK): Lawrence Erlbaum.

Graham, R. L., Knuth, D. E., & Patashnik, O. (^{6}1990). *Concrete mathematics.* Reading: Addison-Wesley Publishing Company.

Guilford, J.P. (1950). Creativity. *American Psychologist, 5*, 444–454.

Guilford, J.P. (^{3}1965). *Persönlichkeit.* Weinheim: Beltz.

Haas, N. (2000). *Das Extremalprinzip als Element mathematischer Denk- und Problemlöseprozesse: Untersuchungen zur deskriptiven, konstruktiven und systematischen Heuristik.* Hildesheim, Berlin: Franzbecker.

Haase, K., & Mauksch, P. (1983). *Spaß mit Mathe: Mathematische Denksportaufgaben.* Leipzig et al.: Urania Verlag.

Hadamard, J. (1949). *An Essay on the Psychology of Invention in the Mathematical Field.* Princeton: Princeton University Press.

Harel, G., & Tall, D. (1989). The General, the Abstract, and the Generic in Advanced Mathematics. *For the Learning of Mathematics, 11*(1), 38–42.

Hartkopf, W. (1964). Umriß eines systematischen Aufbaus der heuristischen Methodentheorie. *Der Mathematikunterricht (MU), 10*(1), 16–35.

Hasdorf, W. (1976). Erscheinungsbild und Entwicklung der Beweglichkeit des Denkens bei älteren Vorschulkindern. In J. Lompscher (Hrsg.), *Verlaufsqualitäten der geistigen Tätigkeit*, 13–75. Berlin: Volk und Wissen.

Hefendehl-Hebeker, L. (2007). Algebraisches Denken – was ist das? *Beiträge zum Mathematikunterricht 2007*, 148–151.

Hefendehl-Hebeker, L., & Hußmann, S. (2003). Beweisen – Argumentieren. In T. Leuders (Hrsg.), *Mathematik-Didaktik: Praxishandbuch für die Sekundarstufe I und II*, 93–106. Berlin: Cornelsen Scriptor.

Heller, K. A. (1992). Zur Rolle der Kreativität in Wissenschaft und Technik. *Psychologie in Erziehung und Unterricht, 39*, 133–148.

Humenberger, H. (2006). *Nachbarbrüche, Medianten und Farey-Reihen – entdeckender und verständlicher Umgang mit Brüchen.* (Verfügbar unter: https://www.oemg.ac.at/DK/Didaktikhefte/2006%20Band%2039/VortragHumenberger.pdf; 14.04.2020)

Jahnke, H. N., & Ufer, S. (2015). Argumentieren und Beweisen. In R. Bruder, L. Hefendehl-Hebeker, B. Schmidt-Thieme & H.-G. Weigand (Hrsg.), *Handbuch der Mathematikdidaktik*, 331–351. Berlin, Heidelberg: Springer Spektrum.

Jordan, S. (1991). Investigating shapes within shapes. *Mathematics in School, 20*(4), 31–34.

Käpnick, F. (1998). *Mathematisch begabte Kinder: Modelle, empirische Studien und Förderungsprojekte für das Grundschulalter.* Frankfurt a. M. et al.: Peter Lang.

Kambartel, F. (2004). Struktur. In J. Mittelstraß (Hrsg.), *Enzyklopädie Philosophie und Wissenschaftstheorie, Band 4*, 107–109. Stuttgart, Weimar: J. B. Metzler.

Kant, I. (^{2}1787/2017). *Kritik der reinen Vernunft.* (hrsgg. von I. Heidemann) Stuttgart: Reclam.

Karpinski-Siebold, N. (2016). *Algebraisches Denken im Grundschulalter*. Münster: WTM.

Kašuba, R. (2001). Was ist eine schöne mathematische Aufgabe oder was soll es sein. *Beiträge zum Mathematikunterricht 2001*, 340–343.

Kießwetter, K. (1985). Die Förderung von mathematisch besonders begabten und interessierten Schülern – ein bislang vernachlässigtes sonderpädagogisches Problem. *Der Mathematisch-Naturwissenschaftliche Unterricht (MNU)*, *38*(5), 300–306.

Kießwetter, K. (2006). Können Grundschulkinder schon im eigentlichen Sinne mathematisch agieren – und was kann man von mathematisch besonders begabten Grundschülern erwarten, und was noch nicht? In H. Bauersfeld & K. Kießwetter (Hrsg.), *Wie fördert man mathematisch besonders befähigte Kinder? – Ein Buch aus der Praxis für die Praxis –*, 128–153. Offenburg: Mildenberger.

Klix, F. (1976). *Information und Verhalten*. Bern: Huber.

Knipping, C. (2003). *Beweisprozesse in der Unterrichtspraxis – Vergleichende Analysen von Mathematikunterricht in Deutschland und Frankreich*. Hildesheim, Berlin: Franzbecker.

Knipping, C. (2010). Argumentationen – sine qua non? In B. Brandt, M. Fetzer & M. Schütte (Hrsg.), *Auf den Spuren Interpretativer Unterrichtsforschung in der Mathematikdidaktik. Götz Krummheuer zum 60. Geburtstag*, 67–93. Münster: Waxmann.

Knott, R. (1996). *Fibonacci Numbers and the Golden Section*. Verfügbar unter: http://www.maths. surrey.ac.uk/hosted-sites/R.Knott/Fibonacci/fib.html (14.04.2020)

König, H. (1992). Einige für den Mathematikunterricht bedeutsame heuristische Vorgehensweisen. *Der Mathematikunterricht (MU)*, *38*(3), 24–38.

König, H. (2005). Welchen Beitrag können Grundschulen zur Förderung mathematisch begabter Schüler leisten? *Mathematikinformation (Zeitschrift der Begabtenförderung Mathematik e. V.)*, *43*, 39–60.

Kraker, M., Plattner, G., Preis, C., & Schliegel, E. (2013). *Expedition Mathematik 1*. Wien: E. Dorner.

Krummheuer, G. (1991). Argumentations-Formate im Mathematikunterricht. In H. Maier & J. Voigt (Hrsg.), *Interpretative Unterrichtsforschung: Heinrich Bauersfeld zum 65. Geburtstag*, 57–78. Köln: Aulis.

Krummheuer, G. (2003). Wie wird Mathematiklernen im Unterricht der Grundschule zu ermöglichen versucht? – Strukturen des Argumentierens in alltäglichen Situationen des Mathematikunterrichts der Grundschule. *Journal für Mathematik-Didaktik*, *24*(2), 122–138.

Krutetskii, V. A. (1976). *The Psychology of Mathematical Abilities in Schoolchildren*. Chicago: The University of Chicago Press.

Kultusministerkonferenz (KMK) (2012). *Bildungsstandards im Fach Mathematik für die Allgemeine Hochschulreife (Beschluss der Kultusministerkonferenz vom 18.10.2012)*. Berlin.

Lavy, I., & Shriki, A. (2007). Problem posing as a means for developing mathematical knowledge of prospective teachers. In J.-H. Woo, H.-C. Lew, K.-S. Park & D.-Y. Seo (Eds.), *Proceedings of the 31st Conference of the International Group for the Psychology of Mathematics Education*, 3-129-3-136. Seoul: PME.

Lee, L. (1996). An initiation into algebraic culture through generalization activities. In N. Bednarz, C. Kieran & L. Lee (Eds.), *Approaches to algebra: Perspectives for research and teaching*, 87–106. Dordrecht: Kluwer Academic Publishers.

Leuders, T. (2003). 4.3 Kreativitätsfördernder Mathematikunterricht. In T. Leuders (Hrsg.), *Mathematik-Didaktik: Praxishandbuch für die Sekundarstufe I und II*, 135–147. Berlin: Cornelsen Verlag Scriptor.

Linn, M. C., & Petersen, A. C. (1985). Emergence and Characterization of Sex Differences in Spatial Ability: A Meta-Analysis. *Child Development, 56*(6), 1479–1498.

Löh, C., Krauss, S., & Kilbertus, N. (Hrsg.). (2016). *Quod erat knobelandum: Themen, Aufgaben und Lösungen des Schülerzirkels Mathematik der Universität Regensburg.* Berlin, Heidelberg: Springer Spektrum.

Lompscher, J. (Hrsg.). (1972). *Theoretische und experimentelle Untersuchungen zur Entwicklung geistiger Fähigkeiten.* Berlin: Volk und Wissen.

Lorenz, J. H. (Hrsg.). (2006). *Mathematikus 4, Übungsteil.* Braunschweig: Westermann.

Lüken, M. (2012). *Muster und Strukturen im mathematischen Anfangsunterricht. Grundlegung und empirische Forschung zum Struktursinn von Schulanfängern.* Münster, New York, München, Berlin: Waxmann.

Maier, P. H. (1999). *Räumliches Vorstellungsvermögen: Ein theoretischer Abriß des Phänomens räumliches Vorstellungsvermögen. Mit didaktischen Hinweisen für den Unterricht.* Donauwörth: Auer.

Malle, G. (1993). *Didaktische Probleme der elementaren Algebra.* Braunschweig/Wiesbaden: Vieweg.

Mason, J., Burton, L., & Stacey, K. (^{3}1992). *Hexeneinmaleins: kreativ mathematisch denken.* München: Oldenbourg.

Mathematischer Korrespondenzzirkel Göttingen (Hrsg.). (2005). *Voller Knobeleien.* Göttingen: Universitätsverlag Göttingen.

Merschmeyer-Brüwer, C. (2003). Raumvorstellungsvermögen entwickeln und fördern. *Die Grundschulzeitschrift, 17*, H. 167, 6–10.

Miller, M. (1986). *Kollektive Lernprozesse. Studien zur Grundlegung einer soziologischen Lerntheorie.* Frankfurt a. M.: Suhrkamp.

National Council of Teachers of Mathematics (NCTM) (Ed.). (2000). *Principles and standards for school mathematics.* Reston, VA.

Nolte, M. (2006). Waben, Sechsecke und Palindrome: Erprobung eines Problemfeldes in unterschiedlichen Aufgabenformaten. In H. Bauersfeld & K. Kießwetter (Hrsg.), *Wie fördert man mathematisch besonders befähigte Kinder? – Ein Buch aus der Praxis für die Praxis –*, 93–112. Offenburg: Mildenberger.

Nolte, M. (2012). Zur Förderung mathematisch besonders begabter Kinder im Grundschulalter. In C. Fischer, C. Fischer-Ontrup, F. Käpnick, F.-J. Mönks, H. Scheerer & C. Solzbacher (Hrsg.), *Individuelle Förderung multipler Begabungen: Fachbezogene Forder- und Förderkonzepte,* 173–184. Berlin: LIT.

Oerter, R. (^{6}1980). *Psychologie des Denkens.* Donauwörth: Auer.

Oerter, R., & Dreher, M. (^{5}2002). Kapitel 13, Entwicklung des Problemlösens. In R. Oerter & L. Montada (Hrsg.), *Entwicklungspsychologie,* 469–494. Weinheim: Beltz.

Padberg, F., & Hinrichs, G. (^{3}2008, Nachdruck 2012). *Elementare Zahlentheorie.* Heidelberg: Springer Spektrum.

Pagni, D. L. (1992). Extensions of dimensions. *The Australian mathematics teacher, 48*(3), 30–32.

Pedemonte, B. (2007). How can the relationship between argumentation and proof be analysed? *Educational Studies in Mathematics, 66*(1), 23–41.

Pehkonen, E. (1992). Using Problem Fields as a Method of Change. *Mathematics Educator, 3*(1), 3–6.

Peschek, W. (1989). Abstraktion und Verallgemeinerung im mathematischen Lernprozess. *Journal für Mathematik-Didaktik, 10*(3), 211–285.

Philipp, K. (2013). *Experimentelles Denken: Theoretische und empirische Konkretisierung einer mathematischen Kompetenz.* Wiesbaden: Springer Spektrum.

Piaget, J. (1973). *Einführung in die genetische Erkenntnistheorie.* Frankfurt/M.: Suhrkamp.

Piaget, J., & Inhelder, B. (1980). *Von der Logik des Kindes zur Logik des Heranwachsenden: Essay über die Ausformung der formalen operativen Strukturen.* Stuttgart: Klett-Cotta.

Peirce, C. S. (1931–1958). *CP = Collected Papers, vol. I–VIII.* Cambridge, Mass: Harvard University Press.

Poincaré, H. (1913). Mathematical Creation. *The Foundations of Science.* New York: The Science Press.

Pólya, G. (^{2}1957). *How To Solve It: A New Aspect of Mathematical Method.* Princeton: Princeton University Press.

Pólya, G. (1964). Die Heuristik. Versuch einer vernünftigen Zielsetzung. *Der Mathematikunterricht (MU), 10*(1), 5–15.

Pólya, G. (^{2}1967). *Schule des Denkens.* Bern: Francke.

Radford, L. (2006). Algebraic thinking and the generalization of patterns: a semiotic perspective. In S. Alatorre, J. L. Cortina, M. Sáiz & A. Méndez (Eds.), *Proceedings of the 28th annual meeting of the North American-PME, Vol. I,* 2–21. Mérida, México: Universidad Pedagógica Nacional.

Radford, L. (2008). Iconicity and contraction: a semiotic investigation of forms of algebraic generalizations of patterns in different contexts. *ZDM, 40*(1), 83–96.

Rehlich, H. (2006). *Sudoku und Mathematik.* Verfügbar unter: http://www.remath.de/xhomepage/Sudoku/INDEX-Dateien/SuMa.pdf (14.04.2020)

Reichel, H.-C., & Humenberger, H. (Hrsg.). (2008). *Das ist Mathematik, Band 2.* Wien: Österreichischer Bundesverlag.

Reid, D. A., & Knipping, C. (2010). *Proof in mathematics education. Research, learning and teaching.* Rotterdam: Sense Publisher.

Reiss, K., & Ufer, S. (2009). Was macht mathematisches Arbeiten aus? Empirische Ergebnisse zum Argumentieren, Begründen und Beweisen. *Jahresbericht der DMV, 111*(4), 155–177.

Resnik, M. D. (1997). *Mathematics as a science of patterns.* Oxford: Clarendon Press.

Rigotti, E., & Greco Morasso, S. (2009). Argumentation as an Object of Interest and as a Social and Cultural Resource. In N. Muller Mirza & A.-N. Perret-Clermont (Eds.), *Argumentation and Education,* 9–66. New York: Springer.

Rinkens, H.-D. (1973). *Abstraktion und Struktur, Grundbegriffe der Mathematikdidaktik.* Ratingen et al.: Henn.

Rivera, F. D., & Becker, J. R. (2005). Figural and Numerical of Generalizing in Algebra. *Mathematics Teaching in the Middle School, 11*(4), 198–203.

Rosebrock, S. (2006). Symmetrien erzeugen Muster und Zerlegungen. *Der Mathematikunterricht (MU), 52*(3), 26–33.

Rost, D. H. (1977). *Raumvorstellung – Psychologische und pädagogische Aspekte.* Weinheim et al.: Beltz.

Rost, D. H. (^{2}2009). 1. Kapitel: Grundlagen, Fragestellungen, Methode. In D. H. Rost (Hrsg.), *Hochbegabte und hochleistende Jugendliche: Befunde aus dem Marburger Hochbegabtenprojekt,* 1–91. Münster, New York, München, Berlin: Waxmann.

Roth, J. (2004). *Didaktik der Grundschulmathematik II 2004/05.* Verfügbar unter: https://docplayer.org/9564953-Didaktik-der-grundschulmathematik-ii.html (14.04.2020).

Roth, J. (2008). Zur Entwicklung und Förderung Beweglichen Denkens im Mathematikunterricht: Eine empirische Längsschnittuntersuchung. *Journal für Mathematik-Didaktik, 29*(1), 20–45.

Rott, B. (2018). Empirische Zugänge zu Heurismen und geistiger Beweglichkeit in den Problemlöseprozessen von Fünft- und Sechstklässlern. *mathematica didactica, 41*(1), 1–29 (online first).

Rubinstein, S. L. (1972). *Das Denken und die Wege seiner Erforschung.* Berlin: Volk und Wissen.

Ruppert, M. (2017). *Wege der Analogiebildung – Eine qualitative Studie über den Prozess der Analogiebildung beim Lösen von Aufgaben.* Münster: WTM.

Scheid, H. (^{2}1994). *Zahlentheorie.* Mannheim, Leipzig, Wien, Zürich: BI-Wissenschaftsverlag.

Schmidt, S., & Weiser, W. (2008). Wissen und Intelligenz beim Fördern mathematisch talentierter Grundschulkinder. In C. Fischer, F. J. Mönks & U. Westphal (Hrsg.), *Individuelle Förderung: Begabungen entfalten – Persönlichkeiten entwickeln, Fachbezogene Forder- und Förderkonzepte*, 24–45. Berlin: LIT.

Schupp, H. (1999). Ein (üb?)erzeugendes Problem. In: C. Selter & G. Walther (Hrsg.), *Mathematikdidaktik als design science. Festschrift für Erich Christian Wittmann*, 188–195. Leipzig: Ernst Klett Grundschulverlag.

Schupp, H. (2002). *Thema mit Variationen oder Aufgabenvariation im Mathematikunterricht.* Hildesheim, Berlin: Franzbecker.

Schwarz, B. B., Hershkowitz, R., & Prusak, N. (2010). Argumentation and mathematics. In K. Littleton & C. Howe (Eds.), *Educational dialogues: Understanding and promoting productive interaction*, 115–141. London: Routledge.

Serret, J. A. (^{3}1866). *Cours d' Algèbre Supérieure*. Paris: Gauthier-Villars.

Sewerin, H. (1979). *Mathematische Schülerwettbewerbe*. München: Manz.

Shapiro, S. (2000). *Thinking about mathematics: The philosophy of mathematics*. Oxford: Oxford University Press.

Siegler, R. S. (2001). *Das Denken von Kindern*. München: Oldenburg.

Stacey, K. (1989). Finding and using patterns in linear generalizing problems. *Educational Studies in Mathematics, 20*, 147–164.

Steele, D. (2005). Using writing to access students' schemata knowledge for algebraic thinking. *School Science and Mathematics, 105*, 142–154.

Steinweg, A. S. (2001). *Zur Entwicklung des Zahlenmusterverständnisses bei Kindern*. Münster: LIT.

Stern, E. (1992). Die spontane Strategieentdeckung in der Arithmetik. In H. Mandl & H. F. Friedrich (Hrsg.), *Lern- und Denkstrategien: Analyse und Interventionen*, 101–124. Göttingen: Hogrefe.

Sternberg, R. J., & Lubart, T. J. (1999). The Concept of Creativity: Prospects and Paradigms. In R. J. Sternberg (Ed.), *Handbook of Creativity*, 3–15. Cambridge et al.: Cambridge University Press.

Sztrókay, V. (1998). Was man mit einer Tafel Schokolade alles machen kann – außer sie zu essen: Problemlösen in Lehrerausbildung und Schule. *Mathematik in der Schule, 36*(5), 263–274.

Thurstone, L. L. (1950). Some primary abilities in visual thinking. *Psychometric Laboratory Research Report, No. 59*, 1–7. Chicago: University of Chicago Press.

Toulmin, S. (^{2}1996). *Der Gebrauch von Argumenten* (Übers. aus dem Englischen). Weinheim: Beltz Athenäum.

Tropfke, J. (^{4}1980). *Geschichte der Elementarmathematik, Bd. 1: Arithmetik und Algebra*. Vollständig neu bearbeitet von K. Vogel, K. Reich & H. Gericke. Berlin: de Gruyter.

Tweedie, M. C. K. (1939). A Graphical Method of Solving Tartaglian Measuring Puzzles. *The Mathematical Gazette, 23*(255), 278–282.

van der Waerden, B. L. (^{3}1973). *Einfall und Überlegung – Beiträge zur Psychologie des mathematischen Denkens*. Basel: Birkhäuser.

van Eemeren, F. H., Grootendorst, R., Henkenmans, F. S., Blair, J. A., Johnson, R. H., Krabb, E. C. et al. (1996). *Fundamentals of argumentation theory: A handbook of historical background and contemporary developments*. Hillsdale, NJ: Lawrence Erlbaum.

Villiers, M. de (1990). The Role and the Function of Proof in Mathematics. *Pythagoras, 24*, 17–24.

Vitanov, T. (2001). Extracurricular Mathematics for Gifted Students (5th–8th Grade). *Beiträge zum Mathematikunterricht 2001*, 632–635.

von Hentig, H. (^{3}2000). *Kreativität: Hohe Erwartungen an einen schwachen Begriff*. Weinheim, Basel: Beltz.

Walsch, W. (1975). *Zum Beweisen im Mathematikunterricht*. Berlin: Volk und Wissen.

Weber, C. (2010). *Mathematische Vorstellungsübungen im Unterricht – ein Handbuch für das Gymnasium*. Seelze: Kallmeyer und Klett.

Weisberg, R. W. (1986). *Creativity, genius, and other myths*. New York: Freeman.

Westmeyer, H. (2008). Das Kreativitätskonstrukt. In M. Dresler & T. G. Baudson (Hrsg.), *Kreativität: Beiträge aus den Natur- und Geisteswissenschaften*, 21–30. Stuttgart: Hirzel.

Weth, T. (1999). *Kreativität im Mathematikunterricht: Begriffsbildung als kreatives Tun*. Hildesheim, Berlin: Franzbecker.

Winter, H. (1983). Zur Problematik des Beweisbedürfnisses. *Journal für Mathematik-Didaktik, 4*(1), 59–95.

Winter, H. (²1991). *Entdeckendes Lernen im Mathematikunterricht: Einblick in die Ideengeschichte und ihre Bedeutung für die Pädagogik*. Braunschweig: Vieweg.

Winter, H. (1999). Perspektiven eines kreativen Mathematikunterrichts in der allgemeinbildenden Schule – das Wechselspiel von Gestalt und Zahl als heuristische Leitidee. In B. Zimmermann, G. David, T. Fritzlar, F. Heinrich & M. Schmitz (Hrsg.), *Kreatives Denken und Innovationen in mathematischen Wissenschaften*, Tagungsband, 213–225. Jena: Friedrich-Schiller-Universität Jena.

Wittmann, E. C. (2003). Was ist Mathematik und welche pädagogische Bedeutung hat das wohlverstandene Fach auch für den Mathematikunterricht der Grundschule? In M. Baum & H. Wielpütz (Hrsg.), *Mathematik in der Grundschule: Ein Arbeitsbuch*, 18–46. Seelze: Kallmeyer.

Wittmann, E. C. (2014). Operative Beweise in der Schul- und Elementarmathematik. *mathematica didactica, 37*, 213–232.

Wittmann, E. C., & Müller, G. (1988). Wann ist ein Beweis ein Beweis? In P. Bender (Hrsg.), *Mathematikdidaktik: Theorie und Praxis. Festschrift für Heinrich Winter*, 237–257. Berlin: Cornelsen.

Wittmann, G. (2009). Beweisen und Argumentieren. In H.-G. Weigand, A. Filler, R. Hölzl, S. Kuntze, M. Ludwig, J. Roth, B. Schmidt-Thieme & G. Wittmann (Autoren), *Didaktik der Geometrie für die Sekundarstufe I*, 35–54. Heidelberg: Spektrum Akademischer Verlag.

Wölpert, H. (1983). Materialien zur Entwicklung der Raumvorstellung im Mathematikunterricht. *Der Mathematikunterricht (MU), 29*(6), 7–42.

Zareba, L. (2003). From research on the process of generalizing and on applying a letter symbol by pupils aged 10 to 14. In: *Proceedings of the 55th conference of the international commission for the study and improvement of mathematics education*, 1–6. Poland: Plock.

Zimmermann, B. (1986). From Problem Solving to Problem Finding in Mathematics Instruction. In P. Kupari (Ed.), *Mathematics Education in Finland. Yearbook 1985*, 81–103. Jyväskylä: Institute for Educational Research.

Zimmermann, B. (1991). Offene Probleme für den Mathematikunterricht und ein Ausblick auf Forschungsfragen. *Zentralblatt für Didaktik der Mathematik (ZDM), 23*(2), 38–46.

Schlussbemerkungen

9

In diesem Buch konnten wir nicht auf alle Fragen und Probleme eingehen, die sich auf die Diagnostik und Förderung mathematisch begabter Kinder und Jugendlicher beziehen. Der Blick war gerichtet auf diejenigen Kinder und Jugendlichen, die mathematisch begabt sind und dies auch bereits während ihrer Schulzeit durch entsprechende Leistungen belegen. Bisher nicht erwähnt wurden z. B. die sog. hochbegabten „Underachiever" (im Deutschen unschön übersetzt mit „Minderleister" oder „Leistungsversager"). Außerdem erfolgen hier noch ein paar Anmerkungen zum Mathematikunterricht mit allen Kindern und Jugendlichen sowie Hinweise auf Mathematik-Wettbewerbe und -Förderprojekte.

Allgemein nennt man Schülerinnen und Schüler, die trotz nachgewiesener relativ hoher Intelligenz in der Schule keine überdurchschnittlichen oder sogar unter dem Durchschnitt liegende Leistungen zeigen, **Underachiever.** Nach der Definition von *Durr* (1964) besteht bei Underachievern „eine lernpsychologisch bedeutsame Diskrepanz zwischen IQ und den schulischen Leistungen" (*Ziegler,* 2008, 68). „Hinsichtlich der exakten Definition dieser Personengruppe besteht jedoch kein Konsens." (*Holling* und *Kanning,* 1999, 63) Eine allgemein akzeptierte Schwelle, von der ab der Begriff „Underachiever" verwendet wird, ist in der einschlägigen Literatur nicht auszumachen.

Rost und *Hanses* (siehe *Rost* und *Hanses,* 1997, *Hanses* und *Rost,* 1998) haben versucht, den Begriff „hochbegabte Underachiever" zu präzisieren. Folgt man ihrer Festlegung (IQ-Prozentrang ≥ 96 und Schulleistungs-Prozentrang ≤ 50), so gehören nur etwa 12 % aller Hochbegabten (hier des Marburger Hochbegabtenprojekts, siehe *Rost* und *Hanses,* 1997, 170) zu dieser Gruppe. Auch wenn dies nur eine Minderheit ist, muss jede Lehrperson damit rechnen, im Laufe ihrer langen Unterrichtstätigkeit solchen Kindern oder Jugendlichen zu begegnen und sich auf diese einstellen zu müssen.

© Springer-Verlag GmbH Deutschland, ein Teil von Springer Nature 2020
T. Bardy und P. Bardy, *Mathematisch begabte Kinder und Jugendliche,* Mathematik Primarstufe und Sekundarstufe I + II, https://doi.org/10.1007/978-3-662-60742-8_9

Nach *Mönks* und *Ypenburg* (2005) sowie *Glaser* und *Brunstein* (2004) sind folgende Verhaltensmerkmale und Erfahrungen bei hochbegabten Underachievern auffällig:

- äußere Kontrollüberzeugung, d. h., die Kinder und Jugendlichen sind überzeugt, dass das eigene Verhalten hauptsächlich von außen festgelegt ist;
- geringe Konzentrationsfähigkeit im Unterricht und bei den Hausaufgaben;
- geringe Ausdauer bei schulrelevanten Aufgaben;
- negatives schulisches Selbstkonzept;
- im Vergleich zu den Mitschülerinnen und -schülern geringes Lerntempo;
- große Mühe beim Aneignen von schriftlichem Lernstoff;
- Vermeidung anspruchsvoller Aufgaben;
- Entmutigung bei neuen und komplexen Aufgaben;
- Desinteresse an schulrelevanten Fertigkeiten (z. B. am Lesen);
- Defizite in Lernstrategien;
- Ausreden als Entschuldigung für unerledigte Aufgaben;
- negatives Urteil über die Lehrerinnen und Lehrer sowie über die Schule;
- geringe Schulmotivation;
- Unzufriedenheit mit den eigenen Lerngewohnheiten und den erreichten Resultaten;
- zu viele außerschulische Aktivitäten auf Kosten der Hausaufgaben;
- zu hohe Erwartungen der Mitschülerinnen und -schüler bezüglich der Leistungsfähigkeit dieser Kinder oder Jugendlichen;
- häufig wiederkehrende Behauptungen der Lehrerinnen und Lehrer, dass die schulischen Leistungen unter den tatsächlichen Möglichkeiten liegen;
- Unzufriedenheit der Eltern wegen der vergleichsweise schlechten schulischen Leistungen;
- Prüfungsangst;
- geringes soziales Selbstvertrauen;
- Gefühl der Nicht-Akzeptanz durch die Klassenkameraden.

Butler-Por (1993) nennt eine Reihe von Risikofaktoren, die dazu führen können, dass hochbegabte Kinder keine außergewöhnlichen Leistungen zeigen:

- nicht erwünschtes bzw. bewusst oder unbewusst abgelehntes Kind;
- Kind geschiedener Eltern;
- Kind mit sehr hoher Kreativität;
- weibliches Geschlecht[1];

---

[1]Beachten Sie jedoch folgendes Zitat von *Stamm* (2008, 74): „Aus der Geschlechterperspektive betrachtet gilt Minderleistung als männliches Phänomen […]. Die zahlreich vorliegenden Belege berichten durchgehend von einem Verhältnis von Jungen zu Mädchen von 2:1 oder gar 3:1.“

- Zugehörigkeit zu einer ethnischen Minderheit/Unterricht nicht in der Muttersprache/ bildungsferne Familie;
- physische, mentale und/oder emotionale Behinderungen oder Störungen; bei den mentalen Störungen z. B. Teilleistungsschwächen (auch Lese-Rechtschreib-Schwäche kann bei hochbegabten Kindern auftreten).

Wer sich weitere Informationen über hochbegabte Underachiever verschaffen will, sei auf *Butler-Por* (1993), *Stamm* (2008), *Rohrmann* und *Rohrmann* (2010) oder *Kaup* (2011) verwiesen. Über ein Interventionsprogramm berichtet *Whitmore* (1980). Liegt die Vermutung nahe, dass ein Kind oder ein Jugendlicher ein hochbegabter Underachiever sein könnte, sollte die Lehrperson/Schule einen Psychologen zu Rate ziehen. (Ab einem Alter von 10 bis 12 Jahren muss von einer Stabilisierung des Underachievement-Syndroms ausgegangen werden. Um einer Chronofizierung entgegenzuwirken, sollten Interventionen früher einsetzen; zu Interventionen siehe auch *Glaser* und *Brunstein,* 2004.)

Unter anderem wegen der Problematik der Underachiever wird das Thema „Hochbegabung" auch als Aufgabe der Sonderpädagogik diskutiert (siehe dazu *Brunner et al.,* 2005 sowie *Brunner* und *Gyseler,* 2013). Seit etwa 1975 ist Hochbegabung in den USA ein Thema der Sonder- bzw. „Heilpädagogik" (*Brunner et al.,* 2005, 56).

Im Mathematikunterricht der Grundschule und der Sekundarstufe I in Deutschland müsste u. E. das (mathematische) Problemlösen stärker als bisher gepflegt werden (siehe dazu insbesondere die Abschn. 8.1 und 8.2). Nur so dürfte es möglich sein, den Anteil der Kompetenzstufe V bei TIMSS und den Anteil der Kompetenzstufe VI bei PISA (siehe unser Vorwort zu diesem Buch) zu erhöhen.

Aus unserer Sicht können einzelne Vorschläge, die in diesem Buch für die Zwecke der Förderung mathematisch begabter Kinder oder Jugendlicher gemacht wurden, auch für den **Mathematikunterricht mit allen Kindern bzw. Jugendlichen** fruchtbringend aufgegriffen werden. Wir denken dabei insbesondere an den Einsatz heuristischer Hilfsmittel, an einzelne Strategien zum Lösen mathematischer Probleme, an das Erkennen von Mustern und Strukturen, an das Erweitern und Variieren von Aufgaben sowie an die Förderung des Raumvorstellungsvermögens.

Zum Schluss weisen wir auf sechs Mathematik-Wettbewerbe und zwei (bundesweite) Mathematik-Förderprojekte hin, an denen Kinder und/oder Jugendliche teilnehmen können:

Känguru-Wettbewerb

Beim Känguru-Wettbewerb handelt es sich um einen Multiple-Choice-Wettbewerb, der einmal jährlich (am dritten Donnerstag im März) in über 60 Ländern weltweit stattfindet. Es ist ein Einzelwettbewerb, bei dem in 75 min in den Klassenstufen 3/4 und 5/6 jeweils 24 Aufgaben bzw. in den Klassenstufen 7/8, 9/10 und 11 bis 13 jeweils 30 Aufgaben zu bearbeiten sind.

Außerdem wird der Känguru-Adventskalender (ab dem 1. Dezember jeden Tag eine neue Aufgabe) angeboten: der Adventskalender-mini für Kinder der Klassenstufen 1 und 2, der Adventskalender-maxi für Kinder der Klassenstufen 3 und 4.

Für weitere Informationen siehe: www.mathe-kaenguru.de

Pangea-Mathematikwettbewerb

Hierbei handelt es sich um einen dreigliedrigen Mathematikwettbewerb für Schülerinnen und Schüler der Jahrgangsstufen 3 bis 10: Vor- und Zwischenrunde jeweils an der teilnehmenden Schule, Regionalfinale bundesweit an sechs verschiedenen Orten.

Alle allgemeinbildenden Schulen können kostenlos teilnehmen. Die Anmeldung erfolgt durch die an der jeweiligen Schule verantwortliche Lehrperson.

Internet-Adresse: www.pangea-wettbewerb.de

Mathematik-Olympiade

Die Mathematik-Olympiade ist ein Wettbewerb für alle Schülerinnen und Schüler der Jahrgangsstufen 3 bis 13. Sowohl für die Klassen 3 bis 4 als auch für die Klassen 5 bis 7 finden drei Runden statt: die Schul-, die Regional- und die Landesrunde. Für die Klassen 8 bis 13 wird zusätzlich eine vierte Runde, die Bundesrunde, ausgetragen. Die Besten der Bundesrunde qualifizieren sich für die Teilnahme am Auswahlwettbewerb zur Internationalen Mathematik-Olympiade. (Es gibt auch eine Mitteleuropäische Mathematik-Olympiade.)

Internet-Adresse: www.mathematik-olympiaden.de

Bundeswettbewerb Mathematik

Der Bundeswettbewerb Mathematik wendet sich schwerpunktmäßig an Schülerinnen und Schüler der Jahrgangsstufen 9 bis 12/13 und besteht aus drei Runden: zwei Hausaufgabenrunden und einem mathematischen Fachgespräch.

Internet-Adresse:

www.mathe-wettbewerbe.de/bwm/bwm-wettbewerb-allgemein

Mathematik ohne Grenzen

„Mathematik ohne Grenzen" ist ein weltweiter Mathematikwettbewerb, an dem sich Klassenteams der Jahrgangsstufen 9 und 10 sowie 10 und 11 beteiligen können. Für Klassenteams der Jahrgangsstufen 5 und 6 gibt es einen „Juniorwettbewerb".

Internet-Adresse: www.mathematikohnegrenzen.de

The International Mathematical Modeling Challenge (IM²C)

Hierbei handelt es sich um einen Team-Wettbewerb, an dem bis zu zwei Teams pro Land mit bis zu vier Schüler(inne)n bzw. Studierenden und einer betreuenden Lehrperson bzw. einem Fakultätsmitglied teilnehmen können. Ein Team bearbeitet an fünf aufeinander folgenden Tagen ein reales Problem, welches mit mathematischen Mitteln gelöst werden kann. Die Lösung wird von der betreuenden Person eingeschickt, die versichern muss, dass die Teilnehmer(innen) die Regeln des Wettbewerbs eingehalten haben.

Internet-Adresse: https://immchallenge.org/

Mathe im Advent

„Mathe im Advent" ist ein Förderangebot der DMV (der Deutschen Mathematiker-Vereinigung). Vom 1. bis 24. Dezember wird jeden Tag eine weihnachtliche Geschichte mit mathematischer Fragestellung erzählt. Es gibt Gewinnmöglichkeiten sowohl für Einzelpersonen als auch für Klassen. Teilnahmeberechtigt sind Schülerinnen und Schüler der Jahrgangsstufen 4 bis 6 und 7 bis 9.

Internet-Adresse: www.mathe-im-advent.de

Jugend trainiert Mathematik

Der Verein „Bildung & Begabung" wendet sich mit dieser Fördermaßnahme an Schülerinnen und Schüler der Jahrgangsstufen 7 bis 10. Der Start ist jährlich im April, das Ende im Januar des Folgejahres. Das Angebot besteht aus Korrespondenzzirkeln für die Klassenstufen 7/8, 8/9, 9/10 und 10/11 sowie viertägigen Seminaren ab Klassenstufe 8/9.

Internet-Adresse: www.mathe-wettbewerbe.de/juma

Literatur

Brunner, E., & Gyseler, D. (2013). Heilpädagogische Förderung auch für hochbegabte Schülerinnen und Schüler? *Schweizerische Zeitschrift für Heilpädagogik, 19*(6), 36–42.

Brunner, E., Gyseler, D., & Lienhard, P. (2005). Hochbegabung – ein Thema für die Heilpädagogik? In H. Dohrenbusch et al. (Hrsg.), *Differentielle Heilpädagogik*, 55–60. Luzern: SZH.

Butler-Por, N. (1993). Underachieving Gifted Students. In K. A. Heller, F. J. Mönks & A. H. Passow (Eds.), *International Handbook of Research and Development of Giftedness and Talent*, 649–668. Oxford, New York, Seoul, Tokyo: Pergamon.

Durr, W. H. (1964). *The gifted student*. New York: Oxford University Press.

Glaser, C., & Brunstein, J. C. (2004). Underachievement. In G. Lauth et al. (Hrsg.), *Interventionen bei Lernstörungen: Förderung, Training und Therapie in der Praxis*, 24–33. Göttingen: Hogrefe.

Hanses, P., Rost, D. H. (1998). Das ‹‹Drama›› der hochbegabten Underachiever – ‹‹Gewöhnliche›› oder ‹‹außergewöhnliche›› Underachiever? *Zeitschrift für Pädagogische Psychologie, 12*(1), 53–71.

Holling, H., & Kanning, U. P. (1999). *Hochbegabung: Forschungsergebnisse und Fördermöglichkeiten*. Göttingen, Bern, Toronto, Seattle: Hogrefe.

Kaup, G. (2011). Hochbegabte zwischen Minderleistung und Schulversagen. In A. Brinkmann, R. Burrichter & C. Decker (Hrsg.), *Lernprozesse professionell begleiten: Beiträge des Paderborner Grundschultages 2009 zu Diagnose und Förderung*, 147–156. Berlin: LIT.

Mönks, F. J., & Ypenburg, J. J. (^{4}2005). *Unser Kind ist hochbegabt: Ein Leitfaden für Eltern und Lehrer*. München, Basel: Ernst Reinhardt.

Rohrmann, S., & Rohrmann, T. (^{2}2010). *Hochbegabte Kinder und Jugendliche: Diagnostik – Förderung – Beratung*. München: Ernst Reinhardt.

Rost, D. H., & Hanses, P. (1997). Wer nichts leistet, ist nicht begabt? Zur Identifikation hochbegabter Underachiever durch Lehrkräfte. *Zeitschrift für Entwicklungspsychologie und Pädagogische Psychologie, 24*(2), 167–177.

Stamm, M. (2008). Überdurchschnittlich begabte Minderleister. *Die Deutsche Schule*, H.1, 73–84.

Whitmore, J. R. (1980). *Giftedness, conflict and underachievement*. Boston: Allyn and Bacon.

Ziegler, A. (2008). *Hochbegabung*. München: Ernst Reinhardt.

Bisher erschienene Bände der Reihe Mathematik Primarstufe und Sekundarstufe I + II

Herausgegeben von
    Prof. Dr. Friedhelm Padberg, Universität Bielefeld
    Prof. Dr. Andreas Büchter, Universität Duisburg-Essen

Bisher erschienene Bände (Auswahl)

Didaktik der Mathematik

    T. Bardy/P. Bardy: Mathematisch begabte Kinder und Jugendliche (P/S)
    C. Benz/A. Peter-Koop/M. Grüßing: Frühe mathematische Bildung (P)
    M. Franke/S. Reinhold: Didaktik der Geometrie (P)
    M. Franke/S. Ruwisch: Didaktik des Sachrechnens in der Grundschule (P)
    K. Hasemann/H. Gasteiger: Anfangsunterricht Mathematik (P)
    K. Heckmann/F. Padberg: Unterrichtsentwürfe Mathematik Primarstufe, Band 1 (P)
    K. Heckmann/F. Padberg: Unterrichtsentwürfe Mathematik Primarstufe, Band 2 (P)
    F. Käpnick: Mathematiklernen in der Grundschule (P)
    G. Krauthausen: Digitale Medien im Mathematikunterricht der Grundschule (P)
    G. Krauthausen: Einführung in die Mathematikdidaktik (P)
    G. Krummheuer/M. Fetzer: Der Alltag im Mathematikunterricht (P)
    F. Padberg/C. Benz: Didaktik der Arithmetik (P)
    E. Rathgeb-Schnierer/C. Rechtsteiner: Rechnen lernen und Flexibilität entwickeln (P)
    P. Scherer/E. Moser Opitz: Fördern im Mathematikunterricht der Primarstufe (P)
    H.-D. Sill/G. Kurtzmann: Didaktik der Stochastik in der Primarstufe (P)
    A.-S. Steinweg: Algebra in der Grundschule (P)
    G. Hinrichs: Modellierung im Mathematikunterricht (P/S)
    A. Pallack: Digitale Medien im Mathematikunterricht der Sekundarstufen I + II (P/S)
    R. Danckwerts/D. Vogel: Analysis verständlich unterrichten (S)
    C. Geldermann/F. Padberg/U. Sprekelmeyer: Unterrichtsentwürfe Mathematik Sekundarstufe II (S)

© Springer-Verlag GmbH Deutschland, ein Teil von Springer Nature 2020   327
T. Bardy und P. Bardy, *Mathematisch begabte Kinder und Jugendliche,* Mathematik Primarstufe und Sekundarstufe I + II, https://doi.org/10.1007/978-3-662-60742-8

G. Greefrath: Didaktik des Sachrechnens in der Sekundarstufe (S)

G. Greefrath: Anwendungen und Modellieren im Mathematikunterricht (S)

G. Greefrath/R. Oldenburg/H.-S. Siller/V. Ulm/H.-G. Weigand: Didaktik der Analysis für die Sekundarstufe II (S)

K. Heckmann/F. Padberg: Unterrichtsentwürfe Mathematik Sekundarstufe I (S)

K. Krüger/H.-D. Sill/C. Sikora: Didaktik der Stochastik in der Sekundarstufe (S)

F. Padberg/S. Wartha: Didaktik der Bruchrechnung (S)

H.-J. Vollrath/H.-G. Weigand: Algebra in der Sekundarstufe (S)

H.-J. Vollrath/J. Roth: Grundlagen des Mathematikunterrichts in der Sekundarstufe (S)

H.-G. Weigand/T. Weth: Computer im Mathematikunterricht (S)

H.-G. Weigand et al.: Didaktik der Geometrie für die Sekundarstufe I (S)

Mathematik

M. Helmerich/K. Lengnink: Einführung Mathematik Primarstufe – Geometrie (P)

A. Büchter/F. Padberg: Einführung in die Arithmetik (P/S)

F. Padberg/A. Büchter: Arithmetik/Zahlentheorie (P)

K. Appell/J. Appell: Mengen – Zahlen – Zahlbereiche (P/S)

A. Filler: Elementare Lineare Algebra (P/S)

H. Humenberger/B. Schuppar: Mit Funktionen Zusammenhänge und Veränderungen beschreiben (P/S)

S. Krauter/C. Bescherer: Erlebnis Elementargeometrie (P/S)

H. Kütting/M. Sauer: Elementare Stochastik (P/S)

T. Leuders: Erlebnis Algebra (P/S)

T. Leuders: Erlebnis Arithmetik (P/S)

F. Padberg/A. Büchter: Elementare Zahlentheorie (P/S)

F. Padberg/R. Danckwerts/M. Stein: Zahlbereiche (P/S)

A. Büchter/H.-W. Henn: Elementare Analysis (S)

B. Schuppar: Geometrie auf der Kugel – Alltägliche Phänomene rund um Erde und Himmel (S)

B. Schuppar/H. Humenberger: Elementare Numerik für die Sekundarstufe (S)

G. Wittmann: Elementare Funktionen und ihre Anwendungen (S)

P: Schwerpunkt Primarstufe

S: Schwerpunkt Sekundarstufe

Printed in the United States
By Bookmasters